普通高等教育“十三五”规划教材

特种加工基础实训教程
（第2版）

Basic Training Course of Special Machining
(2nd Edition)

鄂大辛 ◎ 主编

北京理工大学出版社
BEIJING INSTITUTE OF TECHNOLOGY PRESS

图书在版编目（CIP）数据

特种加工基础实训教程 / 鄂大辛主编. —2版. —北京：北京理工大学出版社，2017.4

ISBN 978-7-5682-3930-1

Ⅰ. ①特…　Ⅱ. ①鄂…　Ⅲ. ①特种加工-高等学校-教材　Ⅳ. ①TG66

中国版本图书馆CIP数据核字（2017）第076841号

出版发行 / 北京理工大学出版社有限责任公司
社　　址 / 北京市海淀区中关村南大街5号
邮　　编 / 100081
电　　话 / (010)68914775(总编室)
　　　　　(010)82562903(教材售后服务热线)
　　　　　(010)68948351(其他图书服务热线)
网　　址 / http://www.bitpress.com.cn
经　　销 / 全国各地新华书店
印　　刷 / 保定市中画美凯印刷有限公司
开　　本 / 787毫米×1092毫米　1/16
印　　张 / 16.25
字　　数 / 379千字
版　　次 / 2017年4月第2版　2017年4月第1次印刷
定　　价 / 48.00元

责任编辑 / 封　雪
文案编辑 / 张鑫星
责任校对 / 周瑞红
责任印制 / 王美丽

修订版前言

PREFACE

随着现代工业技术的发展，高等理工科学校在人才培养方面不断拓宽专业口径，将提高综合素质、强化动手能力和提升创新能力作为工程教育改革的重要目标。这是因为实践教学是促进学生巩固理论知识、加深理论认识及升华理论层次的有效途径，是培养具有创新意识的高素质工程技术人员的重要教学环节。特别是近年来，教育部工程教育专业认证协会按照国际实质等效的认证标准对高等理工科学校进行了严格核查，进一步明确了实验实训环节承担培养学生工程能力与职业素质的重要职责，有效促进了高等理工科学校工程教育教学改革的发展。

实践教学的内容是实践教学目标和任务的具体化，为使高校机械类和非机械类专业能够按照国际工程教育专业认证标准做好实验实训环节建设，不断更新实践教学的内容和方法，在北京理工大学“十三五”规划教材立项项目的支持下，对2007年出版“工程训练系列规划教材”中的《特种加工基础实训教程》一书的体系、内容进行了必要的补充、调整和更新。教材在修订过程中参考了国内外同类书籍及其相关的技术文献，根据高等教育面向21世纪教学内容和课程体系改革计划进行了认真修改。修订教材广泛听取了该教材发行8年（重印6次）间读者的宝贵意见，认真参考了使用本教材的兄弟院校教师和相关工程技术人员的使用和阅读意见，并结合国内外该类实验实训课程的教学经验，修正了原书中存在的问题和不足，增添了部分可供学生实践操作的新内容。本修订教材的特色和创新之处，在于利用较大篇幅介绍特种加工的物理原理及其工艺操作过程，再通过实际操作训练进一步深化对理论内容的理解，可使学生走出枯燥的理论叙述环节，接受一个从理论到实践再返回到理论的学习循环过程，有利于通过实践巩固所学理论知识，并增强学生动手实践和自主创新能力，这是本修订版的特色。

在培养学生的自主学习精神、创新意识和工程概念的教育方针指导下，为了体现理论教学与实践教学同等重要的工程教育方式修订了本基础实训教程。由于专业基础课和专业课中都还没有设置特种加工技术理论课，因此，自主学习给学生创造了广泛的思考空间，使他们在实践的基础上有可能、有条件施展自己的想象力和创造力。考虑到实验内容与工程实践紧密结合，是培养具有工程化意识的工科学生的有效途径，修订后教材的主要内容仍是介绍特种加工的基本原理和基本操作方法，更注重对于参加实验训练学生素质的培养。因此，不强调过深的理论传授，主张发挥学生的创新积极性和培养学生的独立实践能力，从而达到使学生能够自主地发挥求知精神，培养学生自主实践能力的目的。

修订后的《特种加工基础实训教程》在强调基础训练的同时，相应增加了一部分新材料、新工艺和新技术的知识以及基础实践内容，旨在培养学生分析研究和科学实践的素质，进一步提高工程认识能力、综合运用科学知识的能力，并激发学生的创新思维能力。为继续发挥该教材近年来在全国理工科学校实践教学中的重要作用，本修订版将其中所存在的不足和缺欠做了必要的补充与修正，并增补了该教材出版以来不断发展的新型特种加工技术及其基础实训方法等方面的内容，全面充实该教材的实践教学内涵，以期为我校乃至全国理工科院校该类实践教学环节填充有益信息，为提高素质教育水平和实践教学质量做出一定贡献。

本修订版除保留原教材部分内容并对存在的错误和不足进行了修改外，新增加了线切割加工步骤、电化学加工新工艺技术简介、快速成型设备及材料以及热喷涂技术及电磁成型等章节。参加本次修订工作的主要有张稳、刘芳芳和王川乔同志，全书由鄂大辛统稿。

教材在修订过程中，参考了许多相关文献，在此对作者表示感谢。同时，对刘小亦、樊子天及佘彩凤等在查阅资料及校对中所做的大量工作表示感谢。另外，还要对北京理工大学“十三五”（2016年）规划教材立项项目给予的支持和赞助深表谢意。

由于编者水平有限，书中存在不妥之处，敬请读者不吝指正。

编　者

PREFACE

第一版前言

高等理工科学校中的机械与自动化专业是一个历史较长、覆盖面较宽的学科领域，所涉及的新技术和新知识相对较多，因此，使学生扩展知识面应是一项重要的教学内容。我国高等教育培养人数与符合企业需要的工程技术人员特别是工程应用型技术人才的比例失调，说明高等教育需要进一步重视大学生的实践能力。因此，对于教学过程中的实验训练环节，必须加强对学生自主思考、动手实践的培养和训练，其中还包括理论教学课程尚未涉及或粗略提及的一些制造新工艺、新方法，亟须在实验训练环节中予以补充和完善。

在现代社会中，科学技术日新月异，如何教育培养理工科高等学校的学生是能否承接和发展社会的重要问题。伴随着科学技术的前进和发展，人们掌握的知识和所具有的能力也将不断更新。同样，面对科学技术高度发展现状的理工科大学生，不仅需要在课堂中接受新知识、新技术的理论学习，更重要的是要培养他们独立思考、勇于创新和积极实践的能力。实验训练教学不仅作为一个重要环节链接在整个教学体系中，而且还作为连接知识与实践、实践与创新并使理论知识向更高阶段发展的重要桥梁。

特种加工是利用电、热、光、化学、声等物理能量对材料施加去除、累加或变形的加工方法，主要是指非传统加工范畴的现代加工方法，国外称之为非常规机械加工（Non-Conventional Machining，NCM）。特种加工与常规机械加工相比较具有两个显著的特点，其一是所用加工工具硬度通常小于被加工材料的硬度，有的特种加工方法还可以不使用工具。其二是加工过程中，工具与工件之间间接接触或不接触。因此，特种加工可以完成对高强度、高硬度、高脆性以及工程陶瓷和磁性材料等难加工材料的加工，并且还可以进行诸如深孔、异形型腔、窄逢、薄壁等精密、微细、复杂零件的加工。特种加工扩大了机械加工的领域，是传统切削加工的强有力补充。科学技术的迅猛发展使得很多工业产品向制造技术提出了新的要求，仅靠常规加工方法早已满足不了市场需求。因此，各种非传统的特种加工技术不断发展、日臻成熟，并且具有强大的发展潜力和广阔的市场前景。

本教材是在培养学生的自主精神、创新意识和工程概念的教育方针指导下，为了体现理论教学与实验教学相提并重的工程教育方式而编写的工科学生实验训练教材。由于专业基础课和专业课中都还没有设置特种加工技术理论课，因此，自主学习给学生创造了广泛的思考空间，使他们在实践的基础上有可能、有条件施展自己丰富的想象力和创造力。实验内容与工程实践紧密结合，是培养具有工程化意识的高等技术人才的有效途径之一。因此，教材的内容主要是介绍特种加工的基本原理和基本操作方法，更注重对于参加实验训练学生素质的培养。因此，不强调过深的理论传授，主张发挥学生的创新积极性和培养学生的独立实践能力，从而达到为学生能够发挥求识的自主精神提供条件，培养学生基于自己兴致和爱好的实践能力的目的。

为了克服工程教育中存在的因“学术化”倾向而导致的“课题训练”的偏软现象，克服因教师缺乏工程实践经验、缺乏“工程训练”而导致的学生缺乏工程意识、缺乏实践动手能力现象，我们编制了这本特种加工实验训练教材。基础实验训练课程是一门以感知认识为目的的概论性基础课程，设置本课程是为了使学生通过实际操作进一步开阔对制造工程现状的认识。通过特种加工基础实验训练，使学生开拓加工制造方法的思路，从感性认识上建立起加工制造方式方法多样性、科学化的发展意识，目的是把学生培养成为具有较强动手能力和创新能力的新型社会人才。

本书由北京理工大学鄂大辛、成志方主编，陈传良主审，具体分工如下：鄂大辛编写：第一章概论、第四章第五、六节、第八章第一～四节；贾玉平编写第二章第一～三节；王克强编写第二章第四节、第三章第一、二节、王春艳编写第二章第四、五节第三章第三～六节；尚研编写第四章第一节～四节、第七章、第八章第五～六节；李忠新编写第五章第一、四、五节；金鑫编写第四章第四节部分、第五章第二、三、六节；成志芳编写第六章；

由于编者水平有限，本书难免存在不足之处，敬请读者给予指正。

编　者

目　录
CONTENTS

第1章
概　　论

§1.1　特种加工及其发展概况

特种加工是指传统切削加工及成型加工以外的一些新型加工方法的总称，它是直接利用电能、化学能、光能、热能或其他与机械能组合等形式，将能量进行有效转化来去除或分离材料的加工方法。特种加工方法的一个主要特征，也是与传统切削加工及成型加工的主要区别，就在于它不依靠机械外力以及材料在塑性条件下产生的变形力来进行加工。

特种加工的产生源于生产实践的需求和科学技术的发展。千百年来，材料成型和机械切削一直是制造生产中的主要加工方法，并且对制造业做出了很大贡献。但是，随着生产科学化和科学生产化的发展需求，特别是进入20世纪40年代之后，在国防需求的推动下，钢铁工业迅速发展，对金属材料及其所制造的零部件在硬度、强度、韧性、复杂程度和性能方面提出了更高的要求。比如，以硬质合金、不锈钢、耐热钢、淬火钢及钛合金等为原材料的零件加工，对模具中的微小型孔、窄缝及复杂型腔的加工，另外还有喷油嘴、薄壁构件、弹性元件等低刚度零件的加工等，都对传统成型和切削加工方法提出了苛刻的甚至无法解决的要求。因此，人们开始探索能够适应上述工艺需求的新加工方式，其中，苏联科学家拉扎林柯夫妇做出了很大贡献。他们针对火花放电使开关触点腐蚀损坏的现象和原因进行了分析和研究，利用电火花产生的瞬时高温对金属材料的熔化和气蚀作用，发明了电火花加工方法，随着这种加工方法不断发展完善，形成现在的电火花成型、线切割、穿孔加工等。以电火花加工为先例，从加工机理和加工形式上脱离了传统切削和成型加工方法，随后又涌现出激光加工、电化学加工、超声加工、电子束加工、离子束加工等多种与传统加工完全不同的新型加工方法，进而形成现在统称的特种加工。

科学技术的发展，特别是国防工业、航空航天、汽车工业技术的发展，要求产品的机械性能、使用性能以及加工精度越来越高，各种新结构、新材料和复杂形状的精密零件大量涌现，对先进制造技术提出各种新的挑战。难切削材料的加工、各种复杂型腔零件的加工以及超精密和光整零件的加工等，都是制造业面临的亟待解决的重要问题，仅仅依靠传统的加工方法已经难以胜任。特种加工技术在这种形势下得到了发展，并且在解决新问题的过程中不断进步、不断完善。

近些年来，仅电加工机床年产量的平均增长率，国内外均大大高于金属切削机床的增长率，各种特种加工方法在工业生产中的应用日益广泛。同时，各种特种加工方法也在不断发展，不断萌生出许多与传统机械加工相结合的新型复合加工方法。特种加工技术已经成为制造特别是精密制造领域中不可缺少的重要手段，在难切削材料加工、微细加工、大规模集成电路制造以及模具制造领域中发挥着越来越重要的作用。特种加工技术的这种特殊的重要作用，在某种程度上已经成为显示和提高机械制造水平的重要标志。

随着科学技术的发展，特种加工技术在较短的应用过程中也取得了很大进步，已经成为先进制造技术的重要组成部分。由于各种特种加工的机理研究不断进展，使得这种非传统加工技术越发成熟和趋于完善。特别是特种加工技术与飞速发展的计算机技术相结合，使得各种特种加工已经进入数字化控制制造领域，这对特种加工技术的发展和推广无疑是一个有力的促进。此外，由于当前的工业产品越来越追求小型化和微型化，各种制造技术也逐渐向小型化、微细化发展，这对特种加工制造的精度也提出了更高的要求。目前，诸如微细电火花加工、微细电化学加工、微细激光加工、微细离子束加工等技术都可以实现很小尺度内的加工。当然，合理处置加工中产生的废气、废液、废渣，开发新型、无污染的特种加工技术，实现绿色制造也是特工加工技术的发展趋势之一。

由于特种加工方法的广泛利用，极大地促进了机械制造工业、特别是模具工业的发展，使得一些传统加工方法获得了强有力的工艺支持。同时，机械制造工业和模具制造工业不断提出新的挑战，也使得各种特种加工技术获得了新的生机。随着各种新型材料的不断出现和新工艺要求的不断提出，特种加工技术正在以日新月异的面貌活跃在加工制造领域中。

§1.2　特种加工的特点及分类

特种加工在加工机理和加工形式上与传统切削加工和成型加工具有本质上的区别，主要有以下特点：

（1）与传统切削和成型方法不同，特种加工材料的去除和分离是直接由电能、化学能、光能、声能和热能等能量实现的，而机械能仅仅作为产生或转化上述能量的原始动力能使用。

（2）特种加工中产生非机械能量的瞬时密度高，可以去除或分离硬度很高的难加工材料。因此，在特种加工技术领域中，工件材料的可加工性不再与其硬度、强度、韧性、脆性等有直接关系。特别是电火花、线切割等加工技术，通常是被加工材料硬度越高加工效果越好。

（3）所用工具基本与工件不直接接触，加工过程中不产生宏观破坏力，即不会破坏半成品加工件的精度和形状。因此，可用于加工脆性材料、薄壁构件和弹性元件等精密零件。

（4）由于具有特殊的去除或分离方式，易于实现加工数控化，并且不存在切削加工中的刃口角度问题，可使控制结构简化。

特种加工的加工机理和加工形式很多，通常可分为形状尺寸加工和表面加工。前者主要用来加工具有一定尺寸要求的形状或型腔类零件，而后者主要是用来改变零件表面粗糙度或改善零件表面性状的加工，如电解抛光、离子束抛光、电火花表面强化以及离子束注入掺杂等。

另外，还有一些特种加工与常规切削加工及成型加工相结合的过渡性工艺，如在切削加工中引入超声振动、导电切削、加热切削等，以及液中放电成型、电磁成型、爆炸成型等。

按照加工能量的形式和作用原理，特种加工的分类如下：

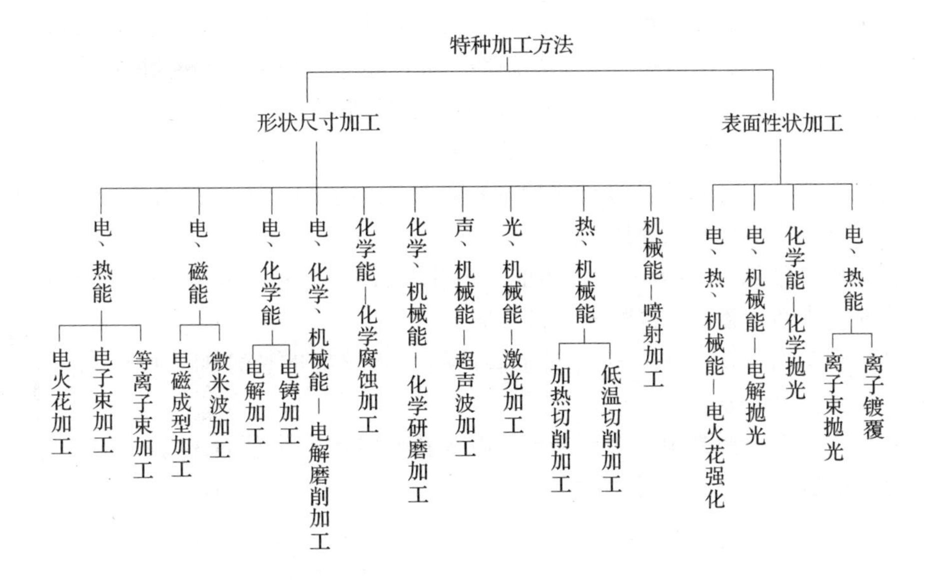

§1.3　特种加工在制造业中的应用

由于特种加工的不断发展和完善，使得这种新型加工方法在机械制造工业中得到了广泛应用。同时，也对传统的机械制造工艺方法产生了很多影响，特别是使零件的结构设计和制造工艺路线的排序发生了很大的改变。

（1）促进零件的结构设计进一步合理化。从传统的产品设计角度讲，首先需要考虑切削加工的工艺性，比如，零件中的小孔、方孔及窄缝通常被认为是不合理结构，因为这种形状对于切削加工来说属于难点。但随着特种加工技术的不断发展和应用，利用电火花成型、线切割及穿孔加工等，都可以很好解决这些切削加工的难题。

另外，随着产品的多样化、复杂化需求，许多模具需要直角、锐角刃口，考虑到应力集中和切削加工的困难性，不得不采用拼镶结构，而使得模具设计制造复杂化。在模具制造中引入特种加工技术之后，这些问题得到了相应的解决，如电解加工时尖角变圆、线切割钼丝产生放电圆角等，可以在某种程度上缓解所谓尖角应力集中的工艺缺陷。因此，零件的结构设计尽可能考虑产品的使用性和合理性，在某种程度上无须顾忌加工工艺性，从而提高了设计质量。

（2）改变了传统的制造工艺路线安排。传统制造工艺中，由于刀具的硬度限制，经过淬火处理后的零件只能进行磨削加工。比如，在加工制造带孔零件时，必须先钻后处理，精密小孔件很难再进行精密磨削加工。对于薄壁、复杂形状构件，热处理淬火后变形较大，又不便磨削，在制造工艺安排时较难克服。特别是在模具制造过程中，对于经过切削加工和热处理淬火后的形状刃口和一些复杂型腔，过去只能采用手工砂轮打磨或研磨处理，既失精度又费工时。由于特种加工，特别是电火花加工不受工件硬度的影响，因此，传统制造工艺中的许多疑难问题已经或正在获得解决。其最显著的效果，就是可利用精密电火花来加工经过热处理淬硬后的工件，而不受传统切削制造工艺路线的束缚。

（3）推动传统制造方法不断改革和发展。由于诸如电子束加工和离子束加工等特种加工技术对于超微细加工新技术的有力支持，促进了所谓原子、分子级加工方法的发展，同时也满足了半导体大规模集成电路生产发展的需求。另外，特种加工技术融入传统制造工艺中形成的超声振动切削、电磁成型等，都对制造工业产生了积极有力的促进作用。

不同形式的特种加工方法的适用对象不同，需要结合原理和工艺具体分析。但一般来说，可以对其应用做如下的归纳总结，以供参考：

（1）利用电化学原理对工件进行成型的特种加工可适用于磨削、成型、去毛刺、车削、抛光、复杂型腔、型面及型孔等加工。

（2）利用机械能或间接用声能、热能、电化学能进行加工的方法适用于切割、穿孔、研磨、去毛刺、蚀刻、磨削、拉削和套料等加工。

（3）利用化学溶液酸、碱、盐等对金属产生化学反应的特种加工可以用于化学铣切、照相制版、光刻、蚀刻等加工。

（4）利用电子束、激光束、等离子束、电火花放电产生热量的热特种加工适用于打孔、成型、磨削、车削、切割、开割、划线等加工。

第2章
电火花成型加工

§2.1 概述

电火花加工技术基于工具电极与工件电极（正极与负极）之间脉冲性火花放电时的电腐蚀现象来对工件进行加工，以获取一定形状、尺寸和表面粗糙度要求的零件，它已成为先进生产制造技术的一个重要组成部分，是机械制造业中广泛采用的机械切削和磨削加工的重要补充和发展。其最大特点是：工具和工件间是非接触加工，加工中没有宏观的切削力，因而可以用软的铜、石墨等材料加工任何硬度和强度的难加工的金属材料；可以加工非常复杂的立体成型表面；可以加工低刚度、薄壁、深孔、微细孔等特殊精密零件。在各类模具制造业中，电火花加工技术是必不可少的关键技术，在航空、航天、仪器、仪表等工业部门中电火花加工技术也获得日益广泛的应用。电火花加工机床设备的制造业，已发展成为一支庞大的技术队伍，且每年还有成千上万的新生力量加入到这支队伍中来。

由于电火花加工技术是机电一体化技术，是机械、电工、电子、数控、自动控制、计算机应用等多门学科、专业知识的综合应用，其基础理论研究迄今尚未取得突破性进展，但是在加工工艺、控制理论研究和实践中，电火花加工技术诸如高精密加工技术（如镜面加工技术）、微细加工技术、非导电材料加工技术、电火花表面处理技术等，已经成功应用于实际。在设备开发方面，新加工机床的加工能力明显改进，许多机床已具备了在线检测、智能控制、模块化等功能。此外，在加工精度、自动化程度、可靠性等方面也有了全面的改善。考虑到目前大专院校受学时的限制，不可能全面深入地讲授所有内容，为此特编写电火花成型加工部分以加强特种加工基础实训内容。

按照工具电极的形式及其与工件之间相对运动的特征，可将电火花加工方式分为五类：

（1）电火花成型加工。工具为成型电极，通常与被加工表面有相同的截面或形状，并相对工件做简单进给运动。

（2）电火花线切割加工。工具电极为沿着其轴线方向移动着的金属丝，工件按所需形状和尺寸做轨迹运动以切割导电材料。

（3）电火花磨削。工具电极一般为金属丝或成型导电磨轮，与工件有相对的旋转运动以进行小孔磨削或成型磨削。

（4）电火花共轭回转加工。用于加工螺纹环规、螺纹塞规、齿轮等，成型工具与工件均做旋转运动，但两者角速度相等或成整数倍，接近的放电点可有切向相对运动速度。

（5）其他。电火花小孔加工、铣削加工、刻印、表面强化、沉积技术以及电火花超声复合加工等。

其中，电火花成型加工和电火花线切割加工应用较广，后者将在下一章节介绍。本章主要介绍电火花成型加工，并简述其余几种电火花加工方法。

2.1.1 电火花成型加工的特点

电火花成型加工包括电火花型腔加工（又称电火花成型加工，加工各类型腔模及各种复杂的型腔零件）和电火花穿孔加工（加工各种冲模、粉末冶金模、各种异形孔及深孔、微孔等）。在加工时，不用机械能量，不靠切削力去除金属，而是直接利用电能和热能来去除金属。电火花成型加工具有以下特点：

（1）适用于传统机械加工难于加工的材料加工。材料的去除是靠放电热蚀作用实现的，工具电极材料不必比工件硬，电极制作相对比较容易。

（2）可加工特殊及复杂形状的零件。电极和工件之间没有相对切削运动，不存在机械加工时的切削力，适宜于低刚度工件和微细加工。脉冲放电时间短，材料加工表面受热影响范围比较小，适宜于热敏性材料的加工。由于可以简单地将工具电极的形状复制到工件上，因此还特别适用于薄壁、低刚性、弹性、微细及复杂形状表面的加工。

（3）加工过程中的电参数易于实现数字控制、自适应控制、智能化控制，能方便地进行粗、半精、精加工各工序，简化工艺过程。

（4）可改进结构设计，改善结构的工艺性，可将拼镶、焊接结构改为整体结构。

（5）可以改变零件的工艺路线。电火花加工不受材料硬度的影响，可以在淬火后进行加工，可以避免淬火过程中产生的热处理变形。

2.1.2 电火花成型加工的应用范围及其局限性

由于电火花成型加工有其独特的优势，其应用领域日益扩大，已经广泛应用于机械、宇航、电子、核能、仪器、轻工等部门，成为常规切削、磨削加工的重要补充和发展。

1. 电火花成型在模具制造中的主要应用

（1）高硬度零件加工。对于某些要求硬度较高的模具或者是硬度特别高的滑块、顶块等零件，在热处理后期表面硬度很高，采用机加工方式将很难加工，采用电火花加工可以不受材料的影响，实现所谓的低损耗加工。

（2）型腔尖角部位加工。有些模具的型腔常存在着一些尖角部位，在常规切削加工中存在刀具半径大而无法加工到位，使用电火花加工可以完全成型。通常型腔越小、越复杂，其优势越明显。

（3）模具上的窄深槽加工。在铸件上，常有各种窄长的加强筋或者散热片，这种筋在模具上表现为下凹的深而窄的槽，使用电火花加工可以顺利地完成。

（4）深腔部位的加工。机加工时，没有足够长的刀具或刀具没有足够的刚性，此时使用电火花加工可以保证零件的精度。

（5）微小孔加工。电火花加工可以完成各种圆形微小孔、异形孔、长深宽比非常大的深孔加工。

（6）电火花微细加工。电火花微细加工主要指尺寸小于300 μm的轴孔、沟槽、型腔等的加工，有学者甚至加工出了直径5 μm的微细孔和直径2.5 μm的微细轴，代表了当前这一领域的世界前沿水平。

2. 电火花成型的关键技术

（1）电火花加工的粗、中、精分挡加工。电火花机加工一般包括粗、中、精分挡加工方式，粗加工时要求高的生产率和低电极损耗，应考虑选用较宽的脉冲宽度，选用合适的脉冲峰值电流，采用大功率、低损耗实现；而中、精加工电极相对损耗大，但一般情况下中、精加工余量较少，因此电极损耗也极小；精加工时，对表面粗糙度要求高，因此应选择窄脉宽、小峰值电流。

（2）电火花碳渣的产生与排除。电火花机加工时，工件在电腐蚀作用下难免会产生碳渣，若不及时清除，容易产生二次放电现象而使得工件表面出现凹坑、表面粗糙度不均匀（局部表面粗糙度较粗）等。加工速度过快、加工面形状过于复杂使排屑路径不畅，都容易导致碳渣的残留。要保证碳渣的产生和排除处在平衡的条件中，电火花机加工才能顺利进行。实际中往往以牺牲加工速度去排除碳渣，常见的电火花机排渣方法有电火花机侧边排渣法、加工液挤压式排渣法和同步喷油排渣法。

（3）电火花机加工工件与电极相互损耗。电火花机在加工的时候不仅工件被电蚀除，相应的电极也会被蚀除，但是一般都是工件被蚀除的量要远大于电极的蚀除量。工具电极的不同部位，其损耗速度也不相同。电火花机放电脉波时间长，有利于降低电极损耗。电火花机粗加工一般采用长放电脉波和大电流放电，加工速度快电极损耗小。在精加工时，一般电规准参数选取较小，而放电间隙太小，通道太窄，蚀除物在爆炸与工作液作用下，对电极表面不断撞击，加速了电极损耗。因此，如能在精加工中适当增大放电间隙，改善通道状况，可降低电极损耗。

3. 电火花成型加工的局限性

（1）不能用于塑料、陶瓷等绝缘非导电材料的加工。

（2）电火花加工的材料去除率比较低，加工效率低。

（3）电火花加工中存在电极损耗，所以加工精度受限制。

（4）电火花加工时放电部位必须在工作液中，因此不便于观察加工状态。

（5）电火花加工是一项技术性较强的工作，操作人员的技术水平对加工质量有很大的影响。

先进制造技术的快速发展和制造业市场竞争的加剧对电火花成型加工技术提出了更高要求，多轴数控及智能化、精密微细（微纳）加工、个性化、绿色制造、高效化和可靠性是其发展的六大趋势。今后，电火花成型加工的加工对象应主要面向传统切削加工不易实现的难加工材料、复杂型面等加工，借助计算机技术使其与其他特种加工或传统切削加工相符合，实现集成化、数控化加工。目前，在脉冲电源、放电控制、伺服系统等许多关键技术上已有重大的突破，制造出以信息化、智能化为代表的第三代电火花成型机床，为电火花成型加工技术的发展提供了良好的平台和相当大的发展空间。

2.1.3　电火花加工常用名词术语及相应的代表符号

电火花加工：当采用电火花脉冲放电形式来进行加工时，称为电火花加工。

电火花成型：通常是指三维型腔和型面的电火花加工，一般是不通孔加工。

放电：电流通过绝缘介质（气体、液体或固体）发生的现象。

脉冲放电：电流在时间上是连续的脉冲性放电，在空间上放电点是分散的，是电火花加工采用的放电形式。

火花放电：介质击穿后伴随着火花的放电，火花放电通道中的电流密度很大，瞬时温度很高。

电弧放电：电弧放电是一种渐趋稳定的放电，这种放电在时间上是连续的，在空间上是完全集中在一点的附近放电。放电中遇到电弧放电常常引起电极和工件的烧伤。电弧放电往往是放电间隙中排屑不良或脉冲间隔过小来不及消电离恢复绝缘，或脉冲电源损坏变成直流放电等所引起的。

放电通道：放电通道又称电离通道或等离子通道，是介质击穿后极间形成的导电的等离子体通道。

放电间隙δ（μm）：放电时电极与工件间的距离。在加工过程中，亦称加工间隙。

电蚀产物：电火花加工过程中被蚀除下来的产物。一般指工具电极和工作表面被蚀除下来的微粒小屑及工作液在高温下分解出来的炭黑和其他产物。

脉冲电源：以脉冲方式向工件和工具电极间的加工间隙提供放电能量的装置。

伺服进给系统：用作使工具电极伺服进给、自动调节的系统，使工具电极和工件在加工过程中保持一定的加工间隙。

工具电极：电火花加工用的工具，因其是火花放电时的电极，故称工具电极，简称工具或电极。

工作液介质：电火花加工时，工具电极和工件之间的放电间隙一般浸泡在有一定绝缘性能的液体介质中，此液体介质称工作液介质（简称工作液）。

电参数：加工过程中的电压、电流、脉冲宽度、脉冲间隔、功率和能量等参数。

脉冲宽度t_i（μs）：加到电极间隙两端的电压脉冲的持续时间。对于方波脉冲，它等于放电时间t_e与击穿延时t_d之和，即$t_i=t_e+t_d$。

放电时间t_e（μs）：介质击穿后间隙中通过放电电流的时间，即电流脉宽。

脉冲间隔t_o（μs）：脉冲间隔简称脉间，也叫脉冲停歇时间，即相邻两个脉冲之间的时间。

击穿延时t_d（μs）：从间隙两端施加脉冲电压到发生放电之间的时间。

脉冲周期t_p（μs）：从一个电压脉冲开始到下一个电压脉冲开始之间的时间。

脉冲频率f_p（Hz）：单位时间（s）内，电源发出电压脉冲的个数，它等于脉冲周期t_p的倒数。

脉宽系数：脉冲宽度与脉冲周期之比。

占空比：脉冲宽度与脉冲间隔之比。

电规准：电加工所用的电压、电流、脉冲宽度、脉冲间隔等参数。

脉冲前沿t_r（μs）：又称脉冲上升时间。指电流脉冲前沿的上升时间，即从峰值电流的10%上升到90%所需的时间。

脉冲后沿t_f（μs）：又称脉冲下降时间。指电流脉冲后沿的下降时间，即从峰值电流的90%下降到10%所需的时间。

开路脉冲：间隙未被击穿时的电压脉冲，这时没有电流脉冲。

工作脉冲：工作脉冲又称有效放电脉冲或正常放电脉冲，既有电压脉冲也有电流脉冲。

短路脉冲：间隙短路时的电流脉冲，这时没有电压脉冲或电压脉冲值很低。

极性效应：电火花加工时，即使正极和负极是同一种材料，正负极的蚀除量也是不同的，这种现象称为极性效应。一般短脉冲加工时正极的蚀除量较大，反之，长脉冲加工时，则负极的蚀除量较大。

正极性和负极性：工件接正极，工具电极接负极，称正极性。反之，工件接负极，工具电极接正极，称负极性。高生产率、低损耗时，常用负极性长脉冲加工。

电火花加工表面：电火花加工过的、由许多小凹坑重叠而成的表面。

电火花加工表层：电火花加工表面下的一层，它包括熔化层和热影响层。

加工速度：加工速度是单位时间（min）内从工件上蚀除下来的金属体积（mm^3），也称加工生产率。大功率电源粗加工时加工速度大于 500 mm^3/ min，电火花精加工时加工速度小于 20 mm^3/ min。

加工效率：加工效率是每安培加工电流每分钟蚀除掉的工件金属体积或质量。用加工效率来衡量评定不同功率的脉冲电源的加工速度和工艺水平，可以抛开电源功率大小的影响。一般较好的脉冲电源的加工效率和工艺水平应为 10 mm^3/（A · min），国外先进水平可达 10~15 mm^3/（A · min）。

低损耗加工：一般用紫铜或石墨电极负极性加工钢，并采用长脉宽加工时可实现低损耗加工。

面积效应：面积效应指电火花加工时，随加工面积大小变化而加工速度、电动机损耗和加工稳定性等指标随之变化的现象。加工面积过大或过小时，工艺指标通常降低，这主要是由“电流密度”过小或过大引起的。

深度效应：随着加工深度增加而加工速度和稳定性降低的现象称为深度效应，这主要是电蚀产物积聚、排泄不良所引起的。

§2.2　电火花加工的基础知识

2.2.1　电火花加工的基本原理

电火花加工的基本原理是基于工具和工件（正、负电极）之间脉冲性火花放电时的电腐蚀作用来蚀除多余的金属。电火花放电时火花通道中瞬时产生大量的热，达到很高的温度，足以使任何金属材料局部熔化、汽化而被蚀除掉，形成放电凹坑。

通常，电火花加工是在液体介质中进行的，电极间介质的击穿是脉冲放电的开始阶段，两极间的液体介质中含有各种杂质，当有电场作用时这些杂质被吸向电场强度最大区域，并沿电力线形成特殊的接触桥，缩短了实际的极间距离，降低了间隙击穿电压，即在相同的电压下大大提高了电场强度。在电场作用下，电子高速向阳极运动，并在运动中撞击介质中的中性分子和原子，产生碰撞电离，形成带负电的粒子（主要是电子）和带正电的粒子（正离子），导致带电粒子雪崩式增多。当电子到达阳极时，介质被击穿，产生火花放电，形成导电通道，随后电源中积聚的能量沿放电通道注入两极放电点及间隙中。电火花加工利用两个电极之间产生火花放电时的电蚀效应来蚀除多于金属材料，以达到对零件的尺寸、形状及表面质量等预定的加工要求。

电火花加工如图2-1所示。工件1与工具4分别与脉冲电源2的两个不同极性输出端连接，自动进给调节装置3使工件和电极间保持相当的放电间隙。两电极间加上脉冲电压后，在间隙最小处或绝缘强度最低处将工作液介质击穿，形成放电火花。放电通道中等离子瞬时高温使工件和电极表面都被蚀除掉一小部分材料，使各自形成一个微小的放电坑。脉冲放电结束后，经过一段时间间隔，使工作液恢复绝缘，下一个脉冲电压又加在两极上，同样进行另一个循环，形成另一个小凹坑。当这种过程以相当高的频率重复进行时，工具电极不断地调整与工件的相对位置，加工出所需要的零件。从微观上看，加工表面是由很多个脉冲放电小坑组成的。放电凹痕剖面图如图2-2所示。

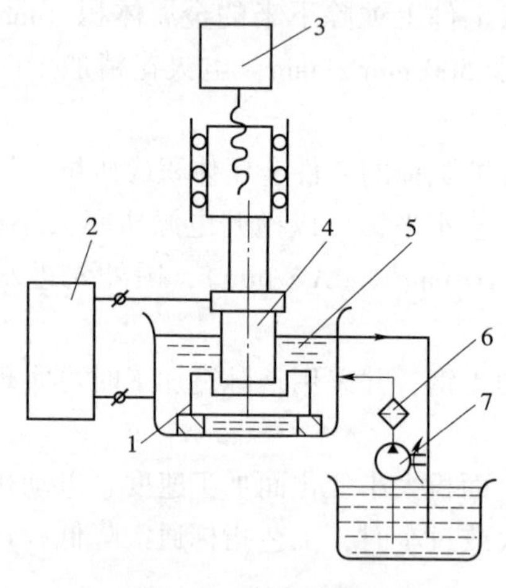

图2-1 电火花加工

1—工件；2—脉冲电源；3—自动进给调节装置；
4—工具；5—工作液；6—过滤器；7—工作液泵

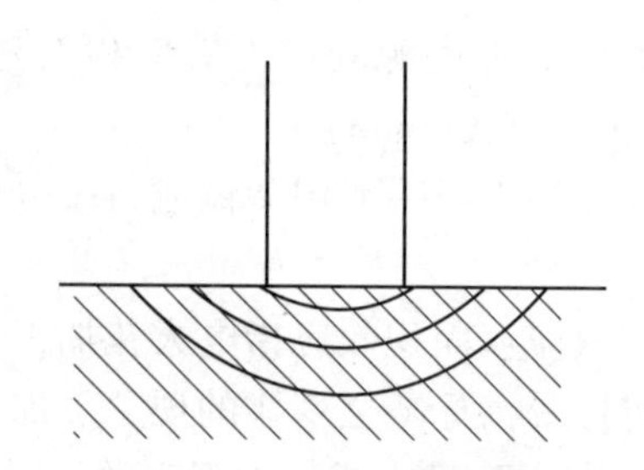

图2-2 放电凹痕剖面图

基于上述原理，实现电火花加工的基本条件如下：

(1) 工具和工件之间要有一定的距离，通常为几微米至几百微米，并能维持这一距离。

(2) 在脉冲放电点必须有足够大的能量密度，即放电通道要有很大的电流密度，一般为$10^5 \sim 10^6$ A/cm^2，这样，放电时产生大量的热足以使金属局部熔化和汽化，并在放电爆炸力的作用下，把熔化的金属抛出来。

(3) 放电应是短时间的脉冲放电，放电的持续时间为$10^{-7} \sim 10^{-3}$ s，这样才能使放电所产生的热量来不及传导扩散到其余部分，将每次放电分布在很小的范围内，不像持续电弧放电，产生大量热量，使金属表面熔化、烧伤。

(4) 脉冲放电需要重复多次进行，并且每次脉冲放电在时间上和空间上是分散的，即每次脉冲放电一般不在同一点进行，避免发生局部烧伤。

(5) 电火花放电加工必须在具有一定绝缘性能的液体介质中进行。液体介质又称工作液，必须具有较高的绝缘强度，一般在$10^3 \sim 10^7$ Ω·cm，以利于产生脉冲性的放电火花。同时，工作液应及时清除电火花加工过程中产生的金属小屑、炭黑等电蚀产物，并对工具电极和工件表面有较好的冷却作用，以保证加工能正常地持续进行。

2.2.2 电火花加工的机理

电火花放电时，电极表面的金属材料究竟是怎样被蚀除下来的，这一微观过程的物理本质即所谓电火花加工的机理。了解这一微观过程有助于理解和掌握电火花加工的基本规律，从而对脉冲电源、进给装置、机床设备等提出合理的要求和正确的使用。每次电火花腐蚀的微观过程是电场力、磁力、热力、流体动力、电化学等综合作用的过程。这一过程大致可以分为：极间介质的电离、击穿，形成放电通道；电极材料的抛出、极间介质的消电离这两个连续阶段。

1. 极间介质的电离、击穿，形成放电通道

图 2-3 所示为极间放电电压和电流波形。当 80 V 的电压脉冲施加于工具电极与工件之间时（图 2-3 中 0-1 段和 1-2 段），两极之间立即形成一个电场。电场强度与电压成正比，与两极间距离成反比，随着极间电压的升高或是极间距离的减小，极间电场强度也将随之增大。由于工具电极和工件的微观表面是凹凸不平的，极间距离又很小，因而极间电场强度是很不均匀的，两极间离得最近的突出点尖端处的电场强度为最大。

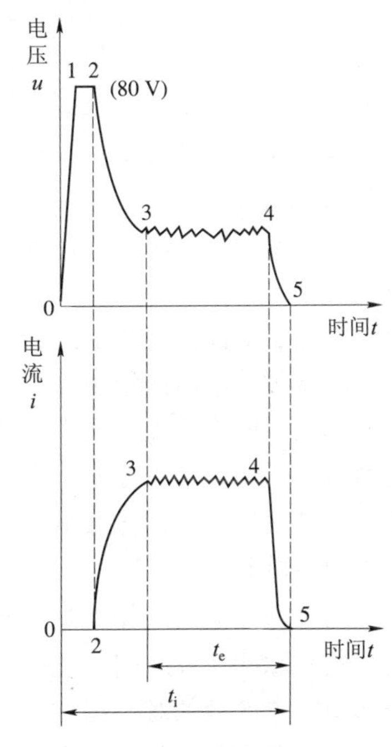

图 2-3　极间放电电压和电流波形

液体介质中不可避免的含有某种杂质：如金属微粒、碳粒子、胶体粒子等，也有一些自由电子，使介质呈现一定的电导率。在电场作用下，这些杂质将使极间电场更不均匀，当阴极表面某处的电场强度增加到 10^5 V/mm，即 100 V/μm 左右时，就会产生场致电子发射，由阴极表面向阳极方向逸出电子。在电场力的作用下带负电荷的电子高速向阳极运动并撞击工作液介质中的分子或中性原子，产生碰撞电离，形成带负电的粒子（电子）和带正电的粒子（正离子），导致带电粒子雪崩式增多，使介质击穿形成放电通道。

雪崩电离开始，到建立放电通道的过程非常迅速，间隙电阻从绝缘状态迅速降低到几分之一欧姆，间隙电流迅速上升到最大值（几安到几百安）。由于通道直径很小，所以通道中的电流密度可高达 10^5~10^6 A/cm² 或以上。间隙电压则由击穿电压迅速下降到火花维持电压（一般为 20~25 V），电流则由 0 上升到某一峰值电流（图 2-3 中 2-3 段）。

放电通道是由数量大体相等的带正电的正离子和带负电的电子以及中性粒子（原子或分子）组成的等离子体。带电粒子由于相对高速运动而相互碰撞产生大量的热，使放电通道温度极高，但分布不均匀。从通道中心向边缘逐渐降低，通道中心温度可高达 10 000 ℃由于受到放电时电流产生的磁场作用，对放电等离子体产生向心的磁压缩效应，同时受到周围介质惯性动力压缩效应的作用，放电通道瞬间扩展受到很大阻力，故放电开始阶段通道截面很小，而通道内由高温热膨胀形成的初始压力可达数十兆帕。高压高温的放电通道以及随后工作液介质瞬时汽化所形成的气体体积急速扩展，产生一个强烈的冲击波向四周传播。在放电过程中，还伴随着一系列物理现象，如热效应、电磁效应、光效应、声效应和频率范围很宽的电磁波辐射以及爆炸冲击波等。

2. 电极材料的抛出、极间介质的消电离

极间介质一旦被电离、击穿形成放电通道后，脉冲电源使通道间的电子高速奔向正极，正离子奔向负极，电能变成动能，动能通过碰撞又转变为热能。然而由电能转换成的热能并非全部集中在工件表面用于加工，而是分配在阳极表面、阴极表面以及极间放电通道三个部分，其中只有分配在工件电极表面的热能才有助于工件材料的蚀除。于是在通道的正极和负极表面分别成为瞬时热源，并可在瞬间达到很高的温度。这瞬间的高温使工作液汽化并使金属材料熔化、汽化，热膨胀产生很高的瞬时压力。通道中心的压力最高，使汽化了的气体体积不断向外膨胀，形成一个扩张的"气泡"，气泡上下、内外的瞬时压力并不相等，压力高处的熔融金属液体和蒸气被排挤、抛出进入工作液中，使电极表面形成一个小凹痕。

熔化和汽化了的金属在抛离电极表面时，向四处飞溅，除绝大部分抛入工作液中收缩成小颗粒外，有一小部分飞溅、镀覆、吸附在对面的电极表面上，这种互相飞溅、镀覆、吸附的现象，在某些条件下可以用来减少补偿工具电极在加工过程中的损耗。

观察铜打钢电火花加工后的电极表面，可看到钢上粘有铜、铜上粘有钢的痕迹。

金属材料的蚀除、抛出非常复杂。熔融材料抛出后，在电极表面形成单个脉冲的放电痕，熔化区未被抛出的材料冷凝后残留在电极表面，形成熔化层，在四周形成稍凸起的翻边。熔化层下面是热影响层，再往下才是无变化的材料基体。

随着脉冲电压的结束，脉冲电流也迅速降为零，图2-3中4-5段，标志着一次脉冲放电的结束，但为了保证放电的正常进行，此后应有一段间隔时间，使间隙介质消电离，即放电通道中的带电粒子复合为中性粒子，恢复本次放电通道处间隙的绝缘强度，以免总是重复在同一处发生放电而导致电弧放电。这样可以保证按两极相对最近处或电阻率最小处形成下一击穿放电通道。

为了保证电火花加工过程正常进行，两次脉冲放电之间一般都应有足够的脉冲间隔时间。这一脉冲间隔时间的选择，不仅要考虑介质本身消电离所需的时间，还要考虑电蚀产物排离出放电区域的难易程度。

电火花加工过程中，无论是正极还是负极，都会受到不同程度的电蚀。通常把工件接脉冲电源的正极时，称正极加工；工件接脉冲电源的负极时称负极加工。几年来的生产实践和研究结果表明，正的电极表面吸附放电时分解游离出来的碳微粒，在正极上形成一层黑色的保护膜，从而减小电极损耗。

2.2.3 电火花加工基本条件

由前所述，电火花加工在应用过程中需要满足一定的条件。现将其所需的基本加工条件列出如下：

（1）在脉冲放电点必须有足够大的能量密度，即放电通道要有很高的电流密度（一般为104~109 A/cm^2），能使金属局部熔化和汽化，并在放电爆炸力的作用下，把熔化的金属抛出来。

（2）工具电极和工件被加工表面之间要经常保持一定的放电间隙。这一间隙随加工条件而定，通常为几微米至几百微米。如果间隙过大，极间电压不能击穿极间介质；放电间隙过小，会导致积炭，甚至发生电弧放电，无法继续加工。因此，在电火花加工过程中必须具有工具电极的自动进给和调节装置。

（3）放电形式应该是脉冲的，放电时间要很短，一般为10^{-7}~10^{-3} s。这样才能使放电所产生的热量来不及传导扩散到其余部分，将每次放电点分布在很小的范围内，保持火花放电的冷极特性。如果放电时间过长，就会形成持续电弧放电，使加工表面材料大范围熔化烧伤而无法用作尺寸加工。

（4）在相邻两次脉冲放电之间，应有足够的停歇时间，排除电蚀产物（包括加工焦、焦油、气体之类的介质分解产物），使极间介质充分消电离，恢复介电性能，以保证每次脉冲放电不在同一点进行，避免在同一点上持续放电而形成集中的稳定电弧而导致局部烧伤现象，使重复性脉冲放电顺利进行。

（5）电火花放电加工必须在具有一定绝缘性能的液体介质（绝缘强度为 $10^{-3} \sim 10^{-7}\ \Omega \cdot cm$）中进行以利于产生脉冲性的放电火花，例如煤油、皂化液或去离子水等。液体介质又称工作液，有压缩放电通道的作用。同时，工作液应能及时清除电火花加工过程中产生的金属小屑、炭黑等电蚀产物，并且对工具电极和工件表面有较好的冷却作用。对导电材料进行尺寸加工时，极间应有液体介质；表面强化时，极间为气体介质。

2.2.4　有限元法在电火花加工中的应用

电火花加工的加工机理异常复杂，理论研究进展缓慢。而借助有限元法，理论上无法精确计算的复杂工程问题可以用计算机来近似求解。自 20 世纪 80 年代以来，国内外很多研究机构和学者都通过 ANASYS、ABAQUS 等软件模拟电火花加工过程，研究涉及复杂结构机床静力学分析，工件的温度场、应力场分析以及放电通道形状、材料相变、熔池大小、电蚀坑形状预测等方面。模拟结果在工程上有重大的参考价值，尤其早在测量手段不能达到的地方，意义更加明显。利用有限元法有以下几点优势：

（1）对电火花加工过程进行模拟，提高对加工表面粗糙度及工具电极损耗等参数的预测精度。

（2）模拟电火花加工微观过程，建立介质击穿、通道形成、电蚀材料抛出等微观过程的模型，深化对电火花加工机理的研究。

（3）与其他智能技术相结合，对放电状态、加工效果和放电位置等进行精确预测，以指导生产实践。

§2.3　电火花成型加工设备

电火花成型加工设备种类繁多，不同厂家生产的电火花加工机床略有差异。常见的电火花加工机床包括：机床主体、电源箱、工作液循环过滤系统等几个部分。

本节将对 ROBOFORM 数控电火花成型机床做主要介绍。

2.3.1　ROBOFORM 数控电火花成型机床

ROBOFORM 数控电火花成型机床如图 2-4 所示，是瑞士夏米尔公司生产的高精度数控电火花成型加工机床，主要由主机，电源、数控柜和伺服进给系统，工作液循环过滤系统等三大部分组成。

1. 机床主机

床身和立柱为机床的基础部件，立柱与纵横导轨安装在床身上，变速箱位于床身后部。床身和立柱具有足够的刚性，以防止主轴挂上具有一定重量的电极后将引起立柱前倾和在放

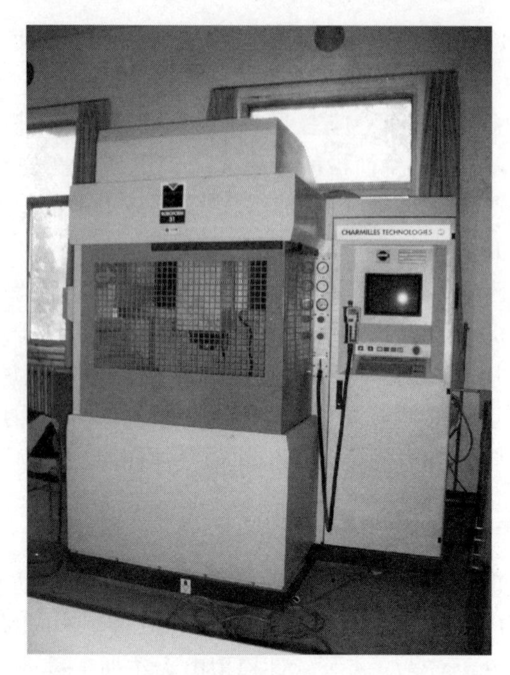

图 2-4　ROBOFORM 数控电火花成型机床

电加工时电极做频繁地抬起而立柱发生强迫振动，尽量减少床身和立柱发生变形，保证电极和工件在加工过程中的相对位置，确保加工精度。

工作台主要用于支撑装夹工件，通过转动纵横向丝杠来改变电极和工件的相对位置。工作台下装有工作液箱。

主轴头是电火花成型机床的一个关键部件，它的质量直接影响加工的工艺指标。

在 ROBOFORM 数控电火花成型机床的工作台外边安有特殊的安全防护罩，在机床正常加工过程中，必须关闭防护罩，不得随意打开。在机床主轴顶部安有排烟机，及时排除加工过程中产生的有害气体。

2. 电源、数控柜和伺服进给系统

1）电源

电火花成型机床的脉冲电源是整个设备的重要组成部分。脉冲电源输出的两端分别与电极和工件连接。在加工过程中向间隙不断输出脉冲，当电极和工件达到一定间隙时，工作液被击穿而形成脉冲火花放电。由于极性效应，每次放电而使工件材料被蚀除。电极向工件不断进给，使工件被加工至要求的尺寸和形状。

脉冲电源能够输出一系列的脉冲，每一个脉冲都具有一定的能量，脉冲电压幅值、电流峰值、脉宽和间隔都满足加工要求，而且不受外界干扰、工作稳定可靠。

2）数控柜

电火花机床数控柜是用于操作电火花加工机的设备，通过输入指令进行加工。ROBOFORM 数控电火花成型机床的数控柜配有电脑屏幕，通过键盘输入指令；配有手动操作盒，主要用于进行机床加工轴的选择，加工轴速度的调节，加工开始、暂停，工作液箱的升降，工作电极的夹紧、放松等。

3）伺服进给系统

加工过程中，电极和工件之间必须保持一定的间隙，但是由于放电间隙很小，而且与加工面积、工件蚀除速度等有关，所以电火花加工的进给速度既不是等速的，也不能靠人工控制，必须采用伺服进给系统。这种不等速的伺服进给系统也称为自动进给装置。电火花加工机床的伺服进给系统的功能就是在加工过程中始终保持合适的火花放电间隙。

ROBOFORM 数控电火花成型机床的电源、伺服进给系统都安装在数控柜内。

3. 工作液循环过滤系统

电火花加工是在液体介质中进行的，液体介质主要起绝缘作用，而液体的流动又起到排出电蚀产物和热量的作用。

通过过滤使工作液始终保持清洁而具有良好的绝缘性能。工作液中炭黑和微小金属颗粒的含量增加，将使工作液成为具有一定电阻的导电液体，可能导致电弧。

根据加工对象的要求，采用适当的强迫循环方式，从加工区域把电蚀产物和热量排出。

（1）非强迫循环——工作液仅作简单循环，用清洁的工作液替代脏的工作液，电蚀产物不能被强迫排出；

（2）强迫冲油——将清洁的工作液强迫冲入放电间隙，工作液连同电蚀产物一起从电极侧面间隙排出。这种排屑方法会使电蚀产物通过已加工区而形成二次放电，形成大的间隙和斜度。

（3）强迫抽油——将工作液连同电蚀产物经过电极的间隙和工件的待加工面被吸出，这种排泄方式可得到较高的加工精度。

在加工过程中电蚀产物的颗粒很小，浮游在工作液中，并可能存在于放电间隙中，使加工处于不稳定状态，直接影响生产率和工件表面粗糙度。因此工作液必须保持清洁，在工作液循环系统中使用过滤器进行工作液的净化。

过滤器过去常采用木屑、黄沙、棉纱等来源广泛的材料作介质。目前广泛使用过滤精度高、阻力小、更换方便、耗油量小的纸芯过滤器。ROBOFORM 数控电火花成型机床使用的就是纸质过滤器，可以经清洗后继续使用。

2.3.3 ROBOFORM 数控电火花成型机床的操作使用

1. 简介

操作界面如图2-5所示，通电时，可选择要显示的菜单：

（1）显示初始化菜单：按下通电键8同时按住 Shift 键。

（2）显示断电前的屏幕，按下通电键8系统磁盘保护。在磁盘的读写过程中（驱动器灯亮），不能将磁盘从驱动器中取出，否则易造成磁盘上数据丢失。

1）装入系统软件

在相应软驱中插入磁盘 A 和 B，按下 Shift 键，启动 NC（数控系统通电），然后按下 LOAD 键。

装入完成后，在驱动器 A 中插入软盘 C，但不取出磁盘 B，并按下 START 键。

系统装入后，首先要找各轴的绝对参考点。

系统装入后，应确定各轴的绝对参考点（RUN-Service 运行服务模式）。

2）输入区

执行一条指令：

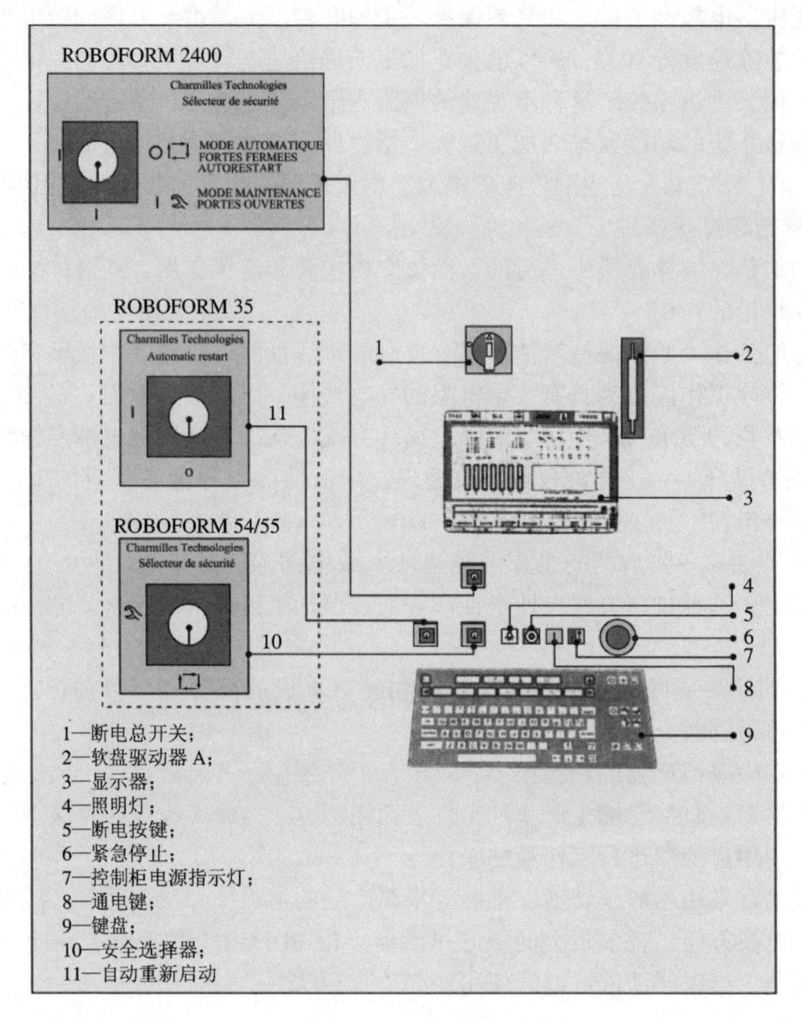

图 2-5　操作界面

（1）用键盘键入该命令名称。

（2）按下回车键 RETURN。

机床将检查指令句法，机床处于中止（FEED HOLD）模式（红色指示灯与绿色指示灯亮），如果指令不包含任何运动，立即得到执行。

如果句法出现错误，将出现信息“E007 句法错误”加以必要的修改，重新开始操作。

（3）按下 START 键执行指令。

运动指令可通过“STOP”键中止，ABORT 键取消，START 键重新开始。新指令可随后立即执行。

3）编辑输入行

只有屏幕下角的 COM>符号出现后，才能使用对该行的修改。

2. 数控系统结构

1）简介

信息可以存储在系统内存、磁盘或与机床相连的主计算机上。

文件是存储器中可存取信息的集合（工件程序、指令程序、文本等），它可存在于系统内存或物理设备中（如磁盘），通过设备名识别。

2）文件命名

要操作文件（复制、创建、编辑等）必选以下约定给文件命名。

<设备名称>：<文件名>. <文件扩展名>

PPP　：FFFFFF. TTT

如　A：DEMO. ISO

文件扩展名：TTT

文件扩展名用于标示文件中信息的类型：如 CMD 代码（指令语言）等。

用户可以选择文件扩展名，扩展最多可含 3 个字符。

已有的标准扩展名为：

. RBF　用 PROFORM 语言写成的工件程序。

. ISO　ISO 工件程序。

. CMD　指令程序。

. BAK　已修改文件的备份文件。

. TEC　参数设置表（规准表）。

. OFS　偏移量表。

. VAR　变量表。

. PNT　点坐标表。

. GAP　轮廓加工路径偏移量表。

. IEC　屏幕拷贝文件。

. LNG　语言文件。

. STR　加工策略文件（PROFORM-EXPERT 编程专家系统）。

. TAB　工艺表文件（PROFORM-EXPERT 编程专家系统）。

. HLP　帮助文件。

3）界面安排

数控系统控制有四种模式，每种模式的颜色与符号均各不相同。

① PREPARATION（准备）模式　符号：PREP　背景色：绿色

② EXECUTION（执行）模式　符号：EXE　背景色：紫色

③ INFORMATION（信息）模式　符号：INFO　背景色：蓝色

④ GRAPHICS（图形）模式　符号：GRAPH　背景色：橙色

界面（屏幕）分为三个区域：

(1) 显示区。

显示区界面如图 2-6 所示。

像笔记本中的页一样，屏幕上显示四种工作模式，无论选择何种模式，界面都保留显示四种模式名称。

工作模式是用键盘上的符号键来选择，任何时候都可进行模式转换，所选的模式出现在前台（界面背景与模式标题颜色相同），并显示上次用过的页。

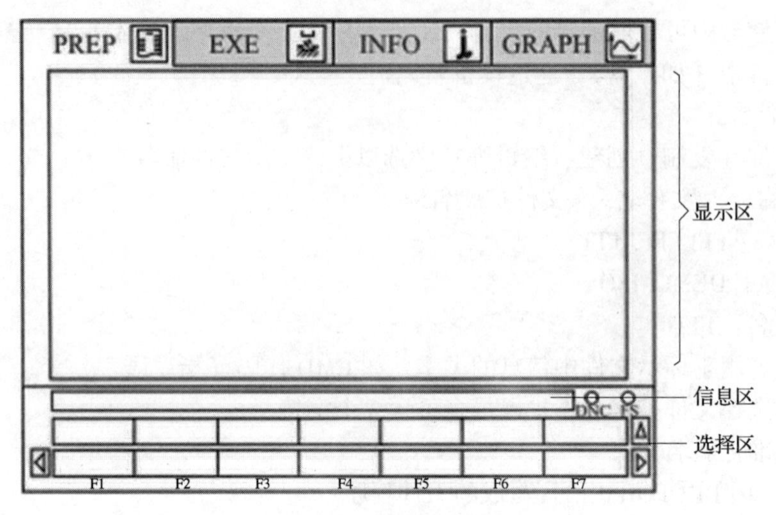

图 2-6 显示区界面

COM>标志在界面上出现后，可直接从键盘键入指令并按下回车（RETURN）键确认（该区出现在 EXE 模式下）。

（2）信息区。

如图 2-7 所示，信息区显示信息与出错信息。如果出现错误信息，信息左侧彩色指示器说明出错原因。

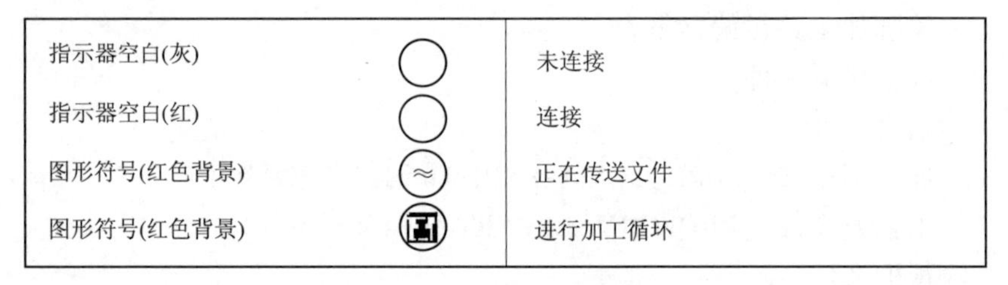

图 2-7 信息区显示界面

一些操作可能不兼容，这种情况下，指示器指示文件管理器忙，并显示出错消息。

（3）选择区。

该区用于显示选定模式下一系列菜单，这些菜单显示所有有效功能（该区只在 PREP、EXE、INFO 模式有效）。

2.3.4 PREP 模式

1. 编辑器

编辑功能用于修改或创建 PROFORM 指令或 ISO 语言程序。编辑指令与大多数微机上所用的相同。

使用 PROFORM 编辑器需要在 EDITOR/编辑器下（F1）指定文件名（*. RBF）。

按回车键 RETURN 确认所选文件，文件即打开。每当创建或修改 *. RBF 文件，必须按 F1 键选中 PROFORM。

界面底部出现 PROFORM 指令表，用键←和→将光标移动到适当行上，可以使用 F1 到

F7 功能键选中一条指令，也可以键入指令名称，并按回车键 。

不用退出编辑器，对你所创建或修改的文件进行存盘操作。

在结束时，可以进行几种选择：

退出——退出编辑器，放弃当前程序，且不存盘；

存盘——退出编辑器并保存当前程序；

编辑——返回编辑器主菜单与当前程序。

2. 编程专家系统 1.1 版

编程专家系统是一种可以自动生成 PROFORM 程序与相应工艺文件的软件，其使用分 5 个步骤（图 2-8）：

（1）选择存储生成 PROFORM 工件程序所需数据的文件名。

选定相应存储单元中现有工艺策略，可以进行显示并修改，这文件的扩展名为. STR。

（2）键入通用参数（3 页）。

（3）键入优先方式表格。

（4）显示并编辑结果。

（5）显示生成的 PROFORM 程序。

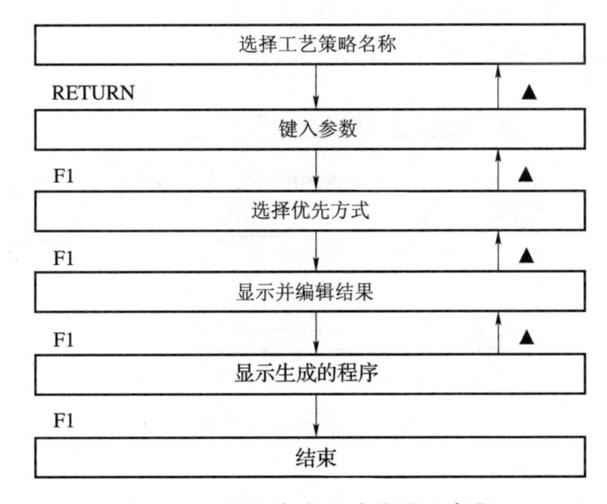

图 2-8　编程专家系统的使用步骤

3. 工艺策略的创建与修改

在准备阶段，操作员可进行两种操作：

1）创建工艺策略

操作员在对话行上输入工艺策略名称，该名称不得超过 6 个字符，缺省扩展名. STR 自动加入，如果在其他的存储单元（A:）上操作，该存储单元中必须包括所有表单。

按下回车键 RETURN 使之生效。

使用功能键 F6（CHANGE UNIT，改变存储单元）或对话行（FLLE：A：＊. STR），可以改变存储单元。

2）修改工艺策略

（1）使用箭头↑或↓移动光标选定工艺策略。

（2）按下回车键 RETURN 使之生效。

4. 通用参数

输入生成程序所需的参数，如图2-9所示，通过以下三个界面实现：

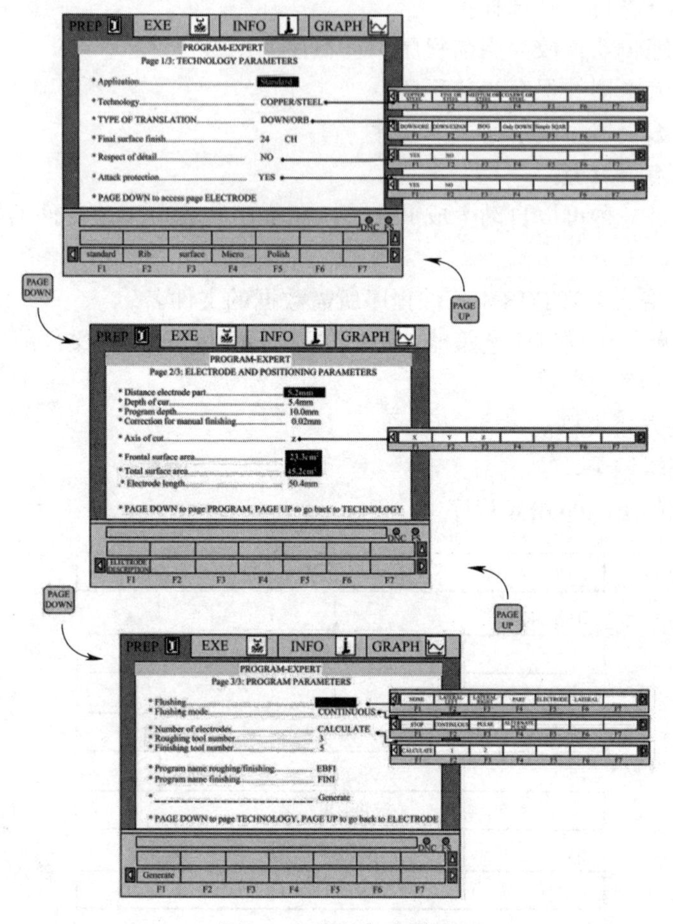

图2-9 编程专家界面

（1）工艺参数；

（2）电极与位置参数；

（3）编程参数。

使用PAGEUP和PAGEDOWN键可进行翻页，任何时候都可按下▲键退出编程专家系统。

5. 参数的选择与键入

（1）参数选择通过箭头↑或↓实现。

（2）对仅有限个值可供选择的参数，提示值位于F1到F7的功能行上。参数值通过相应的功能键选定。

6. 通用参数定义

1）应用

该参数定义加工作业的应用类型，针对不同工艺表，有以下几种情况：

（1）标准加工。

无特殊要求的应用场合。对大多数情况可选用，但加工中需优化。

（2）深腔加工。

针对深槽、窄缝的加工。

（3）表面加工。

大面积小深度加工。

（4）微细加工。

针对电极表面积小于 1 cm^2，加工深度小于 5 mm 的加工场合。

（5）抛光加工。

光亮表面的精加工。

2）工艺条件

操作人员必须选取下列现有的工艺之一：

（1）铜对钢；

（2）细石墨对钢（粒度 3~7 μm）；

（3）中石墨对钢（粒度 7~10 μm）；

（4）粗石墨对钢（粒度大于 10 μm）。

3）加工类型

用于在 PROFORM 工作程序中选择准备使用的指令类型，目前以下功能有效：

（1）F1　　DOWN/ORB；

（2）F2　　DOWN/EXPAN；

（3）F3　　ISOG；

（4）F4　　单用 DOWN；

（5）F5　　简单 SQAR。

4）最终表面粗糙度

操作员必须使用键盘输入所需的最终表面粗糙度。

注：

（1）缺省表示单位 CH 和 mm。

（2）要使用英寸或 RA，需退出编程专家系统（使用▲键）并修改变 CHRA 和/或 ENG。

（3）如果没有规准能达到所需的值，编程专家系统（PROGRAN EXPERT）将自动生成这样的程序，其中 CH5 与要求的值尽可能接近。

5）电极-工件距离

程序开始时（FROM）电极与工作表面（进给轴上工件坐标系的零点）之间的距离，可以为正也可以为负。

6）加工尺寸

实际加工长度，总为正值。

7）编程尺寸

编程尺寸如图 2-10 所示，工件表面（进给轴上工件坐标系的零点）和加工最远点之间的距离，可为正，也可为负。

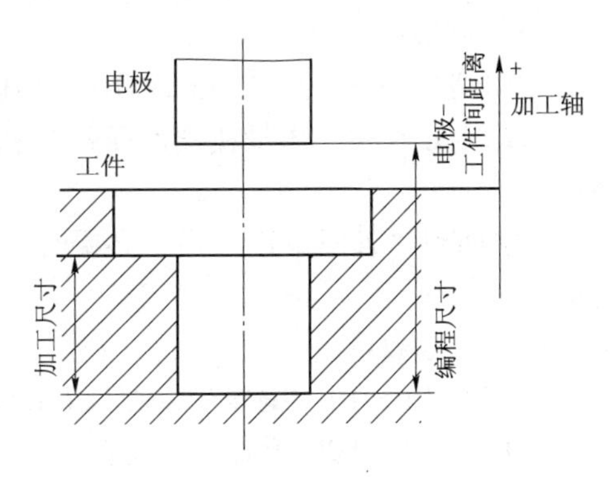

图 2-10　编程尺寸

8）手工修正余量

用于只改变一个值时调整尺寸；用于留余量（如手工抛光）。

9）加工轴向

输入的值用于生成 AXE/... 和 FROM/X，x，Y，y，C，c.

可在 *X*，*Y* 与 *Z* 各轴之间选择（使用 F1、F2、F3）。

10）电极端面面积/加工总面积

使用 F1（ELECTRODE DESCRIPTION 电极描述），操作员可定义电极，如图 2-11 所示，这时出现以下界面：

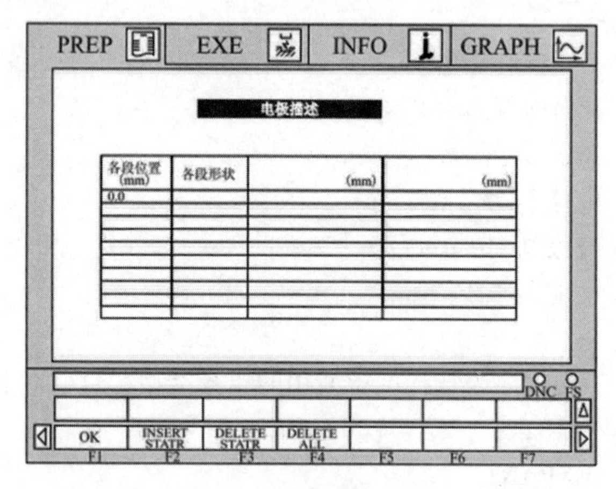

图 2-11 电极定义界面

操作员须从电极端部到根部一段一段的定义电极。

使用“↑”“↓”“←”“→”四个箭头键可在表格中进行切换。

第一栏确定电极各段的高度（这一栏中各值必须以升序排列，且必须为正）。

第二栏为电极各段的截面形状，如图 2-12 所示。对此有几种可用的形状：矩形 RECTANGLE F1，多边形 POLYGON F2 和圆形 CIRCLE F3。

在第三与第四栏中，操作员必须输入以下各值：

（1）矩形的 *X* 和 *Y*（长与宽）；

（2）多边形的边数与长度；

（3）圆形的直径。

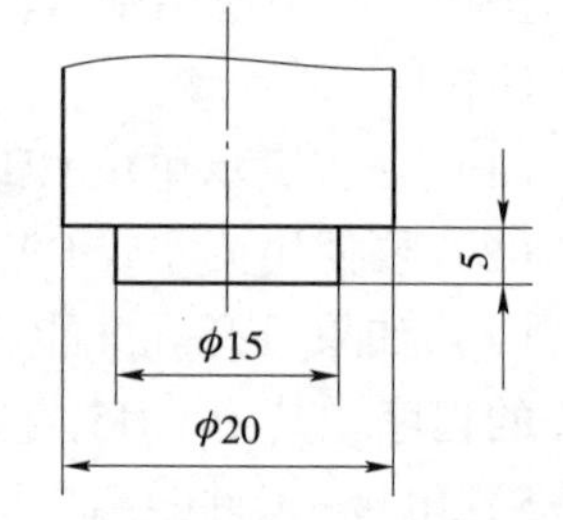

图 2-12 电极各段的截面形状

返回到电极参数“ELECTRODE PARAMETERS”页面后，设置自动生效。在“电动机端面面积”和“电动机总面积”参数栏内，可见到由编程专家系统算出的值。

注：回到“各段位置”栏，必要时，操作员可以插入或删除某一级，这些操作在当前行完成。

11）电极数量

—CALCUL F1 编程专家系统（RROGRAM-EXPERT）计算需要的电极数量（1或2）；

—1 F2 操作员决定使用1个电极；

—2 F3 操作员决定使用2个电极。

12）粗加工电极代号

操作员使用键盘指定粗加工电极的位置，如果参数“No. of electrode”（电极数量）为 1，精加工电极位置相同。

注：如果操作员决定将精加工与粗加工分开（粗/精加工程序名称后键入文件名）且只使用一个电极，则不会生成电极/序号（TOOL/NUMBER）指令。

程序开始执行时，夹头中的电极认为是进行加工的工具电极。

13）粗加工程序名称

操作员输入粗加工 PROFORM 程序名称，扩展名 *. RBF 自动添加，文件名不超过 6 个字符。

注：在缺省状态提示当前工艺策略文件名。这种情况下，. RBF 取代. STR 作为扩展名。

14）精加工程序名称

操作员输入精加工 PROFORM 程序名称，扩展名 *. RBF 自动添加。

注：如果操作员为输入文件名，对粗加工和精加工生成的指令放在同一文件中。

7. 优先方式选择

这一阶段操作员选择加工作业的优先方式。将三个预期目标（速度、低损耗和表面粗糙度）按所需的顺序排列即可。

目标用 F2、F3 和 F4 各键来选择，选中的目标即被置入下一空行。再次按下同一键，相应的目标从表中被删除。优化界面如图 2-13 所示，优先方式表完成后，按下 F1 键设置生效。

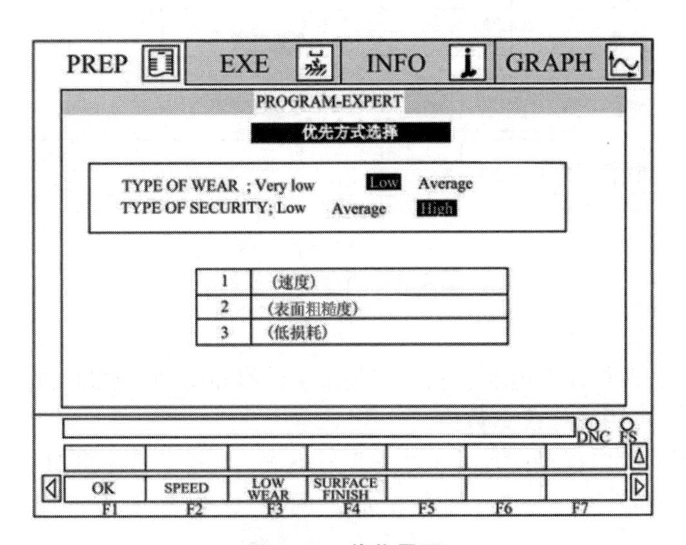

图 2-13　优化界面

注：必要时按下▲键即可回到“通用参数”（GEHERAL PARAMETERS）编辑环境中。

选定优先方式后，屏幕上部一框中出现两行文字说明工艺策略。

计算得到的结构用一个总表显示，操作员可以修改表中的各项值。

电流优化界面如图 2-14 所示，使用上下箭头键↑和↓，操作员可以在 CHOICE 自选值栏中移动光标，完成表中各值的修改。按下回车键 RETURN，修改后的值生效。

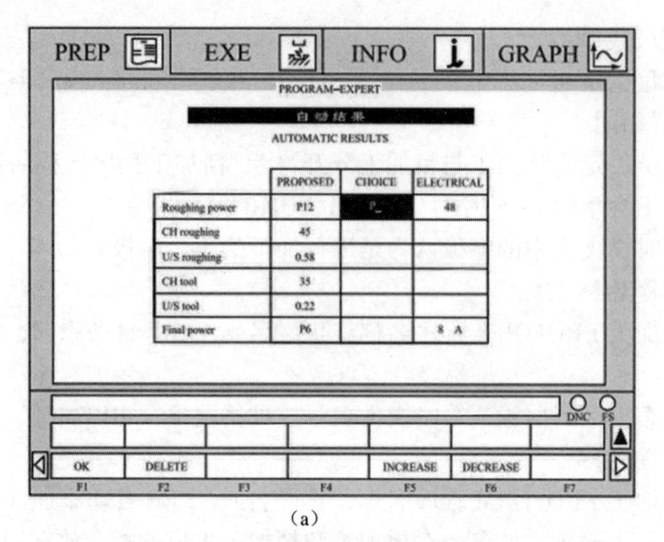

（a）

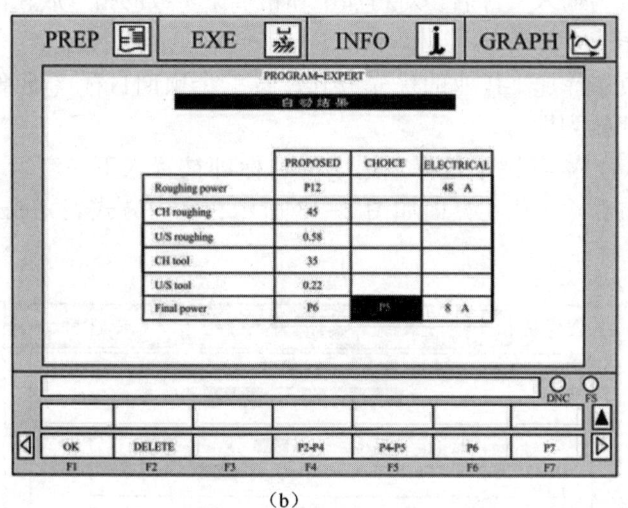

（b）

图 2–14　电流优化界面

（a）修改 Roughing Power 界面；（b）修改 Final Power 界面

对于某些参数，即粗加工电流、粗加工规准 CH 值和精加工规准 CH 值，功能键 F5（增大）和 F6（减小）可用来修改参数值。

为了确定“粗加工电极径向尺寸缩小量”U/S roughing（简称粗加工间隙）或“精加工电极径向尺寸缩小量”U/S tool（简称精加工间隙），需要用键盘输入该值，然后按 F3（BLOCK）。

注：每次修改都要经过检查，以使同其他参数相协调。如果必要，重新计算其中的一些参数。

8. 加工程序显示

加工程序显示界面如图 2–15 所示，操作员可进行以下操作：

▲键用于回到“自动结果”页面；

上下箭头键↑和↓用于滚动屏幕中的行；

按下 F1 程序生效。

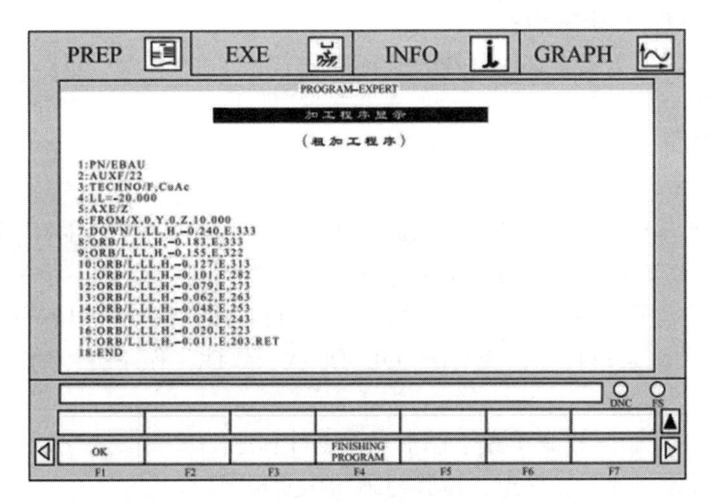

图 2-15　加工程序显示界面

该操作用于：

(1) 在当前存储单元中生成 PROFORM 程序；

(2) 生成工艺副表 (techno sub-table)，其名称与起始文件相同，扩展名为 . TEC，为了该文件正确生成，当前存储单元中必须含有文件 UCUAC. TEC (或 UGRAC. TEC)；

注：如果 ****. TEC 文件缺失，显示出错信息"E505:MEM:UCUAC.TEC 文件不存在"。

(3) 退出编程专家系统。

F4 用于显示精加工程序，如果操作员未在通用参数页中输入精加工文件名，该键不存在。

9. 文件

文件功能用于操作机床上各存储设备中的文件 (当选中一个存储设备时，其目录自动显示)。可对单目录或几个不同的文件进行操作。

选择文件要在存储设备改变后进行，可以接受缺省文件，也可使用光标选择其他文件。

10. 复制

复制功能用于将文件从源设备复制到目的设备中。

复制文件有两种方法：

(1) 使用箭头键选中要复制的文件 (源)；按下回车键 RETURN 或 F1 确认。

(2) 从功能菜单中选定目标驱动器 (F1 到 F7) 或使用 CPY，…，目标文件名，在提示下，提供源名称，按回车键 RETURN 确认。

注：通配符 (WLLD CARD) (*) 可在源文件名称中使用 (这一点与 PC 机相同)，因此可以实现多个文件的拷贝。

11. 表格编辑 (EDIT TABLES)

该功能用来显示或修改所选表格的内容。

存储器 MEM：中存在五个空白表格 (用户文件)。

(1) USER. TEC　工艺表；

(2) USER. OFS　偏移表；

(3) USER. VAR　变量表；

（4）USER. PNT　点坐标表；

（5）USER. GAP　电极偏移或补偿表（间隙表）。

12. 执行程序

要运行的文件可以在下列外设上执行：

MEM：，A：，B：，DNC：。

使用设备更换指令可在不同外设之间进行切换。对一个文件有四种不同的操作：

CUT（加工、切割）在加工模式下运行选定的文件。

DRY RUN（空运行、模拟）运行工件程序，执行各运动形式，但不进行加工。

VERIFY（检验）运行程序检查句法与几何形状一致性，程序运行期间不执行运动和不进行加工。

DRAWSCREEN（画图）在屏幕上图形显示工件程序。

运行程序的过程与加工、模拟、检验与画图功能相同：

（1）对“DRAW SCREEN（画图）”功能，选中“画图参数”页调整相关参数。

（2）选中“程序执行”。

（3）选择要执行的文件。

（4）选择要求的执行模式，在这一阶段机床处于中止模式。

（5）使用START键开始执行。

如果执行程序前某些条件得不到满足，将显示出错信息。此时，取消程序的执行并在改正错误后重新开始。

13. 用户参数

显示用于编程的参数。

用户参数说明：

1）BLK —执行工件程序

BLK=0　　工件程序连续运行；

BLK=1　　在每程序段结束时，工件程序停止（在每一程序段的结尾，进入中止模式）。

2）CBC—执行指令程序

CBC=0　　指令程序连续执行；

CBC=1　　指令程序在每条指令结束处停止。

3）COE—中止

COE=1　　不论字母E开头的100、200或300类别的错误何时出现，工件程序不停止。在“E073”测量超差情况下，机床重新开始测量循环直到测量正确。以A开头的错误不影响程序运行。

COE=0　　每当字母A开头的100、200或300的类别错误出现，工件程序停止执行。如果操作人员要求，程序可重新开始，但不执行出错行。

4）OSP—选择停（stop/optional）

OSP=1　　选择停用于有条件中止工件程序。如果出现错误“E073”（测量超差），该功能引起中止，机床将处于待命或中止状态。

OSP=0　　停止/选项被忽略。

5）ENG—屏幕上显示值（在中止时无效）

ENG=0　　屏幕上显示的值或键盘输入值以 mm 为单位。

程序中所用的测量单位不受 ENG 影响。

ENG=1　　屏幕上显示的值或键盘输入值以英寸为单位（1 英寸=25.4 mm）。

6）BLD—工件程序中控制可选程序段（只对 ISO 语言）

BLD=1　　工件程序中，可选程序段被忽略。

BLD=0　　工件程序中，可选程序段执行。

可选程序段以/符号开头，它只用于 ISO 程序。

7）SIM—仿真（模拟）

SIM=1　　如果选中 CUT，机床运行编程轨迹，但不启动脉冲电源或执行任何辅助功能。

SIM=0　　如果选中 CUT，机床将执行程序，同时接通脉冲电源。

SIM 只能更改中止时的情况。

当从程序执行（PROGRAM EXECUTION）功能选中仿真，SIM 自动置 1。从程序执行（PROGRAM EXECUTION）功能选中 CUT，SIM 自动置 0。放弃（Abort）键具有同等功效。仿真参数用于在工件已加工段上方执行程序，而不进行加工（CUT 功能且 SIM=1）。当到达已加工区终端时，设置 SIM=0 来中止模拟，而后可以继续运行程序进行加工。

SIM 参数影响工件或指令程序加工（CUT）和仿真（Simulate）的执行方法。

8）TSIM—仿真期间交换电极

TSIM=0　　仿真期间电极交换被忽略；

TSIM=1　　仿真期间电极交换进行。

9）ART—断电后自动重新启动

ART=0　　未激活；

ART=1　　激活。

10）TFE—路径偏移（轮廓加工）

TFE=0　　取消路径偏移；

TFE=1　　允许路径偏移（缺省值为 1）。

11）CLE—轮廓加工

该参数用于不改变 GAP 或 RT 电极偏移表中值的情况下调整整体的路径偏移，例如凹模加工时可用于间隙补偿。

14. 激活表格

Active Tables（激活表格）功能用于选中在工件程序或指令程序执行中要用到的表格文件。这些文件必须存储在内存中（MEM:），否则不能激活。表格的不同类型（TEC，OFS，VAR，PNT，GAP）在 PREP 准备模式下由表格编辑功能指定。激活的表格以 $ 符号标明，同一时间内，每类中一次只有一个表格被激活。这些表格不能被删除，功能键用于选定同类型的表格。

例　打算选定表 XCNAC. TEC：

（1）选择 *. TEC。

显示所有 . TEC 文件。

激活表为 USER. TEC。

（2）利用光标选中 XCUAC. TEC 文件。

（3）按下回车键 RETURN。

这是文件 XCUAC. TEC 被激活，$ 号出现在其后，而文件 USER. TEC 现在未激活。

15. 手动控制

机床操作可由手动控制器（图 2-16）进行控制。

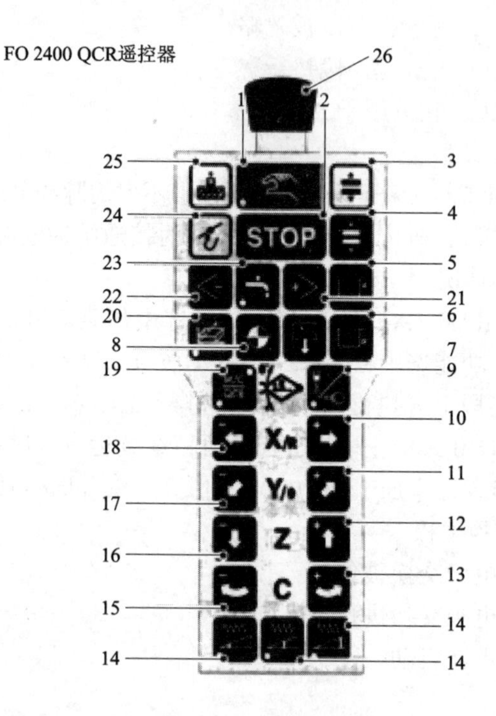

图 2-16　手动控制器

1—手动模式；2—停止；3—松开电极；4—夹紧电极；5—工作液槽高位；6—工作液槽低位；7—排空工作液槽；8—机床参考点设为 0；9—电碰触激活/未激活模式的选择 QCR；10—X 或 R 轴正向运动；11—Y 或 θ 轴正向运动；12—Z 轴正向运动；13—C 轴正向运动；14—手动模式运动速度；15—C 轴负向运动；16—Z 轴负向运动；17—Y 或 θ 轴负向运动；18—X 或 R 轴负向运动；19—QCR 模式；20—靠边测量模式；21—增大冲液压力；22—减小冲液压力；23—开启和关闭冲液；24—中止模式下电极返回加工区；25—从加工区移开电极；26—紧急停止

16. 工作液

所有的工作液功能都能在手动模式下自动进行。

1）状态

该指令用于调整冲液情况，可选三个位置：

ON（开）；WAIT（等待）；OFF（关）。

2）冲液类型

FLUSH/EL　　电极冲液；

FLUSH/LL　　左侧向冲液；

FLUSH/LR　　右侧向冲液；

FLUSH/PA　　工件冲液；

FLUSH/ CV4　　腔 4 冲液。

3）冲液与抽液的各种模式

0　无冲液；

1　持续冲液；

2　脉冲冲液；

3　交替脉冲冲液。

17. PROFORM 语言简介

PROFORM 是指专用于 ROBOFORM 电火花成型机床的一种编程语言。

PROFORM 是精心设计的适合于多种电火花成型机床的指令集，可以方便快捷地为复杂加工做准备。

PROFORM 句法，定义了工件程序编制中必须遵从的所有规则。

PROFORM 编程器使用了这些规则且在编程期间可以纠正程序中的代码错误，使数控程序的编制大为简化，尤其适合于没有编程经验的操作人员。

1）PROFORM 句法

该句法使用以下符号约定：

<>用于可选择参数，在几个参数中选择。

（1）指令。

句法　<行号：>操作　返回

* 行号从 1 到 32 000，后接（:）号。这样使各个代码行的查找较为方便，便于程序的修改。

* PROFORM EDITOR 能自动添加行号。

（2）操作。

句法　操作不同，语言不同。但一般格式如下：指令字/参数指示符，参数。

① 指令字（主字）为 PROFORM 语言的保留字，将在以后各章节中说明（例如：GOTO、ORB 等）。指令字（主字）与参数总是使用“/”号隔开。如无参数，则不需要“/”（如：END）。一些指令字（如 FROM）可带有参数，也可不带参数，在无参数的场合不能使用符号“/”。

② 参数指示符（辅字）也是 PROFORM 语言的保留字（例如：X，Y，L 等）。

参数指示符及其相关的指令字将在以后各章节中予以说明。

③ 逗号“,”用于分开参数指示符与参数，或者参数与另外的参数。

例：FROM/X，0，Y，0

（3）参数。

句法　数字常量\ 变量或表达式

执行指令时参数必须有值，也就是说变量必须已经定义。一般情况下，变量在程序的起始处宏定义前定义。

（4）数字常量。

语法　符号　数字

① 符号为+或-，缺省为+。

② 如果数中无小数点“.”，该数被作为整数对待。

（5）表达式。

表达式是算术运算符与操作数的组合。

运算符可以是标准的“+”“-”“/”等，也可以是预定义的函数（SIN、TAN、SQR等）。操作数可以是变量，也可以为常数。表达式可以使用括号，以确定运算次序。

例1 LP1P2=SQR（P1X-P2X）*（P1X-P2X）+（P1Y-P2Y）*（P1Y-P2Y）；

求P1与P2之间的距离。

句法　运算符　　操作数　　运算符

① 表达式中可有其他表达式、函数、数字常数或简单变量。

② 有效运算符：

+ 加

- 减

* 乘

/ 除

③ 函数：

SIN（　）正弦

COS（　）余弦

TAN（　）正切

ATAN（　）反正切

ABS（　）绝对值

SQR（　）平方根

SGN（　）符号（函数）

例2 1：FROM/X，0，Y，0；

2：GOTO/X，（10.2+3.7），Y，[10*TAN（27）]；

3：VECT/X，22，Y，7-（22/3+6*12.7），Z，-15。

（6）变量。

变量是代表值的符号，使用前变量必须赋值，程序执行期间变量值可以变化，且可以给变量赋新值（例：AA=AA+1）。变量不能使用PROFORM语言专用字或宏的名称。

① 变量可含2到50个字母、数字、字符。

例 DOWM/L，（只需要前8个字符）

② 有效字符为字母A到Z，数字0到9（例：AB，AX，ANGLE等）。

③ 大小写字母均可用，意义相同。

（7）赋值。

句法　变量=表达式

① 表达式被赋值且其值传给等号左边的变量。

② 然后程序中就可以将变量作为一个值使用。

例 FROM/X，0，Y，0

AA=10*TAN（22）

GOTO/X，10，Y，AA；　移动到点X=10，Y=10*TAN（22）

etc

（8）注释。

句法　；文本　返回

工件程序中使用分号（;）开始书写注释，它不影响程序的执行。

例　1：FROM/X，0，Y，0；第一个型腔的原点

2：VECT/Z-（12-0.24），E，234；沿 *Z* 轴加工，粗加工模式

or

3：沿 *Z* 轴加工，粗加工模式

etc

2）常用 COMMAND 指令语句应用表

（1）对程序会发生作用的指令语句。

① PG，（输入档案名）

可编辑呼叫 PROFORM（RBF）子程序进行加工功能（后缀为 . RBF）。

② TP，在 COMMAND 指令程序中置入此“STOP”可暂停执行加工。

③ BC，（指示功能）0：无效，1：有效

可选择只执行单一 COMMAND 指令语句，过后将暂停等待执行下一句指令语句。

④ SG，（输入提示）

可显示所要的留于屏幕之中，提示内容可随意，但字符极限于 36 个，此功能是不影响加工过程。

⑤ PAU，（输入暂停时间）

可编程暂停执行加工停留时间于 COMMAND 指令程序，停留时间是以秒计时。

⑥ LOOP，（循环次数）

可编程重复次数执行加工同一 COMMAND 指令语句，此功能只能重复在其之前所执行过的指令语句（LOOP，XX——不写即为无穷次）。

⑦ CCF，（输入文件名）（后缀为 CMD）

可编辑呼叫 COMMAND（CMD）指令程序进行指令功能（调用子程序：CCF；A：XXX CMD 调用另外一个 CMD 程序）。

⑧ TSIM，（空运行指示）0：不可能；1：可能

包括调用电极可执行。

⑨ SIM，（指示器）0：不可能；1：可能

从加工过程中转换为空运行，（SIM=0）TO DRY RUN（SIM=1）。

⑩ ART，（指示器）　0：不可能；1：可能

断电后自动再启动。

⑪ DRS，（档案名）

显示图形界面（DRS，RBF）。

⑫ DRP，S（s），X（x），Y（y）修改图形页的 DRP，SCS，X（x），Y（y）。

⑬ DRP，AUTO

⑭ DRP，XY　XY

⑮ CLS：图形界面清屏。

以上 1~15 条为影响执行程序的命令。

（2）作用于轴向移动及附加功能。

① AREF：自动寻找轴向绝对值基准位。

② MOV，X（x），Y（y），Z（z），C（c）

绝对值轴向移动功能，坐标数值相对机器（Machine）坐标，其移动方式按着机床坐标系进行绝对坐标值移动。

③ MOV：移动 *X*，*Y* 和 *Z* 轴回机器（Machine）坐标原点复归（MOV 后无数值相当于 *X*，0，*Y*，0，*Z*，0）。

④ MOVT，H（h）：工作油箱的绝对值移动。

⑤ MVR，X（x），Y（y），Z（z），C（c）

增量值轴向移动功能，坐标数值相对于机器（Machine）坐标，其移动方式为各轴自行移动。

⑥ MPA，X（x），Y（y），Z（z），C（c）

绝对值轴向移动功能坐标数值相对于工件（Part）坐标，其移动按照工件坐标系进行绝对坐标移动。

⑦ MPA　移动 *X*，*Y* 和 *Z* 轴回工件（Part）坐标原点。

⑧ MPR，X（x），Y（y），Z（z），C（c）

增量值轴向移动功能坐标数值相对于工件（Part）坐标，其移动按照工件坐标系进行相对坐标移动。

⑨ SPIN，DIR，S（s）主轴顺时针方向旋转；

SPIN，REV，S（s）主轴逆时针方向旋转。

其中 S 为转速，单位为 r/m。

⑩ SEP，A（No），X（x），Y（y），Z（z），C（c）

输入机床固定基准坐标各轴向数值，其将自动存储于记忆点表格内（User. PNT）（A=绝对坐标系，M=机床坐标系，P=工件坐标系，No=1~8）。

⑪ SEP，CP（No）

自动记忆及存储现行机床固定基准坐标各轴向位置点于记忆点表格内（把机床当前点的绝对坐标系的数值输入到 User. PNT 中，No=1~8）。

⑫ GOP，(No)　呼叫及位移至所记忆的各轴坐标点位置。

⑬ AUX，m　选择适当的附加功能编号码。

⑭ ALE，(指示)　0：不可能；1：可能

设置移动极限。

⑮ ALA，+X（x），+Y（y），+Z（z）　在绝对坐标系中输入极限点。

　－X（x），－Y（y），－Z（z）

⑯ TCH，(电极编号)

呼叫及自动更换电极（TCH，1，2，3，4 到某一个刀库换电极）

⑰ TCH，(电极编号) M

呼叫及手动更换电极。

⑱ TCH，0

把现行电极自动放回电极库，及使电极偏差功能无效。

以上 18 条是影响移动和辅助功能的命令。

(3) 用于表格及档案文件的指令语句:

① CGP, D (No.)

指把一个 GAP 表格中去, No. GAP 数值。

② GAP, (No.)

选择 GAP 表格当中的内容。

③ VAR, (表格文件)

选择所需的变量表格档案名, 相当于回车。

④ VLD, V (No.), (数值)

输入变量值于所定的变量表格编号内, 当使用此变量表格某编号内的数值时, 必须以 $ (编号) 进行呼叫。

⑤ PNT, (表格档案名)

选择所需的记忆点表格档案名 (激活文件)。

⑥ CPY, (输入档案名 1) (后缀名, ###), (输入档案名 2) (后缀名, ###)

拷贝档案文件。

⑦ DLF, (输入档案名) (后缀名, ###)

删除文件。

⑧ OFS, (表格文件名)

选择所需的偏差表格文件名。

⑨ TEC, (表格文件名)

选择所需的技术工艺表格文件名。

⑩ RLD, E (放电代码)

输入与存储放电参数调节数值于现行工艺表格内。

⑪ REX, E (放电代码)

叫出现行机床加工条件的某放电代码。

⑫ TOF, T (电极编号)

输入与储存电极偏差表格内。

以上 12 条用于表格及档案文件的指令语句。

(4) 其作用于子程序的指令 (影响工件程序的命令):

① AXO, X (x), Y (y), Z (z), C (c)

修改 X, Y, Z, C 的绝对坐标值与机床坐标值之差, 写成 AXO, 修改为 0。

② BLK, (指示功能) 0: 无效; 1: 有效

可选择只执行单一 PROFORM 程序语句 (RBF 程序中一行一行执行, 0: 不执行; 1: 执行)。

③ OSP, (指示功能) 0: 无效; 1: 有效

可选择性的暂停执行 PROFORM 子程序加工, 但子程序必须有 STOP/OPTIONAL 语句。

④ COE, (指示功能) 0: 无效; 1: 有效

可选择连续或暂停执行。

⑤ BLD, (指示功能) 0: 无效; 1: 有效

RBF中行首带“/”符号的程序行，执行的忽略开关。

⑥ TFE，（指示功能）0：无效；1：有效

路径偏移量的取舍开关。

⑦ CLE，（数值）

偏差值修正。

⑧ MOF，（指示功能）

电极偏差功能的附属模式选择。

0：所以偏差值不被执行；

1：仅使用OFFSET表格中*Z*和*C*轴的偏差被执行，*X*和*Y*轴的偏差值被忽略；

2：仅使用在OFFSET表格中X，Y，Z，C。

以上8条为用于子程序的指令。

（5）测量功能指令：

① EDG（正或负方向）

执行单边测量功能。轴位为运作轴向选择，数值为测量完成后的定位标值（对边进行测量）。

② EDGT，DX（dx），DY（dy），DZ（dz）

用电极感应检测一个工件表面，同时感应矢量方向是*X*，*Y*，*Z*坐标和一点给出。

③ EDGT，PN（pn）

用电极感应检测一个工件表面，同时矢量方向由记忆点表格中的点给出。

④ CEN，X（x），Y（y）

执行90°内孔中心测量功能，*X*和*Y*为测量完成后的中心定位坐标值。

⑤ CE2，X（　），Y（　）

执行45°内孔中心测量功能，*X*和*Y*为测量完成后的中心定位坐标值。

⑥ MTOL，（数值）

测量误差设定（测量精度平均与实测相差最大值）。

⑦ MPC，执行工件尖角测量功能。

DX（dx），DY（dy），估计及输入现行电极或测量球位置移动至工件外的距离。

DZ（dz），输入*Z*轴下降深度（负值）。

L（1），可选择第二点位置碰边距离。

ZF（zf），测量完成后*Z*轴停止坐标位置。

X（x），Y（y），Z（z），C（c）测量完成后的定位坐标值。

⑧ MPM，执行工件中心测量功能。

DX（dx），DY（dy）估计及输入现行电极或测量球位置移动至工件外的距离。

DZ（dz），输入*Z*轴下降深度（负值）。

ZF（zf），测量完成后*Z*轴停止坐标位置。

X（x），Y（y），Z（z），C（c）测量完成后的定位坐标值。

⑨ MTR，执行测量球与基准球定位功能。

R(r)，输入基准球的半径值。

ZF（zf），测量完成后 Z 轴停止坐标位置。

⑩ MTO，执行寻求电极偏差测量功能。

DX（dx），DY（dy），估计及输入现行电极位置移动至基准球外的距离。

DZ（dz），输入 Z 轴下降深度（负值）。

以上 10 条测量功能指令。

（6）其余命令：

① ENG，（指示功能）

0：mm；

1：inches。

指令和机器参数可选择以公制或英制于屏幕显示。

② ZCL，（指示功能）

0：总时间（开机时间）；

1：加工时间（放电时间）。

重设定时间显示为零（时钟消零）。

③ OL，（数值）

圆弧加工时逼近值的长度。

④ LNG，（语言档案名）

可选择屏幕语言的种类。

⑤ CHRA，（指示功能）

0：CH（夏米尔）；

1：Ra（公制 Ra）。

选择表面粗糙度的单位。

⑥ ODS，（文件名）

为拷贝屏幕建立一个文件。

⑦ DIS，（数值）

屏幕拷贝内容的传输。

⑧ HSR，e 连接 DNC3 的通信。

以上 8 条为其余的命令。

（7）加工命令（同时 CMD 也承认此命令）：

① DOWN，L（1），H（h），P（p），R（r）

沿工作轴向加工法。

② VECT，X（x），Y（y），Z（z），C（c），P（p），R（r）

多轴联动加工。

③ ORB，L（1），H（h），P（p）

三轴 45°加工与 DOWN 配合。

④ EXPAN，R（r），P（p）

两轴平动加工。

以上 4 条为加工命令。

（8）冲液命令（与 RBF 命令一致）：

① FLH，<LLm><，LRm>，<Elm><，PAm><Muc，m>

冲液选择，指示冲液。

② ASP，<，PAM><Mum，CVc>

吸气（液）与 ASPIR 命令同。

3）加工程序举例

（1）VECT 线形（向量）加工旋腔。

旋腔加工如图 2-17 所示。

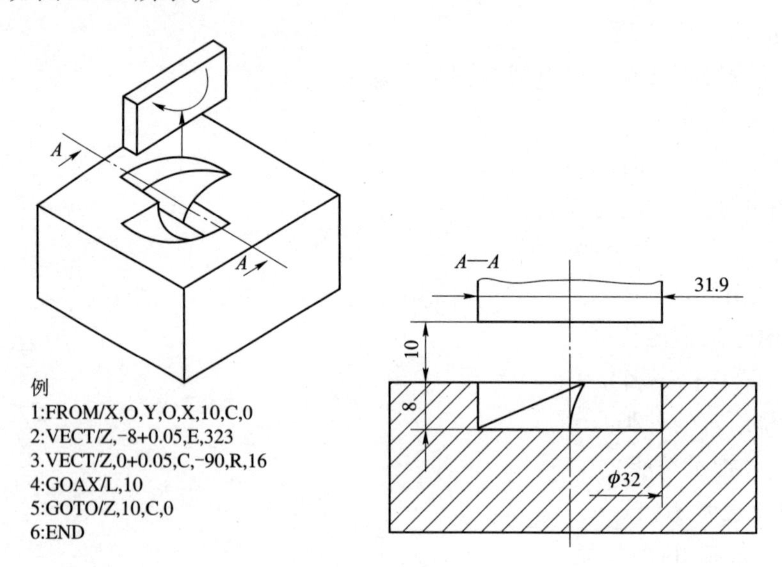

图 2-17　旋腔加工

（2）HELIC 螺旋加工。

螺旋线加工如图 2-18 所示。

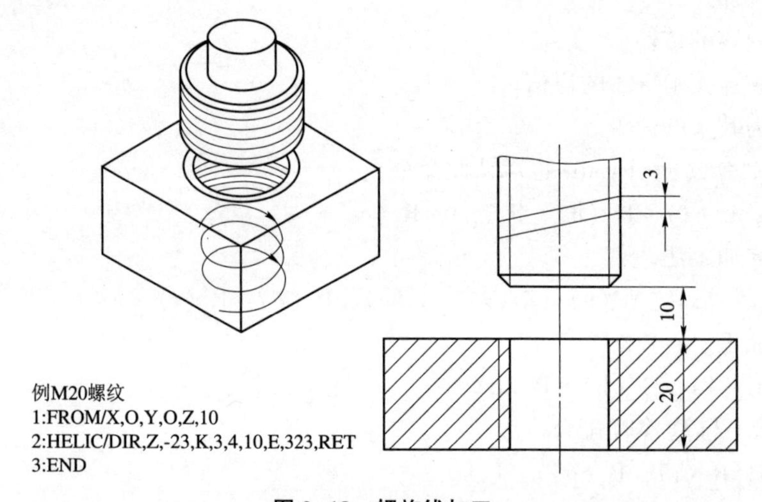

图 2-18　螺旋线加工

§2.4　电火花穿孔加工典型机床

现以汉川 DM7132 精密电火花成型机床为例说明：

电火花穿孔成型加工机床主要由机床主体部分、工作液循环及过滤系统、脉冲电源、机床伺服进给系统几部分组成。

1. 机床主体部分

主体主要包括：床身、立柱、主轴头、工作台、工具电极夹具及平动头几部分，如图 2-19 所示。床身和立柱是机床的主要结构件，要有足够的刚度。床身工作台面与立柱导轨面间应有一定的垂直度要求，还应保持较高的精度，这就要求导轨具有良好的耐磨性和充分消除材料内应力等。纵向横向移动的工作台一般是靠刻度手轮来调整位置。高精度机床常采用光学坐标读数装置或磁尺数显装置。

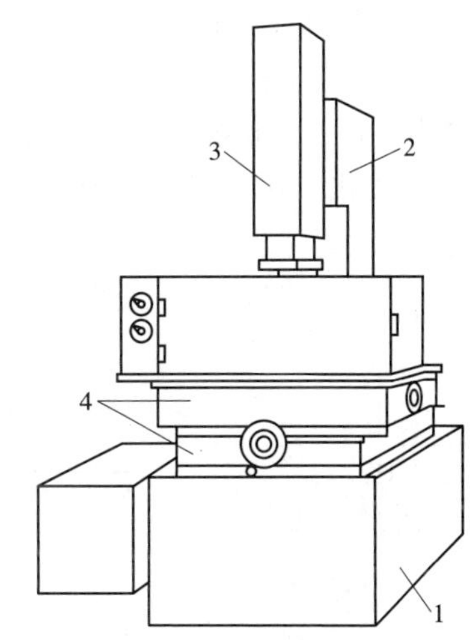

图 2-19　电火花穿孔成型加工机床示意

1—床身；2—立柱；3—主轴头；4—工作台

1）主轴头

主轴头是电火花成型机床中最关键的部件，是自动调节系统中的执行机构，它的结构由伺服进给机构、导向和防扭机构、辅助机构三部分组成。由它控制工件与工具电极之间的放电间隙，加工工艺指标的影响极大。主轴头的要求是：结构简单、传动链短、传动间隙小、热变形小、具有足够的精度和刚度，以适应自动调节系统的惯性小、灵敏度好、能承受一定负载的要求。经济型电火花成型机床主轴头移动常用大量程百分表显示。

2）工具电极夹具及平动头

（1）工具电极夹具是可调节工具电极角度的夹头。工具电极的装夹及其调节装置的形式很多，其作用是调节工具电极和工作台的垂直度以及调节工具电极在水平面内微量的扭转角，常用的有十字铰链式和球面铰链式。

（2）平动头。电火花加工也和切削加工一样按先粗后精原则，粗加工的火花间隙比半精加工的要大，而半精加工的火花间隙比精加工的又要大一些。当用一个电极进行粗加工后，其底面和侧壁四周的表面粗糙度很差，为了将其修光，就得改变规准逐挡进行修整。由于后挡规准的放电间隙比前挡小，对工件底面可通过主轴进给进行修光，而四周侧壁就无法修光了。平动头就是为解决修光侧壁和提高其尺寸精度而设计的。

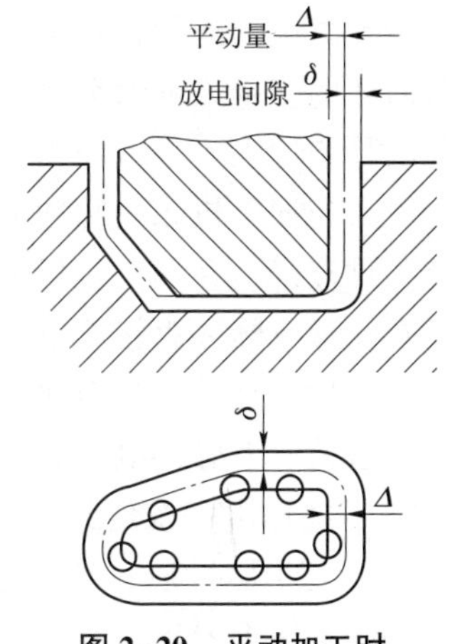

图 2-20　平动加工时电极运动轨迹

平动头的动作原理是：利用偏心机构将伺服电动机的旋转运动通过平动轨迹保持机构，转化成电极上每一个质点都能围绕其原始位置在水平面内做平面小圆周运动，许多小圆的外包络线就形成加工表面，如图 2-20 所示。其运动半径 γ

即图中的平动量Δ通过调节可由零逐步扩大，以补偿粗、中、精加工的火花放电间隙δ之差，从而达到修光型腔的目的。其中每个质点运动轨迹的半径就称为平动量。

2. 工作液循环及过滤系统

工作液循环及过滤系统包括工作液（煤油）箱、电动机、泵、过滤装置、工作液槽、油杯、管道、阀门以及测量仪表等。放电间隙中的电蚀产物除了靠自然扩散、定期抬刀以及使工具电极附加振动等排除外，常采用强迫工作液循环的办法加以排除，以免间隙中电蚀产物过多，引起已加工过的侧表面间“二次放电”，影响加工精度，此外也可起到冷却作用。图2-21所示为工作液强迫循环的两种方式，图2-21（a）、（b）为冲油式，较易实现，排屑冲刷能力强，一般常采用，但电蚀产物仍通过已加工区，稍影响加工精度；图2-21（c）、（d）为抽油式，在加工过程中，分解出来的气体（H_2、C_2H_2等）易积聚在抽油回路的死角处，遇电火花引燃会爆炸“放炮”，因此用得较少，但在要求小间隙、精加工时也有使用的。为了不使工作液越用越脏，影响加工性能，必须加以净化、过滤。其具体方法有：

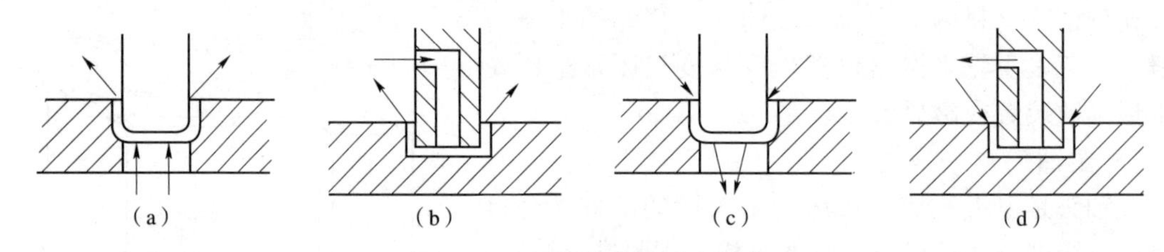

图2-21　工作液强迫循环方式

（a）、（b）冲油式；（c）、（d）抽油式

（1）自然沉淀法。这种方法速度太慢，周期太长，只用于单件小用量或精微加工。

（2）介质过滤法。此法常用黄沙、木屑、棉纱头、过滤纸、硅藻土、活性炭等为过滤介质。这些介质各有优缺点，但对中小型工件、加工用量不大时，一般都能满足过滤要求，可就地取材，因地制宜。其中以过滤纸效率较高，性能较好，已有专用纸过滤装置生产供应。

目前生产上应用的循环系统形式很多，常用的工作液循环过滤系统应可以冲油，也可以抽油，目前国内已有多家专业工厂生产工作液过滤循环装置。

3. 电火花加工用的脉冲电源

脉冲电源的作用是把工频交流电流转换成一定频率的单向脉冲电流，以供给火花放电间隙所需要的能量来蚀除金属。脉冲电源对电火花加工的生产率、表面质量、加工速度、加工过程的稳定性和工具电极损耗等技术经济指标有很大的影响。

电火花加工机床的脉冲电源是整个设备的重要组成部分。脉冲电源输出的两端分别与电极和工件连接。在加工过程中向间隙不断输出脉冲，当电极和工件达到一定间隙时，工作液被击穿而形成脉冲火花放电。由于极性效应，每次放电而使工件材料被蚀除。电极向工件不断进给，使工件被加工至要求形状。

一般情况下脉冲电源有以下要求：

（1）能输出一系列脉冲。

（2）每个脉冲应具备一定的能量，波形要合适，脉冲电压幅值、电流峰值、脉宽和间隔度要满足加工要求。

（3）工作稳定可靠，不受外界干扰。

常用的脉冲电源有张弛式、电子管式、闸流管式、晶体管和晶闸管式；而高档的电火花机床则配置了微机数字化控制的脉冲电源。

4. 电火花加工机床的伺服进给系统

在电火花加工过程中，电极和工件之间必须保持一定的间隙，由于火花放电间隙 δ 很小，且与加工规准、加工面积、工件蚀除速度等有关，因此很难靠人工进给，也不能像机床那样采用自动、等速进给，而必须采用伺服进给系统。这种不等速的伺服进给系统也称为自动进给调节系统。

电火花加工机床的伺服进给系统的功能就是在加工过程中始终保持合适的火花放电间隙。自动进给调节系统的任务在于通过改变、调节进给速度，使进给速度接近并等于蚀除速度，以维持一定的“平均”放电间隙 δ，保证电火花加工正常而稳定地进行，获得较好的加工效果。

富有经验的电火花操作人员都有以下体会：在由粗加工到半精加工再到精加工改变了加工规准之后，必须重新调节进给旋钮，才能达到稳定进给的加工状态。即使在同一规准下，当加工面积或加工深度有较大的变化时，也必须重新调节进给旋钮，以保证稳定加工。

§2.5　电火花成型加工

电火花型腔加工也称为电火花成型加工，广泛应用于模具制造行业，可以加工各种复杂形状的型腔，型腔模包括锻模、压铸模、胶木膜、塑料模、挤压模等。它的加工比较困难，主要因为均是盲孔加工，工作液循环和电蚀产物排除条件差，工具电极损耗后无法靠主轴进给补偿精度，金属蚀除量大；其次是加工面积变化大，加工过程中电规准的变化范围也较大，并由于型腔复杂，电极损耗不均匀，对加工精度影响很大。因此，对型腔模的电火花加工，既要求蚀除量大，加工速度高，又要求电极损耗低，并保证所要求的精度和表面粗糙度。

2.5.1　常用电火花成型加工工艺方法

1）单工具电极直接成型法

单工具电极直接成型法主要用于加工深度很浅的浅型腔模，如各种纪念章、证章的花纹模，在模具表面加工商标、厂标、字母，以及工艺美术图案、浮雕等。除此以外，也可用于加工无直壁的型腔模具或成型表面。因为浅型腔花纹模要求精细的花纹，所以不能采用平动或摇动加工；而无直壁的型腔表面都与水平面有一倾斜角，工具电极在向下垂直进给时，对倾斜的型腔表面有一定的修整、修光作用。

2）单电极平动法

单电极平动法（图 2-22）在型腔模电火花加工中应用最广泛，它是采用一个电极完成型腔的粗、中、精加工的。首先采用低损耗（$\theta<1\%$）、高生产率的粗规准进行加工，然后利用平动头做平面小圆运动，按照粗、中、精的顺序逐级改变电规准。与此同时，依次加大电极的平动量，以补偿前后两个加工规准之间型腔侧面放电间隙差和表面微观不平度差，实现型腔侧面仿型修光，完成整个型腔模的加工。

单电极平动法的最大优点是只需一个电极、一次装夹定位，便可达到±0.05 mm 的加工精度，并方便了排除电蚀产物。

它的缺点是难以获得高精度的型腔模，特别是难以加工出清棱、清角的型腔。因为平动时，电极上的每一个点都按平动头的偏心半径做圆周运动，清角半径由偏心半径决定。此外，电极在粗加工中容易引起不平的表面龟裂状的积炭层，影响型腔表面粗糙度。为弥补这一缺点，可采用精度较高的重复定位夹具，将粗加工后的电极取下，经均匀修光后，再重复定位装夹，再用平动头完成型腔的终加工，可消除上述缺陷。

3）多电极更换法

多电极更换法（图 2-23）是采用多个电极依次更换加工同一个型腔，每个电极加工时必须把上一规准的放电痕迹去掉。一般用两个电极进行粗、精加工就可满足要求；当型腔模的精度和表面质量要求很高时，才采用三个或更多个电极进行加工，但要求多个电极的一致性好、制造精度高；另外，更换电极时要求定位装夹精度高，因此一般只用于精密型腔的加工，例如盒式磁带、收录机、电视机等机壳的模具，都是用多个电极加工出来的。

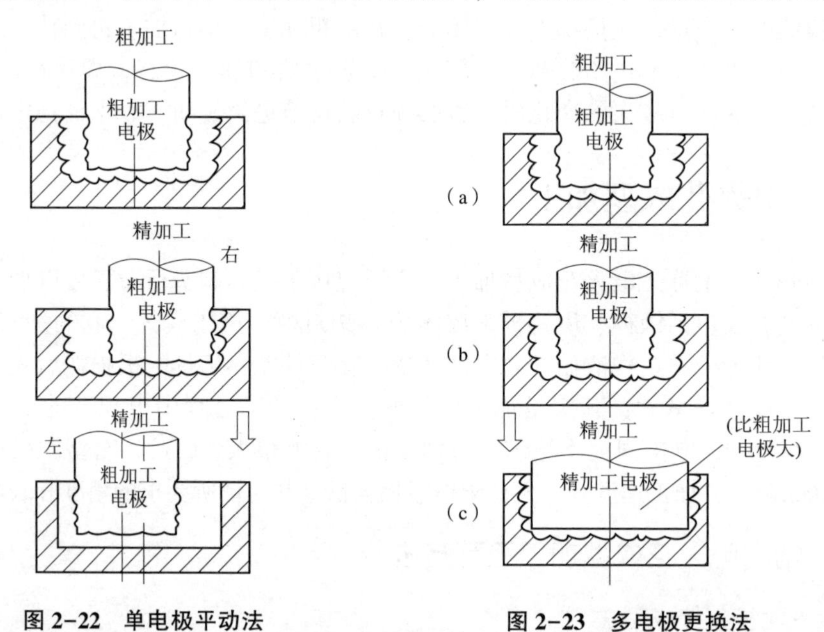

图 2-22　单电极平动法　　**图 2-23　多电极更换法**

4）分解电极法

分解电极法（图 2-24）是单电极平动加工法和多电极更换加工法的综合应用。它工艺灵活性强，仿形精度高，适用于尖角、窄缝、沉孔、深槽多的复杂型腔模具加工。根据型腔的几何形状，把电极分解成主型腔和副型腔电极分别制造。先加工出主型腔，后用副型腔电极加工尖角、窄缝等部位的副型腔。此方法的优点是可以根据主、副型腔不同的加工条件，选择不同的加工规准，有利于提高加工速度和改善加工表面质量、同时还可以简化电极制造，便于修整电极；缺点是更换电极时主型腔和副型腔电极之间要求有精确的定位。

2.5.2　电火花成型加工的工艺技术

电火花成型加工的基本工艺一般包括：电火花成型加工工艺的确定，电极设计，电极与工件的装夹定位，工件的准备，冲、抽油方式的选择，加工规准的选择、转换，电极缩放量的确定及平动（摇动）量的分配等。

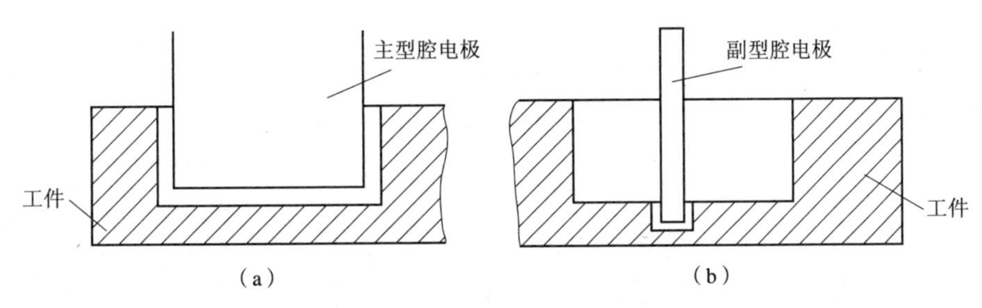

图 2-24　分解电极法加工示意图

(a) 主型腔加工；(b) 副型腔加工

1）根据加工对象确定加工工艺

根据加工对象确定加工工艺的步骤主要分为以下几点：

(1) 根据加工坯料尺寸和外形来决定加工设备大小、装夹定位。

(2) 根据型腔的大小来决定脉冲功率的大小、采用方法以及电极材料等。

(3) 根据工件材料决定工艺方法，包括加工成型方法、定位和校正方法、排屑方法、电极设计和制造、油孔的大小和位置、电规准的选择和安排等。

(4) 根据加工表面粗糙度和精度要求来确定电规准预设值和各电规准加工量，控制电极损耗。

2）电极设计

(1) 选择电极材料。型腔电火花加工常用纯铜与石墨，纯铜的选材要求是无杂质经锻压的电解铜。对石墨的选材要求是质细、致密、颗粒均匀、气孔率小、灰分少，最好是等静压超纯石墨。

(2) 设计电极根据模具大小、深浅、复杂程度及精度要求确定电极缩小量，再按型腔图样尺寸计算电极水平方向及垂直方向的尺寸大小。

(3) 电极加工。

3）电极与工件的装夹定位

电极和工件在电火花加工前，必须借助通用或专用的工装夹具及测量仪器进行装夹和校正定位。电极和工件装夹定位的质量，直接影响加工过程的稳定性和整个模具的加工精度。

(1) 电极的装夹与校正。

电极装夹与校正的目的是把电极牢固地装夹在主轴的电极夹具上，并使电极轴线与主轴进给轴线一致，保证电极与工件的垂直和相对位置。

① 装夹电极的注意事项：

a. 电极与夹具的安装面必须清洗或擦拭干净，保证接触良好。

b. 用螺钉紧固时，用力要适当，避免用力过大使电极变形，也切忌用力过小使电极在加工中松动。

② 电极常用的校正方法：

a. 按电极基准面校正电极。当电极侧面有较长直壁面时，可用精密角尺或百分表按直壁面校正。

b. 按辅助基准面（固定板）校正电极。对于型腔外形不规则、四周直壁部分较短的电极，用辅助基准进行校正。如图 2-25 所示，用百分表检验辅助基准面与工作台面的平行性，就可完成电极的校正。

c. 按电极端面火花打印校正电极。用精规准使电极与模块平面上放电打印，调节到四周均匀出现放电火花，即完成了电极的校正。

（2）工件的装夹与定位。

一般情况下，工件可直接装夹在垫块或工作台面上。采用下冲油时，工件可装夹在油杯上，通过压板压紧。工作台有坐标移动时，应使工件基准线与拖板一轴移动方向一致，便于电极和工件间的校正定位。

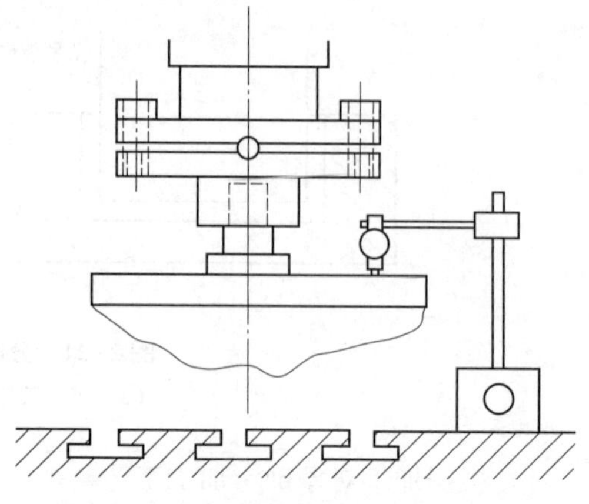

图 2-25　按辅助基准面校正型腔模电极

① 工件的定位。工件定位分两种情况，一种是划线后按目测打印法校正，适合工件毛坯余量较大的加工，这种定位方法较简单；另一种是借助量具、块规、卡尺等和专用夹具来定位，适合工件加工余量少，定位较困难的加工。

② 工件的压装。工作台上的油杯及盖板中心孔要与电极同心，以利于油路循环，提高加工稳定性。同时，使工件与工作台平行，并用压板妥善地压紧在油杯盖板上，防止在加工中由于“放炮”等因素造成工件的移位。

（3）电极与工件相对位置的校正。

为确定电极与工件之间的相对位置，可采用如下方法：

① 目测法。目测电极与工件相互位置，利用工作台纵、横坐标的移动加以调整，达到校正的目的。

② 打印法。用目测大致调整好电极与工件的相对位置后，接通脉冲电源弱规准，加工出一浅印，使模具型孔周边都有放电加工量，再继续放电加工。

③ 测量法。利用量具、块规、卡尺定位。

在采用组合电极加工时，其与工件的校正方法和单电极一样，但注意：位置确定后，应使每个预孔都要加工到。

4）工件的准备

工件的准备是指在电火花型腔加工前的各种加工。一般情况下，工件必须在电火花加工前进行金属切削加工和钻孔、攻螺纹等加工，有的还需进行热处理、去锈、退磁等工序。为便于定位和观察，大多数工件还应该制造定位基准。对于无法直接固定于工作台上的工件，有时要开工艺孔或采用专用工具、夹具来固定。某些定位很困难的工件可留下适当的加工余量，待电火花成型后再进行加工。

由于电火花加工时电极损耗是不可避免的，加工量越大，电极损耗就越大，加工精度就越低。另外电火花加工与金属切削加工相比，加工效率比较低，因而在进行电火花成型加工之前，应用切削加工方法对工件进行预加工，以提高加工效率和加工精度。

5）电火花加工中的冲、抽油

冲、抽油是电火花加工工艺中不可缺少的措施，它促进工作液介质消电离过程和电火花加工中电蚀产物的排除，避免电弧放电，加速工具电极和工件表面放电区域的冷却，从而达到改善电火花加工条件、提高加工速度和稳定性的目的。

但是，若冲、抽油作用力过大，则工具电极表面不易吸附沉积炭黑，电极的损耗也会相应地增加。采用冲、抽油措施时，应将冲、抽油压力控制在较小的范围之内，即接近稳定加工的临界压力范围内。

6）型腔加工的规准选择与转换

电规准是指电火花加工过程中一组电参数，如电压、电流、脉宽、脉冲间隙等。电规准选择正确与否，将直接影响着模具加工工艺指标。应根据工件的要求，电极和工件的材料、加工工艺指标和经济效果等因素来确定电规准，并在加工过程中及时地转换。

（1）电规准选择。

电规准的选择、转换，平动量的分配在粗加工时，要求高生产率和低电极损耗，这时应优先考虑采用较宽的脉冲宽度（例如在 400 μs 以上），然后选择合适的脉冲峰值电流，并应注意加工面积和加工电流之间的配合关系。通常，石墨电极加工钢时，最高电流密度为 3~5 A/cm^2，纯铜电极加工钢时可稍大些。

中规准与粗规准之间并没有明显的界限，应按具体加工对象划分。一般选用脉冲宽度 T_{on} 为 20~400 μs、电流峰值 I_p 为 10~25 A 进行中加工。

精加工窄脉宽时，电极损耗率较大，一般为 10%~20%，好在加工留量很小，一般单边不超过 0.1~0.2 mm。表面粗糙度优于 *Ra* 2.5 μm，一般都选用窄脉宽（T_i：2~20 μs）、小峰值电流（I_p<10 A）进行加工。

（2）规准转换。

加工规准转换的挡数，应根据所加工型腔的精度、形状复杂程度和尺寸大小等具体条件确定。每次规准转换后的进给深度，应等于或稍大于上挡规准形成的 *Ra* 表面粗糙度值的一半，或当加工表面刚好达到本挡规准对应的表面粗糙度时，就应及时转换规准，这样既达到修光的目的，又可使各挡的金属蚀除量最少，得到尽可能高的加工速度和低电极损耗。

平动量的分配是单电极平动加工法的一个关键问题，主要取决于被加工表面由粗变细的修光量，此外还和电极损耗、平动头原始偏心量、主轴进给运动的精度等有关。一般，中规准加工平动量为总平动量的 75%~80%，中规准加工后，型腔基本成型，只留很少余量用于精规准修光。原则上每次平动或摇动的扩大量，应等于或稍小于上次加工后遗留下来的最大表面粗糙度（不平度）值 *Ra*（μm），至少应修去上次留下 *Ra* 的 1/2。本次平动修光后，又残留下一个新的不平度 *Ra*，有待于下次平动修去其 1/2~1/3。具体电规准、参数的选择可参见相关资料电火花加工工艺曲线图表。

7）平动量的分配

型腔或型孔的侧壁修光要靠平动，平动量的分配是单电极平动加工法的一个关键问题。粗加工时，电极不平动。中间各挡加工时平动量的分配，主要取决于被加工表面由粗变细的修光量，此外还和电极损耗、平动头原始偏心量、主轴进给运动的精度等有关。一般地，在完成总平动量 75% 的半精加工段复核尺寸之后再继续进行精加工。

2.3.3　电火花型腔加工实例

1. 校徽纪念币加工

图 2-26 所示为用单工具电极直接成型法、用汉川 DM7132 精密电火花成型机床加工的校徽纪念币。这类工艺美术型腔模具的特点是，几何形状复杂、轮廓清晰、造型精致、表面

粗糙度低，但尺寸精度无严格要求。加工这类模具时，不能加工排屑排气孔，不能冲液（否则造成损耗不均匀），也不能做侧面平动修光，因此，排屑排气困难，必须正确选择加工规准及转换。一般是用低损耗规准一次加工基本成型，只留 0.2~0.3 mm 的余量进行中、精加工。

图 2-26　校徽纪念币

工件采用45调质钢（T235），无预加工，加工面积约 2 000 mm^2，加工深度 2.8 mm，电火花加工表面粗糙度 Ra1~1.6 μm；电火花加工前磨上、下两面，表面粗糙度达 Ra0.8 μm。电极材质为紫铜，用雕刻机加工，加工后检查条纹应清晰无毛刺。

表 2-1 给出了采用电脑控制的脉冲电源加工校徽纪念币加工规准的选择与转换及每挡规准的加工深度。加工时不冲油，采用定时抬刀。

表 2-1　校徽纪念币加工规准的选择与转换及每挡规准的加工深度

脉冲宽度/μs	脉冲间隔/μs	功放管数		平均加工电流/A	进给深度/mm	表面粗糙度 Ra/μm	工件极性
		高压	低压				
250	100	2	6	8	2.40	8	负
150	80	2	4	3	2.60	6	负
60	40	2	4	1.2	2.70	3.54	负
12	20	2	1	0.8	2.74	2~2.5	负
2	12	2	0.5	0.2	2.77	1.6	正

这类模具电极的制作可采用按图纸雕刻、电铸法成型或腐蚀成型等方法。固定可采用预加工螺纹孔或背面焊接柄的方法（图 2-27），但注意变形；电极较薄时，可采用附加基准平板，用导电胶将电极与平板粘接在一起的方法，注意粘牢、粘平和电极的变形及导电性。在电极与工件相对位置找正时，可借助块规在 X、Y 两方向最大直径处校正四点等高，减少深度误差。

2. 塑料叶轮注塑模

1）工件（模具）的技术要求

（1）工件材料：45 钢。

（2）工件的形状（图 2-28）：在 $\phi20$ mm 范围内，以其轴心作为对称中心，均匀分布 6 个叶片的型槽。槽的最深处尺寸为 15 mm，上口宽 2.2 mm，槽壁上下端有 0.2 mm 的脱模斜度（约 30′）。工件中心有一个 $\phi10_{0}^{0.03}$ mm 的孔。

2）工件在电火花加工之前的工艺路线

（1）车：精车 $\phi10_{0}^{0.03}$ mm 孔和其他各尺寸，上、下面留磨量。

（2）磨：精磨上、下两面。

（3）最好在待加工的 6 个叶片部位，各钻一个 $\phi1$ mm 的冲油孔，加工时下油。

3）工件电极的技术要求

（1）材料：纯铜。

（2）分别用纯铜材料加工 6 个成型工具电极，然后镶或焊在一块固定板上。电极固定板中心加工一个 $\phi10_{0}^{0.03}$ mm 的孔，与工件中心孔相对应。

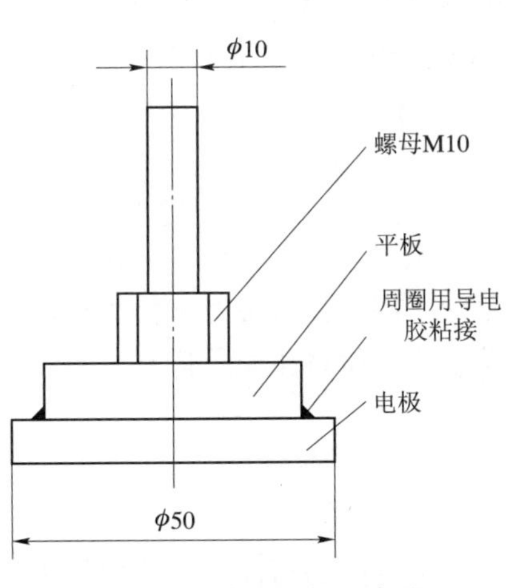

图 2-27　电极结构示意图

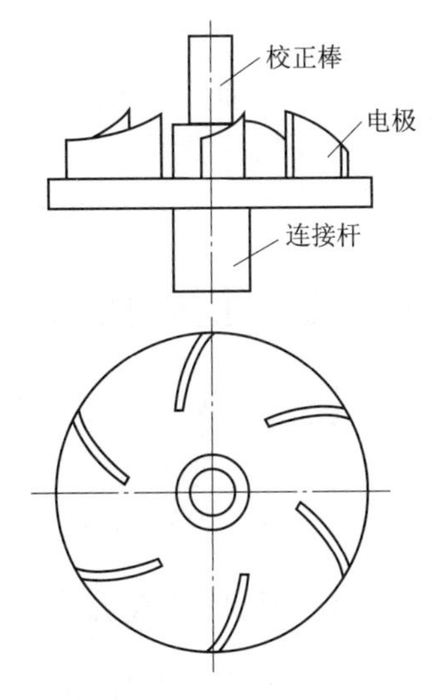

图 2-28　工件形状

(3) 电火花加工之前的工艺路线。

① 铣或线切割：加工 6 个叶片电极。

② 钳：拼镶或焊接工具电极并修型、抛光。

③ 车：校正后加工 $\phi10_{0}^{0.03}$ mm 孔。

4) 工艺方法

单电极平动修光法。

5) 装夹、校正、固定

(1) 准备定位芯轴：用 45 钢车长为 40 mm、直径为 $\phi10_{-0.01}^{+0.03}$ mm 的定位芯轴作为校正棒。

(2) 工具电极：以各叶片电极的侧壁为基准校正后予以固定。固定后将定位芯轴校正棒装入固定板中心孔。

(3) 工件：将工件平置于工作台面上，移动 X、Y 坐标，使定位芯轴校正棒与工件上对应孔对准，直到能自由插入为止，然后夹紧工件，取出定位芯轴。

6) 加工规准

加工规准如表 2-2 所示。开始加工阶段，由于实际加工面积很小，应减小峰值电流，防止产生电弧烧伤工件。

表 2-2　塑料叶轮注塑模加工规准

脉宽/μs	间隔/μs	功放管数		加工电流/A	总进给深度/mm	平动量/mm	表面粗糙度 Ra/μm	极性
		高压	低压					
512	200	4	12	15	12.5	0	>25	负
256	200	4	8	10	14.5	0.20	12~13	负
中、精加工低损耗规准		4	4	2	14.8	0.30	7~8	负
128	10							
64	10	4	4	1.3	15	0.36	3~4	负
2	40	8	24	0.8	15.1	0.40	1.5~2	正

7）加工效果

（1）由于中、精加工采用低损耗规准，工件电极的综合损耗为1%～2%。

（2）加工表面粗糙度 Ra 值为1.5～2 μm，无须修型抛光，可直接使用。

（3）加工后，槽壁有30′的脱模斜度，符合设计要求。

§2.6 电火花穿孔加工

电火花穿孔加工是利用火花放电腐蚀金属的原理，用工具电极对工件进行加工的工艺方法，主要用于冲模、硬质合金粉末冶金模、拉丝模、铝型材挤压模等模具，也用于加工异型孔、小孔、深孔、微孔等特殊零件。

2.6.1 冲模的电火花加工

冲模加工是电火花穿孔加工的典型应用。冲模加工主要是指冲头和凹模加工，它是生产上应用较多的一种模具，由于形状复杂和尺寸精度要求高，所以它的制造已成为生产上的关键技术之一。冲头可以用机械加工，而凹模应用机械加工比较困难，工作量很大，质量也不易保证，有些情况应用机械加工甚至不可能，而采用电火花加工就能较好的解决这些问题。

冲模加工应用电火花加工工艺比机械加工具备如下优点：

（1）工件可以在淬火后进行加工，避免了热处理变形的影响。

（2）不受材料硬度的限制，可以加工硬质合金等冲模，扩大了模具材料的选材范围。

（3）冲模的配合间隙均匀，提高了模具质量。

（4）对于中、小型复杂的凹模，可以不采用镶嵌结构，而采用整体式，可简化模具结构，提高模具强度。

1. 冲模电火花加工工艺方法

冲模的尺寸精度主要靠工具电极来保证。因此，对工具电极的精度和表面粗糙度都应有一定的要求。如图2-29所示，冲模的尺寸为 L_2，工具电极相应的尺寸为 L_1，单面火花间隙值为 S_L，则

$$L_2 = L_1 + 2S_L$$

火花间隙值 S_L 主要取决于脉冲参数与机床的精度，只要加工参数选择恰当，保证加工的稳定性，火花间隙值的误差是很小的。因此，只要工具电极的尺寸精确，用它加工出的凹模也是比较精确的。

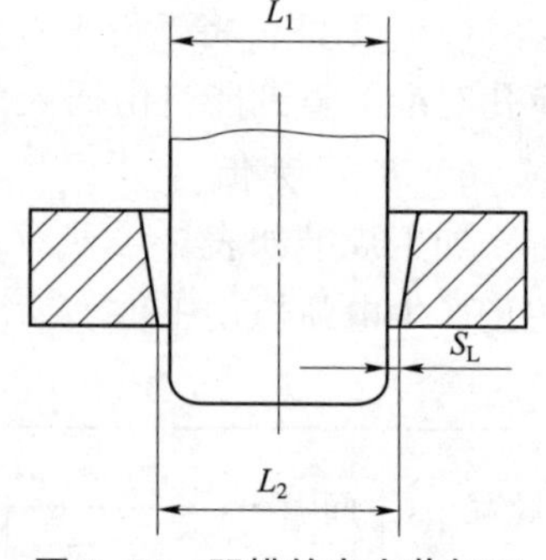

图2-29 凹模的电火花加工

对冲模，配合间隙是一个很重要的质量指标，它的大小、是否均匀都直接影响到冲模的质量和模具的寿命，在加工中必须给予保证。达到配合间隙的方法有很多种，一般采用下面几种工艺方法：“钢打钢”直接配合法、间接配合法、阶梯工具电极加工法。

电火花穿孔加工常用“钢打钢”直接配合法，此法是直接用钢凸模作为电极直接加工凹模，加工后的凹模就可以不经任何修正而直接与凸模配合。加工时要将凹模刃口端朝下形成向上的“喇叭口”，加工后将工件翻过来使“喇叭口”（此喇叭口有利于冲模落料）向下

作为凹模，电极也倒过来把损耗部分切除或用低熔点合金浇铸作为凸模，这种方法具有配合间隙均匀、模具质量高、电极制造方便以及钳工工作量少等优点。

2. 工具电极

1）电极材料的选择

凸模一般选优质高碳钢 T8A、T10A 或铬钢 Cr12、GCr15，硬质合金等，用这些材料作电极则具有损耗较小、加工表面粗糙度较低的优点，而且制造时可将冲头与工具电极做成一个整体。应注意凸、凹模不要选用同一种钢材型号，否则电火花加工时更不易稳定。

2）电极的设计

由于凹模的精度主要决定于工具电极的精度，所以要求工具电极的尺寸精度要比凹模高一级，一般精度不低于 IT7，表面粗糙度应比凹模小一级，应不小于 *Ra* 1. 25 μm，并且直线度、平面度和平行度在 100 mm 长度上不超过 0. 01 mm。工具电极应有足够的长度，若加工硬质合金时，由于电极损耗较大，电极还应适当加长。

3）电极的制造

冲模电极的制造，一般先经普通机械进行加工，然后磨削成型，不易磨削的材料，由钳工精修。目前，直接用电火花线切割加工电极已获得广泛应用。

3. 工件的准备

电火花加工前，工件（凹模）型孔部分要加工预孔，并留出适当的电火花加工余量。余量的大小应能补偿电火花加工的定位、找正误差及机械加工产生的误差。一般情况下，单边余量为 0. 3～1. 5 mm 为宜，而且要求均匀。对形状复杂的型孔，余量还要适当加大。

4. 电规准的选择及转换

电规准是指电火花加工过程中的电参数，如电压、电流、脉宽、脉间等。电规准选择正确与否，将直接影响着模具加工工艺指标。在冲模加工中，常选择粗、中、精三种规准。

粗规准用于除去大部分材料，留小部分加工余量，对粗规准的要求是：生产率高，工具电极的损耗小，主要采用较大的电流，较长的脉冲宽度（一般为 50～500 μs）；中规准用于过渡性加工，以进一步减少精加工时的加工余量，提高加工速度，中规准采用的脉冲宽度一般为10～100 μs。精规准用来最终保证模具所要求的配合间隙、表面粗糙度、刃口斜度等质量指标，并在此前提下尽可能地提高其生产率，故应采用小的电流、高的频率、短的脉冲宽度（一般为 2～6 μs）。有时电规准的选择可分为粗、精两种规准，这时粗规准加工应留有足够少的加工余量，粗规准和精规准的正确配合，可以适当地解决电火花加工的质量和生产率之间的矛盾。

2. 6. 2　小孔电火花加工

小孔加工也是电火花穿孔加工的一种应用。小孔加工的特点是：加工面积小，直径一般为 ϕ0. 05～ϕ2 mm；深度大，深径比达 20 以上。

小孔加工由于工具电极截面积小，容易变形，所以工具电极应选择刚性好、容易矫直的材料；由于小孔加工时排屑困难，因此选择电极材料还应注意选择加工稳定性好和损耗小的材料，如铜钨合金丝、钨丝、钼丝、铜丝等。为了避免电极弯曲变形，还需设置工具电极的导向装置。

为了改善小孔加工时的排屑条件，使加工过程稳定，常采用电磁振动头，使工具电极丝沿轴向振动；或采用超声波振动头，使工具电极端面有轴向高频振动，即电火花超声波复合加工，可以大大提高生产率。

小孔电火花加工规准的选择，主要根据孔径、精度、深度、机床条件等因素综合考虑。一般采用一挡规准加工到底，只有在孔径发生变化时才转换规准。

2.6.3 小深孔的高速电火花加工

高速电火花小孔加工工艺是近年来新发展起来的，其原理如图2-30所示。它采用管状电极，加工时电极做回转和轴向进给运动，管电极中通入1~5 MPa的高压工作液（自来水、去离子水、乳化液、蒸馏水或煤油），使电蚀产物能顺利排出。因此这种加工最大特点是加工速度高，一般小孔加工速度可达60 mm/min左右，比普通钻孔速度还快。这种加工方法最适合加工0.3~3 mm的小孔，而且最大深径比可达200∶1。

图2-31所示为苏州中特机电科技有限公司生产的D703F型高速电火花小孔加工机床，由六部分组成：电气柜、坐标工作台、主轴头、旋转头、高压工作液系统、光栅数显装置。

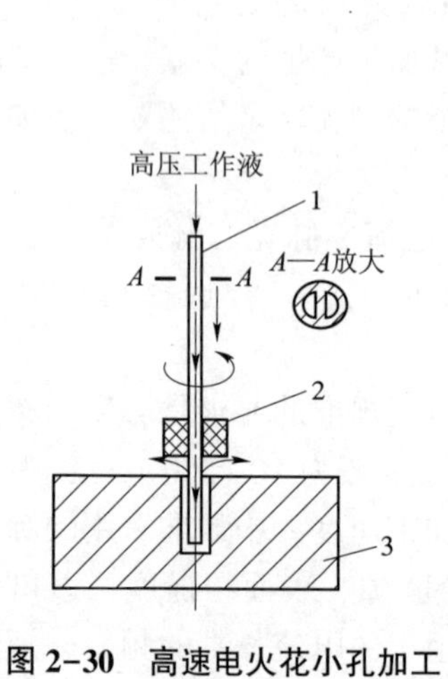

图2-30 高速电火花小孔加工原理示意图

1—管电极；2—导向器；3—工件

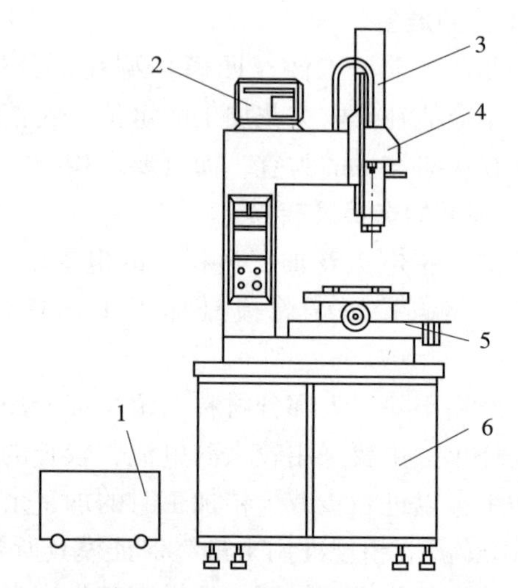

图2-31 高速电火花小孔加工机床

1—高压工作液系统；2—光栅数显装置；3—主轴头；4—旋转头；5—坐标工作台；6—电气柜

该机床主要用途是在淬火钢、不锈钢、硬质合金、铜、铝等各种难加工导电材料上加工深小孔。如电火花线切割工件的穿丝孔、发动机叶片、液压、气动阀体的油路、气路孔、筛板上的群孔等，并能方便地从工件的斜面和曲面上直接打孔，而且范围还会日益扩大。

图2-32所示为高速电火花小孔机床加工喷射器的零件图。工件材料为不锈钢，在ϕ36 mm分度圆要钻出24个ϕ0.5 mm±0.05 mm、深10.6 mm的小孔；采用ϕ0.5 mm黄铜管，冲液压力为8 MPa，加工相对位置通过手摇工作台和数显装置显示的坐标来确定；加工后各孔符合技术要求。

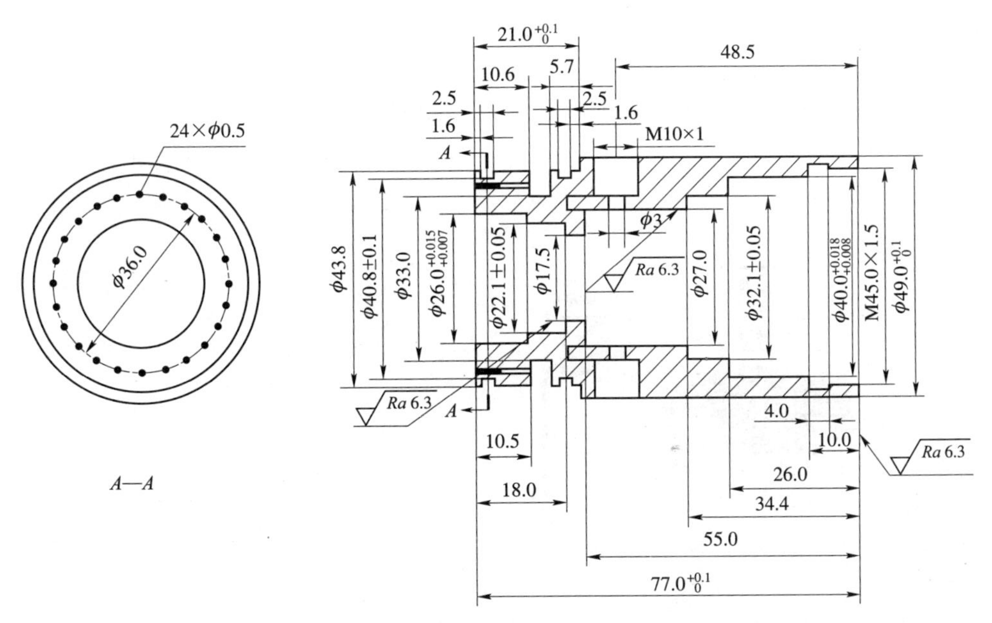

技术要求：1. 两端孔应同心，内外圆应同心。
2. M45×1.5配件不可太紧，松紧适中。
3. 24×φ0.5孔可用特种方法加工。

图 2-32　高速电火花小孔机床加工喷射器的零件图

2.6.4　异形小孔电火花加工

电火花不但能加工圆形小孔，还能加工多种异形孔。异形孔是指形状复杂、尺寸比较微细的小孔。图 2-33 所示为喷丝板异形孔。

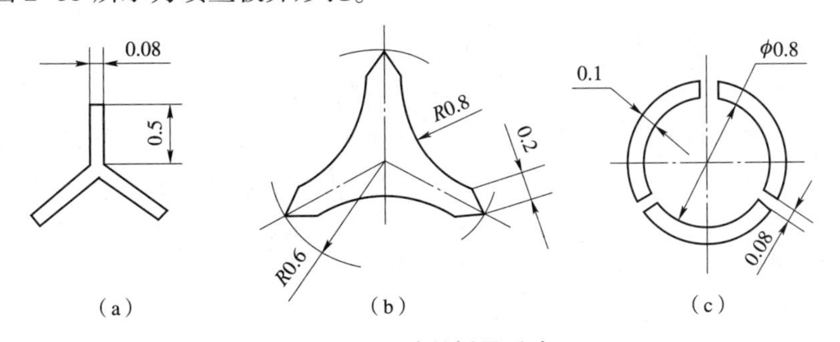

图 2-33　喷丝板异形孔

(a) 三叶形；(b) 变形三角形；(c) 中空形

异形孔的加工与圆孔加工类似，关键是异形电极的制造和异形电极的装夹、找正。异形小孔电极的制造方法主要有下面三种：

1. 拔整体电极法

采用电火花线切割加工工艺，并配合钳工修磨制成异形电极的硬质合金拉丝模，然后用该模具拉制异形整体电极。这种方法效率高，适于大批量生产。

2. 电火花线切割加工整体电极法

利用精密电火花线切割加工制成复杂成型截面整体异形电极。这种方法的制造周期短、精度和刚度较好，适用于单件、小批试制。

3. 电火花反拷加工整体电极法

以二次加工法加工异形电极，所加工出的电极与夹持部分连成一体，定位装夹比较方便且误差小，但生产效率较低，也只适用于单件小批试制。图2-34所示为异形小孔专用电火花加工机床及异形孔。

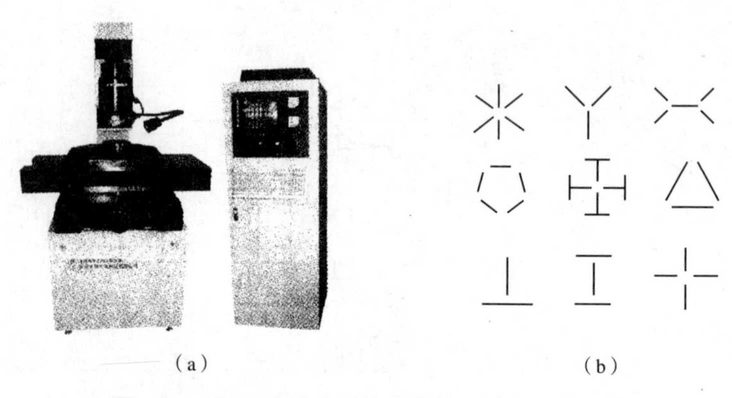

（a）　　（b）

图2-34　异形小孔专用电火花加工机床及异形孔

（a）异形小孔专用电火花加工机床；（b）异形孔

加工异形孔的工具电极结构复杂，须采用专用夹具，夹具安装在机床主轴后，还要调整好电极与工件的垂直度和对中性。

非冲模类孔加工还包括窄缝型槽、多孔、微孔等，很难甚至无法采用常规切削，这时用电火花加工可做到经济、合理而且可行。

2.6.5　电火花穿孔加工训练实例

1. 方网孔的电火花加工

工件名称：方形筛网孔，材料为厚0.1 mm不锈钢薄板。

工具电极：方形刷状电极束。材料为紫铜10 mm×10 mm方条块，用线切割在端部切成许多小薄片，然后转过90°再切割一遍，成为有许多方截面的刷状电极，如图2-35（a）所示。用线切割加工时，切出的缝宽比钼丝直径增大了2倍的单边放电间隙 S，在用小方形工具电极加工过滤网孔时，四边也各有一个放电间隙 S，留下的滤网筋条和宽度约等于钼丝的直径 d，如图2-35（b）所示。

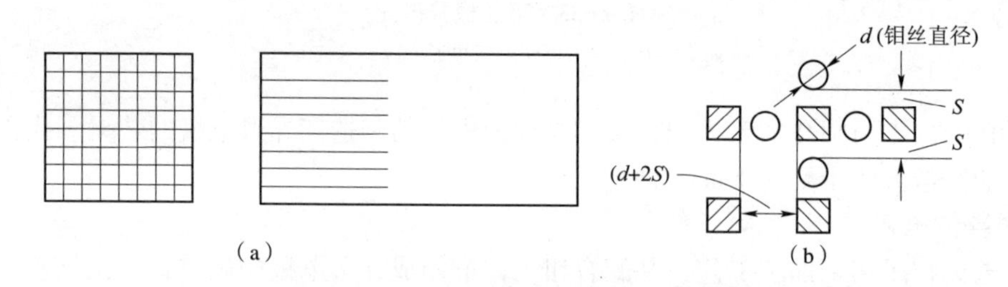

（a）　　（b）

图2-35　加工方形筛网孔用的工具电极

（a）电极形状示意图；（b）电极线切割加工示意图

加工方法：找正工具电极和工件的垂直度后，选用正极性（工件接正极），脉宽 4~5 μs，脉间 10~15 μs，峰值电流 3~4 A，直至穿透、加工出方形筛网孔来。

2. 简单方孔冲模的电火花加工

工件名称：方孔凹模。尺寸为 25 mm×25 mm，深 10 mm，通孔的尺寸公差等级为 IT7，粗糙度为 1.25~2.5 μm，模具如图 2-36 所示，工件材料为 40Cr。

工具电极：一般选用铸铁或钢，这样可以采用成型磨削方法制造电极，也可采用合金钢电极，电极的精度和表面粗糙度比凹模优一级。为了实现规准转换，电极前端用强酸进行腐蚀处理，腐蚀高度为 15 mm，双边腐蚀量为 0.25 mm，如图 2-37（a）所示。在加工前，工件和工具电极都必须经过退磁。

加工方法：加工模具一般都在淬火以后进行，并且通常先加工出预孔，如图 2-37（b）所示，其余工件尺寸按图 2-37 所示。电极装夹在机床主轴头的夹具中进行精确找正，使电极对机床工作台面的垂直小于 0.01/100。工件安装在油杯上，工件上、下端面保持与工作台面平行。加工时采用下冲油，用粗、精加工两挡规准，并采用高、低压复合脉冲电源。

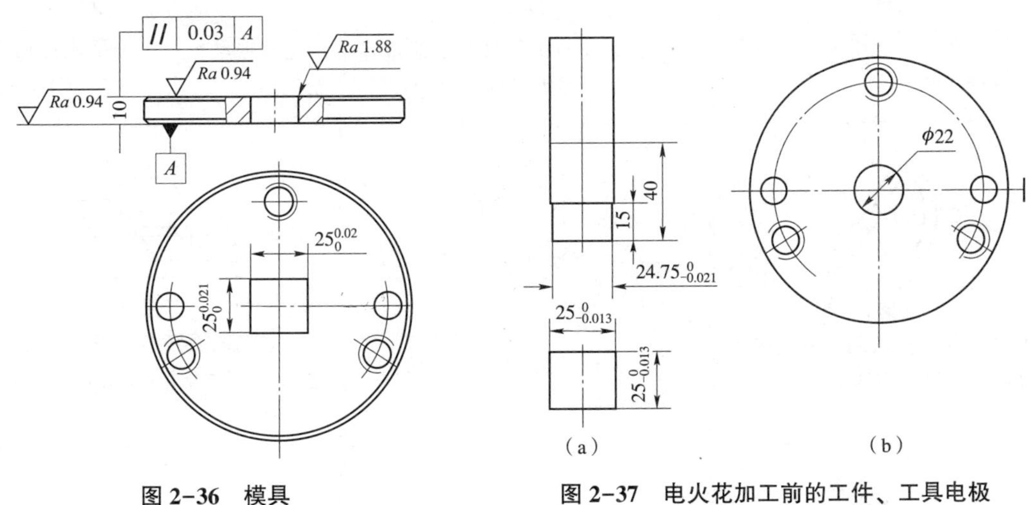

图 2-36　模具

图 2-37　电火花加工前的工件、工具电极

（a）工件电极；（b）工具电极

§ 2.7　其他电火花加工

随着生产的发展，电火花加工领域不断扩大，除了电火花线切割加工、电火花穿孔成型加工外，还出现了许多其他方式的电火花加工方法。主要包括：

（1）工具电极相对工件采用不同组合运动方式的电火花加工方法，如电火花磨削、电火花共轭回转加工等。随着计算机技术和数控技术的发展，出现了微机控制的五坐标数控电火花机床，把上述各种运动方式和成型、穿孔加工组合在一起。

（2）工具电极和工件在气体介质中进行放电的电火花加工方法，如金属电火花表面强化、电火花刻字等。

（3）工件为非金属材料的加工方法，如半导体与高阻抗材料聚晶金刚石、立方氮化硼的加工等。

表2-3所示为电火花加工方法的图示及说明。

表2-3　电火花加工方法的图示及说明

内圆磨削 工件旋转，轴向运动并做径向进给运动	外圆磨削 工具电极旋转和直线运动，工件旋转和往复运动	平面磨削 工具电极旋转，工件三个互相垂直方向直线运动
铣键槽 工具电极旋转和两个方向互相垂直的直线运动	回转齿轮加工 工具电极与工件做共轭展成运动，工具电极做径向进给运动	金属表面强化 电极振动，并沿金属表面做进给运动
刃磨 工具电极旋转运动，刀具横向往复运动、纵向直线运动	特殊刀具的刃磨 工具电极旋转和直线运动，工件直线运动	铣沟槽 工具电极旋转和一个方向直线运动，工件两个互相垂直方向直线运动
镗制中心孔 用电极丝作电极，在刚性芯轴上绷紧，并做往复运动，芯轴做进给运动，工件做旋转运动	回转螺纹加工 工具电极与工件做同步旋转运动，工件做径向进给运动	材料切断 工具电极旋转和直线运动

2.7.1　电火花小孔及深孔磨削

生产中往往会遇到一些带有较小直径且很深的孔，而且精度和表面粗糙度要求较高，材料（如硬质合金、耐热合金等）机械加工性能很差的工件。这些小孔采用研磨方法加工时，生产率太低，采用内圆磨床磨削也很困难，因为内圆磨削小孔时砂轮轴很细，刚度很差，砂轮转速也很难达到要求，因而磨削效率下降，表面粗糙度值变大，采用电火花磨削就能较好地解决这些问题。

电火花小孔磨床有两种：一种是在穿孔、成型机床上附加一套磨头，经过改造来实现，另一种是专为适应电火花小孔磨削加工特点制造的专用机床。小孔磨削时电极对运动有三种：工件自身的旋转运动、工件或工具电极的轴向往复运动及工件或工具电极的径向进给运动。

电火花镗磨与磨削不同之处就是只有工件的旋转运动、电极的往复运动和进给运动，而电极工具没有转动运动。电火花镗磨虽然生产率较低，但比较容易实现，而且加工精度高，表面粗糙度值小，精度可达 0. 003~0. 005 mm，表面粗糙度小于 0. 32 μm，所以在生产中得到较多的应用。

图 2-38 所示为弹簧夹头磨削。小孔径弹簧夹头是机械、仪表、模具等部门常用的机床附件，精度高，用量大。为了进一步提高耐磨性，延长寿命，很多弹簧夹头的工作部分已硬质合金化，用电火花磨削可得到满意的加工精度和表面粗糙度。

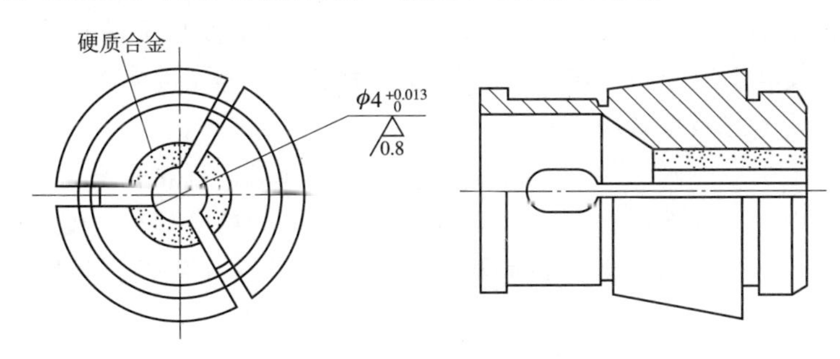

图 2-38　弹簧夹头磨削

2. 7. 2　电火花回转加工与跑合加工

1. 电火花回转加工

电火花回转加工是电火花加工中应用的又一方面。在加工过程中，电极与工件具有特殊的相对运动形式，包括同步回转式、展成回转式、倍角速度回转式、差动比例回转式等不同方法，但这些方法有共同特性，即工件和工具电极之间的切向相对运动线速度的值很小，几乎接近于零，所以在放电加工区域内，工件和工具电极近于纯滚动状态，因而有着特殊的加工过程。图 2-39 所示为同步回转式加工精密螺纹，在加工过程中，工件与带有螺纹的工具电极始终保持同步回转，两者之间没有轴向位移，工具电极不断做径向进给，使工具电极与

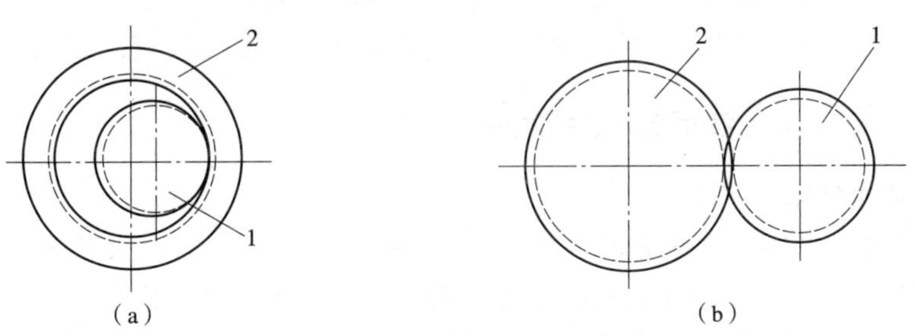

图 2-39　同步回转式加工精密螺纹

(a) 加工内螺纹；(b) 加工外螺纹

1—工具电极；2—工件

工件维持在能产生火花放电的距离内，这样就可在工件上得到与电极螺纹齿形和螺距相同的内螺纹或外螺纹。

电火花回转加工可加工具有渐开线、摆线、螺旋面等复杂形面的工件；由于电极对运动的特点，有利于蚀除产物的排除，可使工件获得较高的加工速度、良好的加工精度和表面粗糙度。

电火花回转加工的应用范围日益扩大，目前主要应用于以下几方面：

（1）各类螺纹环规及塞规，特别适于硬质合金材料及内螺纹的加工；

（2）精密的内、外齿轮加工，特别适用于非标准内齿轮加工；

（3）精密的旋转圆弧面、锥面等加工；

（4）静压轴承油腔、回转泵体的高精度成型加工等；

（5）梳刀、滚刀等刀具的加工。

2. 电火花跑合加工

电火花跑合加工是在相互绝缘的工件与工具电极（或工件与工件）之间，加上交变的脉冲电压和电流，使其对磨跑合放电加工，一般采用多点、电刷进电的方式。由于是对磨放电加工，因而不需要考虑极性效应和损耗。

电火花跑合加工由于电极对运动，有利于蚀除物的排出，有效地消除毛刺及不规则的棱边、拐点等，有效地降低表面粗糙度，可使加工达到较高的精度和平行度。

跑合加工适用于加工压辊，轧辊，高速齿轮，重载齿轮（包括直齿轮、锥齿轮以及圆弧齿轮）等工件。

2.7.3 聚晶金刚石等高阻材料的电火花加工

聚晶金刚石、立方氮化硼、导电陶瓷等材料具有电阻率高、熔点高、硬度高等特点，采用通常的电火花加工方式，利用脉冲放电的电热效应去蚀除材料比较困难，而是采用独特的大幅度增加放电击穿爆炸力的特殊回路去加工。靠放电时的高温将导电的黏结剂熔化、汽化蚀除掉，同时电火花高温使金刚石微粉“碳化”为可加工的石墨，也可能因黏结剂被蚀除掉后而整个金刚石微粒自行脱落下来。

电火花加工聚晶金刚石的要点是：

（1）要采用400~500 V较高的峰值电压，使有较大的放电间隙，易于排屑；

（2）要用较大的峰值电流，一般瞬时电流需在50 A以上。为此可以采用RC线路脉冲电源，电容放电时可输出较大的峰值电流，增加爆炸抛出力。

聚晶金刚石被广泛用作拉丝模、刀具、磨轮等材料，其硬度仅稍次于天然金刚石。

2.7.4 金属电火花表面强化与刻字

1. 电火花表面强化

电火花表面强化也称电火花表面合金化。图2-40所示为金属电火花表面强化与刻字加工原理。在工具电极和工件之间接上直流或交流电源，由于振动的作用，使电极与工件之间放电间隙频繁变化，从而实现对金属表面的强化。

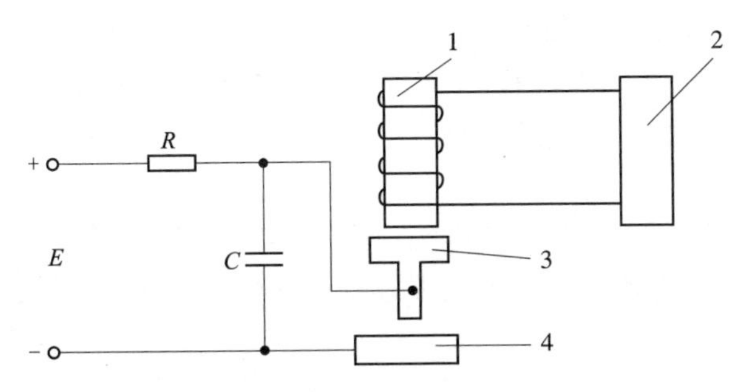

图 2-40　金属电火花表面强化与刻字加工原理

1—振动器　2—振动器电源　3—电极　4—工件

电火化强化过程如图 2-41 所示。当电极与工件之间距离较大时，电源经过电阻 R 对电容器 C 充电，同时工具电极在振动器带动下向工件运动［图 2-41（a）］。当间隙接近到某一距离时，间隙中的空气被击穿，产生火花放电［图 2-41（b）］，使电极和工件材料局部熔化，甚至汽化。当电极继续接近工件并与工件接触时［图 2-41（c）］，在接触点处流过短路电流，使该处继续加热，并以适当压力压下工件，使熔化了的材料相互黏结、扩散形成熔渗层。在振动作用下离开工件，由于工件的热容量比电极大，使靠近工件的熔化层首先急剧冷凝，从而使工具电极的材料黏结、覆盖在工件上［图 2-41（d）］。

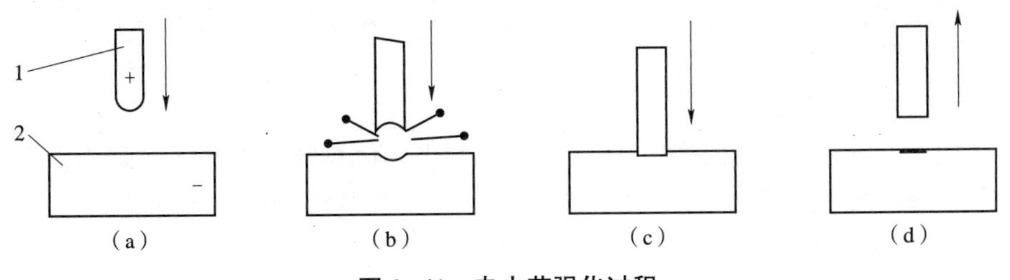

图 2-41　电火花强化过程

1—工具电极；2—工件

电火花表面强化层具有如下特性：

（1）当采用硬质合金作电极材料时，硬度可达 1 100~1 400 HV（约 70 HRC 以上或更高）。

（2）当使用铬锰、钨铬钴合金、硬质合金作工具电极强化 45 钢时，其耐磨性比原表层提高 2~2.5 倍。

（3）用石墨作电极材料强化不锈钢时，耐蚀性提高 3~5 倍。

（4）耐热性大大提高，提高了工件使用寿命，疲劳强度提高 2 倍左右，硬化层厚度为 0.04~0.08 mm。

电火花强化工艺方法简单、经济、效果好，因此广泛应用于模具、刃具、量具、凸轮、导轨、水轮机和汽轮机叶片的表面强化。

2. 电火花刻字

电火花刻字的原理相同于电火花表面强化，它可以在产品上刻字、打印记。过去在量具、刃具上刻字和打印记，常用酸洗的办法，工艺复杂、生产率低、劳动条件差。而采用电火花刻字打印的方法，工艺简单，有很大优越性，取得很好的效果。

一般有两种方法：一种是把产品商标、图案、规格、型号、出厂日期等用铜片或铁片做成字头图形，作为工具电极，如图2-42所示，工具一边振动，一边与工件间火花放电，电蚀产物镀覆在工件表面形成印记，一般，每打一个印记需0.5~1 s；另一种不用现成字头而用钼丝或钨丝电极，按缩放尺或靠模仿形刻字，每件时间稍长，为2~5 s。如果不需字形美观整齐，可以不用缩放尺而成为手刻字的电笔。图2-42中用钨丝接负极，工件接正极，可刻出黑色字迹；若工件是镀黑或表面发黑处理过的，则可把工件接负极，钨丝接正极，可以刻出银白色的字迹。

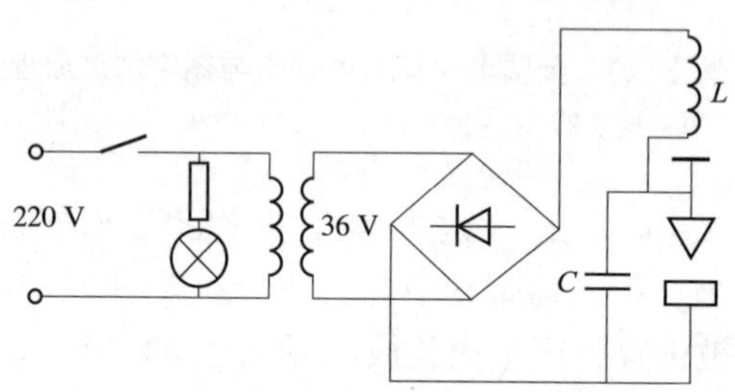

图2-42　电火花刻字打印装置线路

2.7.5　半导体与非导体的电火花加工

电火花加工通常以导电材料作为加工对象，而在一定条件下，也可加工半导体和非导体材料。

1. 半导体的电火花加工

半导体加工目前主要是加工锗、硅、砷化镓等半导体材料。在生产实际中，电火花加工与机械加工、超声加工、腐蚀抛光加工等联合使用，在最后精加工前采用电火花加工的工艺，可发挥一定的作用。

半导体电火花加工具有以下特点：

（1）半导体材料电阻率大，放电时，在放电点有很大的电阻，即便是同类半导体，电阻率也不会相同，使放电脉冲电流的持续时间变长。由于放电电阻值大，会产生大量的热量，比金属放电时要大几十倍。

（2）由于放电持续时间长，热传导和工作液冷却能量损失较多，使电压低于一定值后，加工就无法进行。

（3）单个脉冲放电能量对半导体加工影响较大，加工表面层易出现机械缺陷（裂纹等）或放电痕旁出现空穴。

（4）半导体材料突出特点是质脆、表面易碰伤，所以加工时要具备专门的工作台和适宜的装夹方式。

（5）半导体电火花加工的放电痕迹，比金属放电痕迹粗糙，看上去呈锯齿状。

2. 非导体的电火花加工

非导体材料因不具有导电性，故不能把它直接作为电极的一极进行电火花加工。一般采用高电压法和电解液法对玻璃、香烟过滤嘴、红宝石、蓝宝石、金刚石等非导体材料进行加工。

图2-43所示为打孔装置脉冲发生器的线路。该电源是由R、L、C组成脉冲发生器，当

开关 K 导通后，电容器 C 开始充电；当 u_C 等于间隙的击穿电压时，间隙被击穿产生火花放电，电容器 C 将能量瞬时放出，工件材料被蚀除。间隙中介质的电阻是非线性的，当介质未击穿时电阻很大；击穿后，它的电阻迅速减小到接近于零。因此，间隙击穿后，电容器 C 所储存的电能瞬时放完，电压降到接近于零。间隙中的介质迅速恢复绝缘，把电源切断。以后，电容器再次充电又重复上述放电过程。这种脉冲电源可用于纸张、塑料、无纺布及胶布上高速穿打直径在 20~50 μm 的微细小孔。放电的频率决定加工效率，放电的能量决定加工孔径的大小。

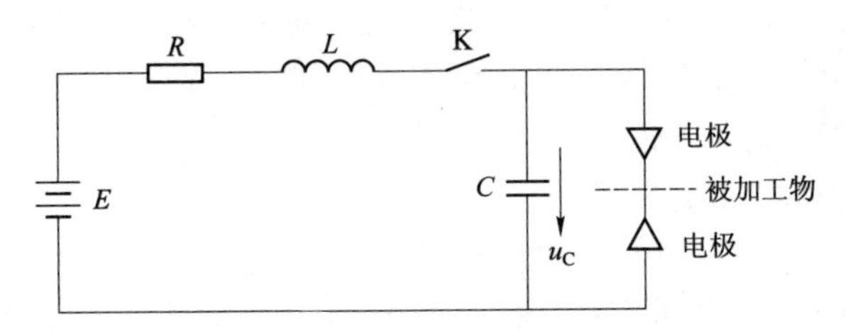

图 2-43　打孔装置脉冲发生器的线路

图 2-44 所示为高电压法加工原理。在尖电极与平板电极间放入绝缘的工件，两极加以高压直流或工频交流电压，则尖电极附近部分绝缘被破坏，发生辉光放电；但辉光电流小，加工效果差。由于两极间存在寄生电容，把电源变为高频或脉冲性，可以流过相当多的辉光电流。一般使用高压高频电源，其电压为 5 000~6 000 V，最高电压 12 000 V，频率为数十千赫兹到数十兆赫兹。

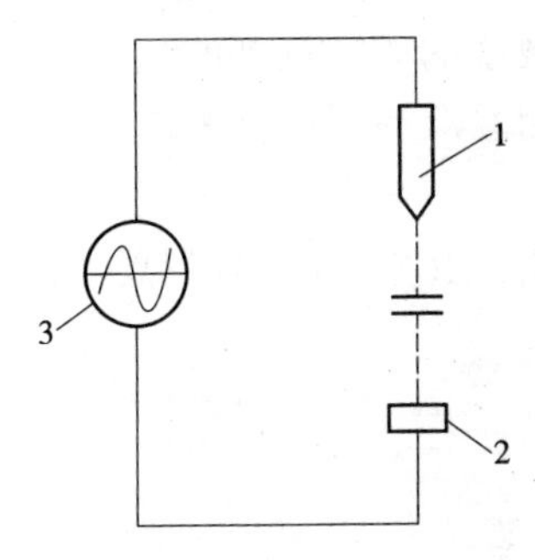

图 2-44　高电压法加工原理

1—尖电极；2—平板电极；3—高压高频电源

图 2-45 所示为电解液法非导体材料电火花加工原理。采用普通工频交流电源，电压降至 100 V 使用。加工时将非导体材料的工件 3 浸入电解液 2 中，安装在对着工件的针状电极 1 的附近。利用电解液中产生的气泡放电的热作用来蚀除工件，其中电解作用和化学作用也起了重要影响。

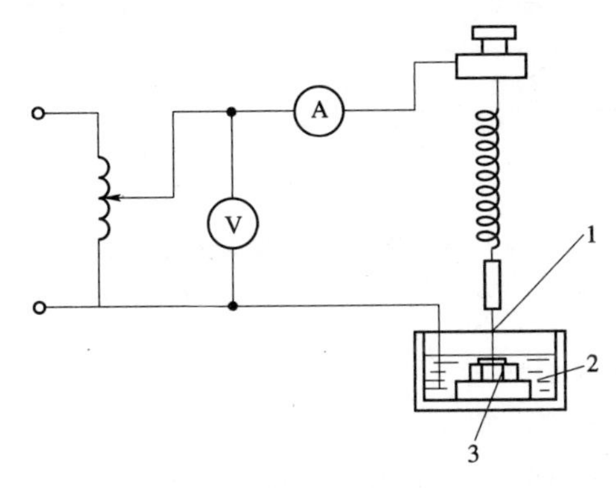

图 2-45　电解液法非导体材料电火花加工原理

1—针状电极；2—电解液；3—工件

当用直流电源加工玻璃小坑时，加工表面较光滑，锥度小。此法加工效果随电解液种类、浓度及工具电极材料的变化而变化。由于采用电极和电解液种类多种多样，加工结果各不相同。

2.7.6　电火花沉积/堆焊技术

电火花沉积/堆焊技术是近年来在传统的电火花成型加工技术的基础上发展而来的，属于电火花特种加工领域。传统的电火花加工技术是利用电火花放电对工件材料的烧蚀去除功能来实现加工目的的，而电火花沉积/堆焊技术则是在利用电火花放电过程蚀除电极材料的同时，又把蚀除掉的电极上的熔融金属沉积并堆焊到工件表面的适当位置（如沟槽、凹坑等），从而实现对工件表面的修复或增强。

1. 电火花沉积/堆焊技术的原理

如图2-46所示，电火花沉积/堆焊是利用旋转电极与工件基体之间产生瞬间高能量脉冲放电的原理（最大脉冲放电频率2 000 Hz）在电极与工件“相对最近点”产生电火花，在非常小的放电区域内，瞬间（μs~ms数量级）流过的电流很大，其电流密度高达105~106 A/cm^2，这种在时间和空间上的高度集中放电，将产生大量的热能，使电极和工件上极微小的放电点处的金属熔化并具有爆炸性，该过程产生的动能使熔化的金属离开电极表面并沉积到工件表面，与工件表面微小熔化区的金属实现冶金结合。在电火花沉积/堆焊中，一般会使用氩气保护，在电火花放电时，极间电压使氩气电离击穿并形成微小的电弧，又使沉积/堆焊层有脉冲氩弧焊的效果，从而与基体金属形成结合强度很高的冶金结合层。

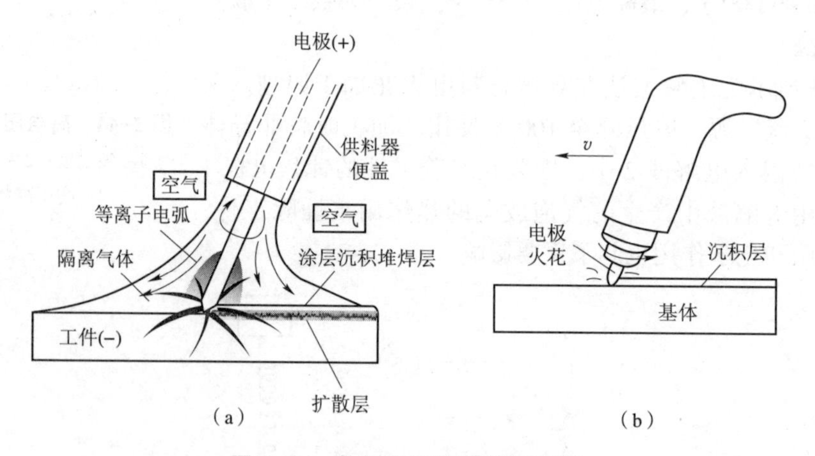

图2-46　电火花沉积/堆焊示意图

（a）电火花的产生；（b）电火花沉积/堆焊示意图

2. 电火花沉积/堆焊技术的特点

（1）由于电火花沉积/堆焊使用的能量密度很高，且在时间和空间上高度集中，所以电火花沉积/堆焊技术对基体的热输入非常集中，热量在基体中的传导和扩散范围极小，基材的组织和性能发生变化的热影响区很小，几乎没有热应力和变形。

（2）由于电极与基体的同时熔化，使其形成的沉积/堆焊层与基体呈冶金结合，结合强度高。

(3) 由于电火花沉积/堆焊时是快速熔化和快速冷却，对工件具有表面淬火的电火花强化效果。

(4) 由于电火花沉积/堆焊时的瞬间温度很高，故可以制造高熔点金属（如 Ti、W、WC 等）的复合强化层。

(5) 由于电火花沉积/堆焊只有显微熔化，没有传统熔化焊时出现的宏观熔池，因而沉积层不可避免地存在显微气孔，这对沉积层的性能没有明显的影响，在油润滑的轴颈还有盛油的效果，对润滑有利。

表 2-4 和表 2-5 对电火花沉积/堆焊工艺与其他工艺的特点及运行成本做了比较。

表 2-4 电火花沉积/堆焊工艺与其他工艺方法的比较

项目	电火花沉积/堆焊	镀铬	热喷涂	CVD 和 PVD	TD 工艺（盐浴）	氮化	焊接
操作	5	1	3	1	1	1	3
热输入	5	5	3	1	1	1	1
结合	5	1	2	3	5	5	5
现场工作	5	1	3	1	1	1	5
地区限制	5	6	4	2	1	1	5
堆焊	4	2	5	1	1	1	5
投资	5	1	3	1	1	1	5
处理费用	5	5	3	1	1	4	5

注：数字代表程度，1 为最合理，越大越不合理。

表 2-5 电火花沉积/堆焊工艺与其他工艺方法的比较

工艺	预热	变形	强化厚度 δ/mm	厚度控制	气孔	后续加工	强化速度	结合强度
电火花	不	小	<1	易	少	易	中	高
电刷镀	不	小	<0. 5	易	中	中	慢	低
氩弧焊	要	大	>1	难	强	难	快	高

3. 问题与前景

作为一项正在快速发展推广的实用技术，电火花沉积/堆焊工艺仍存在一些没能解决的问题。

(1) 电火花沉积/堆焊机理以及与有限元方法的结合有待深入研究。

(2) 现有的电火花沉积/堆焊设备自动化程度不高，实际操作时多为手工操作，使得堆焊层的均匀性、连续性和粗糙度不能得到保证，且熔敷效率低，增加了产品的后续加工成本。因此，需要进一步提高电火花沉积/堆焊系统的自动化水平，以提高生产效率及工艺的稳定性、可靠性。

(3) 电火花沉积/堆焊中电源和电路的设计有待提高。传统电火花沉积电源效率较低，操作者工作负荷过大，如果设计出能够大范围进行参数调整的电源以满足不同材料在各种修复状态下参数要求，将会为电火花沉积/堆焊的更广泛应用提供保障。

第3章
电火花线切割加工

电火花线切割加工（Wire cut Electro-Discharge Machine，简称 WEDM）是电火花加工的重要组成部分，是在电火花加工基础上于20世纪50年代末最早在苏联发展起来的一种新的加工工艺形式，它是利用金属线状电极（以称电极丝）靠火花放电对工件进行切割，故称电火花线切割。在不断地应用与改进中，现如今电火花线切割加工技术最大的切割速度可达 325 mm^2/min，最佳表面粗糙度达 $Ra0.1 \sim 0.2\ \mu m$，加工尺寸精度可控制在几个微米之内，高速走丝电火花线切割机还能稳定切割 1 m 的超厚工件，并且大锥度切割技术发展迅速，日趋完善。目前国内外的线切割机床已占电加工机床的60%以上。

§3.1　电火花线切割加工基本知识

3.1.1　电火花线切割加工的原理

电火花线切割加工是利用移动的细金属导线（钼丝或铜丝）作为电极，对工件进行脉冲火花放电，靠放电时局部瞬间产生的高温来除去工件材料，以此进行切割加工的方法。电火花线切割加工的原理如图3-1所示。电极丝作为工具电极，被切割的工件作为工件电极。当来一个电脉冲时，在电极丝和工件之间产生一次火花放电，在放电通道中，瞬时产生大量热能使材料熔化，甚至汽化而产生爆炸力，将熔化的金属抛离工件表面，并被循环的工作液带走，工件表面一个点被电蚀。在不断放电不断进给过程中，工件材料被电蚀切割加工。

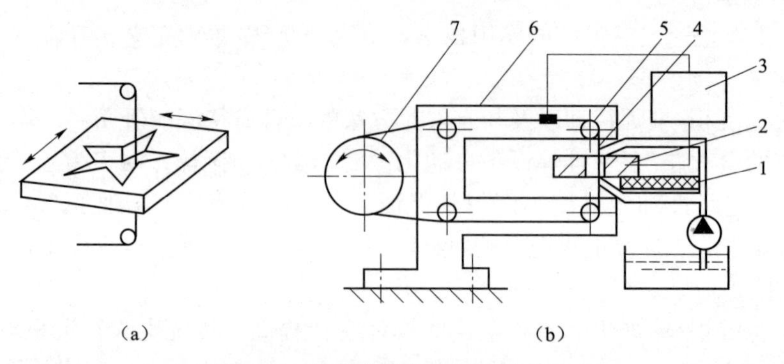

图3-1　电火花线切割加工的原理

1—绝缘底板；2—工件；3—脉冲电源；4—钼丝；5—导向轮；6—支架；7—卷丝筒

电火花线切割加工在使用时需要的基本条件与前一章所述的电火花加工基本条件类似，需要采用一定频率的脉冲电源、保证一定的放电间隙、放电在绝缘介质中进行等。其物理本质也同样可分为极间介质的击穿与放电，介质热分解、电极材料融化、汽化热膨胀，电极材料的抛出以及极间介质的消电离四个连续的阶段，这里不再赘述。

3.1.2 电火花线切割的主要特点

（1）用成型电极，即简单的电极丝就可对工件进行加工，降低成本，缩短时间。

（2）电极丝很细（<0.3 mm），可以加工微细异形孔、窄缝和形状复杂的工件。

（3）采用移动的长电极丝进行加工，单位长度上的损耗很少，从而提高了加工精度。工艺参数范围小，属于中、精正极性电火花加工，尺寸精度可达 0.01~0.02 mm，粗糙度可达 *Ra*1.6 μm。

（4）可加工高硬度、高脆性、高韧性、高熔点导电材料，如淬火钢、硬质合金等，并且加工的残余应力小。

（5）实现微机控制，自动化程度高，操作方便。

（6）工作液多采用水基乳化液，不会引燃起火，容易实现安全无人操作运行。

3.1.3 电火花线切割的应用范围

（1）加工冷冲模，包括大、中、小型冲模的凸模、凹模。

（2）加工成型工具，如带锥度型腔的电极、微细复杂形状的电极和各种样板、成型刀具等。

（3）加工微细孔、槽、窄缝、异形孔等。

（4）加工各种稀有、贵重金属材料和难加工的高硬度、高脆性材料。

（5）加工二维、三维直纹曲面的零件（需配有数控回转工作台）。

3.1.4 电火花线切割加工的不足和发展方向

尽管电火花线切割加工已得到广泛的应用，但其仍存在一些不足之处。现阶段电火花线切割加工中存在的问题如下：

（1）切割速度。电火花线切割的加工速度较慢，影响生产效率。

（2）电极丝损耗和二次放电。电火花加工脉冲放电时，会有电子或离子产生并轰击金属表面，工具电极也受到轰击而造成电极损耗。另外，加工过程中如果脉宽过小，会出现二次放电而造成拉弧，烧伤加工表面的同时也会损伤电极丝。

（3）工作台精度的影响。加工过程中工具和工件的运动都是靠工作台的驱动来实现。工作台对加工精度的影响主要体现在机械传动精度上，包括装配精度、配合间隙、磨损等在内的种种误差集中体现在机床的传动中，如不达标则会直接导致加工过程中加工表面粗糙度达不到要求，电极丝抖动产生表面加工条纹等。

（4）“抬刀”的影响。加工时“抬刀”目的是使工作液冲洗加工间隙中的电蚀废物和更新工作液，有利于提高加工精度。“抬刀”的不及时或“过及时”不仅会影响到加工速度，也会使工件产生拉弧烧伤等现象。

为解决上述不足，线切割加工技术正朝着某些方向不断发展，包括：高精度电火花线切割机床的使用；高速走丝系统的完善，同时也要重视低速走丝电火花线切割机的开发和发展；重视微细电火花线切割加工的发展；开发新型走丝系统，如将传统的往复走丝系统改进为旋转走丝系统或含粗、细丝的双丝系统；多轴联动电火花数控加工系统开发（目前我国仍局限在4轴以上联动的电火花加工系统的开发）；改善机床抬刀运动，提高抬刀速度；利用现代技术，实现加工的数控化、智能化、绿色化。

3.1.5 线切割机床的分类

电火花线切割加工设备种类很多，通常有以下多种分类方法。

按切割轨迹的控制方式：可分为靠模仿形控制、光电跟踪控制以及现在广泛应用的计算机数字控制等电火花线切割加工设备。

按加工范围：可分为微型、小型、中型和大型电火花线切割加工设备。

按走丝速度：可分为高速走丝（6~12 m/s）、中速走丝、低速走丝（0.2 m/s）等电火花线切割加工设备。

按加工设备的功能与特点：可分为直壁加工型、带斜度加工型和带旋转坐标型等线切割加工设备。

§3.2 数控电火花线切割加工设备

电火花线切割加工和电火花成型加工原理一样只不过是利用线状电极（钼丝或铜丝）靠火花放电对工件进行切割，故称电火花线切割。有我国特色的数控高速走丝电火花线切割加工现已成为制造业中不可缺少的加工手段，它已获得广泛的应用。常用的DK7725机床为高速走丝线切割机床，其型号含义如图3-2所示。

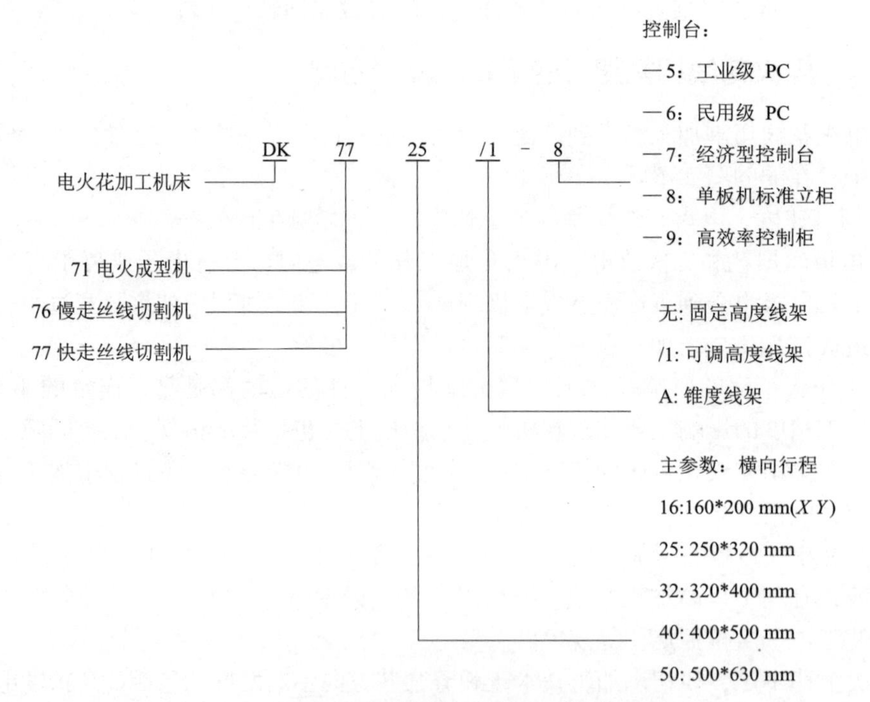

图3-2 DK7725高速走丝线切割机床型号含义

下面以DK7725线切割加工机床为例，介绍加工设备的一般组成。DK7725高速走丝线切割机床由机床本体、脉冲电源、微机控制装置、工作液循环系统等部分组成。

1. 机床本体

机床本体由床身、运丝机构、工作台和丝架等组成，如图3-3所示。

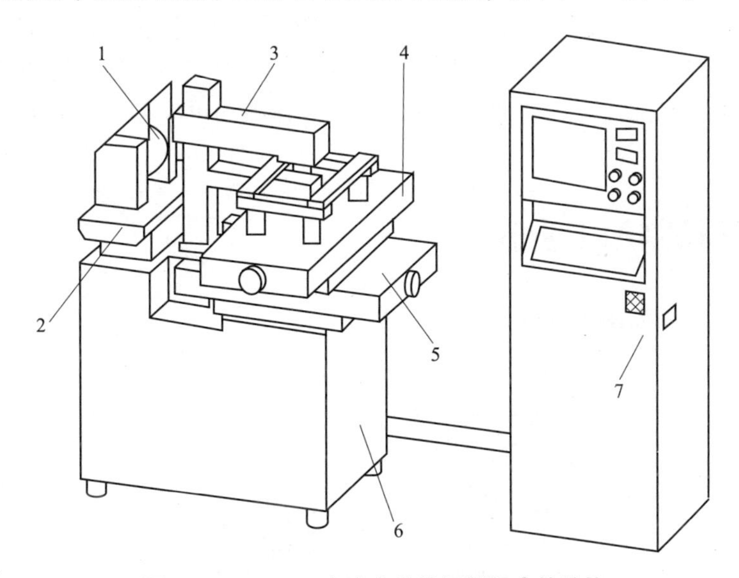

图3-3　DK7725高速走丝线切割机床的结构

1—储丝筒；2—走丝溜板；3—丝架；4—上工作台；5—下工作台；
6—床身；7—脉冲电源及微机控制柜

（1）床身。床身用于支撑和连接工作台、运丝机构等部件，内部安放机床电器和工作液循环系统。

（2）运丝机构。电动机通过联轴节带动储丝筒交替做正、反向转动，钼丝整齐地排列在储丝筒上，并经过丝架导轮导向做往复高速移动（线速度为10 m/s左右）。

（3）工作台。工作台用于安装并带动工件在水平面内做X、Y两个方向的移动。工作台分上下两层，分别与X、Y向丝杠相连，由两个步进电动机分别驱动。步进电动机每接收到计算机发出的一个脉冲信号，其输出轴就旋转一步距角，再通过一对变速齿轮带动丝杠转动，从而使工作台在相应的方向上移动0.001 mm。工作台的有效行程为250 mm×320 mm。

（4）丝架。丝架的主要功用是在电极丝按给定线速度运动时，对电极丝起支撑作用，并使电极丝工作部分与工作台平面保持一定的几何角度。

2. 脉冲电源

脉冲电源又称高频电源，其作用是把普通的50 Hz交流电转换成高频率的单向脉冲电压。加工时，电极丝接脉冲电源负极，工件接正极。

3. 微机控制装置

微机控制装置的主要功用是轨迹控制和加工控制。电火花线切割机床的轨迹控制系统曾经历过靠模仿形控制、光电仿形控制，现已普遍采用数字程序控制，并已发展到微型计算机直接控制。加工控制包括进给控制、短路回退、间隙补偿、图形缩放、旋转和平移、适应控制、自动找中心、信息显示、自诊断功能等，其控制精度为±0.001 mm，加工精度为±0.01 mm。

4. 工作液循环系统

由工作液、工作液箱、工作液泵和循环导管组成。工作液起绝缘、排屑、冷却的作用。每次脉冲放电后，工件与电极丝（钼丝）之间必须迅速恢复绝缘状态，否则脉冲放电就会转变为稳定持续的电弧放电，影响加工质量。在加工过程中，工作液可把加工过程中产生的金属微粒迅速从电极之间冲走，使加工顺利进行，工作液还可冷却受热的电极丝和工件，防止工件变形。

§3.3 线切割加工步骤

线切割加工的步骤如图3-4所示。

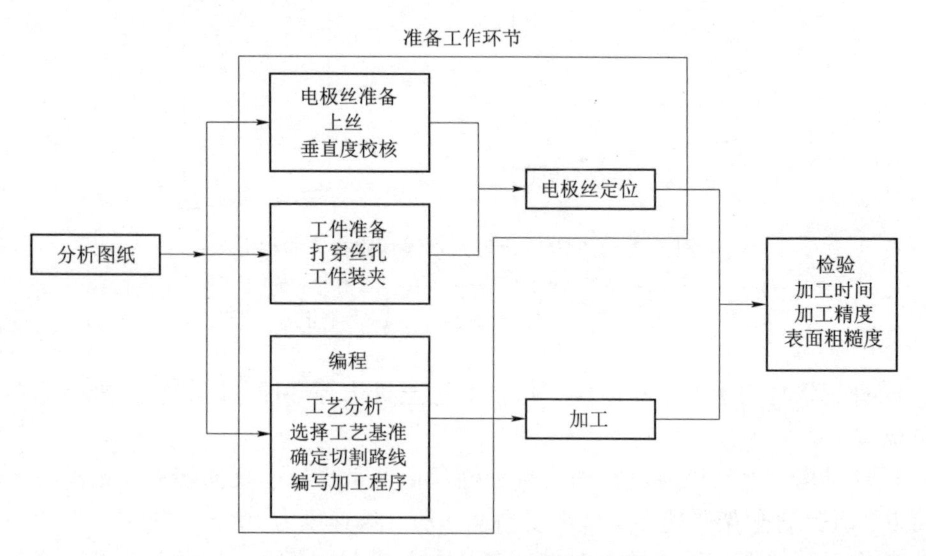

图3-4 线切割加工的步骤

3.3.1 图纸分析

分析图纸是保证工件质量和工件的综合技术指标的第一步，主要从以下几个方面来考虑：

（1）尺寸要求。凹角、夹角的尺寸要符合线切割的加工要求；窄缝不能小于电极丝直径加放电间隙；整体尺寸不能超出设备可加工范围。

（2）形状要求。加工的零件必须是通孔零件。

（3）材料的要求。受成本和技术的限制，一般选择硬度较大的导电材料。

（4）精度要求。合理选择表面粗糙度和加工精度。电火花线切割加工表面是由无方向性的无数小坑和硬凸边所组成（特别有利于保存润滑油），线切割的加工所能达到的表面粗糙度 *Ra* 值有限。

3.3.2　电极丝准备

一般包括上丝、穿丝和电极丝的垂直找正。上丝的过程是将电极丝从丝盘绕到切割机床储丝筒上的过程，穿丝是按照操作说明书说明依次绕接各导轮、导电块至储丝筒。在操作中要注意手的力度，防止电极丝打折。在进行精密零件加工或切割锥度等情况下需要重新校正电极丝对工作台平面的垂直度。电极丝垂直度找正的常见方法有两种，一种是利用找正块，另一种是利用校正器。

图 3-5 所示为用找正块校正电极丝的垂直度。找正块是一个六方体或类似六方体［图 3-5（a）］，在校正电极丝垂直度时，首先目测电极丝的垂直度，若明显不垂直，则调节 U、V 轴，使电极丝大致垂直工作台；然后将找正块放在工作台上，在弱加工条件下，将电极丝沿 *X* 方向缓缓移向找正块。电极丝与找正块之间产生火花放电，然后肉眼观察产生的火花：若火花上下均匀［图 3-5（b）］，则表明在该方向上电极丝垂直度良好；若下面或上面火花多［图 3-5（c）或图 3-5（d）］，则说明电极丝右倾或左倾，继续调节使电极丝垂直度良好。

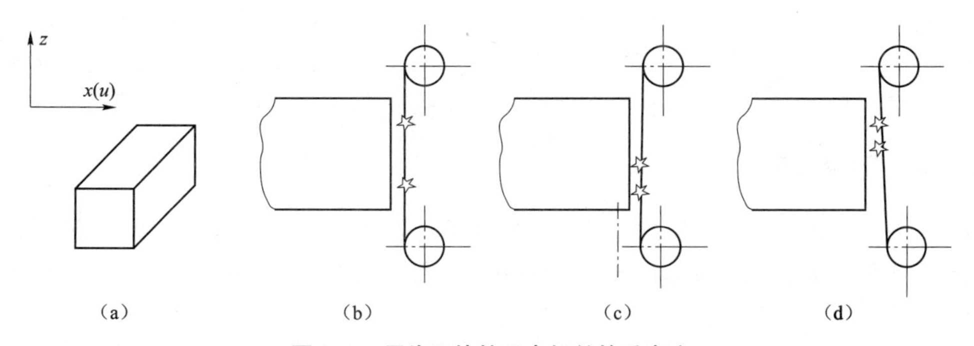

图 3-5　用找正块校正电极丝的垂直度

（a）找正块；（b）垂直度较好；（c）垂直度较差（右倾）；（d）垂直度较差（左倾）

校正器是一个触点与指示灯构成的光电校正装置，如图 3-6 所示，电极丝与触点接触时指示灯亮。它的灵敏度较高，使用方便且直观。使用校正器校正电极丝垂直度的方法与火花法大致相似。主要区别是：火花法是观察火花上下是否均匀，而用校正器则是观察指示灯。若在校正过程中，指示灯同时亮，则说明电极丝垂直度良好，否则需要校正。

3.3.3　工件的准备

1）正确选择穿丝孔、进刀线和退刀线

穿丝孔是电极丝相对工件运动的起点，同时也是程序执行的原点，所以穿丝孔应选择在容易找正并在加工过程中便于检查的位置。为保证加工精度，穿丝孔的位置应设置在工件上，一般为基准点位置。对于凹模、孔类零件，为使切割轨迹短和便于编程，穿丝孔应设在边角处、在已知坐标尺寸的交点处或型孔中心；对于凸模类零件，为避免将坯件外形切断引起变形，应在坯料内打穿丝孔。

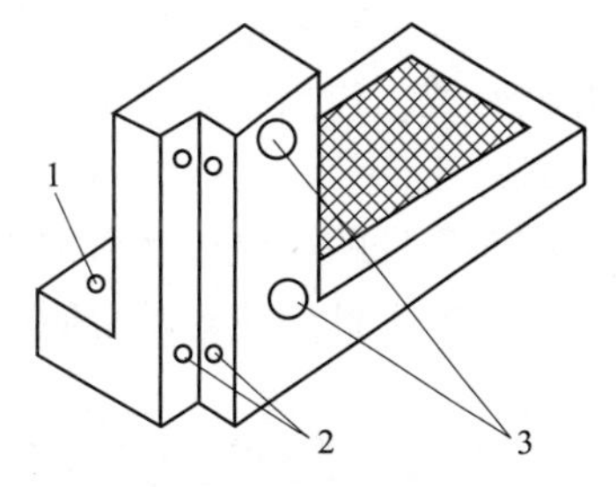

图 3-6　垂直度校正器

1—导线；2—触点；3—指示

在设置进刀线及退刀线时应注意不与轮廓第一条边重合、不与第一条边夹角过小或距离过近，最好是通过工件的中心线。

2）工件装夹

所选择的工件夹具应便于安装，便于协调工件和机床间的尺寸关系，且尽可能可以反复利用。在加工大型工件时应充分考虑工件的定位问题，特别是在加工快完成时，工件容易变形，使电极丝夹紧，导致断丝。可以考虑采用几块磁体将加工完成的地方吸住，保证加工的正常进行。

3）工件找正

工件的找正方法，包括利用夹具定位法、用百分表找正的方法、划线法或其他方法。

利用通用或专用夹具纵、横方向的基准面，经过一次校正后，保证基面与相应坐标方向一致。于是具有相同加工基准面的工件可以直接贴靠，就保证了工件的正确加工位置。

拉表法是利用磁力表架，将百分表固定在丝架或其他固定位置上，百分表头与工件基面接触，往复移动工作台，按百分表指示数值调整工件，直至百分表指针的偏摆范围达到所要求的数值。校正应在三个方向上进行。

工件待切割图形与定位基准相互位置要求不高时，可采用划线法。利用固定在丝架上的划针对正工件上划出的基准线，往复移动工作台，目测划针、基准间的偏离情况，将工件调整到正确位置。该法也可以在粗糙度较差的基面校正时使用。

3.3.4 电极丝的确定

对加工要求较低的工件或所加工的工件轮廓相对于电极丝的起始位置无直接联系，在确定线电极与工件有关基准线或基准面相互位置时，可直接利用目测或借助于2~8倍的放大镜来进行观察。

还有一种数控机床常用的方法——自动找中心法，就是让电极丝在工件孔的中心自动定位。简单来说，此法是根据电极丝与工件的短路信号来确定电极丝的中心位置。

3.3.5 编程

线切割程序编制可采用手动编程或电脑自动编程。本章下一节会对编程做详细介绍，这里不再赘述。

3.3.6 加工和加工后的检验

切割加工时要正确装夹工件、找正工件各基准、调整电极丝的垂直度和张力，调整脉冲电源各参数，包括脉冲电压、峰值电流、脉冲宽度、进给速度等，各参数合理调整完毕后方可正式加工。

切割工件的检验包括对加工时间的评定，尺寸精度、粗糙度、垂直度的检查等，有配合间隙要求的工件还应对配合间隙进行检验。

§3.4 数控电火花线切割编程

数控线切割机床的控制系统是根据人的“命令”让机床按给定顺序进行加工的。所以必须先将要进行线切割加工的图形，用线切割控制系统所能接受的代码编好“指令”，输入控制系统（控制器）。这种“指令”就是线切割程序，编写这种“命令”的工作叫作编程。

编程方法分手工编程和计算机辅助编程。手工编程是线切割操作者的一项基本功，它能使你了解编程所需要进行的各种计算和编程的原理与方法。但手工编程的计算工作比较繁杂，效率低，易疏漏。随着近年来计算机的普及和线切割编程软件的完善，线切割编程大都采用计算机自动编程，自动编程无须记忆编程语言规则，容易学习掌握，提高效率，不易出错。

目前我国数控线切割机床常用的程序格式有符合国际标准的 ISO 格式和国标 3B、4B 格式。近年来所生产的数控线切割机床普遍采用计算机数控系统进行控制，所以本节仅以国际标准的 ISO 格式为主介绍编程方法。

3.4.1　ISO 格式编程

ISO 标准是国际标准化组织确认和颁布的国际标准，是国际上通用的数控机床语言。

1. 程序格式

线切割机床在进行加工以前，必须按照加工图纸编制加工程序，所编制的程序必须符合下列规则：

（1）ISO 指令有 G 功能指令、M 功能指令和 E 功能指令 3 种；

（2）每一程序行只允许含一个指令；

（3）程序行开始可标记行号，系统不对行号检查，仅作为用户自己的标记；

（4）程序起始行（G92）必须位于其他所有行（不包括注释行）之前，但并不是必需的；

（5）注释以% 开始至行尾结束；

（6）每一个程序必须含结束行（M02），结束行以下的内容将被系统忽略。

2. 编程指令

目前各类线切割系统所使用的指令与国际标准基本一致，但也存在不同之处。因此使用中应认真阅读系统的编程说明书，尤其注意区分那些指令形式相同但功能有所区别的指令和本系统特有的指令。下面以 DK7725 高速走丝线切割机床所使用的 BKDC 数控系统为例进行说明。

1）G 功能指令

该系统共有 8 类 17 种 G 功能指令。移动类指令同前一行指令相同时可省略，除暂停类指令以外，其余各类指令为模态指令，一经指出全程有效，直至被同类指令取代为止。

（1）移动类。

① 直线插补。

格式：G01　Xx　Yy　Uu　Vv

以加工速度从起点运行至终点，x、y、u、v4 轴联动做直线插补。

② 顺时针圆弧插补。

格式：G02　Xx　Yy　Ii　Jj

以加工速度从起点运行至终点，x，y 为终点坐标；i，j 为圆心相对于起点的坐标，而不论是绝对还是相对编程方式。

③ 逆时针圆弧插补。

G03 格式同 G02。

（2）暂停。

格式：G04 Ff（f 为 0~99 999 s）

机床伺服系统暂停 f 秒，出现提示 “Prog pause，press F8 to continue”，按下 F8 键或暂停时间到系统恢复加工。

（3）斜度类。

① 常态加工（无锥度加工）。

格式：G27

② 恒锥度加工。

格式：G28　Aa（a 为-45. 000~45. 000，即±45°）

在加工轨迹的几何段上，电极丝只在加工轨迹法线方向倾斜，且倾角为 a，在几何段相交点处，电极丝将沿一个圆锥面运动，以保证恒定锥度和光滑地转到下一几何段。沿加工轨迹方向看，钼丝向右倾斜时，a 大于 0；钼丝向左倾斜时，a 小于 0。

③ 尖角锥度加工。

格式：G29　Aa

在加工轨迹的几何段上，G29 使电极丝倾角在加工轨迹方向连续变化，在加工轨迹法线方向保持恒值 a，这样在几何段相交点处电极丝倾角等于下一几何段起点之倾角。

（4）偏移类。

① 取消偏移。

格式：G40

② 左偏移

格式：G41　Dd（d 为 0~9 999 μm）

G41 使偏移轨迹沿加工轨迹方向左偏移 d。

③ 右偏移

格式：G42　Dd

G42 使偏移轨迹沿加工轨迹方向右偏移 d。

（5）偏移方式类。

① 相交过渡偏移方式

格式：G45

② 自动圆弧过渡补偿方式

格式：G46

（6）单位类。

默认为 G71。

① 英制单位。

格式：G70

隐含小数点在右数第 4 位上，单位为 in。

② 米制单位

格式：G71

隐含小数点在右数第 3 位上，单位为 mm。

（7）编程方式类。

默认为 G90。

① 绝对编程方式。

格式：G90

x，y 为工件坐标系中的坐标值；u，v 为相对于 x，y 的坐标。

② 增量编程方式

格式：G91

x，y 为坐标增量值即轴的移动量；u，v 为相对于 x，y 的坐标。

（8）起点类，定义工件坐标

格式：G92　Xx　Yy　Uu　Vv

定义当前点为工件坐标系中（x，y，u，v）点，默认为（0，0，0，0）。

2）M 功能指令

系统支持 4 种 M 功能指令。

（1）停止加工（M00）。

关脉冲电源，出现提示“Press enter to continue cut”，用户按回车键后系统恢复加工。

（2）加工结束（M02）。

关运丝电动机、工作液泵和加工电源，加工结束。

（3）M20。

开运丝电动机、工作液泵和加工电源。

（4）M21。

关运丝电动机、工作液泵和加工电源。

3）E 功能指令

Ee（e 为加工工艺数据库中的一个指令）。

调用工艺数据库中的 e 套参数。

3. CMD 文件

为了使加工零件长度不受系统内存限制，同时也方便用户文件调用，系统设置了一类 CMD 文件，文件由程序行构成，每一程序行格式如下：

　　　　x
Ss　Aa Mxy　Nn　* File
　　　　y

S 设置比例系数，s 的范围为 0. 000 1~9 999. 999 9；

A 设置旋转角度，a 为任意值，单位为°；

M 设置对称轴，x，y，xy（中心对称）3 种；

N 设置调用次数，$n \leq 1\ 000$；

* File 表示调用 FILE. ISO 文件；

S，A，M，N 仅对当前文件有效。

3.4.2 线切割自动编程

自动编程是指输入图形之后，经过简单操作，即由计算机编出加工程序。这里我们以CAXA线切割自动编程软件为例介绍如何使用CAXA线切割V2软件来编制加工程序。自动编程一般分为三步：输入图形、生成加工轨迹、生成代码和传输代码。

对简单或规则的图形，可利用CAXA线切割V2软件绘图功能直接输入，对不规则图形可以用扫描仪输入，经位图矢量化处理后使用。前者能保证尺寸精度，适用零件加工；后者会有一定误差，适用于工艺美术图案类型零件的加工。下面分别介绍。

CAXA线切割V2的特点和基本功能：

CAXA线切割软件是由北航海尔开发的在Windows环境下应用的一款线切割自动编程软件。“CAXA线切割V2”可以完成绘图设计、加工代码生成、联机通信等功能，集图纸设计和代码编程于一体。它集成了CAXA电子图板的CAD绘图功能，提供了强大的图形绘制功能。

“CAXA线切割V2”可直接读取EXB、DWG、DXF文件以及IGES格式、DAT格式等各种类型的文件，使得其他CAD软件生成的图形都能直接读入“CAXA线切割V2”，均可利用“CAXA线切割V2”完成编程，生成加工代码。

图3-7所示为CAXA线切割V2的用户界面，共分三大部分：绘图功能区、菜单系统、状态显示与提示。绘制功能区位于屏幕中心，设置了一个X、Y二维坐标系，其坐标原点就是用户绘图的坐标原点；菜单系统包括：下拉菜单、图标菜单、立即菜单、常用工具栏和功能工具栏五个部分；状态显示与提示位于屏幕的最下面两行。

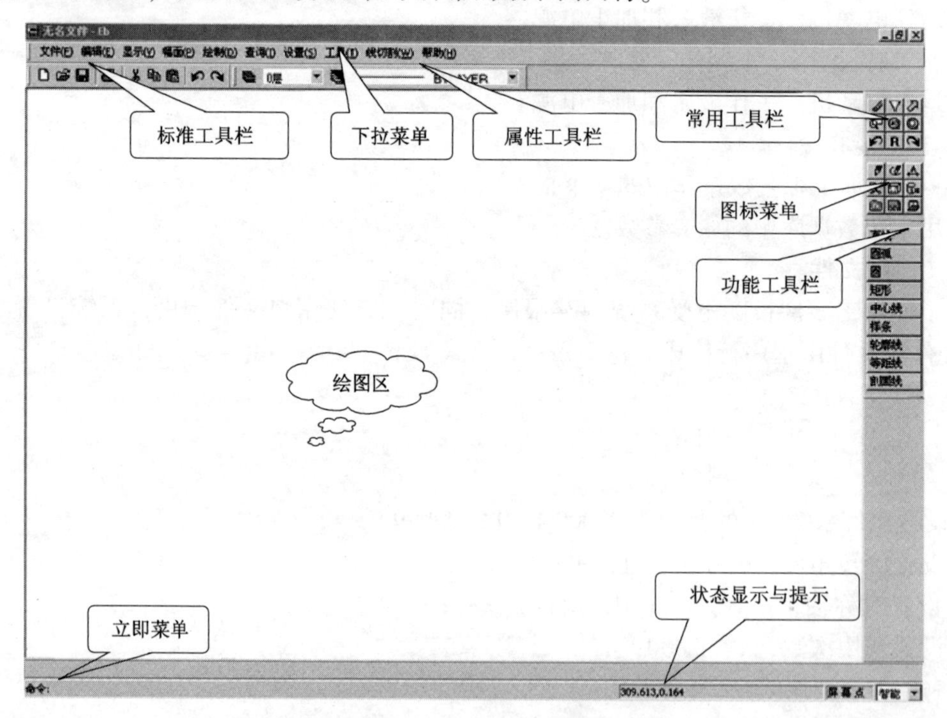

图3-7 CAXA线切割V2的用户界面

1. 绘图自动编程

在绘图及编程序时，本软件提供了两套办法：一套是使用各种图标菜单；另一套是使用下拉菜单，图标菜单使用起来简便一些，但需要事先记住每个图标的功能，下拉菜单使用汉字，很直观。现仅以菜单的使用做一介绍。

图 3-8 所示为由直线组成的简单图形，现以它为例来说明绘图、轨迹生成、轨迹仿真（模拟加工）及生成各种程序的全过程。用 CAXA 线切割 V2 既可以编出 3B 程序、4B 程序和 R3B 程序，又可以编出 ISO 代码程序。

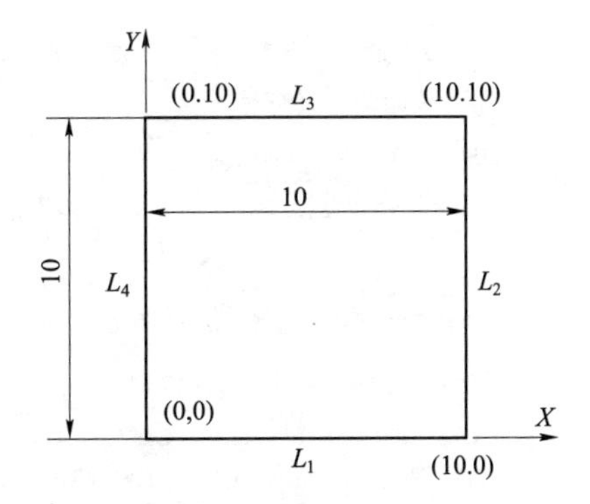

图 3-8　直线组成的图形

1）绘图

软件编线切割程序的第一步就是用该软件来绘出所要切割工件的图形。绘图方法为，单击下拉菜单绘制图标，在弹出的基本曲线工具栏中，单击矩形图标，得到如图 3-7 所示的用户界面，在立即菜单单击“两角点”，立即菜单变为 1：两角点，2：无中心线，提示第一点时，输入 0，0（回车），提示第二点时，输 10，10（回车），作出矩形如图 3-9 所示。

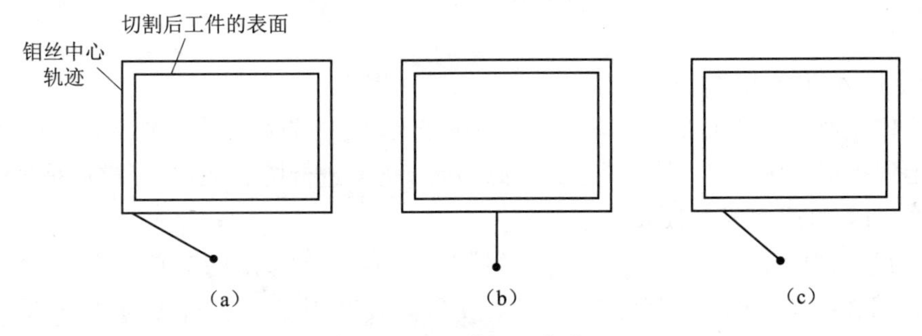

图 3-9　三种切入方式

（a）直线切入；（b）垂直切入；（c）指定切入点

2）轨迹生成

在屏幕最上部的下拉菜单中，单击“线切割”项，在弹出的菜单中单击“轨迹生成”项，弹出如图 3-10 所示的“线切割轨迹生成参数表”对话框。

绘制图形要考虑切割方向、间隙补偿量 f、凸模或凹模不同的补偿方向、穿丝点或丝的起始点位置以及丝的退出点（丝最终到达点）位置等，生成切割加工时钼丝的中心轨迹。

轨迹生成时要确定钼丝从穿丝点或起始点切入到工件的切入方式。切入方式有下列三种，如图 3-9 所示。

① 直线切入方式。

钼丝从穿丝点直接切入到加工起始段的起始点。

② 垂直切入方式。

钼丝从穿丝点垂直切入加工起始段。

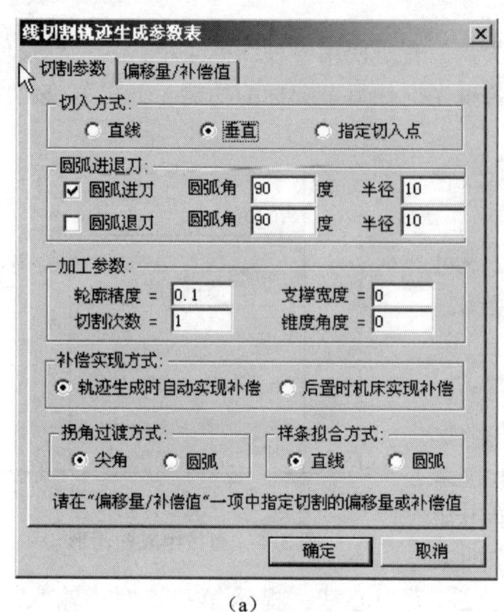

（a）

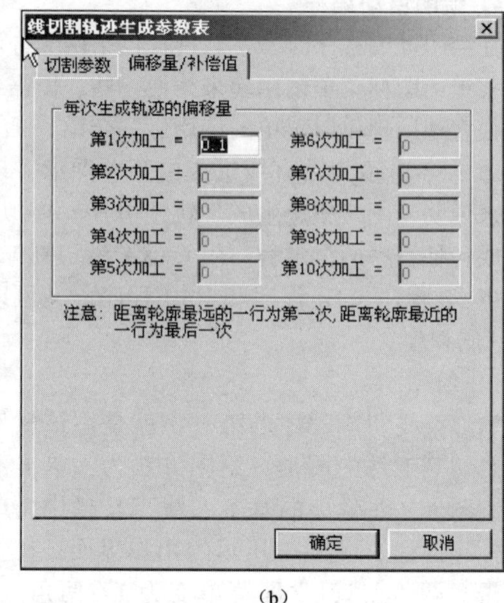

（b）

图3-10 “线切割轨迹生成参数表”对话框

（a）切割参数；（b）偏移量/补偿值

③ 指定切入点方式。

有时希望钼丝切入到工件上某一点，可以在加工轨迹上选择一个点作为加工的切入点，钼丝沿直线走到指定的切入点，然后按已选择好的加工方向进行切割加工，常选用垂直切入方式。

（1）线切割轨迹生成参数表。

在屏幕最上部的下拉菜单中，单击“线切割”项，在弹出的菜单中单击“轨迹生成”项，弹出如图3-10所示的“线切割轨迹生成参数表”对话框，首先应选定切入方式，选“垂直”，将圆弧进刀前√去掉。在加工参数中轮廓精度可输入0.01，切割次数输入1，支撑宽度是指多次切割时，指定每行轨迹的始末点之间保留的一段不切割部分的宽度，一次切割输0即可，锥度角度，当不切割锥度时为0即可；补偿实现方式选轨迹生成时自动实现补偿。拐角过渡方式选圆弧，系统能在所有尖角处对钼丝中心轨迹生成$r=f$（间隙补偿量）的过渡圆弧。当加工非圆曲线的线段时，系统会将该曲线分成多段短线进行拟合，拟合方式有两种：

① 直线拟合方式。系统将非圆曲线分成多条短直线进行拟合。

② 圆弧拟合方式。系统将非圆曲线分成多条短圆弧段进行拟合。圆弧拟合方式具有精度高、程序条数少的优点。本例钼丝半径为0.09 mm，单边放电间隙$JQ=0.01$ mm，故间隙补偿量$f=0.09+0.01=0.1$（mm），要填入此间隙补偿量时，移光标单击该表上部的“偏移量/补偿量”按钮，该表上弹出“每次生成轨迹的偏移量”表，因一般只切割一次，故在第一次加工后面输0.1，然后单击“确定”按钮，该表关闭。

（2）拾取轮廓线，选择切割偏移方向。

提示拾取轮廓时，移动光标单击图形轮廓线，如图3-11（a）所示，该轮廓线变为红色虚线，并出现一个双向绿色箭头。提示请选择拾取方向时，单击想要切割方向的绿色箭头，全部图形轮廓线变红色，并在垂直于轮廓线方向出现了方向相反的两个绿色箭头指示出选择偏移方向，如图 3-11（b）所示。因要切割的工件是外轮廓不是孔，单击指向图形外的绿色箭头，图形轮廓全变成红色虚线。

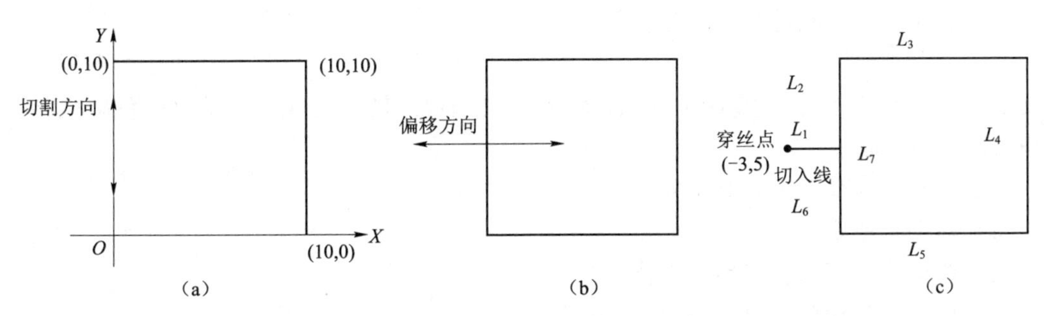

图 3-11　图形轮廓线

（a）提示拾取轮廓；（b）提示请选择拾取方向；（c）提示输入穿丝点位置

（3）输入穿丝点及退出点坐标。

提示输入穿丝点位置时，输（-3，5）回车，提示输入退出点（回车则与穿丝点重合），（回车）图形轮廓变白色，由穿丝点到轮廓线上切入点处出现一条绿色切入线，如图 3-11（c）所示，至此切割加工轨迹的生成已完成。

3）轨迹仿真（即在屏幕上做动态模拟切割加工）

单击下拉菜单中的“线切割”项，弹出如图 3-12 所示的线切割下拉菜单，单击“轨迹仿真”项，选立即菜单 1：连续，2：步长 0.1（把步长改为 0.1，仿真速度可快些）。提示拾取加工轨迹时，移光标单击图中加工轨迹的任意位置，图形变为绿色并自动放平，出现一条绿色的钼丝，由穿丝点开始沿工件轮廓切割一圈后回到退出点，按鼠标左键，又恢复为和仿真前一样的图形。

4）代码生成

生成该图形 G 代码的方法为：当轨迹生成后，单击下拉菜单中的“线切割”项，在弹出的菜单中，单击“生成 G 代码”，弹出“生成机床 G 代码”对话框，选择存盘路径，输入文件名之后，单击“保存”按钮，提示拾取加工轨迹时，移光标单击加工轨迹中的任一线段，之后按鼠标右键，屏幕上显示出该图形的 ISO 代码，如图 3-11（c）所示。

（1010. ISO，10/18/05，15：50：10）

N10 T84 T86 G90 G92 X-3. 000 Y5. 000；开冷却，开高频，绝对坐标编程，起始点为（-3，5）

N12 G01 X-0. 100 Y5. 000；切 L1 段

N14 G01 X-0. 100 Y10. 100；切 L2 段

N16 G01 X10. 100 Y10. 100；切 L3 段

N18 G01 X10. 100 Y-0. 100；切 L4 段

N20 G01 X-0. 100 Y-0. 100；切 L5 段

N22 G01 X-0. 100 Y5. 000；切 L6 段

N24 G01 X-3. 000 Y5. 000；切 L7 段

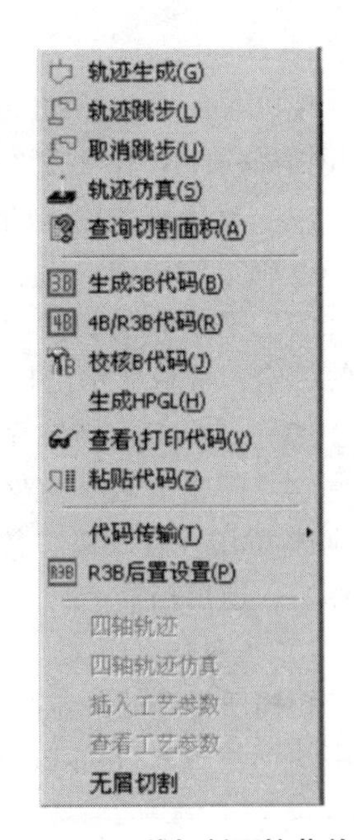

图 3-12　线切割下拉菜单

N26 T85 T87 M02；关高频，关冷却，程序结束。

2. 扫描输入图形自动编程

用扫描仪可将各种美术画、美术字、图案，也可用于厚度不大的实物等扫入计算机用以自动编程。由于扫描输入图形矢量化后生成的轮廓精度比较差，所以只适用于图形复杂而精度要求不高的图形。图 3-13 所示为扫描输入微机编程的硬件组成，它是由一台微机和一台扫描仪连接组合而成。

其编程过程由以下几个步骤组成：

（1）对图形或实物扫描。

（2）修整位图图形，然后矢量化。

（3）修整矢量化后所得的图形。

（4）生成线切割加工的轨迹及轨迹仿真。

（5）代码生成及代码输出等。

1）图形扫描

通过一个实例来介绍编程过程和步骤。先创意设计或选一素材图形，如图 3-14（a）所示。

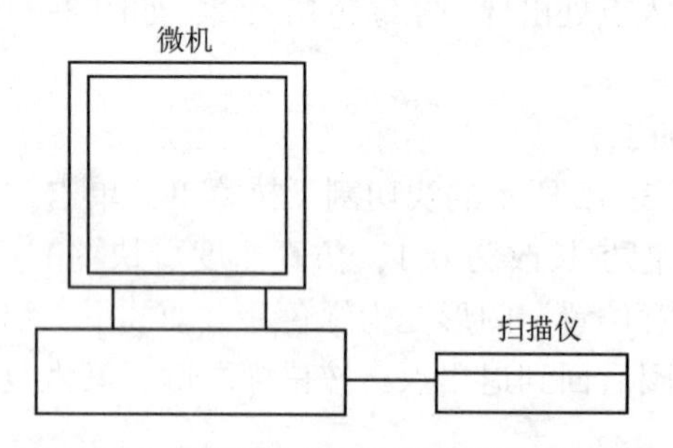

图 3-13　扫描输入微机编程机的硬件组成

图 3-14　扫描图形和修改后一笔画图形

（a）扫描图形；（b）一笔画图形

现以 Nuscan6036EL 型扫描仪为例，把图 3-14（a）所示的图形图面朝下放入扫描仪中，打开扫描软件单击扫描，显示出扫描界面。图形扫描需要做以下四项工作：

（1）确定有关输入的参数。“图像类型”选“黑白图形”，“分辨率”选 300DPI① 然后单击“确定”按钮。

（2）开始新的扫描。单击“预览”按钮，显示出预览图像，确定扫描区域，再选扫描，稍等一会，屏幕显示出扫描出的图形。

（3）选择扫描结果存储路径和格式。

（4）单击“现在就保存扫描图”按钮，弹出“另存为”对话框，选盘符之后，文件类型应选 BMP，输入文件名，单击“保存”，对话框消失时便已将扫描时所得的位图文件存入计算机，退出扫描。

2）矢量化

扫描所得到的是位图文件还不能直接用来编线切割加工程序，必须进行矢量化，并且应先用图形编辑软件如 Photoshp 或 Windows 的图画板，将图像各断开部位连接成一笔画图形

① 每英寸的像素点数量。

如图 3-14（b）所示，再进行矢量化，矢量化需做如下设置。

（1）矢量化时需要输入的参数。

① 背景选择。表 3-1 中列出两种具有不同特点图像的背景选择。图 3-15（a）和图 3-11（b）的图像颜色较深，即矢量化时要描出的是暗色区域的边界线，对图 3-15（a）矢量化后得到一条边界线，若是图 3-15（b）得到的是两条边界线，这是由于图形轮廓线有一定宽度，在其两侧黑白交界处各得到一条线。图 3-15（c）的图像颜色较浅，背景颜色较深且均匀，故应选择描亮色区域边界，矢量化后得到一条图形的边界线。

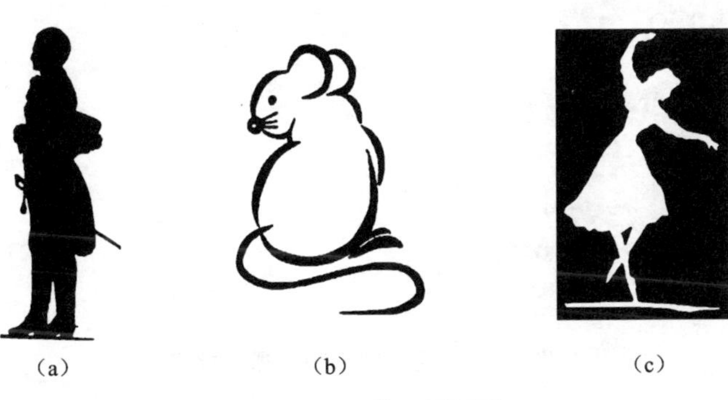

（a）　　（b）　　（c）

图 3-15　三种不同图形

表 3-1　背景选择

选择	图像颜色	背景颜色	特点
描暗色域边界	较深	较浅	背景颜色均匀
描亮色域边界	较浅	较深	图像颜色均匀

② 拟合方式。矢量化过程中要把图像文件中的图形处理成连续（中间无断开处）的一笔画图形，所以需要对其拟合，把扫描所得的图形的断开部分连接上，使图形的轮廓适合线切割加工。可以采用“直线拟合”或“圆弧拟合”，采用“直线拟合”后，整个图形的边界由多段直线连接组成，若选用“圆弧拟合”，则图形边界由圆弧和直线连接组成。两种拟合方式都能保证所设置的拟合精度，但圆弧拟合所生成的图形比较光滑且线段少，所以编出的程序代码条数也较少。

③ 图像实际宽度。矢量化时屏幕左下角立即菜单中，“图像实际宽度”会显示一个数值，如 156，它是计算机由原位图图形计算得来的一个数值，它表示图形宽度方向上像素的数量，若该图形宽度要用 mm 表示，其计算方法如下：

假如图形扫描精度为 300DPI，则该图用 mm 表示的实际宽度为

$$156\times\frac{25.4}{300}=13.208\ (\mathrm{mm})$$

④ 拟合精度。拟合精度有四个选项，分别为“精细”“正常”“较粗略”及“粗略”，可根据实际需要灵活选择，一般选正常即可。

（2）矢量化的操作步骤。

① 选择已扫描存好需要进行矢量化的图形文件。

单击屏幕顶部下拉菜单中的“绘制”按钮，光标移至弹出菜单的“高级曲线”上时，

又弹出一个菜单，光标再移至“位图矢量化”上时，最后弹出一个小菜单，如图3-16所示。单击其中的“矢量化”时，弹出“选择图像文件”对话框，将图形扫描时所存文件的路径和文件名填入该对话框中，在文件类型一栏应选 BMP files，单击“打开”（注意，在扫描时一定要把文件类型选为 BMP 文件保存）。在屏幕右上角显示出图形，单击常用工具栏中的“动态显示平移”，移光标至图形上，按住鼠标左键将光标移至屏幕中心区适当位置时放开。

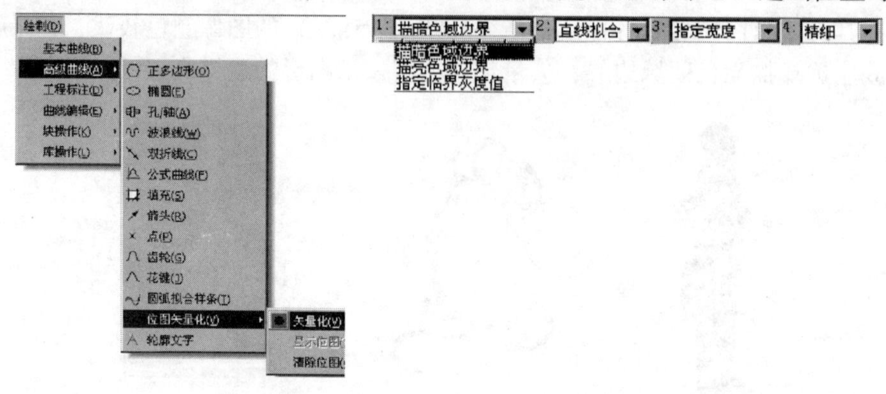

图3-16　高级曲线的矢量化菜单

② 输入矢量化时所需要的四项参数

要把左下方立即菜单修改为1：描暗色域边界（因图形为黑色）；2：圆弧拟合（图形是圆弧形）；3：图像实际宽度156（原图）；4：精细（最高精度）。

③ 修改四项参数后，按鼠标左键确认，即完成了位图矢量化工作。矢量化后所得的图形为黑白交界处的蓝色轮廓线。若所得的图形有不满意或不连续的地方，可以使用“基本曲线”中的样条功能对其进行适当修整，修整后的轮廓线必须互相连接好，不能有双线或交叉，并保证没有断点。

3）工件缩放

（1）图像尺寸查询。

单击下拉菜单“查询”→“两点距离”，然后框选工件可得查询结果如图3-17所示，由两点坐标分量差值可知工件的实际长宽值，以预想工件尺寸值除分量差值可知缩放比例。

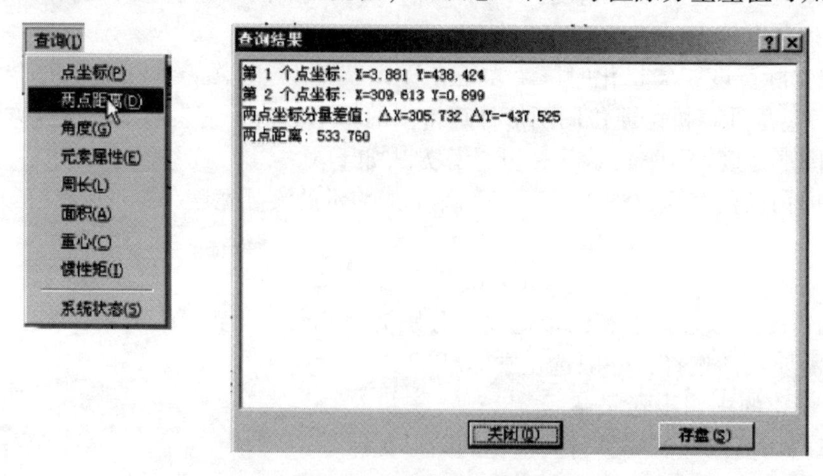

图3-17　图像尺寸查询

(2) 比例缩放。

选下拉菜单“绘制”→“曲线编辑”→“比例缩放”如图 3-18 所示，立即菜单显示拾取添加，单击空格键选拾取所有点，鼠标右键 1：选移动；2：尺寸值不变；3：参数变化。提示缩放中心，左键在屏幕中心任取一点，提示输入比例系数，用键盘输入缩放比例。大于 1 为工件放大；小于 1 则工件缩小。图形一般控制在 35～50 mm。回车确认后，图形的尺寸即放大或缩小。

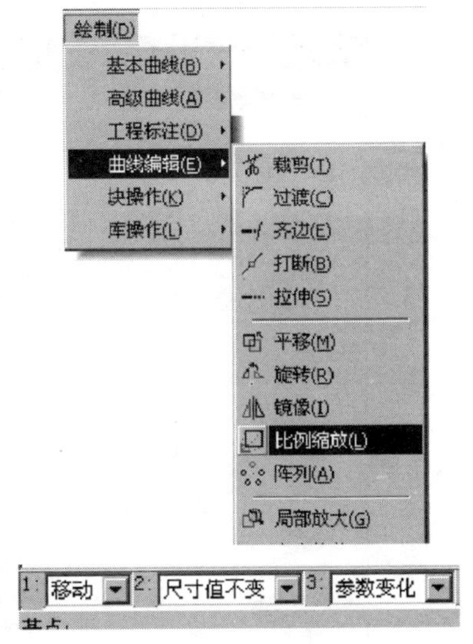

图 3-18　比例缩放

4) 轨迹生成

根据修整完的图形，生成切割加工的钼丝中心轨迹。

(1) 填写“线切割轨迹生成参数表”对话框如图 3-10 所示。单击“线切割”及弹出菜单中的“轨迹生成”，弹出“轨迹生成参数表”对话框，根据要求切入方式选垂直，去掉圆弧进刀前对勾，单击“偏移量/补偿值”，填入补偿量 0.1 值后，单击“确定”，对话框关闭。

(2) 确定切割方向及偏移方向。移光标单击图形中的加工轨迹（任意适当位置），沿轨迹线出现方向相反的两绿色箭头，单击选定切割方向的绿色箭头，箭头消失，全部切割轨迹变为红色虚线，并在轮廓的垂直方向出现方向相反的一对绿色箭头，左下角提示选择加工侧边或补偿方向，因切割加工的工件为凸件，故单击指向图形外的箭头，加工轨迹全变为红色。

(3) 输入穿丝点（孔）及退回点位置。左下角提示输入穿丝点坐标时，在适当位置单击左键（回车），提示输入退回点位置时（回车），或单击鼠标右键，均表示退回点与穿丝点重合。此时，系统自动计算出加工轨迹，并在屏幕上显示出钼丝中心轨迹如图 3-19 所示。

5) 轨迹仿真（在屏幕上进行模拟加工）

单击“线切割”及弹出菜单中的“轨迹仿真”，移光标单击图形中的钼丝中心轨迹线，钼丝从穿丝点开始按切割方向沿钼丝中心轨迹做动态仿真加工，最后回到退回点。

6) 生成代码

同本节前面绘图代码生成步骤，可生成 ISO 代码。

7) 代码输出

可采用 U 盘、软盘以及通信传输等各种形式，将编出的程序输入到线切割机床控制器中用于加工。

§ 3.5　数控电火花线切割编程及典型训练

1. 训练目的

(1) 了解电火花线切割加工的原理、特点和应用以及编程方法和格式；

(2) 了解计算机辅助加工的概念和加工过程；

图 3-19　加工轨迹图

（3）熟悉线切割机床的操作方法。

2. 训练内容

（1）简单图形手工编程练习；

（2）手工设计创意图形，采用计算机修改图形及自动编程；

（3）加工创意图形。

3. 训练所用设备

（1）硬件设备：计算机（多台）、扫描仪（一台）、超声波清洗机（一台）、塑封机（一台）、线切割机床（多台）。

（2）软件：CAXA 自动编程软件、图形修改软件、BKDC 数控线切割机床控制软件。

4. 创意图形的设计

举例讲解图形自动编程的过程，然后要求学生设计出封闭的一笔画图形。艺术字体和美术图案均可，但要求富于创新、创意。

§3.6　数控线切割机床的基本操作

3.6.1　主要技术参数和功能

国产 DK7725e 型快速走丝线切割机床采用 BKDC 数控系统进行控制，BKDC 数控系统是由苏州沙迪克公司开发的通用线切割控制系统，也称为 BKDC 控制机。下面介绍 DK7725e 型线切割机床的操作。

1. 机床规格

工作台行程：任意规格；

工作台电动机：三相或五相感应式步进电动机；

线架行程：任意规格；

线架电动机：三相感应式步进电动机；

Z 轴行程：500 mm。

2. 控制机的主要技术规格

控制机的主要技术规格见表 3-2。

表 3-2　控制机的主要技术规格

<table>
<tr><th>名称</th><th>规格</th><th>名称</th><th>规格</th></tr>
<tr><td>控制轴数</td><td>x，y，u，v 4 轴联动控制</td><td rowspan="5">文件调用方式</td><td rowspan="5">CMD 文件调用 ISO 文件
A 旋转任意角度；
S 缩放 0.000 1～9 999.999 9；
M 轴对称 x，y，xy（中心对称）；
N 重复调用次数 1～1 000</td></tr>
<tr><td>最小设定单位</td><td>0.001 mm</td></tr>
<tr><td>最小移动单位</td><td>0.001 mm</td></tr>
<tr><td>输入方式</td><td>串行输入、磁盘输入、键盘输入</td></tr>
<tr><td>指令格式</td><td>ISO，3B 或 DXF 指令</td></tr>
<tr><td>最大指令值</td><td>±99 999.999 mm</td><td rowspan="4">脉冲电源</td><td rowspan="4">空载电压峰值：DC 100 V；
脉冲宽度：2 μs，4 μs，6 μs，8 μs，12 μs，16 μs，24 μs，32 μs，48 μs，64 μs10 挡；
脉冲间隙比：1～10，10 挡；
短路峰值电流：4～60 A，15 挡；
波形：矩形脉冲、分组矩形脉冲；
分组脉冲宽度：128 μs，256 μs，384 μs，512 μs，4 挡；
分组脉冲间隙比：0～3，4 挡</td></tr>
<tr><td>齿隙补偿</td><td>x，y，u，v 4 轴：0～127 μm</td></tr>
<tr><td>线径补偿</td><td>0～9.999 mm</td></tr>
<tr><td>加工方式</td><td>文件 CMD、ISO、3B、DXF 可转成 ISO 文件；
比例系数 0.000 1～9 999.999 9；
旋转角度：任意；
对称 x，y，xy（中心对称）</td></tr>
<tr><td>移动方式</td><td>单步移动（±1，±10，±100，±1 000）μm：可变速定量移动；
可变速定点移动，单轴移动最高速度 60 mm/min</td><td>走丝系统</td><td>电动机转速：高速和低速两挡；
电极丝直径：0.10～0.30 mm；
换向方式：可控硅自动换向；
制动方式：电容储能能耗制动</td></tr>
<tr><td>图形显示</td><td>工件上平面，下平面；线架上平面，下平面；
图形比例系数任意选择</td><td rowspan="2">工艺性能</td><td rowspan="2">最大材料去除率大于 100 mm^2/min；
在表面粗糙度 Ra<2.5 μm 时，材料去除率大于 20 mm^2/min</td></tr>
<tr><td>断丝处理</td><td>返回切割起始点或断丝点穿丝后继续加工</td></tr>
<tr><td>加工停电处理</td><td>全状态记忆、可恢复加工</td><td>控制机供电</td><td>电源输入：3 相 380±15% V，(50±1) Hz；
整机功率：<2.0 kV · A</td></tr>
</table>

3.6.2 BKDC控制机的基本操作

BKDC的绝大部分操作都是在键盘上进行的，而所有的操作屏幕都有提示，因此BKDC的操作相对比较简单。首先介绍BKDC的菜单结构，然后针对每一条菜单详细讲述。

1. 控制机的开启与关闭

BKDC控制机的外形如图3-20所示。首先将位于控制机中部的电源总开关顺时针旋转到ON位置，按下控制机面板上的白色“开机”按钮，控制机进行复位和自动检测，然后控制机屏幕显示版本信息进入欢迎屏幕，用户按任意键后进入主菜单，按下绿色“机床电气”按钮，按回车键，系统进入正常工作状态。

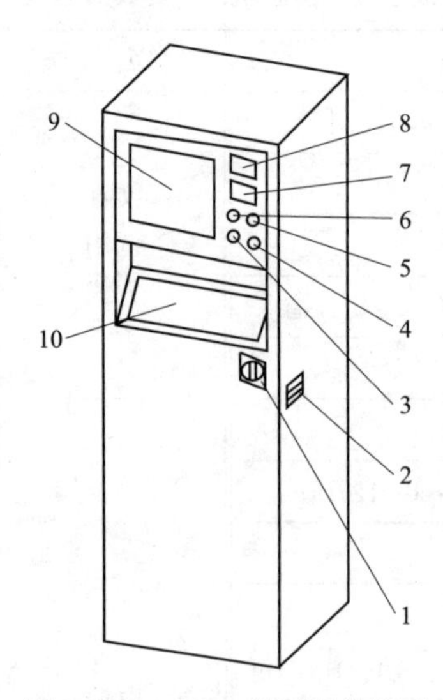

图3-20 BKDC控制机的外形

1—电源开关；2—软盘驱动器；3—急停按钮；4—开机按钮；5—机床电气按钮；
6—关机按钮；7—电流表；8—电压表；9—显示器；10—键盘

在系统工作过程中，用户如果按下“急停”按钮，系统将有提示出现，等待用户操作。用户需要关闭控制机时，可以首先按下红色“关机”按钮，然后将电源总开关逆时针转到OFF位置。

2. 控制机的屏幕划分

在BKDC系统的工作过程中，各种信息在屏幕上都有自己特定的位置，整个屏幕的显示如图3-21所示，按照图中编号顺序对每个区域介绍如下。

（1）显示图形、数据文件及其他有关信息；

（2）显示坐标和其他有关信息；

（3）显示当前几何参数和电气参数；

（4）显示系统提示信息，指导用户操作；

（5）显示操作结果，告诉用户操作成功或出错；

（6）显示最近操作的文件名；

（7）显示版本信息及菜单目前所处位置；

（8）显示当前时间：F1~F8是系统菜单，用户所有的操作可根据菜单内容及屏幕提示选择F1~F8键或其他特殊键来实现。

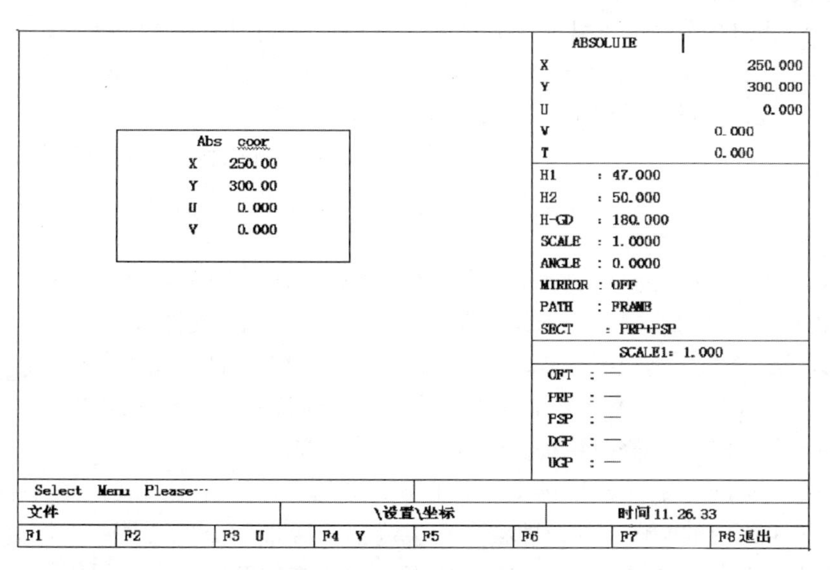

图 3-21　控制机屏幕划分

3. 控制机的菜单结构

BKDC 控制机的菜单采用树状结构，从上往下，最上层是系统主菜单，系统主菜单如图 3-22 所示。

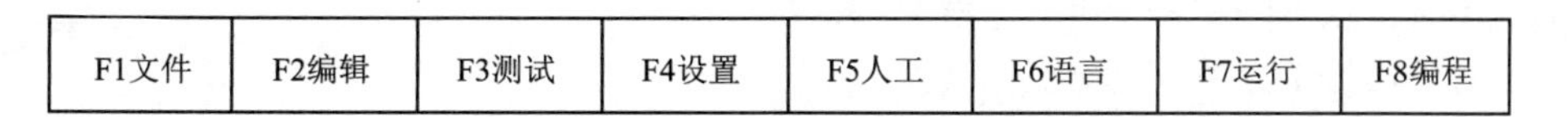

图 3-22　系统主菜单

在主菜单下按 F1~F8 键就可以进入相应的菜单，如按 F1，则进入“文件”菜单，在“文件”菜单下再按 F1~F8，就可以进入下层子菜单。各个菜单的操作都是如此。下面分别介绍各项菜单的功能。

1）“文件”菜单

（1）装入：按 F1 键，从源盘读入数据文件到工作盘。源盘的设置在“设置”菜单的数据盘下完成，源盘可以是 A 盘，也可以是硬盘，工作盘是系统进入时所处的盘。

（2）存盘：按 F2 键，把工作盘数据文件存入源盘。

（3）删除：按 F3 键，删除工作盘中的文件。

（4）串行入：按 F4 键，能够完成在两台控制机之间或计算机与控制机之间的串行传输通信。串行口为 COM1 或 COM2，用户可以通过编辑 C：\ BKDC \ SERCOM. DAT 来设置串口类型。

要实现计算机与控制机之间的传输通信，先要将 BKDC 安装盘上的 transmit. exe 拷贝到计算机中，它是一个自解压文件，运行后会生成 trandos. exe 和 tranwin. exe 文件。Trandos. exe 是在 DOS6. 22 下进行传输，tranwin. exe 是在 Windows 下进行传输。用户在“串行入”菜单下输入文件名（不需输入 . iso 扩展名）。例如输入 test 后，系统会将接收到的文件保存为 test. iso。

（5）串行出：按 F5 键，将 ISO 文件发送到串行口。

（6）DXF：按F6键，从源盘读入DXF格式文件，并将其转化为ISO格式文件。

（7）转换：按F7键，把3B格式的文件转换成ISO格式的文件。

（8）退出：按F8键，返回上一级菜单。

"装入""存盘""删除"对3B、ISO、CMD文件均可操作，"转换"只对3B文件起作用。

2）"编辑"菜单

（1）ISO：按F1键，通过系统编辑器编辑一个新的ISO文件。

（2）CMD：按F2键，通过系统编辑器编辑一个新的CMD文件。

（3）3B：按F3键，通过系统编辑器编辑一个新的3B文件。输入文件名时不需要带文件类型，例如，需产生名为NAME.ISO的文件时，文件名只需输入NAME即可。

（4）更新：按F5键，修改系统中的3B、ISO或CMD程序文件。

（5）合成：按F6键，生成四维文件即上下异形的文件。首先选取u，v平面内的文件，然后选取x，y平面内的文件，系统即会自动生成上下异形的ISO文件。"合成"命令仅对ISO类文件操作，ISO文件中可用。标记对应点：两个文件对应点数必须相等，上下平面中两个相应的对应点形成对应线，即加工时钼丝同时到达这两个对应点，相邻的对应线之间系统将按照长度均匀分配。

（6）校验：按F7键，校验ISO类文件，系统将报告校验结果。

3）测试菜单

（1）开泵：按F1键，打开工作液泵。

（2）关泵：按F2键，关闭工作液泵。

（3）高运丝：按F3键，高速运丝。

（4）低运丝：按F4键，低速运丝。

（5）关运丝：按F5键，关运丝电动机。

（6）电源：按F7键，进入下一层子菜单，有"丝速""电流""脉宽""间隔比""分组宽""分组比""测试"等命令。可用PgUp和PgDn键选择工艺参数库中的电参数进行测试。

（7）退出：按F8键，返回上一级菜单，返回时将关闭工作液泵、运丝电动机和脉冲电源。

在本菜单下，假如机床线架上没有丝，试图同时打开工作液泵和运丝电动机时系统将自动选择其一动作而关闭另一个。

4）"设置"菜单

（1）坐标：按F1键，可对坐标进行设置。只有当系统在初次启动、失电记忆出错、人工摇动拖板或者更换导轮和重新穿丝后，才可使用此菜单，x，y，u，v分别设置4个轴的当前绝对坐标值，单位为mm。在BKDC系统中，有3个坐标系，即绝对坐标系（Abs coor）、工件坐标系（Part coor）和机床坐标系（Machine coor），3个坐标系的轴互相平行，只是它们的坐标原点有所不同。绝对坐标系以机床零点（或拖板的左极限位置）为坐标原点，当钼丝垂直拖板时，u，v坐标值为零。机床坐标系的u，v轴同绝对坐标系x，y轴的零点在拖板行程中心。工件坐标系可由用户在ISO代码中设定。

（2）间隙：按F2键，对x，y，u，v分别设置4轴的反向间隙补偿值，设置范围为0~

127 μm。

（3）数据盘：按 F4 键设置数据盘为 A：或 B：。当系统有硬盘时，系统启动时数据盘初始设置为 A：，无硬盘时初始设置为 B：。

（4）机参数：按 F6 键，进入下一层菜单，有"电流""行程""电机""丝速""速度"等命令，可按照要求对多种参数进行设置。在本菜单下用户可以浏览系统提供的加工工艺数据库中的工艺参数，也可以存储自己的工艺参数。

在进入本菜单前，系统将要求用户输入密码，本系统密码为 SEMBKDC，不能正确输入密码者，系统将拒绝进入本菜单。当脉冲电源板为 BKDC. 4. 2 时，电流应选取 11；当脉冲电源板为 BKDC. 4. 2A 时，电流应选取 15。

（5）日期：按 F7 键可设置日期及时间。

（6）退出：按 F8 键，确认所有设置并返回上一层菜单。

5）"人工"菜单

（1）上丝：按 F1 键，准备上丝。在此菜单下用户可以把丝绕在储丝筒上，继而完成穿丝和张丝工作。此时，系统开放储丝筒边上的按钮，用户按一次按钮，储丝筒从停止变成运转或者从运转变成停止，两者交替进行。退出后，按钮就不起任何作用。

（2）单步：按 F2 键进入下一层菜单，单步移动。由 F1 ~ F4 选择移动轴，由 F5 和 F6 选择单步数据值，当单步量为正时，拖板向选择轴的正向单步移动，反之则向反向移动。

（3）相对动：即定长移动，按 F3 键进入下一层菜单。按 F1 ~ F4 输入各轴的移动距离。由 F5 和 F6 选择移动速度，移动速度的改变可以在移动开始前也可以在移动进行之中。再按 F7 将以选定的移动速度和距离开始移动，移动的方向由移动距离的正负决定。

（4）绝对动：即定点移动，按 F4 键后按照下层菜单的设定参数将系统移动至指定点。

（5）回垂直：按 F5 键，使 u，v 移动至绝对坐标为 0. 000 处，单轴移动速度约为 7 mm/min。系统移动时，运丝电动机将开启。

（6）对边：按 F6 键可按照下层菜单的要求完成 $\pm x$，$\pm y$ 4 个方向的边缘找正。

（7）定中心：按 F7 键可按照下层菜单的要求完成中心对称图形的中心找正。系统提供 C_x_y 和 C_y_x 两种找正方式，C_x_y 首先寻找 x 轴方向中心，然后找 y 轴方向中心；C_y_x 则相反。

边缘找正和中心找正要求工件侧面和内孔干净光滑，否则将影响精度，严重者可能会发生断丝。

6）"语言"菜单

在此菜单下可选择中文（简体）、中文（繁体）、英文 3 种语言形式。

7）"运行"菜单

所有工件的切割加工都必须在此菜单下完成，本菜单还能进行画图及快速作图。

（1）画图：按 F1 键后进入下层子菜单，命令项的含义如下。

① 放大：用窗口改变绘图比例。窗口由用户确定的两个矩形对角点确定，用户通过光标键来移动系统提供的两根直线。直线每次的移动量由"翻页"键来调节，用户按下回车键就确认当前两条直线的交点为窗口的一个对角点。绘图比例 SCALE1 为 1 ~ 863。

② 原图：以绘图比例 SCALE1 = 1 重新画程序图形。

③ 形参数：用于改变程序的几何参数。按F6键后系统用红色矩形条在加工参数区中表示当前参数，按回车键后用户可以通过键盘输入新的参数值，用光标键可以改变当前参数类型，按F8键退出参数修改，同时以新的参数值画图形。

H1为线架下导轮中心点到工件编程面的距离，此值必须大于0。

H2为工件编程面到参考平面的距离。当参考平面在编程面之上时，此值大于0，否则小于0。例如，工件厚50.000 mm，上表面为编程面，下表面为参考面，则H2=-50.000 mm。参考平面是锥度加工时除编程面外的有尺寸要求的面。

HGD为线架上下导轮中心面的距离，H1，H2，HGD的单位均为mm。

SCALE为程序的缩放比例，这不同于绘图比例SCALE1。SCALE1只影响屏幕图形大小，不改变加工工件的尺寸，而SCALE改变加工工件的尺寸大小。

ANGLE为程序的旋转角度。用户可以输入任意值，但系统归化为-360°~+360°后在屏幕上显示。ANGLE单位为°，逆时针旋转为正。

MIRROR表示程序对称轴，分为x，y，xy（中心对称）3种。

PATH表示程序画图方式，分为FRM、OFT、FRM+OFT 3种，通过“翻页”键选择。FRM是程序无线径补偿时的图形，OFT是加入线径补偿后的图形。

SECT表示改变绘图平面，分为编程平面（PRP）、参考平面（PSP）、上导轮中心面（UGP）、下导轮中心面（DGP）、随机面（RANDOM）、（PRP+PSP）和（UGP+DGP）。

在锥度加工时，H1，H2项必须准确设置。

（2）空运行：按F2键进行快速作图检查。系统将显示切割图形，然后以切割段为单位快速运行一次，同时图形跟踪显示。此时，拖板不动作。

（3）电参数：按F3键进行起始切割电参数的设定，否则系统将以屏幕显示的电参数进行起始切割。

（4）形参数：按F5键，改变程序几何参数。

（5）反向割：按F6键，系统将按选择的程序从终点至起点进行切割。对于一个起点和终点重合的程序来说，反向切割和正向切割在轨迹上效果完全一样。

（6）正向割：按F7键进行正向切割加工。下层子菜单的含义介绍如下：

“暂停”表示暂停加工，依系统提示操作后可恢复加工。

“电参数”用于在加工过程中改变电参数，期间加工继续进行。其中速度参数的改变是实时的，其他各项参数只有在按F8键确认返回后才会起作用。

“P坐标”显示工件坐标x，y，u，v值及步进频率S（单位为kHz）。

“A坐标”显示绝对坐标x，y，u，v值及切割长度L（以编程面计，单位为mm）。

“M坐标”显示机床坐标x，y，u，v值及加工时间T（单位为min）。

“速度加”用于加快加工进给速度。

“速度减”用于减慢加工进给速度。

（7）退出：按F8键返回上一级菜单。

8）“编程”菜单

采用WAP-2000编程软件，具体方法可参考WAP-2000编程说明书。

4. 系统编辑器命令

1）系统编辑器命令

TOP：按 F6 键返回文件头；

BOOTOM：按 F7 键返回文件尾；

SAVE：按 F1 键文件存盘后退出编辑状态；

EXIT：按 F8 键退出编辑状态，文件不存盘；

DELETE：按 F4 键删除光标所在行。

除以上命令外，系统支持光标键和“翻页”键，但不支持 TAB 键。

2）编辑状态显示行

在编辑器的顶部，还有一编辑状态显示行，各项的含义为：LINE 表示当前光标行；COLUMN 表示当前光标列；INSERT 表示系统处于插入状态，OVERWRITE 表示系统处于改写状态，按 INS 键可使 INSERT 变为 OVERWRITE 或者相反；FILENAME 表示当前编辑文件名。

5. 操作中应注意的事项

（1）系统初次启动时，盘上（软盘或硬盘）必须含有以下几个文件；

MAIN. EXE，BPAR. DAT，SYSERR. $$$，CHNUM. DAT 和 NUM. DAT；

（2）当系统进行磁盘操作时，磁盘指示灯变亮，此时严禁开启驱动器，否则将发生不可预料的错误；

（3）为了保护显示器，系统提供了显示器睡眠功能，用户按 SHIFT+TAB 键，显示器进入睡眠状态，再按下 SHIFT+TAB 键屏幕将恢复显示；

（4）系统提示用户输入时，用户在输入相应字符串或数字后，按回车键确认输入或者按 F8 键取消所输入的字符串或数据；

（5）系统提示用户选择文件名时，红色光标表示当前文件，用光标键可改变光标位置，按回车键确认选择的文件，按 F8 键则取消选择；

（6）F1~F8 为系统常设的功能菜单键，如按下 F1 键表示进入 F1 所指菜单；

（7）按“复位”按钮，系统将重新复位；

（8）当系统提示“Hardware error，press Enter to continue”或“Limit error，press Enter to continue”，此时请仔细检查各限位开关、“急停”按钮和控制机内自动开关的位置，故障排除后按回车键系统将恢复正常；

（9）如果系统前次加工过程中遇上停电，那么进入系统时系统会出现提示“Continue cut”“Y/N”，请检查工件和电极丝是否正常，然后选择 Y 则继续前次加工，选择 N 则放弃前次加工；

（10）如果进入系统时，用户接口卡没有安装或接口卡没有安装好，系统将提示“NO HARDWARE，PASS WORD PLEASE”，此时请用户关机并通知专业维修人员处理，假如用户输入了不正确的口令，系统将视为非法拷贝者，整个系统将发生不可预料的结果。

3.6.3　切割加工过程中一些特殊情况的处理

1. 短路

当切割加工过程中出现短路时，出现提示“Short back，press Esc to Exit”，同时系统自动按原轨迹回退，短路消除后加工继续。短路回退过程中，用户按 Esc 键后，系统将停止回退，但当系统恢复加工后，下一次短路时仍具有自动回退功能。系统自动回退最大为 7 000

步，回退到尽头时，系统出现提示“Short pause”，可能出现了工件变形等异常情况。

2. 断丝

在切割加工过程中发生断丝时，系统自动关运丝电动机、工作液泵和加工电源，同时出现提示“Wire break，S：start P：pause N：no…”，用户选择Y，系统将回退至切割起始点；用户选择N，上丝按钮处于开放状态，在断丝点穿丝后依系统提示操作后继续加工。

3. 用户暂停

用户按F1键，系统进入暂停状态，加工电源关，出现提示“Pause，press Esc tocontinue”，用户如果需要恢复加工，按Esc键就可以了。

4. 数控线切割机床的典型操作过程

假定系统已经安装完毕，用户要加工一个10 mm×10 mm的方形零件，下面介绍从开机至加工结束的全过程。

步骤：

（1）合上电源总开关。按面板上白色按钮，灯亮，计算机启动，系统自检后进入欢迎屏幕。

（2）按面板上的绿色按钮，机床电气部分正常工作，按任意键进入主菜单。

（3）按F2键，进入“编辑”菜单。再按F1键，生成一个新的ISO文件，此时系统提示输入文件名，用户输入TEST后按回车键，系统进入编辑状态。

（4）输入加工程序。

（5）按F1键存盘并退出编辑状态，系统中已存在TEST. ISO文件。按F8键后退回主菜单，再按F5键进入“人工”菜单，按F1键通过上丝按钮完成上丝工作和张丝工作。

（6）退回主菜单，按F7键进入“运行”菜单，此时系统提示选择文件，把红色光标移至TEST. ISO文件上，按回车键选择文件。按F1键，选择“画图”命令，再按F5键命令在屏幕上画出大小适中的图形。

（7）返回“运行”菜单，按F2键选择“空运行”命令，按F1键检查切割图形。返回“运行”菜单，按F3键选择“电参数命令”，选取合适的切割加工参数。

（8）返回“运行”菜单，按F7键选择“正向割”命令，系统自动开启运丝电动机和工作液泵，手动调节工作液阀门，使工作液刚好包住钼丝流下，同时观察加工电压表和电流表，按F6或F7键可调节进给速度，使加工稳定。

（9）切割结束后，系统提示“Cut End，Select menu please”，选择F8键返回主菜单。

（10）按“关机”按钮，显示器屏幕变黑，再关上电源总开关。

§3.7 网络下的数控电火花切割加工

随着科学技术的飞速发展，网络已经渗透到我们的生活、工作当中了。用现代先进的科学技术不断地改造机械中的一些传统加工工艺已势在必行。

3.7.1 网络技术在线切割加工系统中应用的必要性

数控电火花线切割实训要求学生自己设计加工图形并在计算机上修改图形，利用自动编程软件，生成加工程序，最后在机床上加工工件。图形经扫描仪扫描到计算机内，通过网络即可将图形文件传输到修图或设计图形用的任一计算机上，网络传输安全、可靠、快捷。这使得学生在整个实训过程中，不仅提高了实际动手能力，而且还培养了学生的创新意识。

现在很多高校建立了以计算机、服务器、多媒体投影机和数控机床为主体的局域网络，实现了数控程序的传递、信息共享、设备共享。为了培养学生创新意识，有必要将网络技术应用到数控线切割加工系统中。为方便管理，给使用者设定权限，从而保护计算机上的软件资源，不能随意进行与工件加工无关的操作，网络的建立也便于整个系统的监控、管理和维护。

3.7.2　网络技术在线切割加工系统中应用的可行性

1. 硬件需要

服务器上的硬盘共享，提高了计算机的实际工作能力，这种共享使得任何一种形式的计算机都能很好地完成二维创新设计图形的修改、自动编程等工作。

控制机床用的微机在网络下只需从服务器上调入相应的文件代码即加工程序，便可操作、加工工件。

2. 软件需要

二维创新设计中的图形修改软件、线切割自动编程软件、网络共享便于管理，并且大大地提高了计算机操作系统的可靠性。

3. 技术方面

网络技术日趋成熟，像局域网中的UNIX、WINDOWS NT网、NETWARE网、NETWARE网等网络软件操作系统应用广泛、功能强大、性能稳定，一般情况下均能满足要求。

3.7.3　网络技术在数控电火花线切割加工中的实际应用

网络的建立使得数控电火花线切割加工系统的图形文件可靠、快捷、方便的传输成为可能。把学生绘制图形到计算机自动编程、绘制出机床加工程序的过程，认为是一个数据格式转换的过程。需绘制的图形有些是在绘图软件直接绘出，有些用扫描仪扫描输入计算机，经过初步图形处理，都以.bmp、.tif、.jpeg等点位图图形格式存储下来。但是计算机自动编制CNC控制程序所能够辨认的图形格式只能是矢量图形文件格式，而且数控线切割机床CNC系统的自动编程软件也只能辨认以特定格式存储的矢量图文件，所以，一个中间的矢量化程序是必不可少的。图形数据的变换和传输是网络化数控的一个重要功能，也只有网络化管理才能如此高效、迅速地实现多个图形在多台计算机和多台机床之间的数据传输和数据管理。

网络下的电火花线切割加工工艺系统流程如图3-23所示。在80台高配置的多媒体网络教室，提供学生同时上机设计图形或修改扫描后的图形，然后利用自动编程软件，将所要加工的零件图形转换成数控电火花线切割机床所需程序，最后由数控线切割机床加工工件。

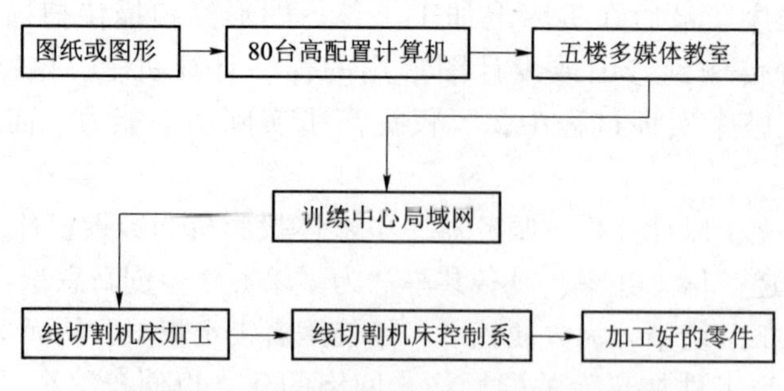

图3-23　电火花线切割加工系统工艺流程

实践证明，控制机床用的微机在网络下需从服务器上调入相应的文件代码，即可操作机床、加工工件，从而使得加工过程简便、省时。网络技术的应用，使得数控电火花线切割加工整个系统稳定，工作可靠，效率、效益都得到了很大提高。

第 4 章

电化学加工

电化学加工（Electro chemical machining，ECM）是通过电化学反应去除工件材料或在其上镀覆金属材料等的特种加工。早在 1834 年法拉第发现了电化学作用原理，后又开发出如电镀、电铸、电解加工等电化学加工方法，并在工业上得到广泛应用。伴随高新技术的发展，精密电铸、复合电解加工、电化学微细加工等方面也快速发展起来。目前，电化学加工已成为一种不可缺少的加工方法，并在国民经济中发挥着重要作用。

§4.1　电化学加工的基本原理、特点和工艺类型

4.1.1　电化学加工的基本原理

1. 电化学加工过程

用两片金属铜（Cu）作为电极，接上约 12 V 的直流电并浸入氯化铜（$CuCl_2$）的水溶液中，形成如图 4-1 所示电解（电镀）液中的电化学反应通路，金属导线和电解质溶液中均有电流通过。在金属片（电极）和电解质溶液的界面上，就会有交换电子的反应，即电化学反应。如果接入直流电源，电解质溶液中的离子将做定向移动，Cu^{+2}正离子移向阴极，并在阴极上得到电子而进行还原反应，而沉积出铜。在阳极表面 Cu 原子失掉电子而成为Cu^{+2}正离子进入电解质溶液（溶解）。电解质溶液中正、负离子的定向移动称为电荷迁移。在阳、阴极表面产生得失电子的化学反应叫作电化学反应。在图 4-1 中阳极上为电解蚀除，阴极上为电镀沉积用来提炼纯铜，这种电化学反应原理对金属进行加工的方法即电化学加工。其实任何两种不同的金属放入任何导电的水溶液中，在电场作用下都会有类似情况发生。阳极表面失去电子（广义称为氧化作用）产生阳极溶解、蚀除，俗称电解；阴极得到电子（广义称为还原作用），金属离子还原成为原子沉积到阴极表面，常称电镀。

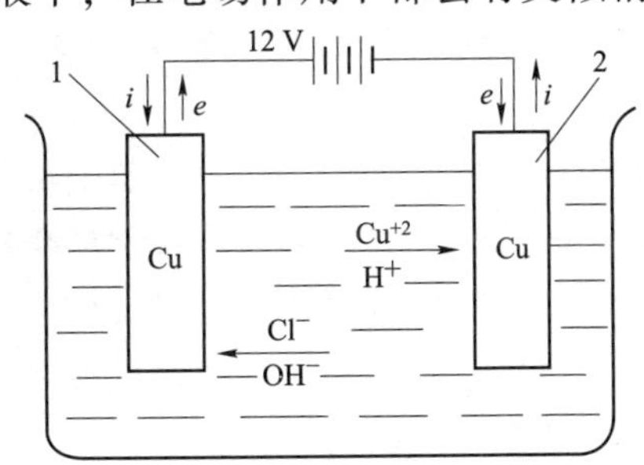

图 4-1　电解（电镀）液中的电化学反应通路

1—阳极；2—阴极

2. 电解质溶液

凡溶于水后能导电的物质叫作电解质，如盐酸（HCl）、硫酸（H_2SO_4）、氢氧化钠（NaOH）、氢氧化铵（NH_4OH）、食盐（NaCl）、硝酸钠（$NaNO_3$）、氯酸钠（$NaClO_3$）等酸碱盐

都是电解质。电解质与水形成的溶液为电解质溶液（简称为电解液）。电解液中所含电解质的多少即为电解液的质量分数（也称电解液浓度）。

电解质溶液之所以能导电与其在水中的状态有关。由于水分子是极性分子，可与其他带电的粒子发生电离的作用。例如 NaCl，它是一种电解质，是结晶体，组成 NaCl 晶体的粒子不是分子，而是相间排列的 Na^+离子和 Cl^-离子，叫作离子型晶体。将其放置到水中，就会产生电离作用，这种作用使 Na^+和 $C1^-$离子之间的静电作用减弱，大约只有原来静电作用的 1/80。因此，Na^+、$C1^-$离子一个个、一层层地被水分子拉入溶液中，在这种电解质水溶液中，每个钠离子和每个氯离子周围都吸引着一些水分子，成为水化离子，上述过程称为电解质的电离，其电离方程式可简写为

$$NaCl \rightarrow Na^+ + C1^-$$

NaCl 在水中能 100% 电离，称为强电解质。强酸、强碱和大多数盐类都是强电解质，它们在水中都完全电离。弱电解质如氨（NH_3）、醋酸（CH_3COOH）等在水中仅小部分电离成离子，大部分仍以分子状态存在，水也是弱电解质，它本身也能微弱地离解为正的氢离子（H^+）和负的氢氧根离子（OH^-），导电能力都很弱（电导率较低）。由于溶液中正负离子的电荷相等，所以整个溶液仍保持电中性。

3. 电极电位

因为金属原子都是由外层带负电荷的自由电子和带正电荷的金属阳离子所组成的金属晶体，即使没有外接电源，当金属和它的盐溶液或其他电解液接触时，经常发生把电子交给溶液中的离子，或从后者得到电子的现象。这样，当金属上有多余的电子而带负电时，溶液中靠近金属表面很薄的一层则有多余的金属离子而带正电。随着金属表面进入溶液的金属离子数目增加，金属上负电荷增加，溶液中正电荷增加，由于静电引力的作用，金属离子的溶解速度逐渐减慢，与此同时，溶液中的金属离子亦有沉积到金属表面上的趋向，随着金属表面负电荷增多，溶液中金属离子返回金属表面的速度逐渐增加，最后这两种相反的过程达到动态平衡。对化学性能比较活泼的金属（如铝、铁），其表面带负电，溶液表层带正电，形成一层极薄的“双电层”，活泼金属的双电层结构如图 4-2 所示，金属越活泼，这种倾向越大。

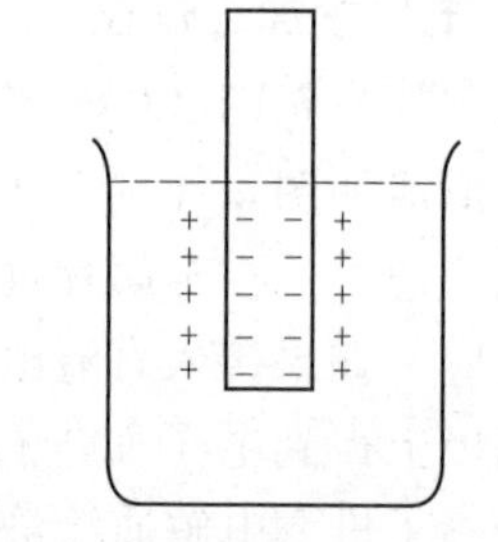

图 4-2　活泼金属的双电层结构

在给定溶液中建立起来的双电层，除了受静电作用外，由于分子、离子的热运动，其构造并不像电容器那样生成紧密的两个分子、离子的热运动，而是使双电层的离子层获得了分散的构造，双电层的电位分布如图 4-3 所示，只有在界面上极薄的一层，具有较大的电位差。

由于双电层的存在，在正、负电层之间，也就是金属和电解液之间形成电位差。产生在金属和它的盐溶液之间的电位差称为金属的电极电位，因为它是金属在本身盐溶液中的溶解和沉积相平衡时的电位差，所以又称为“平衡电极电位”。

若金属离子在金属上的能级比在溶液中的低，即金属离子存在于金属晶体中比在溶液中更稳定，则金属表面带正电，靠近金属表面的溶液薄层带负电，也形成了双电层，不活泼金属的双电层结构如图 4-4 所示。金属越不活泼（如铜），则此种倾向也越大。

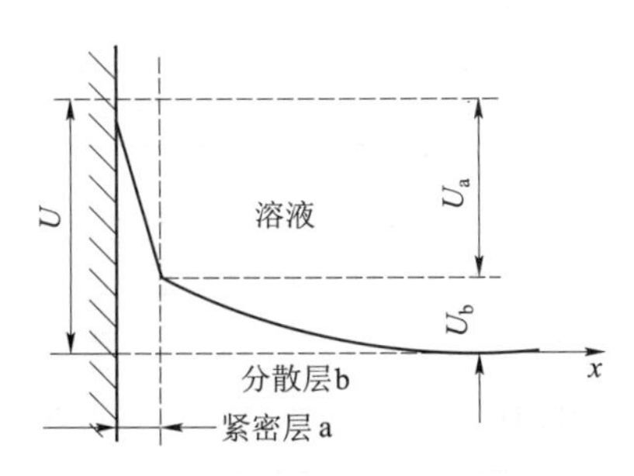

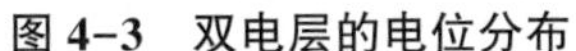

图 4-3　双电层的电位分布

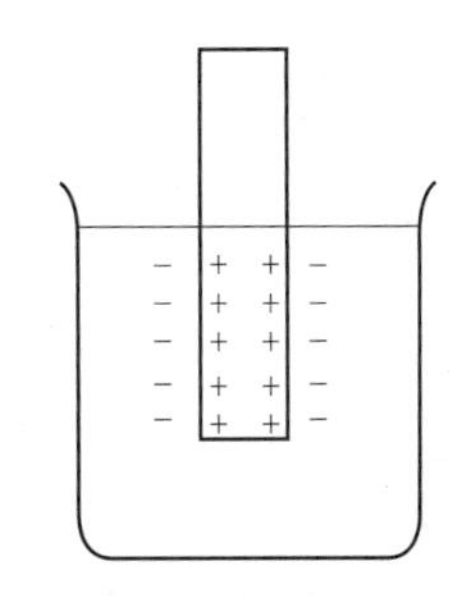

图 4-4　不活泼金属的双电层结构

迄今为止，一种金属电极和其盐溶液之间双电层的电位差还不能直接测定，某种金属和任一导电溶液之间双电层的电位差也难直接测定，但是可用盐桥的办法测出两种不同电极间的电位之差，生产实践中采用以一种电极作标准和其他电极比较得出相对值，称为标准电极电位。通常采用标准氢电极为基准，人为地规定它的电极电位为零。表 4-1 所示为 25 ℃时某些电解在水溶液中的标准电极电位。把金属放在此金属离子的有效质量浓度为 1 g/L 的溶液中，此金属的电极电位与标准氢电极的电极电位之差，作为“标准电极电位”，用 U^0 表示。用它可以测算不同材料的电极表面在不同电解液中，哪些元素将首先产生电化学反应。亦可用电位来测算不同元素之间产生电化学反应先后的可能性。一般电位最负的元素首先在阳极表面产生电化学反应，反之电位最正的元素首先在阴极表面产生电化学反应。表 4-1 反映了物质得失电子的能力，即氧化还原能力。

表 4-1　25 ℃时某些电解在水溶液中的标准电极电位

电极氧化态/还原态	电极反应	电极电位/V
K^+/K	$K^+ + e \rightleftharpoons K$	-2.925
Ca^{2+}/Ca	$Ca^{2+} + 2e \rightleftharpoons Ca$	-2.84
Na^+/Na	$Na^+ + e \rightleftharpoons Na$	-2.713
Ti^{2+}/Ti	$Ti^{2+} + 2e \rightleftharpoons Ti$	-1.75
Al^{3+}/Al	$Al^{3+} + 3e \rightleftharpoons Al$	-1.66
V^{3+}/V	$V^{3+} + 3e \rightleftharpoons V$	-1.5
Mn^{2+}/Mn	$Mn^{2+} + 2e \rightleftharpoons Mn$	-1.05
Zn^{2+}/Zn	$Zn^{2+} + 2e \rightleftharpoons Zn$	-0.763
Cr^{3+}/Cr	$Cr^{3+} + 3e \rightleftharpoons Cr$	-0.71
Fe^{2+}/Fe	$Fe^{2+} + 2e \rightleftharpoons Fe$	-0.44
Co^{2+}/Co	$Co^{2+} + 2e \rightleftharpoons Co$	-0.27
Ni^{3+}/Ni	$Ni^{3+} + 3e \rightleftharpoons Ni$	-0.23
Mo^{3+}/Mo	$Mo^{3+} + 3e \rightleftharpoons Mo$	-0.20
Sn^{2+}/Sn	$Sn^{2+} + 2e \rightleftharpoons Sn$	-0.140
Pb^{2+}/Pb	$Pb^{2+} + 2e \rightleftharpoons Pb$	-0.126

续表

电极氧化态/还原态	电极反应	电极电位/V
Fe^{3+}/Fe	$Fe^{3+}+3e \rightleftharpoons Fe$	-0.036
H^{+}/H	$H^{+}+e \rightleftharpoons H$	0
Cu^{2+}/Cu	$Cu^{2+}+2e \rightleftharpoons Cu$	+0.34
O_2/OH^-	$H_2O+\frac{1}{2}O_2+2e \rightleftharpoons 2OH^-$	+0.401
Cu^{+}/Cu	$Cu^{+}+e \rightleftharpoons Cu$	+0.522
Fe^{3+}/Fe^{2+}	$Fe^{3+}+e \rightleftharpoons Fe^{2+}$	+0.771
Ag^{+}/Ag	$Ag^{+}+e \rightleftharpoons Ag$	+0.799 6
Mn^{4+}/Mn^{2+}	$MnO_2+4H^{+}+2e \rightleftharpoons Mn^{2+}+2H_2O$	+1.208
Cr^{6+}/Cr^{3+}	$Cr_2O_7^{2-}+14H^{+}+6e \rightleftharpoons 2Cr^{3+}+7H_2O$	+1.33
Cl_2/Cl^-	$Cl_2+2e \rightleftharpoons 2Cl^-$	+1.358 3
Mn^{7+}/Mn^{2+}	$MnO_4^-+8H^{+}+5e \rightleftharpoons Mn^{2+}+4H_2O$	+1.491
F_2/F^-	$F_2+2e \rightleftharpoons 2F^-$	+2.87

4. 电极的极化

以上讨论的平衡电极电位是没有电流通过电极时的情况，当有电流通过时，电极的平衡状态遭到破坏，使阳极的电极电位向正移（代数值增大）、阴极的电极电位向负移（代数值减小），这种现象称为极化，电极极化曲线如图4-5所示。极化后的电极电位与平衡电位的差值称为超电位，随着电流密度的增加，超电位也增加。

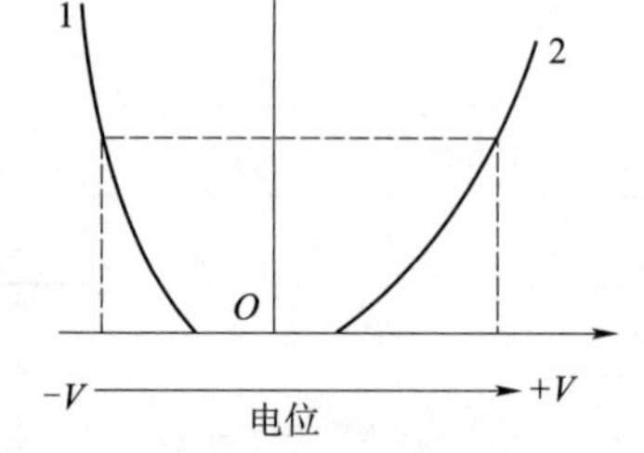

图4-5 电极极化曲线

电解加工时在阳极和阴极都存在着离子的扩散、迁移和电化学反应两种过程。在极化过程中若离子的扩散、迁移步骤缓慢而引起电极极化称浓差极化，由于电化学反应缓慢而引起的电极极化称为电化学极化。

1）浓差极化

在极化过程中，金属不断溶解的条件之一是生成的金属离子需要越过双电层，再向外迁移并扩散。从而与溶液中的离子起作用，最后离开反应系统。然而扩散与迁移的速度是有一定限度的，在外电场的作用下，如果电化学反应过程进行很快，阳极表面液层中金属离子的扩散与迁移速度较慢，来不及扩散到溶液中去，使阳极表面造成金属离子堆积，引起了电位值增大（即阳极电位向正移），这就是浓差极化。

在阴极上，由于水中氢离子的移动速度很快，故一般情况下，氢的浓差极化是很小的。凡能加速电极表面离子的扩散与迁移速度的措施，都能使浓差极化减小，例如提高电解液流速以增强其搅拌作用，升高电解液温度等。

2）电化学极化

电化学极化也叫活化极化，主要发生在阴极上，从电源流入的电子来不及转移给电解

液中的 H^+离子，因而在阴极上积累过多的电子，使阴极电位向负移，从而形成了电化学极化。

在阳极上，金属溶解过程的电化学极化一般是很小的，但当阳极上产生析氧反应时，就会产生相当严重的电化学极化。极化后的电极电位与平衡电位的差值称为过电位（也叫超电位或超电压）。

电解液的流速对电化学极化几乎没有影响，而仅仅取决于电化学反应，即与电极材料和电解液成分密切关联。此外，与电极表面状态、电解液温度、电流密度有关。电解液温度升高，反应速度加快，电化学极化减小。电流密度越高，电化学极化也越严重。铁电极在不同电解液中的极化曲线如图 4-6 所示。

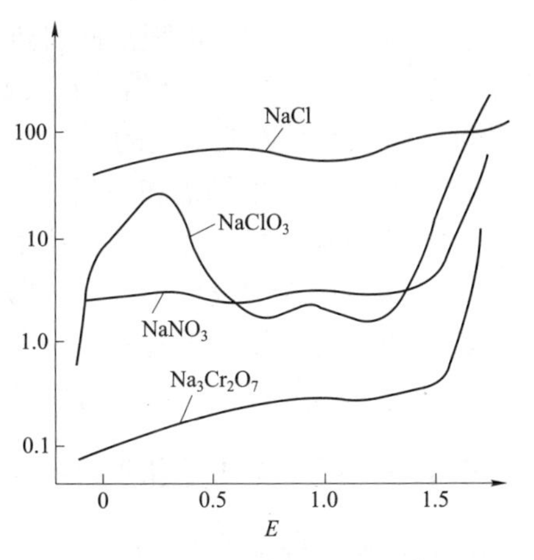

图 4-6　铁电极的极化曲线

极化曲线对于电化学加工极为重要，它可以帮助人们研究电极反应过程，有助于进一步掌握电化学加工的机理。由上可知，在阳极是电极电位低（代数值小）的物质容易失去电子。只要外加的工作电压达到了某物质的电极电位，该物质就会开始失去电子。

但是由于极化使阳极的电极电位升高（代数值增大），在原来的工作电压下这种物质便不会在阳极失去电子，极化作用影响阳极的溶解。因此应避免极化的不利方面，而利用其有利的方面，改善加工质量。

5. 金属的钝化和活化

钝化是由于电化学反应过程中，阳极表面生成一层钝化性氧化物膜或其他物质的覆盖层，使电流通过困难，因而引起阳极电位正移。

钝化产生的原因至今仍有不同的看法，其中主要的是成相理论和吸附理论两种。成相理论认为，金属与溶液作用后在金属表面上形成了一层紧密的极薄的黏膜，通常是由氧化物、氢氧化物或盐组成，从而使金属表面失去了原来具有的活泼性质，使溶解过程减慢。吸附理论则认为，金属的钝化是由于金属表面形成了氧的吸附层引起的。事实上应该是二者兼而有之，但在不同条件下可能以某一原因为主。对不锈钢钝化膜的研究表明，合金表面的大部分覆盖着薄而紧密的黏膜，而在膜的下面及其空隙中，则牢固地吸附着氧原子或氧离子。

使金属钝化膜破坏的过程称为活化。引起活化的因素很多，例如，把电解液加热，通进还原性气体或加入某些活性离子；或采用机械办法破坏钝化膜等，电解磨削就是利用了这一原理。把电解液加热可以引起活化，但温度过高会带来新的问题，如电解液的过快蒸发，绝缘材料的膨胀、软化和损坏等。

4.1.2　电化学加工的特点

电化学加工的最大优点是可以用来加工复杂的三维曲面，而且不会留下条纹痕迹。采用不锈钢制造的阴极工具，可以把许多初步成型的零件加工到具有极高的外形尺寸要求。

1. 电化学加工的优点

（1）可对任何金属材料进行形状、尺寸和表面的加工。加工高温合金、钛合金、淬硬钢、硬质合金等难加工金属材料时，优点更加突出。

（2）加工无机械切削力和切削热的作用，因此加工后表面无冷硬层、残余应力。

（3）无加工毛刺且加工后零件表面质量好。表面粗糙度 Ra 可达0.2~1.25 μm，加工精度：型孔或套料为±（0.03~0.05）mm、模锻型腔为±（0.05~0.20）mm、透平叶片型面为0.18~0.25 mm。

（4）工具和工件不接触，工具无磨损。

（5）加工可以在大面积上同时进行，也无须划分粗、精加工，具有较高的生产率。生产率为电火花加工的5~10倍，在某些情况下比切削加工的生产率还高，且加工生产率不直接受加工精度和表面粗糙度的限制。

2. 电化学加工的缺点和不足

（1）电解加工影响因素多，技术难度高，不易实现稳定加工和保证较高的加工精度。

（2）工具电极的设计、制造和修正较麻烦，因而很难适用于单件生产。

（3）电解加工设备投资较高，占地面积较大。

（4）电解液对设备、工装有腐蚀作用，电解产物处理不好易造成环境污染。

4.1.3 电化学加工的工艺类型及应用

电化学加工按其作用原理可分为三大类：

（1）利用电化学阳极溶解来进行加工，主要有电解加工、电解抛光等；

（2）利用电化学阴极沉积、涂覆进行加工，主要有电镀、涂镀、电铸等；

（3）利用电化学加工与其他加工方法相结合的电化学复合加工工艺，目前主要有电化学加工与机械加工相结合，如电解磨削、电化学阳极机械加工（还包含有电火花放电作用）。其分类情况如表4-2所示。

表4-2 电化学加工的分类表

类别	加工方法（及原理）	加工类型
Ⅰ	电解加工（阳极溶解）	用于形状、尺寸加工
	电解抛光（阳极溶解）	用于表面加工，去毛刺
Ⅱ	电镀（阴极沉积）	用于表面加工，装饰
	局部涂镀（阴极沉积）	用于表面加工，尺寸修复
	复合电镀（阴极沉积）	用于表面加工，磨具制造
	电铸（阴极沉积）	用于制造复杂形状的电极，复制精密、复杂的花纹模具
Ⅲ	电解磨削，包括电解珩磨、电解研磨（阳极溶解、机械刮除）	用于形状、尺寸加工，超精、光整加工、镜面加工
	电解电火花复合加工（阳极溶解、电火花蚀除）	用于形状、尺寸加工
	电化学阳极机械加工（阳极溶解、电火花蚀除、机械刮除）	用于形状、尺寸加工、高速切断、下料

§4.2　电化学加工设备及其组成

无论是电解、电镀、电铸或刷镀等电化学加工，其基本设备主要包括直流电源、电化学机床及电解液（电镀液）循环系统三大部分，有的电解加工还需要进给系统。

4.2.1　直流电源

电化学加工中常用的直流电源为硅整流电源及晶闸管电源。硅整流电源中先用变压器把380 V的交流电变为低电压的交流电，而后再用ZCZ型的大功率二极管整流。为了能无级调压，目前生产中采用的有：

（1）扼流式饱和电控器调压；

（2）自饱和式电控器调压；

（3）晶闸管调压。

4.2.2　电化学加工机床

电化学加工机床要求能安装夹具、工件和阴极工具，并能实现其相对运动，传送直流电和电解液。它与一般金属切削机床的主要区别在于：

（1）电化学加工虽然没有机械切削力，但电解液对机床的主轴、工作台的作用力仍比较大。所以，电化学加工机床的工具和工件系统必须有足够的刚度，否则会引起机床部件的过大变形，改变工具与工件之间的相互位置，造成短路烧伤。

（2）进给速度的稳定性（电极进给控制）。金属的阳极溶解量随时间的增加而增大，由于进给速度不稳定，阴极相对工件的各个截面的电解时间就不同，因此影响加工精度，尤其对内孔、膛线、花键等的截面零件影响更为严重，所以电化学加工机床必须保证进给的稳定性。

（3）电化学加工过程中产生大量的氢气，如不及时排除，可能因短路引起爆炸，必须采取排氢防爆措施。另外，电解液及其他电化学产生的物质具有一定的腐蚀性，所以电解液、机床部件等系统应密封良好，防止渗漏。

4.2.3　工具、工件及电解液系统

（1）阴极工具的形状尺寸精度直接影响工件的加工精度，同样，工具表面的粗糙度对加工后零件的表面粗糙度也有影响，广泛用于制造工具的材料是铝、黄铜、青铜、铜、石墨、不锈钢、镍铜合金等。通常采用冷锻和电镀成型制造工具。

（2）阳极工件材料的性质必须是良导体，工件材料的化学特性对材料切除速度有影响。切除速度与工件材料的原子量成正比，与其原子价成反比。

（3）装夹工件用的夹具是由绝缘材料制成，环氧树脂或玻璃纤维是电化学加工理想的夹具材料，也可用便宜材料如有机玻璃和聚氯乙烯。这些材料具有良好的热稳定性和低湿性，同时也起到工具与工件之间的绝缘作用。

（4）电解液系统在电化学加工中是必不可少的组成部分，系统的主要组成有泵、电解液槽、过滤器、管道及阀等，图4-7所示为电解液系统示意图。

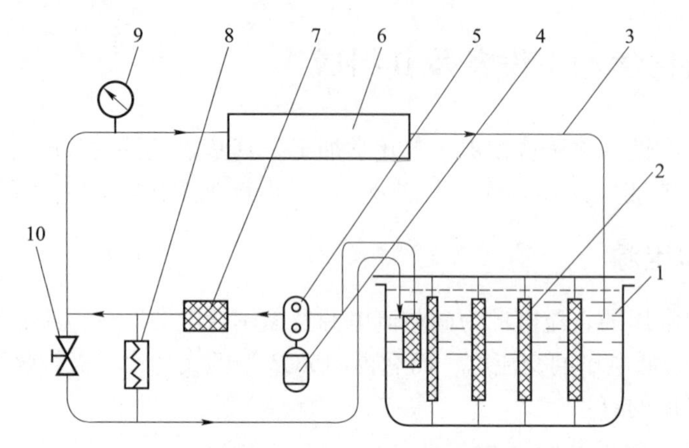

图4-7　电解液系统示意图

1—电解液槽；2—过滤网；3—管道；4—泵用电动机；5—离心泵；
6—加工区；7—过滤器；8—安全阀；9—压力表；10—阀门

用于电化学加工的泵一般使用离心泵，它的轴承与泵腔是分开的，所以密封与防腐比较容易实现，因此使用周期长。

电化学加工中电蚀产物的产生将堵塞加工间隙，引起局部短路，故对电解液的净化方法主要有：

（1）介质过滤法。过去采用的是钢丝或不锈钢网过滤，通常采用100~200#的尼龙丝网，它制造容易、成本低、效果好。实践表明，电化学加工中的最有害的物质是固体杂质及冲刷下来的金属晶粒，必须做好清除工作。

（2）沉淀法。由于自然沉淀速度慢，占地面积大，为克服这一缺点，采用倒锥形漏斗，这样在流量相同的条件下，降低了流速，延长电解液的滞留时间，保证过滤充分。此外，采用斜管沉淀池的原理也是一种很好的方法。

§4.3　电化学加工的基本工艺规律

通过生产实践和实验表明，人们对电解加工中的生产率、表面质量及其改变等方面的基本工艺规律的认识不断地深入。

4.3.1　生产率及其影响因素

电解加工的生产效率是以单位时间内被电解蚀除的金属来衡量的，通常使用单位mm^3/min或g/min来表示。

生产率的影响因素有工件材料的电化学当量、电流密度、电解液及电极间隙等。

1. 金属的电化学当量与生产率的关系

电化学加工时，电极上溶解或析出物质的量（质量M或体积V）与电解电流的大小I和电解时间t成正比，即与电量（$Q=It$）成正比，其比例系数称为电化学当量，这一规律即法拉第电解规律，用公式表示如下：

以质量计

$$M=KIt \tag{4-1a}$$

以体积计

$$V=\omega It \tag{4-1b}$$

式中　M——电极上溶解或析出物质的质量（g）；

V——电极上溶解或析出物质的体积（mm^3）；

K——被电解物质的质量电化学当量［g/（A·h）］；

ω——被电解物质的体积电化学当量［mm^3/（A·h）］；

I——电解电流（A）；

t——电解时间（h）。

在实际应用公式（4-1）计算时，考虑到阳极可能出现其他反应，如析出氧气、氯气等，会多消耗一些电量，实际去除量小于计算的理论值。为此引入一个电流效率 η：

η=（实际金属蚀除量/理论计算蚀除量）×100%

则实际蚀除量为

$$M=\eta KIt \tag{4-2a}$$

$$V=\eta\omega It \tag{4-2b}$$

表 4-3 所示为常见金属的电化学当量，对多元素合金，可按元素含量的比例折算。

表 4-3　常见金属的电化学当量

金属名称	密度	电化学当量		
		K/［g·(A·h)$^{-1}$］	ω/［mm^3·(A·h)$^{-1}$］	ω/［mm^3·(A·min)$^{-1}$］
铁	7.86	1.042（二价）	133	2.22
		0.696（三价）	89	1.48
镍	8.80	1.95	124	2.07
铜	8.93	1.188（二价）	133	2.22
钴	8.73	1.099	126	2.10
铬	6.9	0.648（三价）	94	1.56
		0.324（三价）	47	0.78
铝	2.69	0.335	124	2.07

2. 电流密度与生产率的关系

因电流 I 为电流密度 i 与加工面积 A 的乘积，代入式（4-2b）得：

$$V=\eta\omega Ait \tag{4-3}$$

用总的金属蚀除量来衡量生产率是不方便的，由图 4-8 可知，蚀除掉的金属体积 V 是加工面积与电蚀掉的金属厚度 h 的乘积，即 $V=Ah$，所以阳极金属的蚀除速度。

$$v_a=\eta\omega i \tag{4-4}$$

式中　v_a——金属阳极（工件）的蚀除速度；

i——电流密度。

可以得出蚀除速度与电流密度成正比。当电解液压力和流速较高时，可选用较大的电流密度。电流密度过高，将会出现火花放电，析出的氯气、氧气等，并使电解液温度过高，造成局部短路。

实际的电流密度决定于电源电压、电极间隙及电解液的电导率，因此蚀除速度还应考虑上述因素。

3. 电极间隙的大小和蚀除速度的关系

电极间隙与蚀除速度成反比。加工间隙的主要作用是顺利、通畅地通过足够流量的电解液，以便在加工表面上产生一定的阳极溶解，实现电解加工，并获得必要的蚀除速度和加工精度，以及更新电解液迅速排除电极表面上的电解产物，使电解加工顺利地进行。

4. 电解液与生产率、表面质量等多种因素的关系

电解液作为导电介质传送电流，在电场作用下进行电化学反应，使阳极溶解顺利而有控制的进行，将加工间隙中产生的物质及热量及时带走。它是影响生产率、表面质量的主要因素之一。

4.3.2　加工精度和表面质量

1. 加工精度

加工精度包括复制精度、绝对精度和重复精度

（1）复制精度是指工件的形状和尺寸相对其阴极型面的偏差量，它是设计阴极和选择工艺参数的基础。

（2）绝对精度是指工件的形状和尺寸相对于设计图纸要求的偏差量，它主要取决于加工间隙的大小及其均匀性和阴极型面精度。

（3）重复精度是指用同一工具阴极加工的一批工件的形状和尺寸偏差量，它主要取决于加工间隙的稳定性，也取决于工件和阴极的装夹误差。

影响电解加工精度的误差有电解加工机床误差、工件装夹误差、调整误差、测量误差和电解加工过程误差等。这里着重分析与电解加工过程有关的加工精度问题，其中最主要的影响因素是加工间隙的状态。

电解加工时，按测量方向可将加工间隙分为端面间隙、法向间隙和侧面间隙。加工时，工具阴极的进给速度往往影响到加工间隙大小，即影响着工件尺寸和成型精度，有必要做进一步的分析。对此有一套理论——平衡间隙理论，详细叙述了间隙的选用方法，这里只做简单的介绍。

① 端面间隙：在垂直于进给方向的方向上，阴极端面与工件间的间隙有一定的起始值，随着电化学加工的进行：如果阴极固定不动，加工间隙将逐渐增大，蚀除速度逐渐减小；如果阴极以恒定速度向工件进给，则加工间隙逐渐减小，而蚀除速度将按双曲线关系相应增大。所以，一定的阴极进给速度能补偿间隙的变化，使间隙达到一个平衡值——端面平衡间隙（Δ_b）。实际上的端面平衡间隙主要决定于选用的电压和进给速度。由于平衡间隙的变化，最终导致重复精度的下降，因此现代电解加工机床均具有直接控制各项主要参数恒定的自动控制系统。

② 法向间隙：当阴极端面与工件间的间隙倾斜于进给方向（图4-8）时，斜面法向上进给速度是实际阴极进给速度的一个分量，那么倾斜底面在进给方向的加工间隙往往并未达到平衡间隙Δ_b值，底面越倾斜，偏差越大，因此，只有当倾斜角$\theta \leqslant 45°$且精度要求不高时，

方可采用断面间隙的计算方法。当底面较倾斜，即 $\theta>45°$时，应按侧面间隙计算，并做适当修正。

③ 侧面间隙：当电解加工型孔时，决定尺寸和精度的是侧面间隙。若电解液为 NaCl，阴极侧面不绝缘，则工件型孔侧壁始终处在被电解状态，势必形成图 4-9（a）所示的“喇叭口”。如果阴极侧面改为如图 4-9（b）所示那样进行绝缘，只留一高度为 h 的工作圈，电解形成一直口，此时侧面间隙与工具进给量无关。

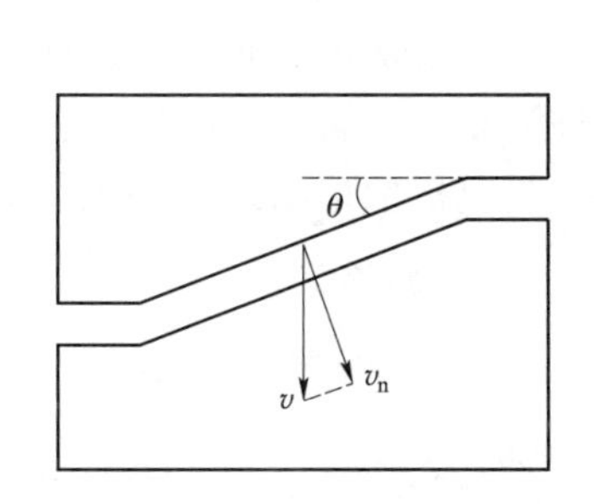

图 4-8　法向间隙和法向进给速度

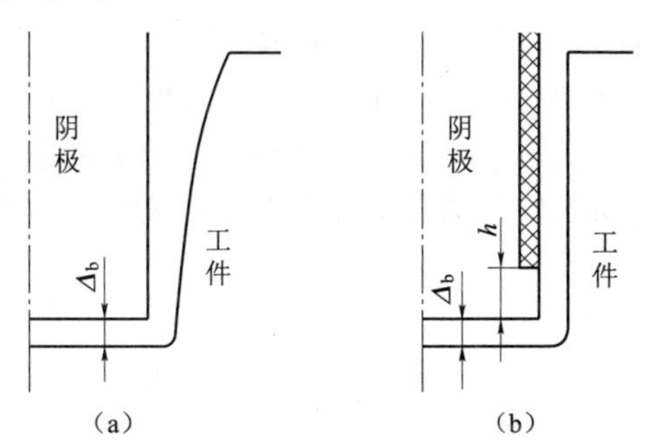

图 4-9　侧面间隙

（a）阴极侧面不绝缘；（b）阴极侧面绝缘

此外，影响间隙大小的因素还有：浓度、温度、流速、电场分布等。

2. 表面质量

表面质量主要包括表面粗糙度和表面层物理机械性能。

（1）对表面粗糙度的影响主要有工件材料、工具电极、电解液等。一般的电化学加工能达到 Ra1. 25～0. 016 μm 的表面粗糙度。

① 如果工件材料成分复杂、金相组织结构疏松、粗大则影响电极电位的变化，使不同金属元素的去除量不等，导致工件表面不均匀的去除，表面粗糙度降低。

② 如果工具电极表面凸峰电力线密集，使其对应的工件电极表面较快地形成凹坑，相反则形成凸起。

③ 如果电解液流速过低，电解产物和氢气不能及时冲掉，而滞留在加工区必然影响加工表面的均匀去除；如果电解液流速过高，会使加工表面出现流纹，而造成流场不均匀或局部气穴。

（2）对表面层物理机械性能的影响，由于靠电化学阳极溶解去除金属，所以无切削力和切削热的影响，加工表面不存在塑性变形、残余应力、冷作硬化或烧伤退火层等缺陷，工件表面层的硬度、抗拉强度、延伸率等物理机械性能几乎都不变。但如果控制不好，可能会出现晶间腐蚀、流纹、麻点、工件表面黑膜，甚至短路烧伤等。

§ 4. 4　电解加工

电解加工（ECM）是电化学加工的一种主要加工方法之一，在兵器、航空航天及汽车领域中具有广泛应用。电解加工在模具制造，特别是大型锻模制造中，几乎是一种不可缺少的制造工艺。

4.4.1 电解加工的基本原理、特点及规律

1. 电解加工的基本原理

电解加工是利用金属在电解液中产生的阳极溶解现象，进而去除多余材料，将工件成型的一种电化学加工方法。电解加工及其原理分别如图4-10、图4-11所示，将被加工工件作为阳极与直流电源正极连接，与加工制件形状相同的工具电极作为阴极与电源负极连接，并且两者之间保持0.1~0.8 mm的间隙。当在两极之间加6~24 V的直流电压时，电解液以5~60 m/s的速度从两极间的间隙中冲过，在两极和电解液之间形成导电通路。这样，工件表面的金属材料在电解液中不断产生阳极溶解，溶解物又被流动的电解液及时冲走，使工具电极恒速向工件移动，工件表面就不断产生溶解，最后将工具电极的形状复印到工件上。

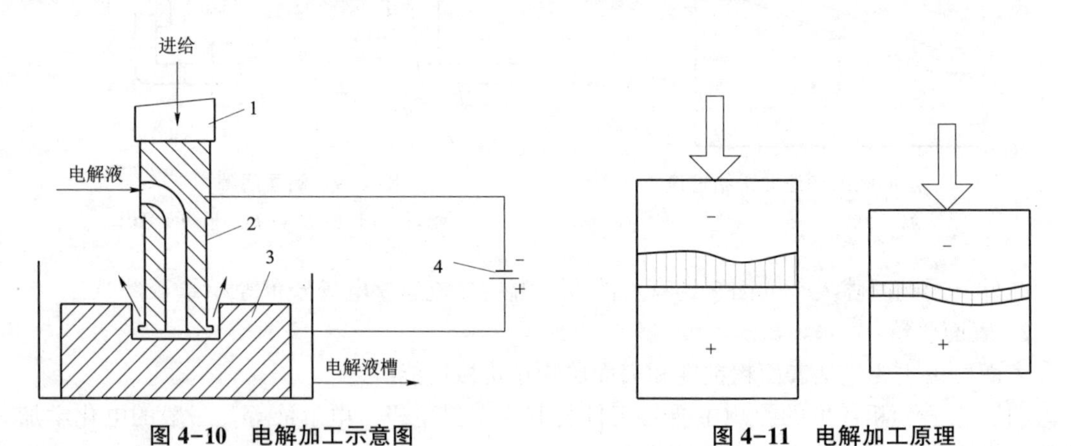

图4-10 电解加工示意图

1—主轴；2—工具；3—工件；4—直流电源

图4-11 电解加工原理

两极间隙较小处的电流密度大，阳极溶解的速度快。反之，两极距离较远处电流密度小，阳极溶解速度慢。因此，工具电极型面向工件恒速进给时，工件表面经过非均匀溶解过程，直到两极工作表面完全吻合后，以均匀溶解速度向深度发展。

电解加工的主要特征：

（1）较小的极间间隙：0.1~0.8 mm；

（2）较大的电流密度：20~1 500 A/cm^2；

（3）较高的电解液流速：6~60 m/s。

2. 电解加工的特点

电解加工是利用电化学中阳极溶解的原理进行成型加工的，因此，与其他加工方法比较，具有下述不同的加工特点：

（1）在简单的直线进给运动过程中，可以完成复杂的曲面或型腔加工。

（2）不受被加工金属材料性能的影响，可用来加工高强度、高硬度以及低刚度的韧性金属材料。

（3）以石墨、黄铜作为工具阴极，通常不参与电极反应，除产生火花短路等特殊情况外，工具电极基本没有损耗。

（4）电解加工表面不产生毛刺、残余应力和变形层，对加工后工件的强度、硬度均无影响，可以达到较好的表面粗糙度（*Ra*0.25~0.2 μm）和平均加工精度（±0.1 mm）。

（5）加工过程中不产生内应力和变形，因此可加工易变形零件和薄壁零件。

（6）电解加工的生产效率比较高，为电火花加工的 5~10 倍，在某些情况下，比切削加工生产效率还高，且加工生产率不直接受加工精度和表面粗糙度的限制。

3. 电解加工的弱点和局限性：

（1）由于影响电解加工间隙电场和流场稳定性的因素很多，难以控制，因此，很难达到较高的加工精度和加工稳定性。另外，加工过程中的杂散腐蚀比较严重，因此，很难用于加工小孔和窄缝。

（2）工具电极的设计和制作比较麻烦，因此，很难适用于单件、小批生产。

（3）电解液对设备的腐蚀十分严重，尤其是对泵的腐蚀问题，始终没有得到很好解决。

（4）电解加工设备要求具有较好的刚性、抗腐蚀性和密封性，同时还带有大电流整流电源及电解液系统等，因此，设备昂贵且占地面积较大。

（5）电解液的处理和回收有一定难度，而且加工过程中产生的气体对环境有一定污染。

4. 电解加工中的基本规律

电解加工过程中，电极上物质之所以产生溶解或析出等电化学反应，就是因为电极和电解液间有电子得失交换，因此电化学反应量必然和电子得失交换的数量（电荷量）成正比，而与其他条件，如温度、压力、浓度等在理论上没有直接关系。

1）加工速度

在电解加工中，当电解液和被加工材料确定后，加工速度与电流密度成正比。因此，为了提高加工速度，可以增加电流密度，但须注意随之而增高的电压应以不致击穿加工间隙为限度。另外，在增大电流密度的同时，还需要增大电解液的流速，以便及时排除溶解物。

2）加工间隙

电解加工是在阳极和阴极的间隙之间进行的，加工间隙的主要作用使足够流量电解液通畅地流过，以便能在被加工表面上产生一定的阳极溶解，更新电解液并排除电蚀产物。因此，为了获得较高的加工精度和生产率，需要保证间隙均匀、大小适中并稳定。

（1）间隙均匀。间隙均匀可使各处电解液的流速、电场尽可能相近。

（2）间隙大小适中。间隙过大，加工精度低、易出现大圆角，电能损耗也大；间隙过小，电流密度增大使温度也升高，同时电解产物增多，增大电蚀物的排除困难，容易发生短路现象。因此，小间隙加工时，需要提高电解液的压力和流速。一般，粗加工时取间隙 $\Delta=0.3\sim0.9$ mm，精加工时取 $\Delta=0.1\sim0.3$ mm，半精加工时取 $\Delta=0.2\sim0.6$ mm。

（3）间隙要稳定。在电解加工过程中，工作电压或电解液温度等因素容易发生变化，加工间隙也随之发生变化，会导致同批次零件的加工尺寸、精度产生差异，重复精度降低，因此应予以重视。

4.4.2　电解加工设备及基本条件

电解加工设备主要有电解加工机床、直流电源和电解液系统三大部分组成。

1. 电解加工机床

电解加工机床主要用来安装夹具、工件及工具电极，保证它们之间的相对运动关系，需要相应的床身刚度。另外还要传输直流电和电解液，因此需要具有防腐、密封、绝缘和通风等特殊性能要求。

1）机床刚性

电解液在较高压力下流动，如果加工制件表面积较大，通常会产生20~40 kN的压力。因此，需要机床本体以及工具、工件系统具有足够的刚度。一般，轴向变形<0.1~0.2 mm；阴极板倾斜量<（1.5~2）/1 000 mm。

2）进给速度的稳定性

加工过程中的金属阳极溶解量与电解加工时间成正比，进给速度的稳定性影响阴极相对于工件各个截面的电解时间的一致性，影响加工精度。因此，要求必须保证进给速度的稳定性。在正常进给速度（$v>0.5$ mm/min）条件下，进给速度的变化量应小于5%；低速进给（$v=0.2\sim0.05$ mm/min）时，其爬行量不应大于0.02 mm。另外，要求主轴的复位精度应达到0.025 mm。

3）防腐绝缘

由于与电解液接触的部分和加工过程中产生的电解雾气都对机床产生直接和间接的腐蚀作用，因此，需要采取相应的防腐措施。

4）排气措施

电解过程中产生的大量氢气属于易燃易爆气体，因此，应采取措施及时排除。

2. 直流电源

电解加工是根据电化学原理利用单向电流对阳极工件进行溶解加工的，由于两极间隙很小，因此，必须采用低压、大电流的直流电源供电。通常的电解加工用电是把交流电整流为直流电使用。根据整流的方式不同，电解电源可以分为直流发电机组、硅整流电源和晶闸管整流电源三种。

3. 电解液系统

电解加工过程中，需要电解液系统向电解加工区连续平稳地输送具有一定流量和温度的清洁电解液，因此，电解液系统是电解加工设备的重要组成部分。电解液系统通常由泵、电解液槽、过滤器、热交换器和管道附件等组成。

1）泵

泵的作用是使电解液保持所需压力和流速，电解加工中采用较多的是离心泵和齿轮定量泵。一般按被加工零件沿周每毫米长度需4.6 L/min估算泵的额定流量，额定压力取0.5~2 MPa。考虑到泵的防腐，需要采用特殊耐腐蚀材料制作。另外，通常将泵置于电解槽液面以下，使泵内经常充满电解液，以防止空气氧化加剧锈蚀。

2）电解液槽

电解液槽的容量通常按每1 000 A电流取2~5 m^3估算。小容量的液槽做成箱式，大容量液槽做成池式，一般采用不锈钢或聚氯乙烯板焊接而成。

3）过滤器

电解加工过程中的电解产物混在电解液中，将引起加工过程不稳定、影响加工质量，甚至造成短路。因此，必须及时将电解产物及杂质从电解液中分离出来，电解液的过滤通常采用自然沉淀、强迫过滤或离心过滤等净化方法。

4）热交换器及管道附件

为了使电解液保持适当的温度，有时需要采用电加热或蒸汽加热，或采用蛇形管道循环水冷却。所有管道附件除了保证压力和流量要求外，尽可能采用耐腐蚀材料制作。

电解加工除了需要加工设备外，还需要工具电极和相应的电解液。

4. 电解加工用工具电极和电解液

1）工具电极

工具阴极的作用是使工件的表面能复制出所需要的形状和尺寸，保证电解液均匀流过加工间隙，因此，对工具阴极提出型面正确、结构合理、选材适宜、绝缘可靠和制造方便的要求。结构设计中应避免产生电解液涡流和液流死区，表面粗糙度可根据被加工制件的表面精度要求适当决定，电极材料要易于加工，耐腐蚀。另外，阴极的非工作表面应加以很好的绝缘，以免产生杂散电场，影响加工精度。

2）电解液

电解液在加工中的主要作用，首先是作为到电介质传递直流电流；其次，在电场作用下进行电化学反应，使阳极溶解能顺利而有控制的进行；第三，及时将加工间隙中产生的电解产物及热量带走。因此，电解液应具有下列要求：

（1）应使电解质在溶液中具有较高的溶解度和离解度，具有很高的电导率，所以要求电解液应具有足够的蚀除速度。

（2）电解液中的金属阳离子不应在阴极上产生放电反应而沉积到阴极工具上，以免改变工具的形状和尺寸。

电解液可分为中性盐溶液、酸性溶液和碱性溶液三大类。其中，中性盐溶液的腐蚀性较小，使用时较安全，故应用最普遍。

在一定范围内，电解液的浓度越大、温度越高，其导电率就越高，腐蚀能力越强。

电解液的流速一般在 10 m/s 左右，电流密度增大时，流速要相应增加。

电解液的流动方向影响加工间隙中的电解产物（氢氧化亚铁及氢气泡）、浓度、电导率、压力、流速等的分布，因此对电解加工的生产率、精度和表面粗糙度影响较大。一般来说，入口处为洁净电解液，有较高的电解蚀除能力，蚀除速度快。越接近出口处，电解产物含量越多，压力越低，若气泡体积越大，则电解液的导电率和电解能力越低，故蚀除速度减小。因此，一般规律是：入口处的蚀除速度和间隙尺寸比出口处大，加工精度和表面质量也较出口好。

在生产实际中，电解液的流向可分为正向流动、反向流动和横向流动三种形式，可根据具体加工情况适当选用。

4.4.3　电解加工工艺、应用及提高精度的途径

1. 电解加工工艺

1）型孔加工

一般采用端面进给方式。为了避免孔壁产生锥度，可将电极侧面绝缘。常用的绝缘办法是利用环氧树脂粘接，绝缘层的厚度：工作部分取 0.15～0.2 mm，非工作部分取 0.3～0.5 mm。

2）型腔加工

由于电解加工的精度较低，但生产率高，因此，一些精度要求不是很高的型腔类零件常采用电解加工。复杂型腔加工时，电解液流场不易均匀，在流速、流量不足的局部区域电蚀量将偏小，在该处容易产生短路。因此，应在阴极的对应处加开增液孔或增液缝，增补电解

液使流场均匀，避免短路烧伤现象。

3）型面加工

型面的电解加工主要适合于叶片类的外表成型件。

4）去毛刺和倒圆

当两极间有电流通过时，在电极尖角处电流密度最大，只要将工具阴极靠近毛刺或毛刺的根部，就很容易去除毛刺获得一定半径的光滑圆角。去毛刺时，工具电极和工件的关系一般是相对静止。为了减少杂散腐蚀，电解液浓度要比电解加工时低，压力也小。

5）充气电解加工

充气电解加工又称混气电解加工，是将一定压力的气体（二氧化碳、氮或压缩空气）与电解液混在一起形成气液混合物进入加工区。由于气体不导电，所以混入电解液中，会增大电阻率。充气电解加工还能使电解液的流速增大，能有效地把黏附在电极表面的惰性离子驱散，冷空气还起到降温的作用。充气电解加工的缺点是金属蚀除速度比不充气时低1/3~1/2，另外，还需配置足够压力的气源、管道和良好的抽风设备。

6）电解抛光

利用金属在电解液中的电化学阳极溶解对工件表面进行腐蚀抛光，是一种表面光整加工方法。电解抛光与电解加工的区别是工件和工具的加工间隙大，电流密度小，电解液一般不流动，必要时加以搅拌。因此，电解抛光只需要直流电源、各种清洗槽和电解抛光槽。

7）电解刻字

利用电解刻字可以在一些常规机械刻字不能进行的工件表面上进行刻字。电解刻字时，字头接阴极，工件接阳极，两极间保持约0.1 mm的电解间隙，中间滴入少量的钝化型电解液，1~2 s即能完成工件表面刻字。利用同样原理，改变电解液成分并延长放电时间，就可实现在工件表面刻印花纹或制成压花轧辊。

2. 电解加工的应用

航空工业是电解加工的重点应用领域，因为航空发动机中钛合金材料的零件占绝大部分，且零件的形状通常很复杂、制造难度高、批量大，如叶片，而电解加工正好适用于航空发动机零件的大批量加工；此外，兵器工业也是我们广泛应用电解加工的部门，如炮管膛线的加工等；因此，电解加工已成为航空航天、军用、民用领域不可缺少的关键工艺。电解加工具体应用在：深孔加工、叶片（型面）加工、锻模（型腔）加工、管件内孔抛光、各种型孔的倒圆和去毛刺、整体叶轮的加工、炮管内孔及膛线的加工、螺旋花键孔的加工、薄壁异型花键的加工、超薄类零件的成型加工、异型深孔和键槽的加工等。具体应用实例详见4.4.4节。

3. 提高电解加工精度的途径

目前，电解加工生产中所达到的加工精度还不能满足更多新应用领域的需求，因此，提高加工精度就成为电解加工发展的关键。提高电解加工精度，就要先分析电解加工误差的构成及其成因，以便提出更有效的改进措施。

一般，电解加工精度及其加工误差由有两个部分构成，一是复制精度，指加工工件形状和尺寸与工具阴极的形状和尺寸之间的一致性；二是重复精度，指被加工的一批零件的形状和尺寸的一致性。精度是由误差来反映的，电解加工的综合误差包括工艺自身特点引起的误差（简称电解加工的误差）和外围条件造成的误差。而电解加工工艺自身特点引起的误差是由三部分组成：一是复制误差，指工件型面与工具型面的差异；二是遗传误差，指加工中未完全纠正的毛坯型面的初始误差；三是重复误差，指在同一条件下加工尺寸的分散度。外围条件引起的误差则是指与各种加工工艺相同的各种误差，如工件定位夹紧误差、工具定位夹紧误差以及形状和尺寸的误差，机床安装定位误差及进给位置的误差等，上述误差构成如图 4-12 所示。

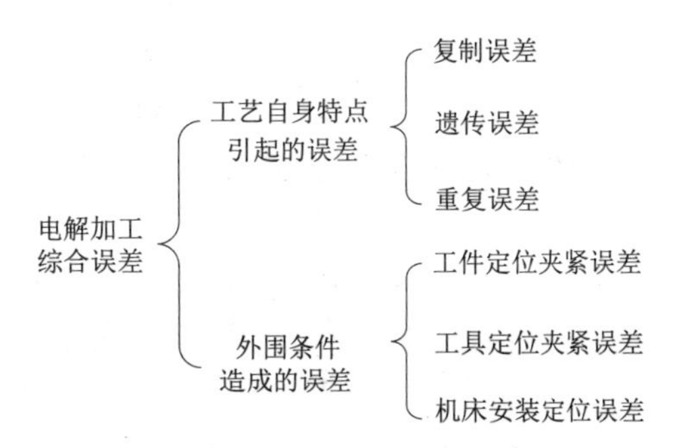

图 4-12　电解误差的构成简图

下面阐述和分析一下电解加工工艺自身特点引起的误差。电解加工属于非接触式加工，其工具与工件之间存在加工间隙，而加工间隙又受电化学、电场、流场等诸多因素的影响，是一个复杂的时间、空间的函数，它的存在及其变化是电解加工误差的主要来源。加工误差实质上是工件加工面阳极溶解不均匀的宏观反映，因此，它的消除就必须从探究电解加工误差的变化规律、阳极溶解过程的本质及伴生的加工间隙方面深入了解，从而减小加工误差，提高电解加工精度。为提高电解加工的精度，人们进行了大量的研究工作，下面就提高电解加工精度的措施做如下几点分析：

1）脉冲电流电解加工

脉冲电流电解加工是近年来发展起来的新方法，它能明显地提高加工精度，并已在生产中日益得到应用和推广。采用脉冲电流电解加工能够提高加工精度：

（1）消除加工间隙内电解液电导率的不均匀化。由于阴极析氢的结果，在阴极附近将产生一层含有氢气泡的电解液层，由于电解液的流动，氢气泡在电解液内的分布是不均匀的，在电解液入口处的阴极附近，几乎没有氢气泡，这对电解液流动的速度、压力、温度和密度的特性有很大影响。这些特性的变化又集中反映在电解液电导率的变化上，造成工件各处电化学阳极溶解速度不均匀，形成加工误差。因此，在采用脉冲电流电解加工时，可以在两个脉冲间隔时间内，通过电解液的流动与冲刷，使间隙内电解液的电导率分布基本均匀，达到提高电解加工精度的目的。

（2）脉冲电流电解加工时，在阴极析出的氢气是断续的，呈脉冲状。它可以对电解液起搅拌作用，有利于电解产物的去除，提高电解加工的精度。

（3）为充分发挥脉冲电流电解加工的优点，通常采用脉冲电流-同步振动电解加工。其原理是在阴极上与脉冲电流同步，施加一个机械振动，即当两电极间隙最近时进行电解，当两电极距离增大时停止电解而进行冲液，从而改善了流场特性，提高加工精度。

2）小间隙电解加工

由式 $v_a=\dfrac{C}{\Delta}$ 可知，工件材料的蚀除速度 v_a 与加工间隙 Δ 成反比关系，C 为常数（此时工件材料、电解液参数、电压均保持稳定）。

实际加工中由于余量分布不均，以及加工前零件表面微观不平等影响，各处的加工间隙是不均匀的。以图 4-13 中用平面阴极加工平面为例来分析，设工件最大的平直度为 σ，则突出部位的加工间隙为 Δ，设其蚀除速度为 v_a，低凹部位的加工间隙为 $\Delta+\sigma$，设其蚀除速度为 v_a'，则

$$v_a=\frac{C}{\Delta};\quad v_a'=\frac{C}{\Delta+\delta}$$

两处蚀除速度之比为

$$\frac{v_a}{v_a'}=\frac{\frac{C}{\Delta}}{\frac{C}{\Delta+\delta}}=\frac{\Delta+\delta}{\Delta}=1+\frac{\delta}{\Delta}$$

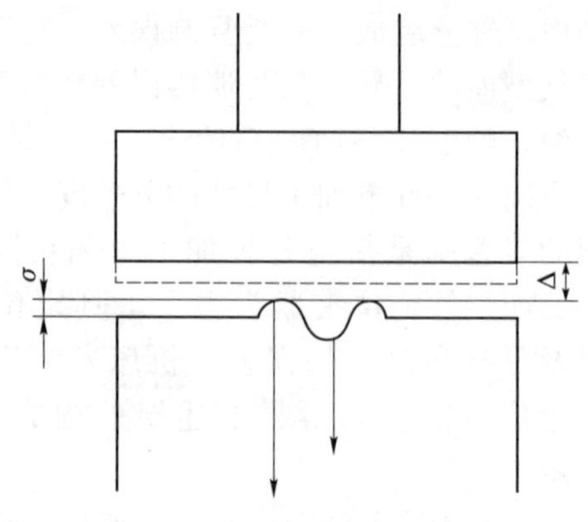

图 4-13　平面阴极加工平面

如果加工间隙 Δ 小，则$\frac{\delta}{\Delta}$的比值增大，突出部位的蚀除速度将大大高于低凹处，提高了整平效果。因此，加工间隙越小，越能提高加工精度。对侧面间隙的分析也可得出相同的结论，由式：$\Delta=\sqrt{2h\Delta_b+\Delta_b^2}$可知，侧面间隙 Δ_s随加工深度 h 的变化而变化，间隙 Δ_b越小，侧面间隙 Δ_s的变化也越小，孔的成型精度也越高。

综上，采用小间隙加工，对提高加工精度、提高生产率都是有利的。但是，间隙越小，对液流的阻力越大，电流密度越大，间隙内电解液温升快、温度高，电解液的压力也需要很高，且间隙过小很容易引起短路。所以，小间隙电解加工的应用仍然受到机床刚度、传动精度、电解液系统所能提供的压力、流速以及过滤情况的限制，也就是说小间隙电解加工是需要相应配套设备的支持。

3）改进电解液

（1）除了采用钝化性电解液（$NaNO_3$、$NaClO_3$），还采用复合电解液，在氯化钠电解液中添加其他成分，既保持 NaCl 电解液的高效率，又提高了加工精度。例如，在 NaCl 电解液中添加少量 Na_2MoO_4，质量分数为 0.2%～3%，加工铁基合金有较好的效果。采用 NaCl（5%～20%）+CoCl（0.1%～2%）+其余为 H_2O 的电解液（指质量分数），可在相对于阴极的非加工表面形成钝化层或绝缘层，以避免杂散腐蚀。

（2）采用低浓度电解液，加工精度可显著提高。例如，对于 $NaNO_3$电解液，过去常用的质量分数为 20%～30%。如果采用 4% $NaNO_3$的低质量分数电解液加工压铸模，加工表面质量良好，间隙均匀，复制精度高，棱角很清，侧壁基本垂直，垂直面加工后的斜度小于1°。加工球面凹坑，可直接采用球面阴极，加工间隙均匀，可很大程度上简化阴极设计，低浓度复合硝酸钠电解液在我国的钛合金叶片加工中采用得多。采用低质量分数电解液的缺点是效率较低，加工速度慢。该方法对提高铁基合金/金属的集中蚀除能力有显著效果，已成为模具电解加工的基本电解液，但对于钛合金、高温耐热合金等电解加工，效果却不十分明显，由于此途径在提高加工精度上适用的产品范围较窄，加上生产效率较低。

4）混气电解加工

混气电解加工就是将一定压力的气体（主要是压缩空气或二氧化碳、氮气等）用混气装置使它与电解液混合在一起，使电解液成为包含无数气泡的气液混合物，然后送入加工区进行电解加工。

混气电解加工有其一定的优越性，该法可以普遍地提高集中蚀除能力，较大幅度地减小遗传误差，提高电解加工的成型精度，简化了阴极的设计与制造，在毛坯余量偏小、误差偏大的零件中获得了较好的效果，因而推广较快。采用不混气加工锻模时，如图 4-14（a）所示，侧面间隙很大，模具上腔有喇叭口，成型精度差，阴极的设计与制造也比较困难，需多次反复修正。图 4-14（b）所示为混气电解加工的情况，成型精度好，侧面间隙小而均匀，表面粗糙度值小，阴极工具设计较容易。然而，这种方法易导致加工尺寸分散度较难控制，使生产效率降低，气液混合系统较为复杂，特别是气液混合器的设计和制造难度较高，因此，在我国叶片加工中大量采用，对于锻模这类尺寸精度要求不高的零件也有所采用。

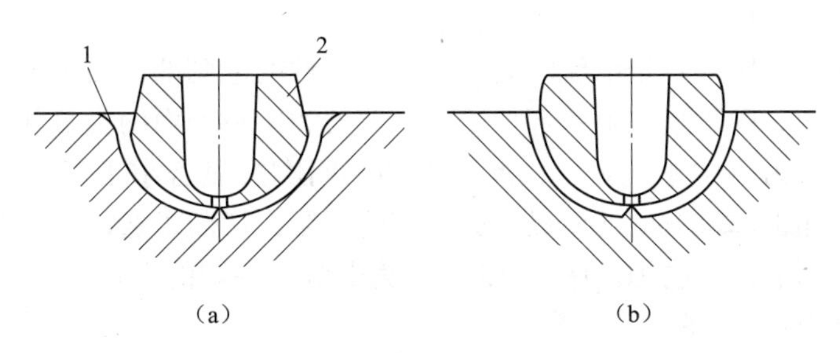

图 4-14　混气电解加工效果对比

（a）不混气；（b）混气

1—工件；2—工具

综上所述，现将常用的提高电解加工精度的措施总结归纳，如表 4-4 所示。

表 4-4　提高电解加工精度的措施

因素	措施
工件	1. 毛坯余量均匀； 2. 正确进行热处理，使组织均匀，晶粒细化，消除残余内应力，加工面除锈、除油（可喷砂处理）； 3. 正确选用定位基准及导电面
工具电极	1. 正确设计流场，合理布局流道，保持流场均匀； 2. 正确设计型面，确保电极型面或抛光刃边的制造精度及粗糙度； 3. 绝缘可靠，密封良好； 4. 正确设计导电系统
夹具	1. 提高定位精度和稳定性； 2. 采用耐蚀性好，刚性强的材料、结构； 3. 正确设计流道并确保密封良好； 4. 正确设计导电系统，确保不过热
电解液	1. 选用合适的钝性电解液或复合电解液； 2. 合理选定浓度，必要时采用低浓度； 3. 必要时选用混气电解加工
加工参数	1. 尽量缩小加工间隙，并使初始间隙与平衡间隙尽量接近； 2. 适当降低电压； 3. 适当提高进给速度； 4. 适当加背压； 5. 控制恒温

4.4.4 电解加工应用实例

电解加工方法的应用领域十分广泛，下面列举实例以加深对电化学加工原理、加工工艺过程以及电化学的特点的理解。

1. 齿轮的电解去毛刺

1）电解去毛刺的基本原理

电解去毛刺的主要原理就是电流场高度密集在工件的毛刺部位而进行限位的局部阳极溶解。电流场之所以能高度密集在毛刺部位是由于此处为阳极表面的尖端部位，这个几何形状上的特点使电力线较为集中于此处，而此处的加工间隙又显著小于工件表面其他部位的间隙。加之与工件非加工部位对应的阴极表面涂有绝缘层，切断了通往工件非加工部位的电力线，防止了非加工面的杂散腐蚀。图4-15所示为电解去毛刺的设备示意图。

2）低浓度、钝性电解液

电解去毛刺一般使用氯化钠电解液，若工件精度要求较高，可使用低浓度钝性电解液。一般多用低浓度硝酸钠溶液，这有利于提高毛刺处的集中蚀除能力，提高其加工效率和降低表面粗糙度（图4-16）。低浓度钝性电解液的散蚀能力弱也有利于减少非加工面的杂散腐蚀，还可在电解液中添加少量缓蚀剂以减轻对机床、工装的腐蚀及工件的锈蚀。

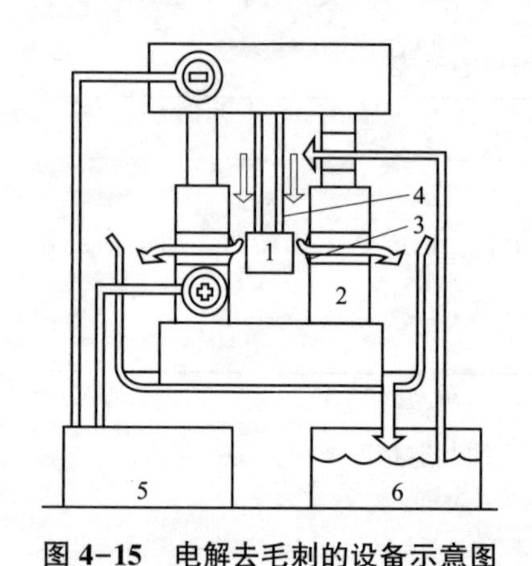

图4-15 电解去毛刺的设备示意图

1—电极；2—工件；3—孔边毛刺；4—电解液导流管；5—加工电源；6—电解液系统

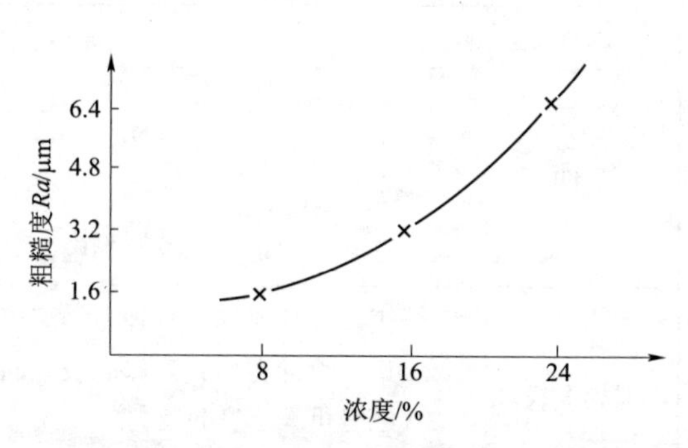

图4-16 电解液浓度与表面粗糙度的关系

对于从不同材料的工件上去除毛刺，建议采用下列电解液成分（质量分数）和加工规范：碳素钢和低碳钢——（5%～15%）$NaNO_2$+（2%～5%）$NaNO_3$；铜合金——（5%～15%）$NaNO_3$；铝合金——（15%～20%）$NaNO_3$；不锈钢——5% $NaNO_3$+5% NaCl；电压12～24 V；电流密度5～10 A/cm^2；加工时间5～100 s。

3）低工艺参数

从表4-5可以看出与常规电解加工不同之处在于电解去毛刺所需要的电解液流量很小，压力很低。这是由于所去除的金属少、加工量小，电解产物少，产生的热量小所导致。某些试验表明每厘米的去毛刺棱边临界流量为1.5～2.5 L/min，由于电解液通过毛刺的间隙加工区的流程很短，因而所需要的压力也较低。流量小，压力低导致泵的容量小，不需要密封的整体式工作箱以及高的机床刚度。由于加工间隙偏大，因而也不需要严格、精密的过滤系统。

表 4-5　电解去毛刺工艺参数

项目		内容	
		常用范围	特殊情况
工艺参数	电压/V	15~20	12、25
	电流/（A·每件$^{-1}$）	<500	2 500
	加工间隙/mm	0.4~0.6	0.8
	加工时间/s	20~40	数分钟
	电解液温度/℃	30~35	
	电解液压力/MPa	0.2~0.3	

4）固定阴极加工

电解去毛刺的加工间隙偏大，加工时间又很短，90%以上零件的单件加工时间均在 1 min 以内，因而不需要工具阴极对工件的进给，这样就可以用固定阴极加工方式，机床不需要工作进给系统和相应的控制系统，但必须恰当地布局阴极相对工件的位置。对于较大的毛刺（高度大于 1 mm），应将阴极放置在能使毛刺的根部溶解的位置上，如图 4-17（a）所示。对于较小的毛刺，则可以将阴极放置在能使毛刺沿高度方向溶解的位置上，如图 4-17（b）所示。由于加工中无极间相对运动，因而较安全，无短路烧伤或非加工面的损伤。

5）流场的选型特点

电解去毛刺的电解液流动形式分正流式以及侧流式两种类型。图 4-18 所示为两种侧流式的示意图，图 4-19 所示为正流式的结构示意图。正流式电解液在加工区的流动方向突然变化 90°，且向两个相反的方向分流，导致加工区流场不均匀、不稳定，影响加工质量，正流式的优点是工具电极较为简单、易于布局。侧流式的电解液流场无突变，因而较为均匀、稳定，试验结果证明其加质量较正流式的好。其缺点是工具阴极结构较为复杂，其绝缘要求亦较高。

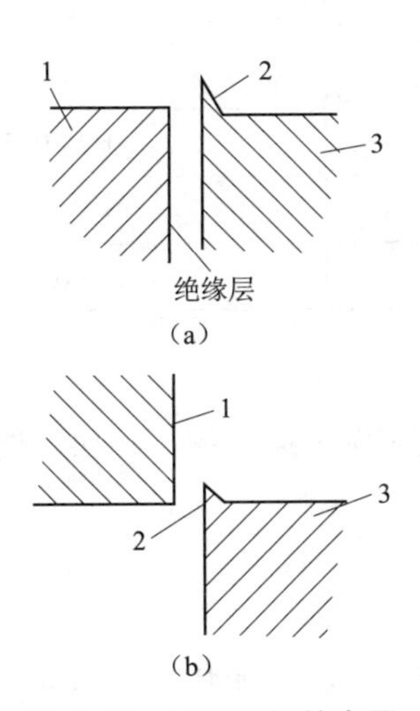

图 4-17　工具阴极的布局

（a）沿毛刺根部去除法；（b）沿高度方向去除法

1—阴极；2—毛刺；3—工件

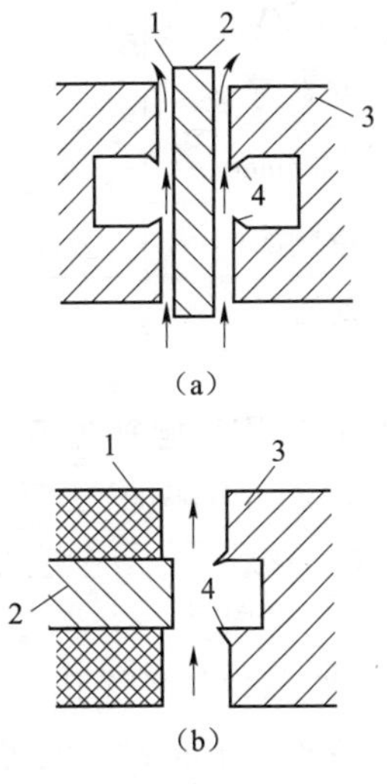

图 4-18　侧流式示意图

（a）沿毛刺根部去除法；（b）沿高度方向去除法

1—绝缘层；2—阴极；3—工件；4—毛刺

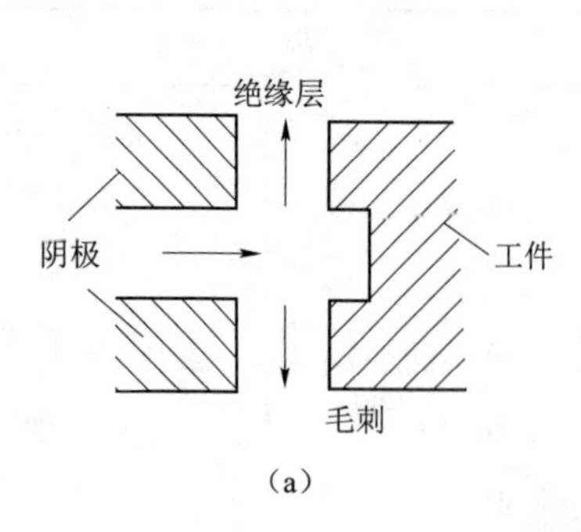

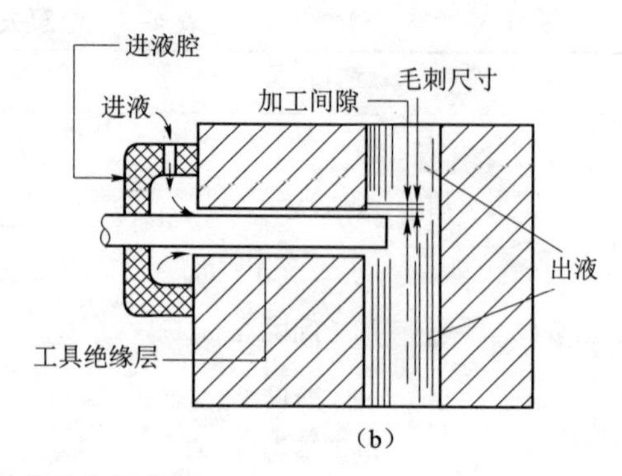

图 4-19　正流式结构示意图

(a) 正流式原理示意图；(b) 正流式设备的结构

6）齿轮的电解去毛刺

在图 4-20 中，工件齿轮 3 套在绝缘柱上，环形工具电极 2 也靠绝缘柱定位安放在齿轮上面，保持 3～5 mm 间隙（根据毛刺大小而定），电解液在阴极端部和齿轮的端面齿面间流过。

连接件的电解去毛刺实验结果如表 4-6 所示。

电解去毛刺是一种不受金属材料硬度、韧性等性能限制，可达性好、安全、可靠，设备简易、成本低、操作简便的方法。

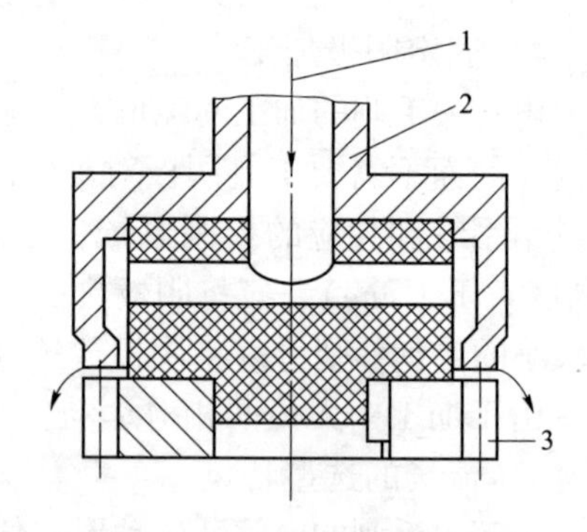

图 4-20　齿轮的电解去毛刺

1—电解液；2—环形工具电极；3—工件齿轮

表 4-6　连接件的电解去毛刺实验结果

名称		齿轮	连接件
工艺参数	电压/V	16	17
	电流/A	1 000	600
	间隙/mm	0.5	0.4～0.5
	电解液	$NaNO_3$	
加工时间/s		40	6

2. H62 梅花形深孔电解加工

H62 梅花形深孔电解加工，是一种典型的电解加工实例，属异形深孔加工类，采用常规机械加工的方法很难完成，电解加工工艺规程如下：

1）确定加工对象

如图 4-21 所示梅花形深孔。

（1）零件 *Ra*0.8 μm 表面绝对不允许有气孔、砂眼、夹渣、缩孔、裂纹等。

（2）内腔成型表面的不平直度应不大于 0.07 mm。

（3）45°±30′、*R*24、*R*10.5 为工具保证的尺寸。

这种梅花形深孔采用机械拉削需要做几十把梅花形全锥体多排齿拉刀，制作工艺复杂、

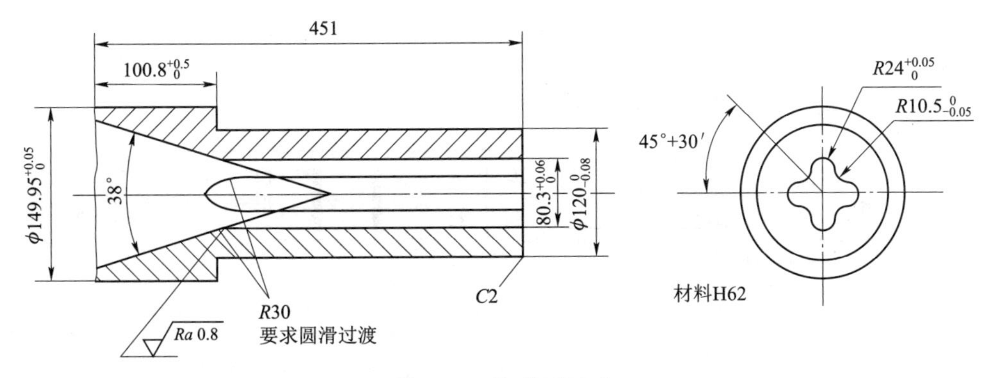

图 4-21　梅花形深孔

成本高，精度和表面质量均难保证。电解加工可以一次成型，对于有一定批量的该类产品，不论从技术还是从经济效益方面考虑，采用电解加工工艺都有一定优势。

2）阴极设计

梅花形深孔工件大，精度要求高，最终形状和预制圆孔的形状相差很大。要采用电解加工一次成型，首先其阴极结构应保证电解液流场均匀稳定、不短路，同时应选择合理的工艺参数保证加工效率、形状尺寸精度和表面质量。

设计阴极工作面为梅花瓣形锥体，即每一截面均为梅花形，锥体从大端到小端，凸瓣（外弧）R_1由大变小，凹瓣（内弧）R_2由小变大。预制孔直径取工件梅花孔凹瓣的最小内切圆直径（56 mm），将最小间隙设计为 0. 5 mm，则阴极锥体小端的凸瓣最大外接圆直径取 55 mm，即按预制孔单边缩进 0. 5 mm，锥体大端凸瓣的外接圆按工件梅花孔外接圆（即最大孔径）单边缩进 0. 5 mm，取外 R_1为 24 mm+0. 05 mm，内 R_2为 10. 5 mm-0. 05 mm，每同一截面上外 R_1与内 R_2圆滑过渡（相切）；同一条母线上，外 R_1和内 R_2均匀变化。为了弥补阴极刚进入预制孔时凹凸瓣初始加工间隙差异太大造成的流场差异太大，*ab* 段（为阴极体工作段总长的 2/3）凹瓣用环氧树脂层覆盖，覆盖层的环氧树脂也要与加工凹凸瓣铜体一样在铣床上铣削，均匀修光。涂覆环氧树脂后凹瓣处与工件预制孔的间隙不大于 0. 5 mm。在阴极进入工件预制孔 2/3 的长度上，因凹瓣绝缘，不发生电解蚀除作用；而凸瓣处将圆孔刻出四个弧形槽，使孔形逐渐向梅花形过渡。阴极体后 1/3 段凹凸瓣同时加工，这时只有一个梅花雏形孔，工件的形状已逐渐向阴极形状逼近。凹凸瓣的间隙渐趋于一致，至最后成型。

为了增强阴极体的刚性，在保证所需的电流前提下长度尽可能缩短，为了便于浇注环氧树脂，与环氧树脂贴合的部位不宜太光，棱角处应倒圆角和去毛刺，不采用退刀槽，以免影响粘接性能。阴极体的材料选用黄铜，图 4-22 所示为梅花形深孔阴极。

3）电解液的选择

铁基合金常用的 NaCl 电解液不适用于 H62 黄铜，为了达到工艺要求，保证产品质量和较高的加工效率，必须选择合适的电解液。同样一种电解液在不同浓度、温度和电流密度等条件下会有不同的加工效果。有资料推荐 $NaNO_4$电解液和 $NaClO_3$电解液，其工艺试验情况如下：

（1）$NaNO_4$电解液。

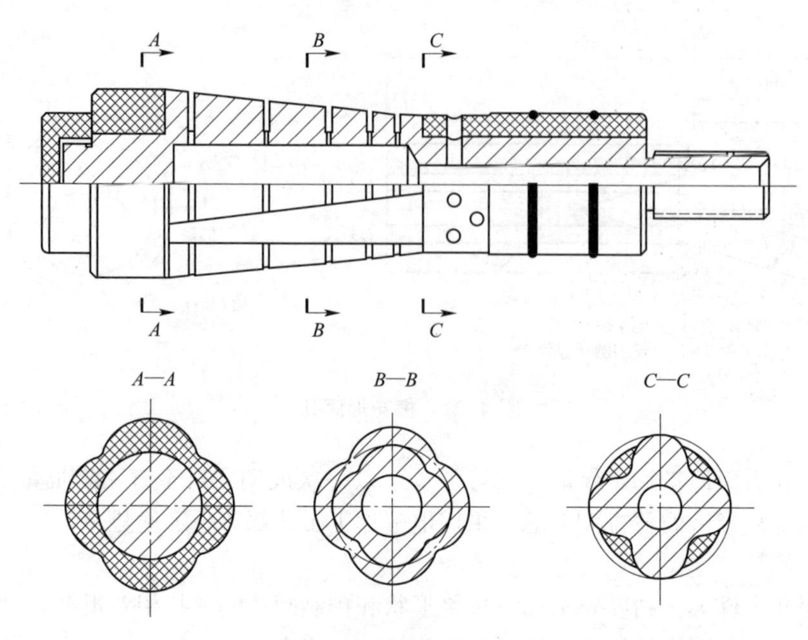

图4-22　梅花形深孔阴极

据资料介绍，在10% NaSO4溶液中30 ℃~45 ℃温度进行电解抛光可以得到良好的表面质量。$NaNO_4$电解液价格便宜应为首选，但通过该梅花形深孔模拟阴极的工艺试验发现在不同电流密度和流场条件下其工艺性能有很大的不同。

① 固定阴极静态电解抛光：采用低电流密度（$i<20\ A/cm^2$），在流场分布均匀的情况下获得了良好的表面质量，表面粗糙度达 $Ra0.8\ \mu m$。

② 采用端面移动式阴极正向供液加工时，随着进给速度升高，电流密度迅速升高，在电流密度 $i=20\sim100\ A/cm^2$ 下，表面粗糙度很差，成型面对流场极为敏感，随加工间隙缩小，流痕越趋严重，阴极内锥孔对应的阳极表面及底部也出现不规则的凹坑和麻点，尺寸精度难以控制。

（2）$NaClO_3$电解液。

对$NaClO_3$电解液在不同浓度、温度、电流密度等工艺条件下进行对比试验，结果如下。

① 在广泛的电流密度20~100 A/cm^2内获得较好的表面质量。经测量，表面粗糙度可达 $Ra0.8\ \mu m$，无明显的杂散腐蚀，加工精度较易控制。

② 改变$NaClO_3$电解液的浓度（相对密度1.10~1.20）和温度（25 ℃~45 ℃）加工表面质量均较好，随着浓度、温度和电压的升高与$NaClO_3$电解液加工铁基合金规律基本一致，其电解能力明显增强。

③ 提高电解液压力和流速有利于改善表面质量，采用正向和反向供液均可获得良好的效果。

3. 管件内孔的电解抛光

工程上应用的各种管类零件种类繁多，尤其是精密零件的孔加工，内孔粗糙度参数值小，有的零件内腔形状比较复杂，若用机械抛光，不仅困难且生产效率低，劳动强度大，消耗抛光膏（如氧化铬抛光膏）多，而抛光时的摩擦热将会降低管件内腔的表面质量。因此，采用电解磨削加工是一种较为常用和有效的方法。

（1）抛光工艺。

几种材料管件内孔抛光用电解液成分如表 4-7 所示。

表 4-7　几种材料管件内孔抛光用电解液成分　　%

材料	H_2SO_4	H_3PO_4	CrO_3	甘油	H_2O
不锈钢	15	65	6	—	14
	15	65	5	7	8
	20	60	—	—	20
碳钢	—	68~78	10~12	—	12~20
适用抛光量	小余量抛光（NaCl 电解液可用于大余量抛光）				

（2）抛光后处理工艺。

管件抛光后，表面因沾有酸液，会产生化学腐蚀，因此必须进行清洗和中和。图 4-23 所示为抛光与清洗组合的阴极结构示意图。

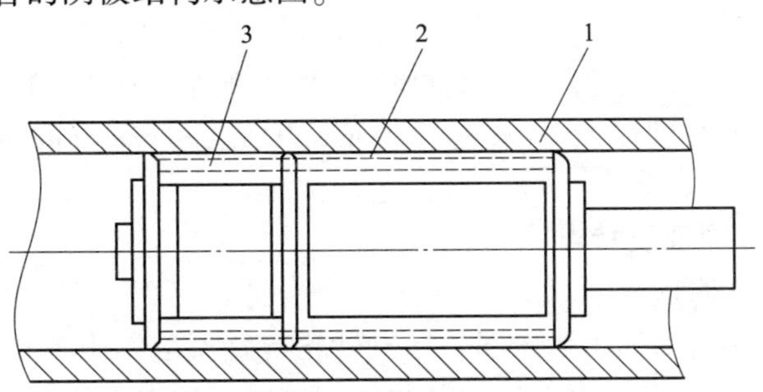

图 4-23　抛光与清洗组合的阴极结构示意图

1—管件；2—抛光件；3—清涤腔

此结构形式的阴极抛光大口径内孔时，工艺参数如下。

电压：12~15 V；

电流密度：1.5~2.0 A/cm^2；

电解液流量：10~15 L/min；

电解液温度：60 ℃~80 ℃。

（3）NaCl 电解液抛光。

移动式 NaCl 电解液内表面电解抛光阴极如图 4-24 所示。珠光体钢管 NaCl 电解液抛光工艺如表 4-8 所示。

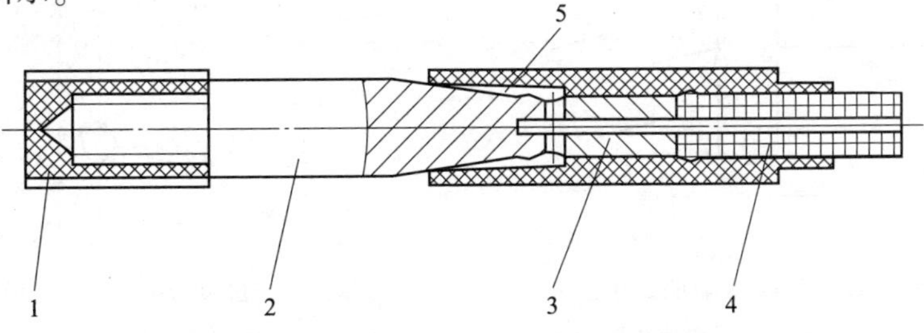

图 4-24　移动式 NaCl 电解液内表面电解抛光阴极

1—后引导；2—阴极体；3—前引导；4—螺帽；5—整流腔

表 4-8　珠光体钢管电解抛光工艺参数

管件尺寸 直径×厚度/mm	抛光种类	电流密度/ $(A \cdot cm^{-2})$	电解液流速/ $(m \cdot s^{-1})$	加工速度/ $(mm \cdot min^{-1})$	电解液 温度/℃	加工余量/ $(mm \cdot 单边^{-1})$
ϕ16×2	内表面抛光	6~8	8~12	450~550	18~45	0.04~0.05
ϕ16×2	外表面抛光	5~5.5	6~8	450~500	18~40	0.05~0.06

§4.5　电解磨削加工

将电化学阳极溶解原理与机械加工结合起来进行金属表面加工的方法称为电化学机械复合加工。电化学机械复合加工的种类很多，其中有电解磨削、电解研磨、电解珩磨等。下面简单介绍几种常用的电化学机械复合加工方法。

4.5.1　电解磨削

电解加工靠电化学阳极溶解去除金属材料，生产率高，但加工精度不易控制。电解磨削将电化学腐蚀与机械磨削结合起来进行加工，因此，具有较高的加工精度和表面粗糙度。

1. 电解磨削的基本原理及特点

1）电解磨削的基本原理

图 4-25 所示为电解磨削加工示意图。导电砂轮与直流电源阴极相连接，被加工刀具与电源阳极相连接，并且在一定压力下与导电砂轮相接触。通电后，将电解液引入加工区域，在电解和机械磨削的双重作用下，电解磨削镶有硬质合金车刀的后刀面。图 4-26 所示为电解磨削的原理，电流从被加工工件通过电解液流向砂轮，形成导电通路。工件表面的金属在电流和电解液的作用下发生电化学腐蚀作用，氧化成极薄的一层氧化物或氢氧化物的阳极钝化薄膜，立即被旋转砂轮上的磨粒刮除。其中，导电砂轮的结合剂是铜或石墨。电化学腐蚀作用和刮除薄膜的磨削作用交替进行，直至完成电解磨削加工。

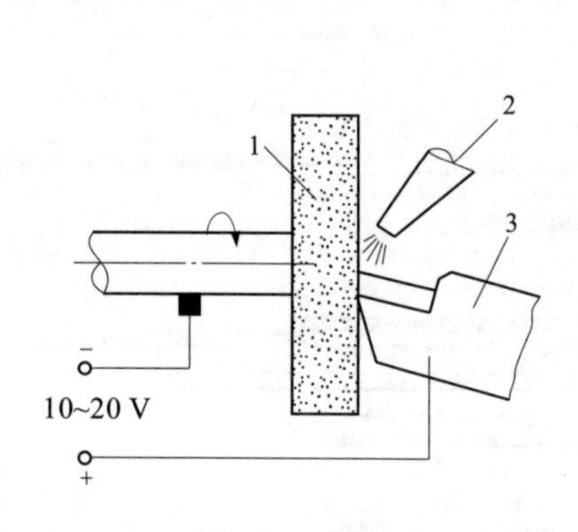

图 4-25　电解磨削加工示意图

1—导电砂轮；2—电解液；3—工件

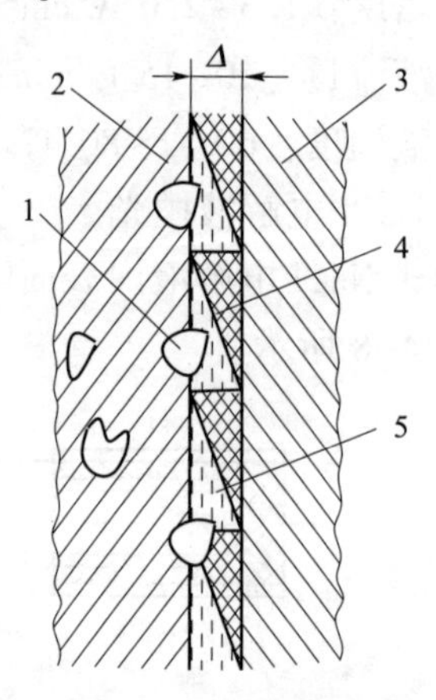

图 4-26　电解磨削的原理

1—磨粒；2—结合剂；3—工件；
4—阳极薄膜；5—电极间隙及电解液

2）电解磨削的特点

（1）加工效率高。电解磨削主要是电解作用，与材料性能关系不大。因此，磨削硬质合金时，比普通金刚石砂轮磨削的效率要高3~5倍。

（2）磨削表面质量高。导电砂轮只起刮除电解产物的作用，工件表面受力很小，因此加工精度和表面质量较高。另外，不会产生磨削裂纹和烧伤等现象。

（3）砂轮磨损量小。与机械磨削相比，电解磨削的不足是被加工刀具的刃口不易磨得非常锋利。

2. 影响电解磨削生产率和加工质量的因素

影响电解磨削生产率的因素：

（1）电化学当量。按照法拉第定律，电化学当量是单位电能在理论上能电解的金属量。电解磨削是靠电极的阳极溶解作用，因此，理论生产率与被加工材料的电化学当量成正比。

（2）电流密度。可以采用提高工作电压、缩小电极间隙、减小电解液的电阻率和提高电解液温度等措施来提高电流密度，从而加速阳极溶解，但对加工精度和表面粗糙度不利。一般，粗加工时工作电压可较高（10~20 V），精加工时应降低（5~15 V）。

（3）电解液。强电解质的生产率高，但阳极溶解速度太快，常使工件尖角变圆，对刀具刃磨不利。另外，电解液的过滤和净化对生产率和加工质量有很大影响，一般可采用沉淀法。

（4）砂轮与工件间的导电面积。砂轮起着电解时的阴极和磨削时刮除电解产物的双重作用。因此，对生产率和加工质量影响最大的是电极间隙。当电流密度一定时，通过的电量与导电面积成正比。阴极和工件的接触面积越大，通过的电量越多，单位时间内金属的去除率越大。因此，应尽可能增加两级之间的导电面积，以达到提高生产率的目的。

（5）磨削压力。磨削压力越大，工作台行进速度越快，阳极金属被活化的程度越高，生产率也越高。但过高的压力容易使磨粒磨损和脱落，通常的磨削压力采用0.1~0.3 MPa。

3. 电解磨削工艺及应用

电解磨削具有电解加工和机械磨削的双重作用，并集中了两种加工方法的优点，因此在生产中常用来磨削高硬度零件，如各种硬质合金刀具、量具、模具等。对于普通磨削很难加工的小孔、深孔、薄壁筒、细长杆件等，电解磨削也显示出一定的优越性。

4.5.2　其他电化学机械复合加工简介

1. 电解研磨

电解研磨是在机械研磨的基础上附加电解作用的一种复合加工方法。电解研磨的电流功率比纯电解抛光高，而且材料蚀除速度也比电解抛光和机械研磨快得多。

电解研磨通常分为两种方法：

（1）固定磨料加工。将磨料粘在弹性合成无纺布上之后，再将无纺布包在工具阴极上，无纺布的厚度即为加工间隙。当工具阴极与工件表面充满电解液并有相对运动时，工件表面将依次被电解形成钝化膜，同时受到磨粒的研磨作用，实现复合加工。

（2）流动磨料加工。工具阴极只包覆弹性合成无纺布，磨料不粘在无纺布上，而是悬浮在电解液中，因此在研磨时磨料的运动轨迹就更加杂乱无章，由此可获得镜面。

电解研磨加工时，决定表面粗糙度的主要因素是磨粒的大小和机械研磨的状态，而决定加工效率的主要因素是电解效率。

电解研磨可以对碳钢、合金钢、不锈钢等进行研磨加工，通常用于抛光模具型腔和不锈钢容器。此外，还被用于金属冷轧轧辊、大型柴油机轴类零件。

2. 电解珩磨

在常规机械珩磨加工中引入电解加工是一种新的加工方法，称为电解珩磨加工。通常是将普通机械珩磨机床和珩磨头进行改装，将切削液换成电解液并设置直流电源。将金属珩磨头与直流电源负极相连接，在工件孔内做直线往复运动，而珩磨条不导电。工件作为电源正极，做旋转运动。接通电源，向工件孔内输送电解液，即可进行电解珩磨加工，如图 4-27 所示。

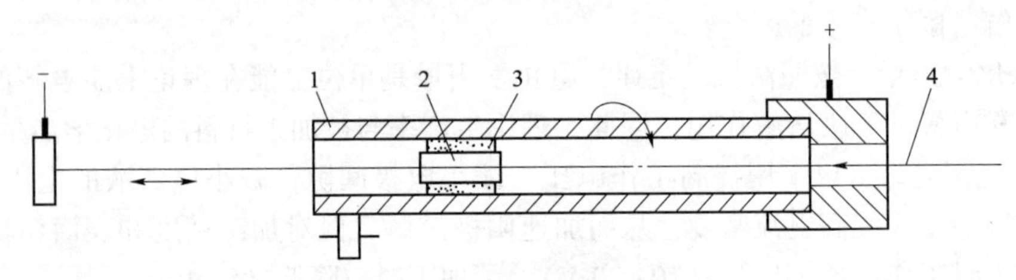

图 4-27　电解珩磨原理图

1—工件；2—珩磨头；3—珩磨条；4—电解液

电解珩磨的电参数可以在很大范围内变化，通常电压为 3~30 V，电流密度为 0.2~1 A/cm^2。电解珩磨制件的精度高，表面粗糙度可达 Ra0.05~0.025 μm。

电解珩磨主要适用于普通机械珩磨难以加工的高硬度、高强度和容易变形的精密零件的孔加工，以及圆筒形零件的内壁精磨等。

4.5.3　小孔的电解磨削加工工艺

工艺原理：该工艺是电解与磨削的复合加工，通常采用钝性电解液经导电磨具（接负极）使孔壁（接正极）形成钝化膜，再以磨具的微刃群始终刮除孔面粗糙处若干高点上的膜，因此，在高点除去较快。低点处金属上的膜因总刮除不到，处于低速的电解去除状态。去除差的存在和电解、磨削的复合作用高速地交替循环进行，就能达到快速光整加工的目的。电解磨削机床如图 4-28 所示。

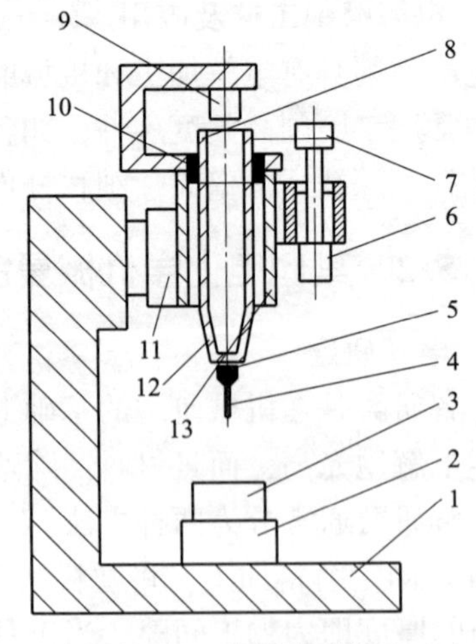

图 4-28　电解磨削机床

1—床身；2—工作台；3—工件；4—导电磨针；5—夹头；6—电动机；7—带轮；8—缸筒柱塞；9—恒压传递装置；10—导电块；11—导轨副；12—缸筒；13—缸套

1. 主要加工参数介绍

（1）电压可在 2~5 V 内选择，电流密度以 5~20 A/cm^{2}为宜。若孔的表面粗糙度大，纹路深，加工前期应选大电压和电流值，加工即将结束时应取小值。

（2）磨削速度可在 0.1~0.4 m/s 选取。进给速度要考虑磨针的直径和电参数的匹配及孔深径比的大小。当进给速度超出上述范围后，工具变形过大，对工件也就无精度可言，严重时会产生放电，烧损工具和工件。当进给速度过小，刮膜作用弱，电解去除差就会减小，加工效率低。

（3）电参数匹配过大，将使电解去除差变小，导致磨针的磨损比较大，生产的成本高，工效低。

（4）工具的往复运动使孔壁出现如珩磨的网状磨削走向，易使磨削去除量在孔壁上分布均匀。但往复运动太快，磨粒受到的交变应力增大，交变频率升高，磨粒易脱落；而过慢则将会影响孔壁上下去除量的均布性。因此，往复运动速度应在 30~60 次/min 调整，对直线度不好（钻孔）、锥度大的孔（电火花打孔）应取大值；对直线度较好和锥度较小（线切割切孔）以及切割纹较深的孔应取小值。此时，磨削速度也应减小，而电参数应加大，以充分发挥电解的作用，减少工具的磨损。

2. 工具及装备设计要点

磨针用电镀法制成，磨料可用碳化硼或金刚石，最佳粒度是 120~220#，太细工具易放电和堵塞；太粗影响光整加工的效果。镀层厚度应超过磨粒平均直径的 5/9。镀层中的磨粒要均布，磨粒太密则镀层易脱落，且不易镀平整，太疏磨削性能不佳。电镀后的磨针用显微镜检查其质量和磨粒被包容的状态，若包容过大可以电解修除，太小尚需再镀，不能有凹凸不平的镀面。磨针表面不允许有局部导电的情况（用万用表检查）。

设备的上缸筒属高速回转轴类，其径跳≤5 μm，夹头和磨针与筒的同心度也应≤5 μm。电解所用直流电源应有短路保护装置。

3. 实验过程

实验中磨削速度为 0.1~0.3 m/s，往复运动 40 次/min，溶液浓度 10%，以硝酸钠为主。供液压力 0.02~0.07 MPa，孔径 2 mm，深径比 10，电压 2~8 V，电流密度 5~15 A/cm^2，磨料粒度 180#。

4. 实验结果及主要工艺指标

在对采用电火花成型加工、线切割加工及钻削加工后的小孔进行大量实验，取得结果如表 4-9 所示。

表 4-9　不同工艺方法加工后小孔电解磨削实验结果

方法	材料	硬度	初始的 Ra 值/μm	加工后 Ra 值/μm	电解磨削所需时间/min
钻孔	45 钢	HB270	4.1	0.4	7
线切割	GCr15	HRC56	2.2	0.28	5
成型	T10	HRC 58	2.6	0.32	5.2

§4.6　电镀、电铸及复合电镀加工简介

阴极沉积加工与电解加工相反，是将金属电解中产生的正离子在外加电场作用下沉积到阴极表面上的加工过程。通常有电镀、电铸、涂镀及复合镀等加工方法，这些方法的加工原理基本相同，但加工形式各有不同。

4.6.1　电镀

电镀是将加工工件表面镀覆一层具有特殊性能的金属，达到防腐蚀、耐磨等工艺性能。

另外，也可以用来修复零件、修饰零件达到表面美观、改变光泽等。

常用的镀层金属有铬、铜、锌、镍和银等。

1. 镀铬

镀铬可分为镀硬铬、镀光亮铬等。镀硬铬的表面硬度可达HRC55以上，有时甚至可以代替表面淬火处理。为了提高镀层与基体金属的结合强度，通常在镀铬之前先用反向电流腐蚀表层，再用大电流冲击，之后按工艺进行常规镀铬。

为了使工件（如仪器、量具等）表面色泽美观或提高抗腐蚀性能，可以采用镀光亮铬工艺来达到目的。

2. 镀铜

通常是为了使工件表面光泽美观而采用镀铜工艺，但镀铜层的化学稳定性较差，因此常作为其他镀层的中间层。比如在多层防护性装饰镀层中作底层，在渗碳时利用镀铜作为不需要渗碳部位的表面保护层等。

3. 镀镍

镀镍层结晶细小，容易抛光，有时在镀液中加入适当的添加剂可以直接镀出镜面。镀镍在工业生产中作为装饰保护层应用非常广。

4.6.2 电铸

电铸是向模型或工件上电解沉积金属，然后分离或复制成金属产品的加工工艺。电铸的加工原理与电镀基本相同，但加工目的及其工艺过程不同。比如电镀是为了使已有工件增强防腐性能和进行表面装饰，而电铸则是零件的成型加工。因此电镀时要求镀层与金属基体牢固结合，镀层通常较薄（0.01～0.05 mm）；而电铸要求铸层能与电铸模型最后分离，其铸层厚度通常为工件或半成品壁厚（0.05～8 mm）。也就是说，电镀属于表面处理工程，而电铸则是一种成型加工。

1. 电铸加工原理

电铸加工过程中，主要是以可导电的原模作阴极，所要电铸的金属作为阳极，同时，又将电铸金属的盐溶液（例如硝酸铜）作为电铸溶液，也就是说电铸金属材料与金属盐溶液中的金属离子的种类相同。通入直流电后，电铸溶液中的金属离子在阴极上获得电子还原成金属原子而沉积镀覆在阴极原模的表面上，阳极上的金属原子源源不断的交出电子成为正金属离子进入镀液，进行金属补充，使镀液中金属离子的浓度保持不变。这样，阳极原模上的金属原子的沉积铸层不断增厚，直至工艺要求的厚度。连同原模取出后，将原模打碎或设法使原模与电铸壳体分离，即可得到与原模型面凸凹相反的电铸工件，如图4-29所示。

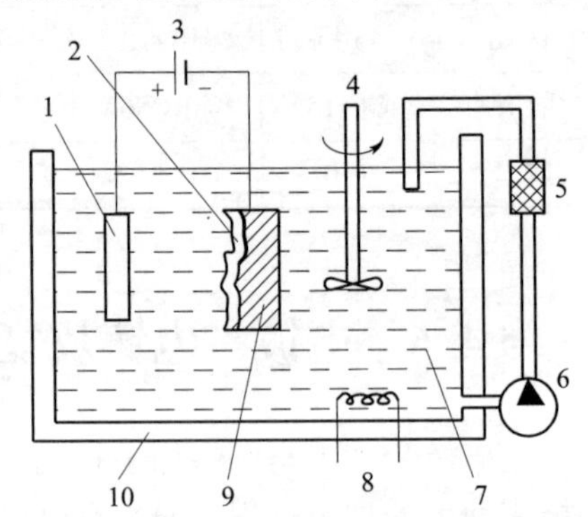

图4-29　电铸加工原理

1—阳极；2—电铸层；3—直流电源；4—搅拌器；5—过滤器；6—泵；7—电铸液；8—加热器；9—原模；10—电铸槽

2. 电铸加工的特点与应用

电铸加工具有显著的特点。首先，加工的电铸工件与模具表面不存在间隙而依靠原模表面沉积金属离子而成，所以可以准确复制原模的表面细节。电铸件与原模的尺寸误差可控制在±0.25 μm，而且可以获得良好的表面状况。

其次，由于电铸过程中脱模方便，原模不受损伤。因此，可作为耐久性原模使用，并且可以获得良好的重复精度（尺寸误差可以控制在微米数量级）。利用石膏、石蜡环氧树脂等作为原模材料，可以把复杂零件的内表面复制为外表面，外表面复制成内表面，然后再进行电铸复制。

另外，利用电铸加工方法可以获得高纯度的金属制品，同时，还可以制造多层结构的金属制件，并把多种金属、非金属拼镀成一个整体。

电铸加工也存在一些不足，比如生产周期长，通常电铸 1 mm 厚的简单形状制件需要 3~4 h，复杂形状件有时需要几十小时。对于特殊复杂制件，由于脱模困难，往往需要破坏原模取件，而且原模的制造通常需要精密加工或照相制版等技术。另外，原模上尖角和凹槽部分容易产生铸层不均匀，并存在一定的内应力，有时，原模上的伤痕会反映到制件表面。

电铸加工主要用于：

（1）复制形状复杂、高精度的空心或薄壁零件，如波导管等。

（2）复制精细的表面轮廓，如唱片模、艺术品或证券的印刷版。

（3）复制注塑模具、加工复杂型腔的电火花用电极等。

（4）制造表面粗糙度的标准样块、反光镜以及异性孔喷嘴等特殊零件。

3. 电铸加工的主要设备

电铸加工的基本设备主要由电铸槽、直流电源、搅拌和循环过滤系统、加热和冷却系统组成。

（1）电铸槽。电铸槽应选用不易被电铸液腐蚀的材料制作，通常采用钢板焊接，内衬铅板、聚氯乙烯薄板或其他塑料，小型电铸槽也可采用陶瓷、玻璃或搪瓷容器。

（2）直流电源。与电解、电镀电源类似，通常采用低电压、大电流的直流电源。电压 3~20 V 可调，电流密度需满足 15~30 A/dm^2，可采用硅整流或晶闸管直流电源。

（3）搅拌和循环过滤系统。为了降低电铸液的浓差极化、加大电流密度、提高生产速度，应在阴极运动的同时，加速溶液的搅拌。通常采用桨叶或用循环泵吸出槽底的溶液和杂质，连过滤带搅拌，也可以使工件振动或转动来实现搅拌。

（4）加热和冷却装置。电铸的时间较长，为了使电镀液保持温度不变，需要加热、冷却和恒温控制装置。

4. 电铸的工艺过程

电铸的工艺流程主要是：原模设计→表面处理→金属原模钝化处理（非金属原模导电化处理）→电铸→衬背→脱模→清洗干燥→成品。

（1）原模设计及材料选用。根据脱模条件、产品复杂程度、要求精度以及生产量等确定设计一次性原模或耐久性原模。耐久性原模常用材料由碳素钢、不锈钢、镍、黄铜、玻璃、环氧树脂或热固性塑料等。消耗性或一次性原模通常采用铝、石蜡、石膏及低熔点合金等，主要是利于加热后可溶化、分解或利用化学方法可进行分解。选用原模材料时应考虑材料的热稳定性，比如热膨胀系数大的原模，在热电铸液中得到的产品精度较差。

原模设计时应注意内外棱角应取尽可能大的过渡圆角，以免电镀层内棱角处太薄而外棱角处过厚。原模应比电铸零件的长度长 8~12 mm，以便脱模后切去交接面粗糙部分。

对于耐久性原模，脱模斜度不应小于 1°~3°。如产品不允许有斜度，可选用与电铸金属热膨胀系数相差较大的材料制作原模，以便电铸后用加热或冷却的方法脱模。零件精度要求不高时，可在原模上涂覆或浸入一层蜡或易熔合金，在电铸后将涂层熔去脱模。

（2）原模的表面处理。处理的目的是使原模能够电铸，而且使电铸后能够顺利脱模。因此，首先进行清洗，除去表面的脏物和油污。对于金属原模电铸前需要进行表面钝化处理，使形成不太牢固的钝化膜，便于电铸后脱模。非金属原模需要做导电化处理，否则无法电镀、电铸。导电化处理通常在原模表面均匀的涂覆一薄层掺入胶黏剂的导电液，或利用真空度或化学镀方法加镀一薄层金属膜。

（3）电铸溶液。常用的电铸金属有铜、镍和铁。通常对电铸溶液要求沉积速度快、成分简单且易于控制，另外，对溶液的净化处理要求高并且应易于获得均匀的电铸层。

（4）衬背。有些电铸件成型之后需要用其他材料衬背加固，如塑料模具型腔和印刷版等，然后再进行精加工。衬背的方法有浇注铝或铅-锡合金以及热固性塑料等，对结构零件可以在外表面包覆树脂进行加固。

（5）脱模。脱模方法视原材料不同而异，通常有敲击、加热或冷却、剥离等方法。

如果对电铸件需要进行机械加工时，应在脱模之前进行，一方面原模可以加固电铸件以免加工变形，另一方面机械加工力能促使电铸件与原模松动，以便于脱模。

4.6.3 涂镀加工

涂镀是利用电化学沉积金属的原理对工件局部表面进行刷镀的一种简易电镀加工技术，有时也称为刷镀或无槽电镀。

1. 涂镀加工的基本原理和特点

涂镀加工的基本原理如图4-30所示。在加工过程中，旋转的工件为负极与直流电源相连接，作为正极的工具镀笔端部的不溶性石墨电极用脱脂棉套包住，喷液管的作用是不断向镀笔端部的脱脂棉上浇注镀液。接通直流电源后，在电场作用下，脱脂棉上镀液中的金属正离子从阴极工件表面获得电子并沉积刷镀在工件表面上，进行涂镀加工。

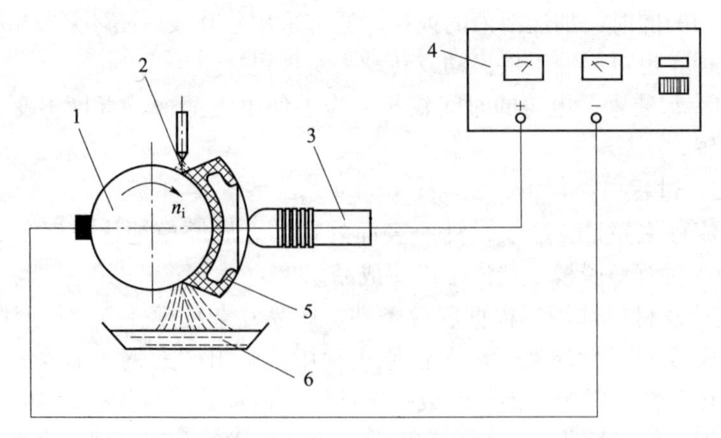

图4-30 涂镀的加工原理

1—工件；2—镀液；3—镀笔；4—电源；5—棉套；6—容器

涂镀加工的特点主要是加工设备和操作简单，且不需要镀槽；可涂镀的金属种类比槽镀多，同一套设备可涂镀多种金属；涂镀的镀层与基体金属的结合力比槽镀牢固，涂镀速度比槽镀快；涂镀过程中，工件与镀笔之间据有相对运动，散热性好，因此镀层的形成是一个断续结晶过程。镀笔的移动限制了晶粒的长大和排列，使镀层中存在大量的超细晶粒和高密度的位错，会使镀层得到强化。另外，由于涂镀多为局部加工，因此需要手工操作。

2. 涂镀的基本设备

涂镀的基本设备包括电源、镀笔、镀液及泵等辅助装置。

（1）电源。与电镀相似，需要直流电源电压0~30 V可调，电流30~100 A。不同的是，为了保证镀层质量，应配置镀层厚度测量仪器及安培计。另外，电源应带有正负极转换装置，以便在镀前对工件表面进行反接电解处理，同时可满足电镀、活化、电净等不同工艺的要求。

（2）镀笔。镀笔由手柄和阳极两部分组成，阳极上所包脱脂棉的作用是饱吸和储存镀液，并防止阳极与工件直接接触短路和防止阳极上脱落下来石墨微粒进入镀液。

（3）镀液。涂镀镀液比槽镀镀液的离子质量浓度高，由金属络合物水溶液及少量添加剂组成。配方不公开，但根据需要可购买使用。

3. 涂镀的工艺过程

（1）表面预加工。去除表面毛刺、凸凹不平并使其露出基体金属，通常要求预加工表面粗糙度≤2.5 μm。

（2）电净处理。经过除油、除锈后还需要进行电净处理，进一步去除表面油污等。

（3）活化处理。用以去除工件表面的氧化膜或析出的碳元素微粒黑膜。

（4）镀底层。需先用特殊镍、碱铜等预镀厚度为0.001~0.002 mm的薄底层，以提高工作镀层与基体金属的结合强度。

（5）涂镀加工。由于单一镀层随厚度增加所产生的内应力也增大、结晶变粗、强度降低，一般单一镀层不能超0.05 mm的安全厚度。因此，常常涂镀多层涂层，用几种镀层交替叠加，以达到既恢复尺寸快又增加镀层强度的目的，最后才涂镀一层满足表面物理、化学、机械性能的工作镀层。

（6）清洗。用自来水清洗已镀表面和邻近部位，用压缩空气或热风机吹干，最后涂上防锈油或防锈液。

4. 涂镀的应用

涂镀常用于修复零件表面的划伤或局部缺陷，以及改善零件表面的粗糙度和物理化学性能，主要应用在以下几个方面：

（1）修复磨损面，以恢复零件的加工精度；

（2）改善零件表面加工质量，提高产品性能；

（3）修补塑料、橡胶、玻璃制品用的模具；

（4）用于改善材料表面的钎焊性等。

4.6.4　复合镀加工

1. 复合镀的原理与分类

复合镀是指在金属工件表面镀覆金属镍或钴的同时，将磨料作为镀层的一部分也一起镀到工件表面上。通常根据镀层功用，可将复合镀分为两大类。

（1）耐磨复合镀。将带有极性的微粉级磨料与金属络合成离子团一同沉积到工件表面上，形成均匀分布的表面硬点，使镀层的耐磨性能大大增强。

（2）切削刃的复合镀或镶嵌镀。通常采用粒度为80~250#人造金刚石或立方氮化硼为磨料，控制镀层厚度稍大于磨料粒度的一半左右，坚硬的磨料被包覆或镶嵌在工件表面，用作切削刃。

2. 电镀金刚石（立方氮化硼）工具的工艺过程

（1）套料刀具及小孔加工刀具。先将已加工好的管状套料刀具毛坯待镀部分插入人造金刚石磨料中，再将含镍离子的镀液注入磨料中，在刀具毛坯外加一环形镍阳极。通电后，作为阴极的刀具毛坯内、外圆、端面被镀上一层镍，紧贴刀具表面的磨料也被镀层包覆，即可制成用于在玻璃、石英上钻孔或套料加工的管状金刚石套料刀具。如果将管状刀具毛坯换成细长轴，则可在细长轴表面镀上金刚石磨料，制成小孔刀具，如牙科钻。

（2）平面加工刀具。将平面刀具毛坯作为阴极置入镀液中，然后通过镀液在毛坯表面上均匀撒布一层人造金刚石磨料，并镀上一层镍，即制成金刚石磨料被包覆在刀具表面的切削刃。

4.6.5 电镀、电铸加工应用实例

1. 电涂镀加工实例

通常涂镀所得镀层薄到1 μm，最厚可达1 mm，修复划伤时可达2~3 mm。下面举例说明涂镀的制作工艺过程。

1）机床导轨划伤的电镀修复工艺

具体步骤如下：

① 整形。用刮刀、组锉、油石等工具把伤痕扩大整形，使伤痕侧面底部露出金属本底，能与镀笔、镀液充分接触。

② 涂保护漆。对镀液能流淌到的不需涂镀的其他表面，需涂上绝缘清漆，以防产生不必要的电化学反应。

③ 除油。对待镀表面及相邻部位，用丙酮或汽油清洗除油。

④ 对待镀表面两侧的保护。用涤纶透明绝缘胶纸贴在划伤沟痕的两侧。

⑤ 对待镀表面净化和活化处理。电净时工件接负极电压12 V，约30 s；活化时用2号活化液，工件接正极，电压12 V，时间要短，清水冲洗后表面呈黑灰色，再用3号活化液活化，炭黑即去除，表面层露出银灰色，清水冲洗后立即起镀。

⑥ 镀底层。用非酸性的快速镍镀底层，电压10 V，清水冲洗，检查底层与组铁基体的结合情况以及是否已将要镀的部位全部覆盖。

⑦ 镀高速碱铜作尺寸层。电压为8 V，沟痕较浅的可一次镀成，较深的则需用砂皮或细油石打磨掉高出的镀层，再经电净、清水冲洗，再继续镀碱铜，这样反复多次。

⑧ 修平。当沟痕镀满后，用油石等机械方法修平。

2）轴承座孔的涂镀修复工艺

采用表面涂镀的方法，恢复轴承孔尺寸。

① 清洗、除油。对待镀表面及相邻部位，用丙酮清洗除油。

② 保护待镀表面。用透明绝缘胶带纸贴在待镀表面两侧，起保护作用，以防发生不必要的电化学反应。

③ 电净处理。用电净液对内孔表面进行电净处理。工件接负极，电压 10 V，机床转速 120 r/min，时间为 0.5~1 min。

④ 活化处理。活化时用 2 号活化液，工件接正极，电压 10 V，转速同上，当表面出现均匀炭黑层后即可停止，时间约半分钟，清水冲洗。再用三号活化液活化，炭黑即去除，表面层露银灰色，再用清水冲洗，然后起镀。

⑤ 镀底层。用碱铜镀底层，工件接负极，电压 10 V，转速 120 r/min。

⑥ 镀快速镍作尺寸层。工件接负极，电压 10 V，转速 120 r/min 至规定尺寸，给磨削留余量 0.03 mm。

⑦ 镀后处理。磨削镀层表面达规定尺寸与表面粗糙要求。

2. 电铸加工实例

电铸是制造各种筛网、滤网的最有效方法。下面举典型的加工实例加以说明制造工艺过程。

1）电动剃须刀网罩的电铸

① 首先是制造原模，即在铜或铝板上涂布感光胶后与照相底板贴紧，进行曝光、显影、定影后，即获得有规定图形绝缘层的原模。

② 对原模进行化学处理，获得钝化层。

③ 将原模按设计形状、尺寸进行弯曲成型。

④ 电铸、脱模后，网孔外面倒圆保证网罩在脸上平滑移动，尽量使网孔内侧边缘锋利，使与旋转刀片构成剪切刃。

2）电铸浮雕标牌的制作工艺

（1）图案设计。

首先按照客户的要求，设计出标牌尺寸、图案的突出部分和凹入部分，选择合适的艺术底纹和装饰图案，输入计算机。

（2）雕刻模板。

用电脑雕刻机在有机玻璃、双色板、发泡板、色丽石等承印物上雕刻出所需图案、文字等，雕刻完成后除去渣粒，并仔细检查图案是否符合设计要求。

（3）电铸。

将所雕刻的模板经特殊处理后，挂入镀槽中进行电铸。根据标牌的实际尺寸调整电流密度，按所需厚度掌握时间，待达到所需厚度后即可取出标牌。

（4）表面装饰与防护。

标牌取出后，用清水冲洗干净，除去毛边，对表面突出部分进行机械抛光，抛光完成后除去抛光蜡，进行抗氧化处理。最后，将浮雕标牌镶嵌在木板、石材、墙壁及机械设备上，就成为一块典雅华贵的标牌，也可经特殊处理得到仿古效果的标牌。

§4.7　电化学加工新工艺技术简介

电化学加工技术在制造业领域的重要地位日益突出，尤其是在深孔加工、型面加工、型腔加工、异形孔和薄壁零件加工、表面光整加工等方面的效果十分显著。下面介绍几种涉及电化学加工的新工艺，包括超纯水电解加工、微细电化学加工、加工间隙的检测与控制、数字化设计与制造技术等，也是电化学加工今后应用的重要领域。

4.7.1 微细电化学加工

利用金属阳极在电解液中发生电化学溶解的原理，在对工件进行材料去除的电解加工中，工件材料是以离子的形式被蚀除，理论上可达到微米甚至纳米级加工精度。对于微细电化学加工，电铸加工材料种类很有限，阴极沉积材料的电铸加工与光刻技术的结合保证了微细图形结构的复制精度。相对而言，尽管电解加工从基本原理上是离子的交换蚀除，且加工材料范围广，但是电解加工时阴、阳极间的电位差在间隙电解液中形成的电场使工件上不希望被加工的部位和已加工部位都会被继续蚀除，从而对工件造成杂散腐蚀，这是影响电解加工精度的主要因素。近几年来，微细电解加工技术发展势头良好，工艺技术水平和设备性能均得到了稳步发展，应用领域进一步扩展。下面简要对几种典型微细电解加工技术进行介绍和讨论。

1. 脉冲微细电解加工技术

早期研究发现，脉冲电解可提高溶解的定域性和过程稳定性，但对脉冲宽度在溶解定域性上起多大作用及其起作用的具体机理并不清楚。后来研究发现，脉冲电解中采用脉宽为毫秒级和微秒级的脉冲，可使电流效率—电流密度曲线的斜率增大，加工过程的非线性效应增强，工件溶解的定域性得到提高，有利于提高加工精度。2000年，德国 Fritz-Haber 研究所提出了新颖的利用超短（纳秒）脉冲电流电源与低浓度电解液、加工间隙的实时检测及调整等技术结合，使加工间隙缩小到几微米，实现了亚微米级精度的加工。这种方法的发现给微细电解加工技术的发展带来了新的思路。

2. 掩膜微细电解加工

掩膜微细电解加工是结合了掩膜光刻技术的电解加工方法。它是在工件的表面（单面或双面）涂敷一层光刻胶，经过光刻显影后，工件上形成具有一定图案的裸露表面，然后通过束流电解加工或浸液电解加工，选择性地溶解未被光刻胶保护的裸露部分，最终加工出所需形状。

3. 电液流微细电解加工

电液流微细电解加工是在金属管电极加工小孔的基础上发展起来的一种微细电解加工方法，主要用于加工航空工业中的各种小孔结构。电液流加工时，采用呈收敛形状的绝缘玻璃管喷嘴抑制电化学反应的杂散腐蚀，高压电解液由玻璃管中的高压金属丝极化后，高速射向工件待加工部位，利用高电压电场进行金属的电化学去除加工。

4.7.2 超纯水电解加工

在传统电解加工中，通常采用具有腐蚀性的电解质水溶液作电解液。电解液对加工环境加工零件产生污染、腐蚀等作用。为此，有日本学者提出以超纯水代替常规电解液的电解加工构想。超纯水在常温条件下离子浓度极低，不能用于电解加工去除材料，而通过离子交换促进水解离可以提高超纯水中离子浓度，甚至可以达到微细电解加工的要求。超纯水电解加工就是在常规电解加工原理的基础上，利用超纯水作电解液，并采用强酸性阳离子交换膜来提高超纯水中 OH^- 离子的浓度，使电流密度达到足够去除材料的一种新型电解加工工艺方法。

超纯水电解加工目前还处于研究阶段，对其机理和工艺研究有一定的进展，但是实际中影响其成型规律的因素很多，目前对其成型规律的研究还不够完善，和其实际应用还有一定的距离。但是，超纯水电解加工能解决电解液的污染问题，而且具有可行性，应用前景十分广阔。

4.7.3 电化学加工的发展方向

电化学加工是一个复杂的非线性时变系统，加工间隙作为影响电化学加工质量的重要因素，对其的检测与控制是需要重点关注的领域。随着计算机技术、传感器技术、测试技术、信号处理技术、电源技术等现代技术的发展，将有望解决测控过程中存在的各种难题，最终实现在线测控加工间隙。

此外，数字化设计与制造技术也是电化学加工的重要发展方向，包括：数字化建模，数字化定量地表述工具的运动轨迹、进而用计算机控制加工运动，工具阴极及工装的设计的数字化以及数控电解加工过程的模拟与仿真等。

第5章
快速原型制造

在制造业中，随着经济的全球化，市场竞争日趋激烈，产品更新换代加快，产品越来越向多品种、小批量、高精度、低成本的方向发展，制造业为了保持产品的市场竞争力，要求设计者尽量缩短产品的开发和制造周期，以实现对市场变化、新技术开发的快速反应能力，达到快速产品开发的目的。在机械设计领域，如何能使设计者对作品全方位鉴赏、分析已成为一种迫切需要。基于此，20世纪80年代末，一种快速制造零件原型的新技术——快速原型（成型）制造技术（Rapid Prototyping Manufacturing，RPM）首先诞生于美国，迅速扩展到欧洲和日本，并于20世纪90年代初期引进我国。快速原型制造技术综合应用各种现代技术，直接快速地将电脑设计数据转化为实物，它将传统的“去除”加工方法（由毛坯切除多余材料形成零件）改变为“增加”加工方法（将材料逐层累积形成零件），能以最快的速度将设计思想化为具有一定结构功能的产品原型或制造零件，从而使产品设计开发可能进行快速评价、测试及改进，以完成设计制造过程，适应市场需求。二十多年来，该项技术已取得了极大的发展，并已广泛应用于快速概念模型制造、快速测试模型制造、快速模具制造和快速功能零件制造（直接制造零件）等领域，目前仍然是各国在制造领域的研究热点之一。

§5.1 快速原型制造原理、特点及分类

5.1.1 快速原型制造的基本原理及分类

快速原型技术是一种新型技术，它突破了传统成型方式的思想，由传统的“去除材料”加工方法发展为“增加材料”加工方法，可快速制造出任意复杂形状的零件。笼统地讲，快速原型技术属于添加成型（Additive Forming），即利用各种机械的、物理的、化学等手段通过有序的添加材料来完成零件加工的成型方法。严格地讲，快速原型技术属于离散/堆积成型方法。快速原型技术开拓了一种全新的成型思维模式，它将计算机上设计完成的零件三维模型，进行网格化处理并进行分层处理，通过成型软件得到各层截面的二维轮廓信息，根据这些轮廓信息将自动生成加工路径，在控制系统的控制下，由成型头有选择性的固化或切割一层层的成型材料，形成一定厚度的各截面轮廓薄片，并逐步顺序叠加成三维毛坯件，毛坯件经过相应的后处理即得到零件，例如：要做一个小圆球，电脑将圆球的实体数据，通过专用的软件，转化成一个一个薄片的数据。第一个薄片是一个点，第二个薄片是一个小圆片，第三个薄片是一个稍大一点的圆片……，一片一片粘在一起，就成了一个圆球。快速原型制造的基本过程如图5-1所示。

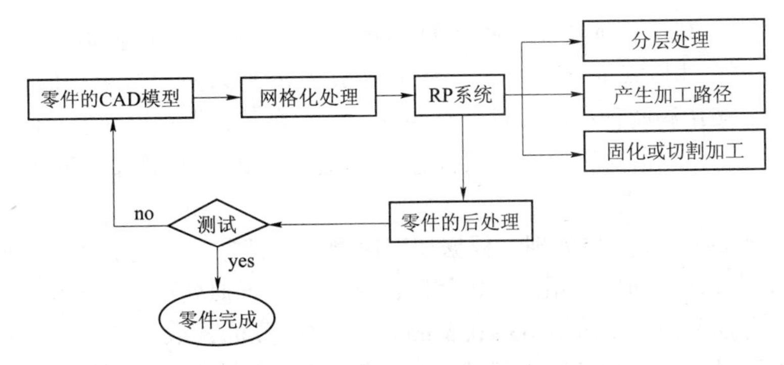

图 5-1　快速原型制造的基本过程

快速原型制造的定义：由产品三维 CAD 模型数据直接驱动，组装（堆积）材料单元而完成任意复杂且具有使用功能的零件的科学技术总称。其技术原理如图 5-2 所示。

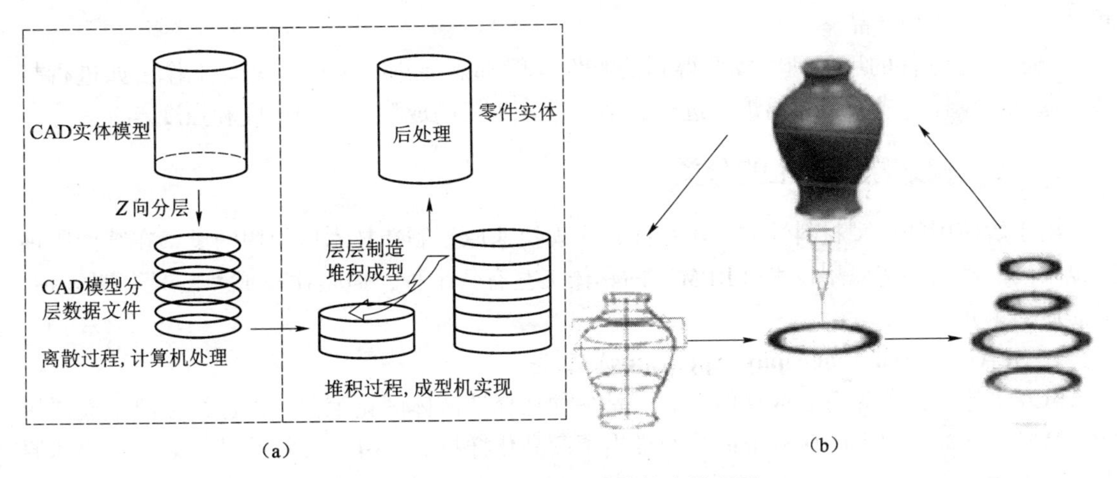

图 5-2　快速原型制造的技术原理图

(a) 快速原型制造模拟示意图　(b) 快速原型制造加工原理图

具体来说，其技术原理为：

(1) 先由 CAD 软件设计出所需件的计算机三维曲面或实体模型；

(2) 根据工艺要求，把三维模型按一定厚度进行切片得到二维信息，并将分层后的二维信息转换成数控代码；

(3) 将数控代码传到快速自动成型机中，类似于计算机向打印机传递打印信息，形成各个截面轮廓，然后逐步积累，直到整个零件完成。

快速原型制造的工艺过程如下：

(1) 建立产品的三维模型。RP 系统是由三维 CAD 模型直接驱动的，因此要在计算机上先构建出所加工产品的三维 CAD 模型。可以利用常用的三维建模软件（如 Pro/e、I-DEAS、SolidWorks、UG、CAXA 等）直接建立产品的三维模型，或者对产品实体进行激光扫描、CT 断层扫描得到零件的相关数据，然后利用反求工程的方法来构造三维模型。

(2) 三维模型的近似处理。通常，所加工产品往往有一些不规则的自由曲面，为了方便后续的数据处理工作，加工前要对模型进行近似处理，生成 STL 格式文件。STL 格式文件是采用一系列的小三角形平面来逼近原来的模型，三角形的大小可根据加工精度的要求选择。由于STL格式文件格式简单、实用，目前已成为快速原型制造领域的标准接口文件，它有二进制码和ASCII码两种输出方式，有些快速原型机的数据接口只能接收二进制格式的STL文件，因此，在进行格式转换时需要注意。典型的CAD软件都带有转换和输出STL格式文件的功能。

（3）三维模型的切片/分层处理。根据加工模型的特征选择合适的加工方向，在该方向上对模型进行分层处理，即用一系列一定间隔的平面切割近似处理后的模型，以提取模型截面的轮廓信息。分层间隔一般取0.05~0.5 mm，具体间隔的选取要参考所使用成型机的精度。所选取的间隔越小，成型精度也就越高，但是成型时间也越长，效率也越低，反之则精度降低，但效率提高。如果成型产品的精度要求不高，可适当增加分层处理的间隔。

（4）产品的成型加工。快速原型制造设备的控制软件将会根据分层处理的截面轮廓，控制相应的成型头按照各截面轮廓信息做扫描运动，在工作台上一层一层的堆积材料，各层相黏结便得到成型产品。

（5）成型零件的后处理。成型得到的零件一般都需要进行一些后处理工作，如进行打磨、抛光、涂挂，或放在高温炉中进行烧结，进一步提高成型产品的精度和强度。

5.1.2 快速原型加工的分类

由于所使用的构型材料性质各不相同，实现快速原型制造技术所使用的设备在结构原理上也不同。目前快速原型技术（RPM）的具体工艺有数十种，但是比较成熟的只有四五种，下面做简单介绍。

1. SLA（Stereolithography Apparatus）工艺

SLA工艺，又称光造型或立体光刻，是一种选择性液体固化工艺，以选择性固化液体树脂为特征。1988年美国3D System公司推出了商品化样机SLA-I，从此世界上第一台快速原型机便诞生了。

SLA技术是基于液态光敏树脂的光聚合原理工作的，这种液态树脂在一定波长和强度的紫外光或激光照射下能迅速发生光聚合反应，分子量急剧增大，树脂也就由液态变为固态，其工作原理如图5-3所示。SLA成型加工时，将紫外光或激光聚集到液态光固化材料（如光固化树脂）表面，在计算机控制下进行有规律地扫描，由点到线到面，完成一个层面的建造，而后工作台升降移动一个层片厚度的距离，重新覆盖一层液态材料，再建造一个层面，由此层层叠加成为一个三维实体。这种方式下，只有扫描头经过部分的树脂才会被固化，而且未被光源照射过的地方仍是液态树脂。还因为树脂材料的高黏性，在每层固化之后，液面很难在短时间内迅速流平，这将会影响实体的精度。采用刮平器刮切后，所需数量的树脂便会被十分均匀地涂敷在上一叠层上，这样经过激光固化后可以得到较好的精度，使产品表面更加光滑和平整。SLA工艺完成后的制品及残留的树脂如图5-4所示。

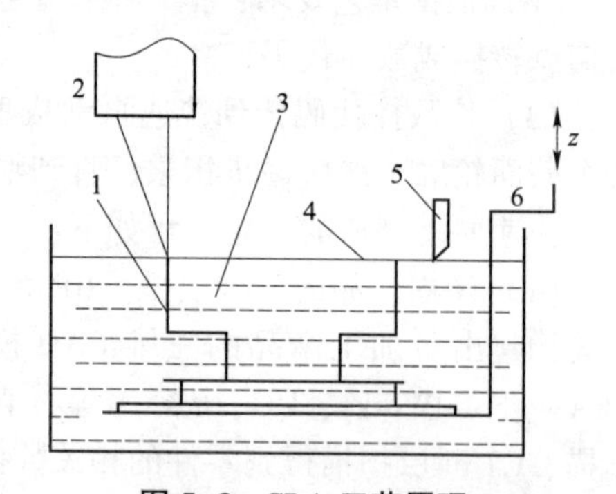

图5-3 SLA工艺原理

1—成型零件；2—紫外激光器；3—光敏树脂；4—液面；5—刮平器；6—升降台

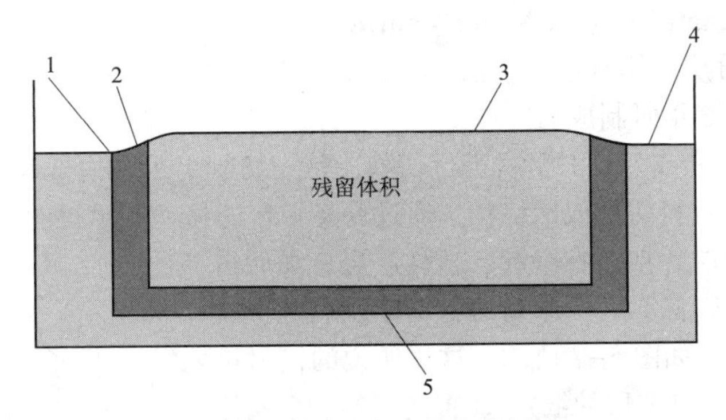

图 5-4　SLA 制品及残留的树脂

1—新聚合的树脂层；2—多余的聚合树脂层；3—残留的多余树脂表面；4—预设的树脂层面；5—制品

SLA 工艺方法是目前快速原型制造技术领域中研究最多的一种方法，也是技术最成熟的方法之一。SLA 工艺成型精度较高，加工精度可达到 0.1 mm，原材料利用率近 100%，但这种方法也有其局限性，如需要支撑、树脂收缩导致精度下降、液态树脂有一定的毒性、光源对人的眼睛有伤害等。

随着 SLA 技术成熟的发展，又出现了一种新型微光固化快速原型制造技术。在微电子和生物工程等领域，制件一般要求具有微米级或亚微米级的细微结构，而传统的 SLA 工艺技术无法满足这一领域的需求。尤其在近年来，MEMS（Micro Electro-Mechanical Systems）和微电子领域的快速发展，使得微机械结构的制造成为具有极大研究价值和经济价值的热点。微光固化快速原型 μ-SL（Micro Stereolithography）便是在传统的 SLA 技术方法基础上，面向微机械结构制造需求而提出的一种新型的快速原型制造技术。目前提出并实现的 μ-SL 技术主要包括基于单光子吸收效应的 μ-SL 技术和基于双光子吸收效应的 μ-SL 技术，可将传统的 SLA 技术成型精度提高到亚微米级，开拓了快速原型技术在微机械制造方面的应用。

当前 SLA 原型制件常用样品零件、功能零件和直接翻制硅橡胶模具，也可替代熔模精密制造中的消失模来生产金属零件等，诸多方面广泛应用于汽车、航空、电子、消费品、娱乐以及医疗等行业，下面介绍用 SLA 技术生产义耳模具的应用。

当获得义耳三维模型后，通过布尔运算及根据真空注型工艺要求，得到义耳注型的上下模具，并根据注型工艺要求设置了浇道和合模定位装置。义耳注型上下模具如图 5-5 所示。图 5-6 所示采用光固化快速原型技术制作的用于硅橡胶浇注的义耳模具。

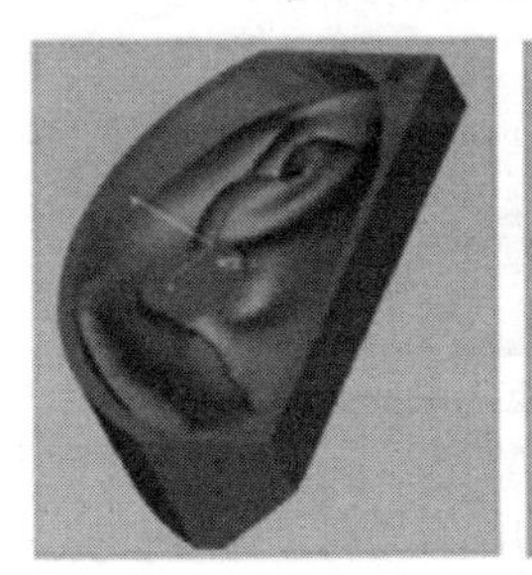

硅胶注型浇口

合模定位结构

图 5-5　义耳注型上下模具

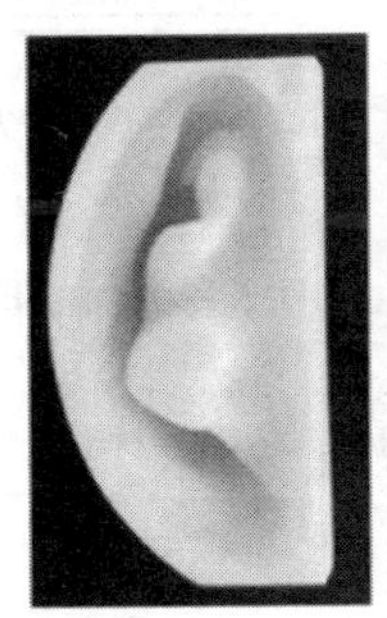

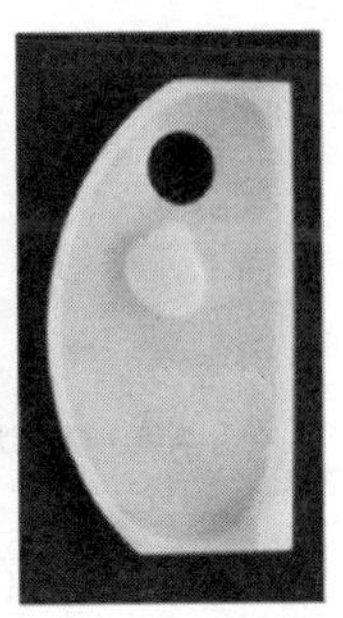

图 5-6　SLA 法制作义耳模具

2. LOM（Laminated Object Manufacturing）工艺

LOM工艺又称分层实体制造或叠层实体制造，是一种选择性层片粘接工艺方法，由美国Helisys公司于1986年研制成功。

LOM工艺采用激光或刀具对箔材进行切割，首先切割出工艺边框和原型的边缘轮廓线，而后将不属于原型的材料切割成网格状，通过升降平台的移动和箔材的进给可以切割出新的层片并将其与先前的层片粘接在一起，这样层层叠加后得到下一个块状物，最后将不属于原型的材料小块剥除，就获得所需的三维实体，如图5-7所示。这里所说的箔材可以是涂覆纸（涂有黏合剂覆层的纸）、涂覆陶瓷箔、金属箔或其他材质基的箔材。LOM工艺的后处理加工包括去除模型四周和空腔内的碎纸片，必要时还可以通过加工去除模型表面的台阶状。LOM模型相当坚固，它可以进行机加工、打磨、抛光、绘制、加涂层等各种形式的加工。

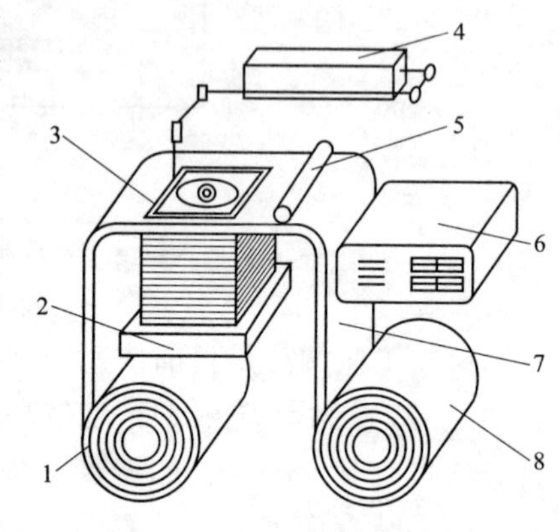

图5-7 LOM工艺原理图

1—收料轴；2—升降台；3—加工平面；4—CO_2激光器；5—热压辊；6—控制计算机；7—料带；8—供料轴

LOM工艺的优点是只需在片材上切割出零件截面的轮廓，而不用扫描整个截面，因此成型厚壁零件的速度较快，易于制造大型零件。工艺过程中不存在材料相变，因此不易引起翘曲变形，且加工过程中不需要加支撑。但LOM工艺的材料浪费严重，表面质量较差。

LOM后处理中余料的去除工作量是比较繁重和费时的，尤其是对于内孔和内型腔结构余料的去除通常很困难，有时甚至难以实现，为此提出了双层薄材的新型叠层实体制造工艺方法。

Ennex公司提出了一种新型叠层实体快速原型制造工艺方法，称为“Offset Fabrication”方法。该方法使用的薄层材料为双层结构，如图5-8（a）所示。上面一层为制作原型的叠层材料，下面的薄层材料是衬材。双层薄材在叠层之前进行轮廓切割，将叠层材料层按照当前叠层的轮廓进行切割，然后进行黏结堆积，如图5-8（b）所示。黏结后，衬层材料与叠层材料分离，带走当前叠层的余料。但是这种叠层方法只能适用于当前叠层需要去除余料的面积小于叠层实际面积的情况，否则，余料就会依然全部黏结在前一叠层上。

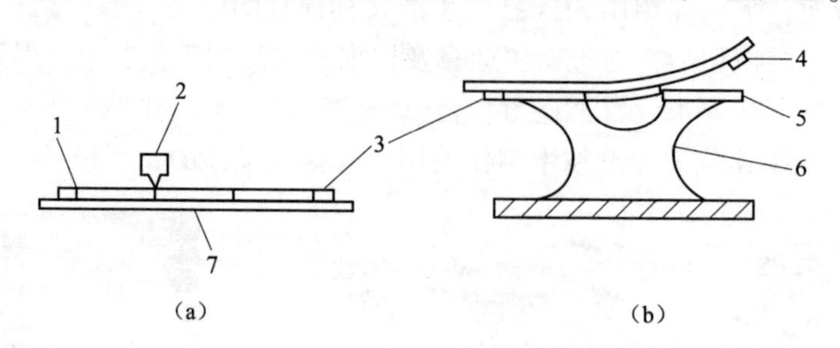

图5-8 Offset Fabrication叠层实体快速原型制造工艺原理

（a）切割；（b）堆积

1—切割线；2—切刀；3—叠层材料；4—被衬材带走的余料；5—新的叠层材料；6—已被成型的实体；7—衬材

针对“Offset Fabrication”方法存在的上述问题，Inhaeng Cho提出了另外一种新的叠层实体快速原型工艺方法。Inhaeng Cho提出的新工艺仍然采用双层薄材，只是衬层材料只起黏结作用，而叠层材料被切割两次。首先切割内孔的内轮廓，之后，内孔的余料在衬层与叠层分离时被衬层黏结带走，然后被去除内孔余料的叠层材料继续送进与原来制作好的叠层实现黏结，之后，进行第二次切割，切割其余轮廓。切割过程如图 5-9 所示。

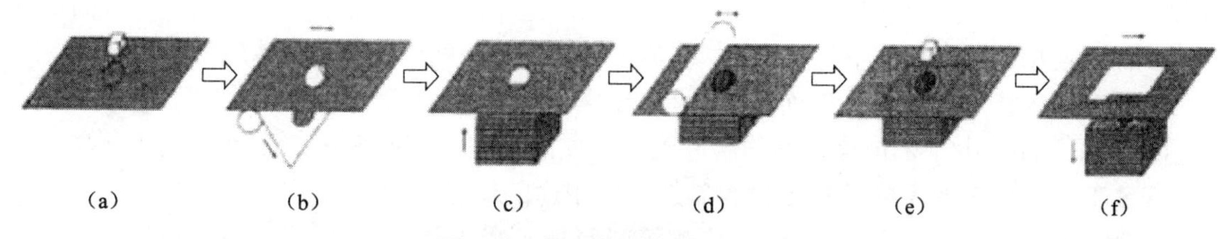

图 5-9　新工艺方法的切割过程

LOM 工艺应用广泛，机床操作手柄为铸铁件，人工方式制作砂型铸造用的木模十分费时、困难，而且精度得不到保证。随着 CAD/CAM 技术的发展和普及，具有复杂曲面形状的设计直接在 CAD/CAM 软件平台上完成，借助快速原型技术尤其是叠层实体制造技术，可以直接由 CAD 模型高精度的快速制作砂型铸造的木模，克服了人工制作的局限和困难，极大地缩短了产品生产周期并提高了产品精度和质量。铸铁手柄的 CAD 模型和 LOM 原型如图 5-10 所示。

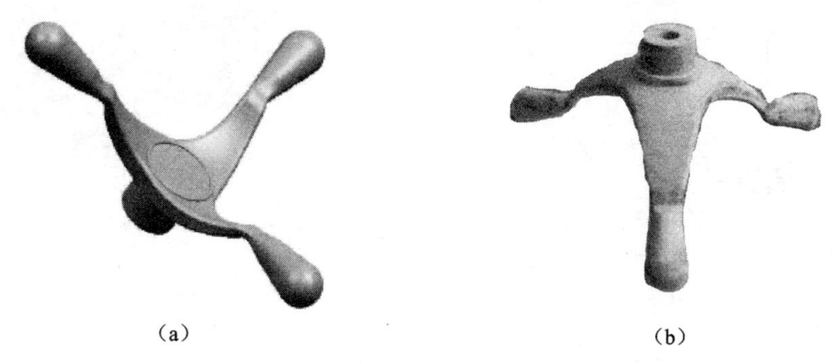

图 5-10　铸铁手柄 CAD 模型和 LOM 原型

(a) CAD 模型；(b) LOM 模型

3. SLS (Selective Laser Sintering) 工艺

SLS 工艺称为选择性激光烧结，最早由美国德克萨斯大学奥斯汀分校于 1989 年研制成功，并由 DTM 公司将其推向市场。

SLS 的原理与 SLA 十分相似，主要分别在于所使用的材料及其性状。SLA 所用的材料是液态的紫外光敏可凝固树脂，而 SLS 则使用粉状的材料，这是该项技术的主要优点之一，因为理论上任何可熔的粉末都可以用来制造模型，这样的模型可以用作真实的原型元件。目前，可用于 SLS 技术的材料包括：尼龙粉，覆裹尼龙的玻璃粉，聚碳酸酯粉，聚酰胺粉，蜡粉，金属粉（如铁、钴、铬以及它们的合金，成型后常须进行再烧结及渗铜处理），覆裹热凝树脂的细砂，覆蜡陶瓷粉和复蜡金属粉等。和其他的快速原型技术一样，SLS 也是采用激光束对粉末状的成型材料进行分层扫描，受到激光束照射的粉末被烧结。当一个层被扫描烧结完毕后，工作台下降一个层的厚度，一个敷料辊又在上面敷上一层均匀密实的粉末，直至完成整个造型，如图 5-11 所示。在造型过程中，未经烧结的粉末对模型的空腔和悬臂部分起着支撑作用，不必像 SLA 工艺那样另行生成支撑工艺结构。SLS 技术视所用的材料而异，有时需要比较复杂的辅助工艺过程。以聚酰胺粉末烧结为例，为避免激光扫描烧结过程中材料因高温起火燃烧，必须在造型机器的工作空间充入阻燃气体，一般为氮气。为了使粉状材料可靠地烧结，必须将机器的整个工作空间、直接参与造型工作的所有机件以及所使用的粉状材料预先加热到规定的温度，这个预热过程常常需要数小时。造型工作完成后，为了除去工件表面沾的浮粉，需要使用软刷和压缩空气，而这一步骤必须在闭封空间中完成以免造成粉尘污染。

SLS 工艺的特点是材料适应面广，可制造塑料、陶瓷、蜡等材料的零件，尤其是可以直接制作金属零件。由于未被烧结的粉末起到了支撑的作用，因此 SLS 工艺也无须加支撑。

SLS 工艺可以选择不同的粉末材料制造不同用途的模具，用 SLS 方法可以直接烧结金属模具和陶瓷模具，用作注塑、压铸、挤塑等塑料成型模及钣金成型模。DTM 公司用 Rapid Tool™专利技术，在 SLS 系统 Sinterstation2000 上将 Rapidsteel 粉末（钢制微粒外包裹一层聚酯）进行激光烧结得到模具后放在聚合物的溶液中浸泡一定时间，然后放入加热炉中加热时聚合物蒸发，接着进行渗铜，出炉后打磨并嵌入模架内即可。图 5-12 所示为采用 SLS 工艺制作高尔夫球头的模具及产品。

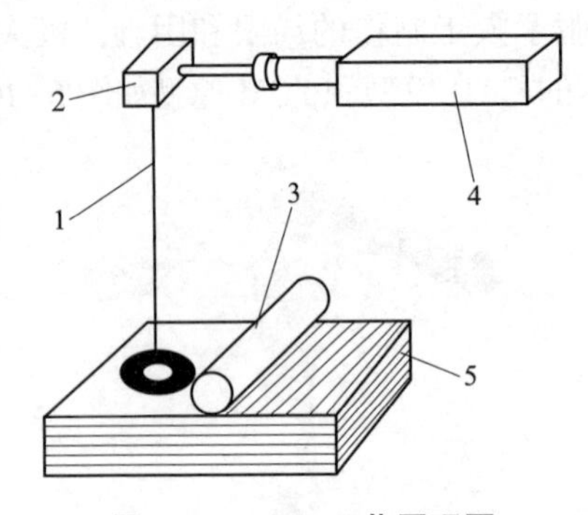

图 5-11　SLS 工艺原理图

1—激光束；2—扫描镜；3—平整滚筒；4—激光器；5—粉末

图 5-12　采用 SLS 工艺制作高尔夫球头的模具及产品

4. FDM（Fused Deposition Modeling）工艺

FDM 工艺又称熔融沉积成型工艺，由美国学者 Scott Crump 于 1988 年研制成功。

FDM 工艺在加工时将热熔性材料（ABS、尼龙或蜡）通过加热器熔化，通过带有一个微细喷嘴的喷头挤喷出来，堆积一个层面。喷头可沿着 X 轴方向移动，而工作台则沿 Y 轴方向移动。如果热熔性材料的温度始终稍高于固化温度，而成型的部分温度稍低于固化温度，就能保证热熔性材料挤喷出喷嘴后，随即与前一个层面熔结在一起。一个层面沉积完成后，工作台按预定的增量下降一个层的厚度，再继续熔喷沉积，直至完成整个实体造型，如图 5-13 所示。

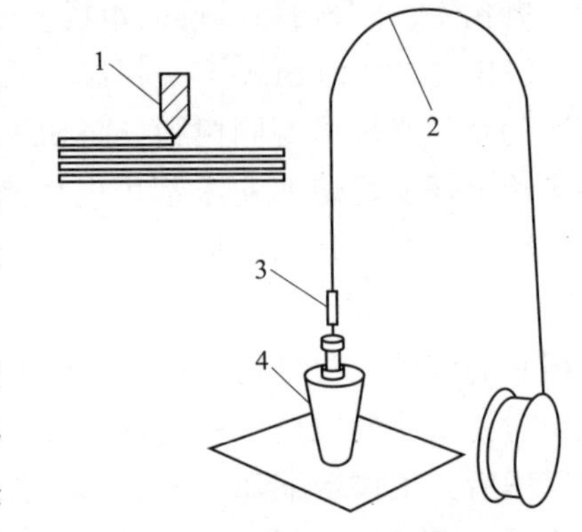

图 5-13　FDM 工艺原理图

1—喷头；2—料丝；3—喷头；4—成型工件

用于 FDM 工艺的热熔性材料一般为 ABS、蜡、聚乙烯、聚丙烯等。对于有空腔和悬臂结构的工件，必须使用两种材料，一种是上述的成型材料，另一种是专门用于沉积空腔部分的支持材料，这些支持材料在造型完成后再去除。支持材料一般采用遇水可软化或溶解的材质，去除时只需用水泡浸清洗即可。

FDM 成型设备的主要生产厂家为美国的 Stratasys 公司，国内则是清华大学最早开发此项技术。近年来，美国 3D Systems 公司在 FDM 技术的基础上发展了“多喷头制造”技术 Multi-Jet Manufacture（MJM），该项技术使用了多个喷头同时造型，从而加快了工艺过程。

FDM 快速原型制造技术已被广泛应用于汽车、机械、航空航天、家电、通信、电子、建筑、医学、玩具等产品的设计开发过程，用传统方法需几个星期、几个月才能制造的复杂产品原型，用 FDM 成型法无须任何刀具和模具，瞬间便可完成。韩国现代汽车公司采用了美国 Stratasys 公司的 FDM 快速原型系统，用于检验设计、空气动力评估和功能测试。FDM 系统在启亚的 Spectra 车型设计上得到了成功的应用，如图 5-14 所示。现代汽车公司的工程师表示应用这种工艺得到的产品精度很好，在 1 382 mm 的长度上，其最大误差只有 0. 75 mm。

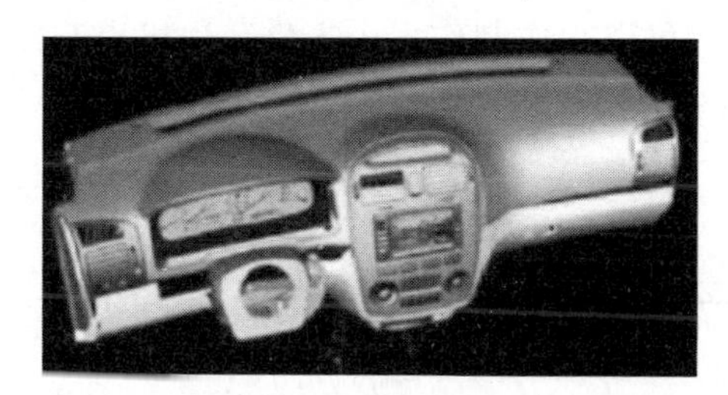
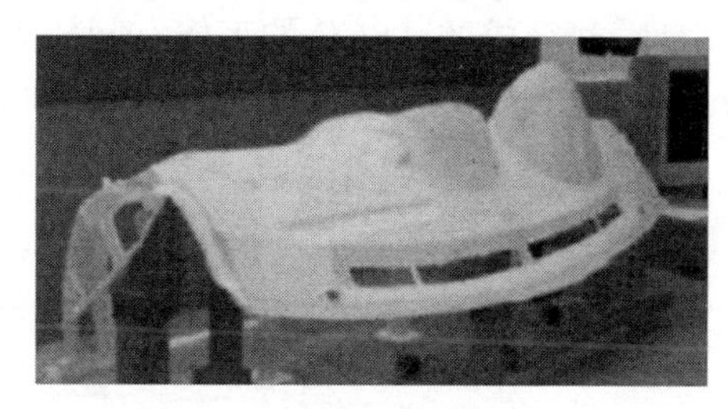

图 5-14　现代汽车公司采用 FDM 工艺制作的某车型的仪表盘

5. 3DP（Three Dimension Printing）工艺

3DP 即三维印刷工艺，是美国麻省理工学院研制的，用于制造铸造用的陶瓷壳体和型芯。

3DP 工艺与 SLS 工艺相似，采用陶瓷、金属等粉末材料成型，不同的是 DP 工艺是通过喷头用黏结剂将零件的截面“印刷”在粉末材料上，而不是通过烧结连接，如图 5-15 所示。由于用黏结剂黏结的零件强度较低，因此制作出来的零件还需要进行后处理工作，先烧掉黏结剂，然后在高温下渗入金属，将零件致密化，以提高其强度。

采用喷墨打印的原理，将液态造型墨水由打印头喷出，逐层堆积而形成一个三维实体。该项技术的主要特点是非常精细，可以在实体上造出小至 0. 1 mm 的孔。为了支持空腔和悬臂结构，必须使用两种墨水，一种用于支持空腔，而另一种则用于实体造型。美国麻省理工学院开发了一项基于立体喷墨印刷技术的“直接模壳制造”的铸造技术。这一技术随后授权于 Soligen Inc. 公司用于金属铸造。DSPC 首先利用 CAD 软件定义所需的型腔，通过加入铸造圆角、消除可待后处理时通过机加工生成的小孔等结构对模型进行检验和修饰，然后根据铸造工艺所需的型腔个数生成多型腔的铸模。DSPC 的工艺过程是这样的：首先在成型机的工作台上覆盖一层氧化铝粉，然后一股微细的硅胶沿着工件的外廓喷射在这层粉末上。硅胶将氧化铝粉固定在当前层上，并为下一层的氧化铝粉提供黏着层。每一层完成后，工作台就下降一个层的高度，使下一层的粉末继续复敷和黏固。未黏固在模型上的粉末就堆积在模型的周围和空腔内，起着支撑的作用。整个模型完成

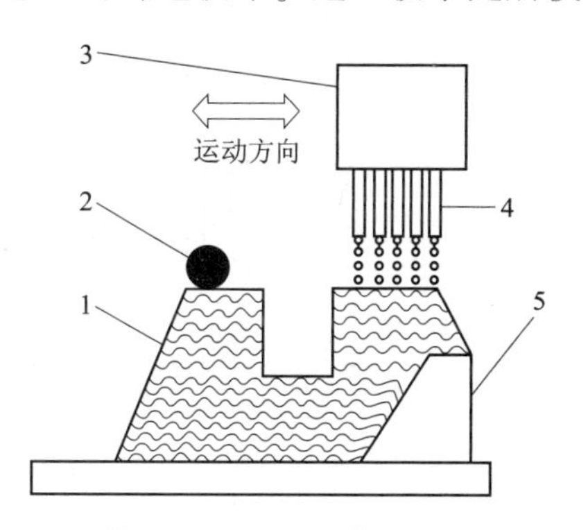

图 5-15　3DP 工艺原理图

1—成型零件；2—铺粉辊；
3—打印头；4—喷嘴；5—支撑

后，型腔内所充填的粉末必须去除。这项技术现已商业化，它使熔模铸造行业得以直接制造模壳而节省了制造蜡模的模具和蜡模本身的成本。

6. 其他快速原型制造工艺

1）光掩膜法（SGC）（也称立体光刻）

光掩膜法是以色列Cubital公司开发的。同SLA一样，该系统同样利用紫外光来固化光敏树脂，但光源和具体的工艺方法与SAL不一样，曝光是采用光学掩膜技术，电子成像系统先在一块特殊玻璃上通过曝光和高压充电过程产生与截面形状一致的静电潜像，并吸附上碳粉形成截面形状的负像，接着以此为“底片”用强紫外灯对涂敷的一层光敏树脂同时进行曝光固化，把多余的树脂吸附走以后，用石蜡填充截面中的空隙部分，接着用铣刀把这个截面修平，在此基础上进行下一个截面的固化。与SLA对比，SGC效率更高，因为SGC的每层固化是瞬间完成的。SGC的工作空间较大，可以一次制作多个零件，也可以制作单件大零件。图5-16所示为利用SGC工艺制作模型的流程图。

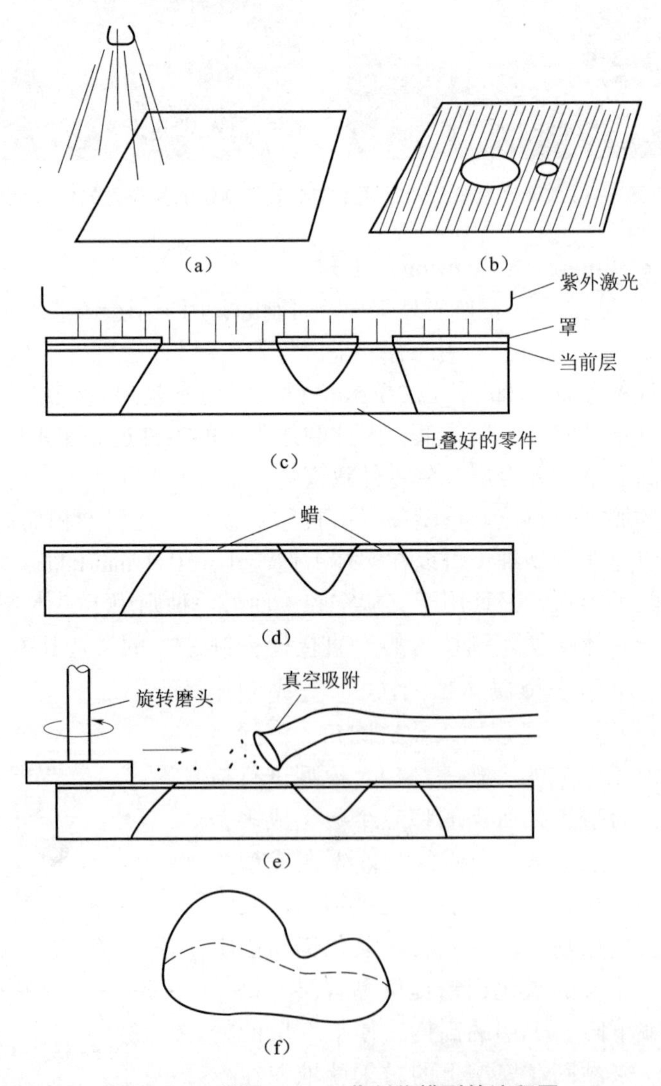

图5-16　利用SGC工艺制作模型的流程图

其具体工艺步骤如下：

（1）零件三维造型，并利用切片软件切片。在每层制作之初，用光敏性树脂均匀喷涂工作平面；

（2）在每一层，利用 Cubital 公司的专利印刷技术进行光掩膜；

（3）然后用强紫外灯（2 kW）照射，暴露在外的光敏性树脂被一次硬化；

（4）每一层固化后，未固化的光敏性树脂被真空抽走以便重复利用。固化的光敏性树脂在一个更强的紫外线灯（4 kW）的照射下得以二次固化；

（5）用蜡填充被真空抽走的区域。通过冷却系统使蜡冷却变硬，硬化的蜡可以作为支撑。因此，不需要作额外的支撑；

（6）将蜡、树脂层压平，以便进行下一层的制作；

（7）零件制作完成后，将蜡去掉、打磨得到模型，无须其他的后处理。

2）弹道微粒制造（BPM）

弹道微粒制造工艺由美国的 BPM 技术公司开发和商品化。它用一个压电喷射（头）系统来沉积融化了的热塑性塑料的微小颗粒，如图 5-17 所示。BPM 的喷头安装在一个 5 轴的运动机构上，对于零件中悬臂部分可以不加支撑，而“不连通”的部分还要加支撑。

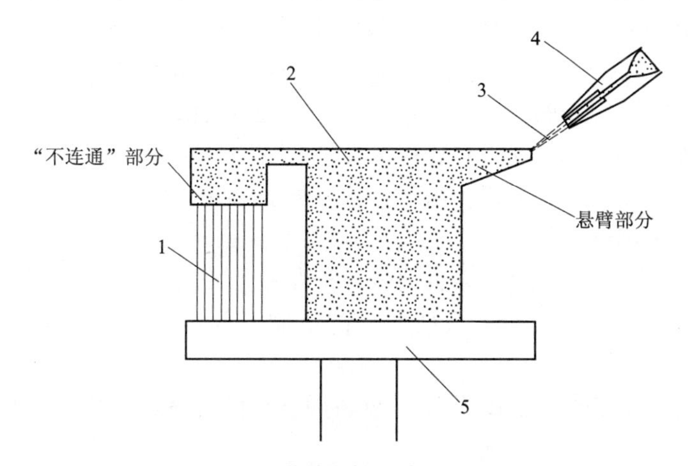

图 5-17　弹道微粒制造工艺原理

1—支撑；2—零件；3—材料微粒；4—压电喷射头；5—升降台

3）数码累积成型

数码累积成型也称喷粒堆积，如图 5-18 所示，是指用计算机分割三维造型体而得到空间一系列一定尺寸的有序点阵，借相应的位置喷出可迅速凝固的流体或布置固体单元，处理后完成原型制造。

该工艺是新型材料原型或零件数字化设计制造的理论和方法，类似于砌砖或搭积木的马赛克工艺，每一个间隔增加一个“积木”单元，甚至可以采用晶粒、分子或原子级单元，以提高加工精度；也可以通过布放不同成分、颜色、性能的材料单元，实现三维空间的复杂与结构材料原型或零件的制造。

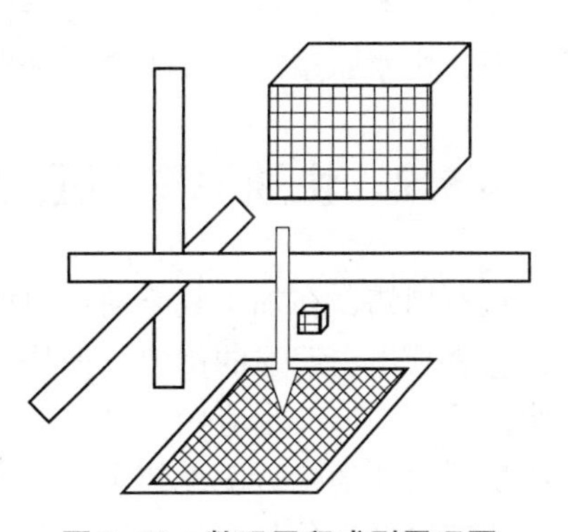

图 5-18　数码累积成型原理图

5.1.3 快速原型制造的特点

RPM技术的优越性显而易见：它可以在无须准备任何模具、刀具和工装卡具的情况下，直接接收产品设计（CAD）数据，快速制造出新产品的样件、模具或模型，零件的复杂程度和生产批量与制造成本基本无关。因此，RP技术的推广应用可以大大缩短新产品开发周期、降低开发成本、提高开发质量。由传统的“去除法”到今天的“增长法”，由有模制造到无模制造，这就是RP技术对制造业产生的革命性意义。总而言之，RP技术是世界先进制造技术和新产品研发手段之一。在工业发达国家，企业在新产品研发过程中采用RP技术确保研发周期、提高设计质量已成为一项重要的策略。RP技术在不需要任何刀具、模具及工装卡具的情况下，可实现任意复杂形状的新产品样件的快速制造，用RP技术快速制造出的模型或样件可直接用于新产品设计验证、功能验证、外观验证、工程分析、市场订货等，非常有利于优化产品设计，从而大大提高新产品开发的一次性成功率，提高产品的市场竞争力，缩短研发周期，降低研发成本。

传统加工方法，如切削加工（车、铣、刨）是材料去除的加工方法（$\Delta M<0$），热成型加工（铸造、锻压）是材料等量的加工方法（$\Delta M=0$），而快速原型（RPM）方法是材料累加的加工方法（$\Delta M>0$）。RPM技术主要有以下特点：

（1）快速性。从CAD设计到原型零件制成，一般只需几个小时至几十个小时，速度比传统的成型方法快得多，使快速原型技术尤其适合于新产品的开发与管理。

（2）设计制造一体化。落后的CAPP一直是实现设计制造一体化的较难克服的一个障碍，而对于快速原型制造技术来说，由于采用了离散堆积的加工工艺，CAPP已不再是难点，CAD和CAM能够很好地结合。

（3）自由成型制造。自由的含义有两个：一是指可以根据零件的形状，无须专用工具的限制而自由地成型，可以大大缩短新产品的试制时间；二是指不受零件形状复杂程度限制。

（4）高度柔性。仅需改变CAD模型，重新调整和设置参数即可生产出不同形状的零件模型。

（5）材料的广泛性。快速原型技术可以制造树脂类、塑料类原型，还可以制造出纸类、石蜡类、复合材料以及金属材料和陶瓷材料的原型。

（6）技术的高度集成。RP技术是计算机、数据、激光、材料和机械的综合集成，只有在计算机技术、数控技术、激光器件和功率控制技术高度发展的今天才可能诞生快速原型技术，因此快速原型制造技术带有鲜明的时代特征。

§5.2 快速原型制造精度

众所周知，在加工复杂的自由曲面和型腔时，快速原型制造不受零件形状复杂程度的限制，它表现出更明显的优势。但快速原型制造零件的材质性能、精度和成型效率等通常是制约快速原型制造技术应用和推广的主要因素，探索如何提高快速原型零件加工质量，使其加工质量尽可能地接近图纸要求具有重要意义。

快速原型设备是产品快速研制中所用的关键设备之一，它的加工质量包括尺寸精度、形状及位置精度、表面粗糙度等几个方面，在成型过程中，必须保证一定的制作精度和表面质量，加工质量好，则零件精度高，表面粗糙度低。本节主要通过对影响快速原型制造精度的因素分析，得出提高精度的一些措施。

依据快速原型制造原理（即将复杂的三维加工转化为一系列简单的二维加工的叠加），针对快速原型设备来说，制造精度主要取决于二维平面上的加工精度，以及高度方向上的叠加精度，若采用成熟的数控技术，完全可以将 X，Y，Z 三方向上的运动位置精度控制在微米级水平上，然而，影响工件最终精度的因素不仅有成型机本身的精度，还有其他更难于控制的因素。

5.2.1 影响快速原型制造精度的因素分析

图 5-19 所示为快速原型制造的一般工艺过程，下面就针对该过程的各个环节，对影响快速原型制造零件精度的因素进行分析。

1. 构造三维模型时产生的误差

随着电子行业的飞速发展，计算机辅助工程软件越来越受工程人员的青睐。目前，市场上用于建立三维模型的 CAD 软件较多，如比较成熟的 UG Ⅱ、Pro/E、Solidworks、CATIA 等，利用上述的软件均能较精确地构造出符合精度要求的三维模型，也就是误差不会在软件三维建模时产生，而是在快速原型机开始成型之前，对工件的三维 CAD 模型进行模型近似处理产生的误差，这种近似是把三维模型进行 STL 格式化，即用许多小三角面去逼近模型的表面，几何模型完全由直线边组成，下面具体分析一下拟合过程对精度的影响：

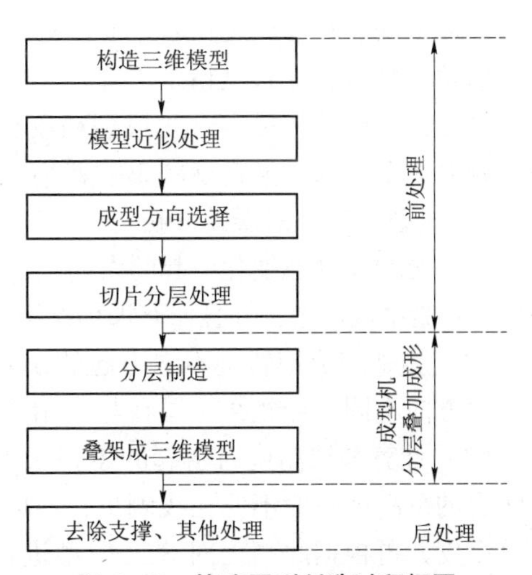

图 5-19 快速原型制造过程框图

（1）表面三角化方法引起的误差；大部分快速原型制造系统在数据处理上都是先对 CAD 实体模型进行网格化处理，理论上，用有限的小三角面的组合来逼近 CAD 模型的表面，是原始模型的一阶近似，并不包含邻接关系信息，与真正表面相比有一定的距离，且在边界上有凹凸现象，无法完全表达原始设计的意图，这种误差不可避免。

（2）用于拟合几何形状的每个三角面都是单独记录的，三角面之间共享的坐标数据多次重复，使得 STL 格式化后的文件数据冗余量相当大，与原始 CAD 模型文件相比，增大后续数据处理的运算量，所需计算机的存储量大；此外，未来更好的拟合设计模型轮廓，会产生许多小线段，这些小线段将不利于成型头的扫描运动，从而导致生产效率低表面不光洁。因此，从三维 CAD 模型到进行 STL 格式化过程中，很难选取更小、更多的小三角面来拟合设计原型的，这就使转换拟合误差无法避免。

（3）此外，在进行 STL 格式转化时，有时会产生一些局部缺陷，如在表面曲率变化较大的分界处，可能出现锯齿状小凹坑，影响了成型精度。

（4）对 STL 格式模型进行切片处理时，由于受原材料层厚的制约，为达到较高的生产率，切片间距不可能太小（常取 0.1 mm），这样会在模型表面形成台阶，或者遗失两相邻切片之间的小特征结构（如窄槽、小凸缘等），导致误差。

2. 成型加工中产生的误差

1）成型机的误差

成型机的误差主要取决于成型机的设计制造水平，成型机的 X，Y，Z 方向的运动定位误差和 Z 方向工作台的平直度、水平度和垂直度都会直接影响成型件的形状和尺寸精度。然而，影响成型机运动、定位精度的主要因素是其扫描驱动方式，目前快速原型机的成型头的扫描驱动方式主要有以下三类。

（1）采用精密直线滚珠导轨导向，用伺服电动机驱动滚珠丝杠驱动，这种驱动方式的定位精度主要取决于丝杠和导轨的精度等级。

（2）采用齿形皮带或钢丝驱动，这种驱动方式比较简单，但定位精度不高。

（3）用转镜控制扫描，该方式多用于成型能源为激光，通过改变转镜的反射角来控制成型头的扫描。其特点是扫描速度快，但只适用于小型工作台的成型机，因为，当大型工作台时，成型安装在远离工作台中心的边缘处，在不采取补偿措施的情况下，激光束对扫描面的入射角不垂直，导致型精度下降。

总之，不同的扫描方式对成型精度会有不同的影响。成型头的扫描驱动自身定位精度高，则对成型机的成型精度的影响就小，相反，则对成型精度的影响就大。

2）成型过程中的误差分析

（1）原材料状态变化引起的误差。若成型时原材料是由液态变为固态，或固态变为液态、熔融态再凝结成固态，并且伴有加热作用，这将会使工件的形状、尺寸发生变化，产生误差。

（2）相邻层成型轨迹不同引起的误差。当相邻层成型轨迹不同时，将会使层内存在的内应力方向不同，导致每一层在与其相邻层进行结合时会产生误差。

（3）计算叠层高度时引起的累积误差。在多数快速原型机上，对正在成型的叠层相对工作台的总高度一般不便在线测量，所以，只能测量每一层新增高度，据此来计算出工件叠层总高度，再根据此高度对 STL 模型进行切片，得到相应截面轮廓，然后生成截面。由于成型过程中，相邻层之间要发生物理、化学变化，所以上述算法得出的叠层累积高度与实际操作得到的尺寸值存在差距，从而导致成型轮廓产生误差。

（4）成型机的成型功率控制不当引起的误差。当成型机的成型功率过大时，则有可能会损伤已成型的前一层，甚至更前的层。例如 LOM 型成型机上激光功率过大会造成制件表面的损伤，由于层叠块表面不平和机器控制误差，使激光功率调节到正好切透一层胶纸十分困难。由于激光功率过小会引起废料剥离困难，实际操作中，常将激光功率略微调大，但这将有可能损伤到制件前一层的轮廓。又如 FDM 成型机上，若功率选得太大，则材料熔化后的温度偏高，前一层还没有完全凝固后一层又至，导致较大的误差，或无法得到所需形状的工件。但若功率选得太小，则成型过程又无法进行。

（5）工艺参数不稳引起的误差。成型机在长时间加工大型工件时，可能会出现工艺参数（如温度、压力、功率、速度等）不稳定的现象，从而导致层与层之间或同一层的不同位置处的成型状况产生差异。例如 LOM 型快速原型机制作较大工件时，会产生叠层的热翘曲变形，即在 X、Y 方向热压辊对胶、纸热压后，因两者热膨胀系数不同，再加上施加的压力和热量不一致，会导致粘胶的黏度和厚度不同，使工件厚度不均匀，引起工件在 X、Y 方向的收缩率不同，冷却时会使工件内部产生残余应力，最终导致工件的精度下降。

3. 成型的后处理过程中产生的误差

（1）温度和湿度的变化引起的误差。当工件从成型机上取下，剥离废料后，由于温度、湿度等环境状况的变化，工件可能会进一步变形并导致误差；

（2）由于成型工艺或工件本身结构工艺性等方面的原因，成型后的工件内总存在残余应力，它会因时效的作用而全部或部分地消失，这也会导致误差；

（3）成型完成后，为使利用成型件进行验证或试制达到较好的效果，通常要对成型件进行打磨、抛光和表面喷涂等后处理，如果处理不当，对工件的形状、尺寸控制不好，也可能导致误差。

除了上述误差的分析外，还有人为误差对成型精度的影响，如操作人员对成型机性能不够熟悉，或没有一定的操作经验，这同样也会使成型件的精度达不到应有的要求，造成误差。

5.2.2　提高制件精度的措施

（1）提高设计者对 UG、Pro/E 等三维造型软件的熟练程度，以积累经验，合理地解决精度及其他一些成型加工前出现的问题。

（2）合理地选择成型机。在设计成本许可的情况下尽可能选用精度较高的成型机，使成型质量稳定可靠，成型中产生的内应力小，成型后的内应力易于消除。

（3）采用直接切层法。现有的一般成型机接收的信息都是三维模型经过近似处理而得到的 STL 格式文件，这种文件本身总是存在一些误差，再经分层近似则又会产生一些误差。如果成型机能接收三维实体模型信息，直接对三维实体模型进行切片，则会避免因 STL 格式文件转化而导致的误差。

（4）选用质量较为稳定的成型材料；这与成型机的种类有关，避免原材料状态变化或工艺系统参数不稳而导致的误差。

（5）及时地选用适当的后处理方法，以减小后处理过程对精度的影响；制件成型加工完成后，应及时进行后处理，便于消除内部应力或防止受潮，避免产生变形。如纸基 LOM 成型机，其后处理首先是防止受潮变形，故取下工件，剥除废料后，应立即在其表面刷一层清漆，待漆干后再做其他后处理。一般成型工艺不同，其所用的成型材料不同，其后处理工艺也各异，要视具体情况而定。

（6）加工试件法。即在成型加工之前先做些试验，待充分了解成型材料的性能，以及成型机的最佳工作参数后，再进行正式的加工，避免工艺参数不稳造成的误差。

（7）提高操作者的熟练程度，避免人为误差的产生。

上述改善加工精度的措施在使用时要进行优选，在尽可能不增加成本的情况下，做出符合要求的成型件。

§5.3　快速原型制造技术的应用

5.3.1　快速原型制造技术在产品开发中的作用

传统的产品开发模式是产品设计开发→生产→市场开拓三者逐一开展，是一种相对孤立的模式。该模式的主要问题是开发中所存在的问题将直接带入生产，并最终影响到产品的市场推广及销售。

快速原型技术的出现，创立了产品开发研究的新模式，使设计师以前所未有的直观方式体会设计的感觉、感性而迅速验证，检查所设计产品的结构、外形，从而使设计工作进入一个全新的境界，改善了设计过程中的人机交流，缩短了产品开发的周期，加快了产品更新换代的速度，降低了企业校装新产品的风险，加强了企业引导消费的力度。

在引入快速原型技术的产品开发模式中，快速原型技术已参与产品开发的几乎所有环节，其主要作用表现在以下几个方面。

（1）为决策层提供决策直观性。

一个新产品的开发总是从外形设计开始的，外观是否美观、实用往往决定了该产品是否能够被市场接受，传统的做法是根据设计师的思想，先制作出效果图及手工模型，经决策层评审后再进行后续设计。但由于二维效果图的表达效果受到很大限制，决策过程中不够直观，手工制作模型花费时间长，精度又差，手工模型与设计师的意图存在着较大的差异，这一问题一直不能够得到较好解决。快速原型技术能够迅速地将设计师的设计思想变成三维的实体模型，与手工制作相比，不仅节省了大量的时间，而且精确地体现了设计师的设计理念，为决策层产品评审的决策工作提供了直接准确的模型，减少了决策工作中的不正确因素。

（2）减少人为缺陷，提高设计质量。

在产品的开发设计过程中，由于设计手段和其他方面的限制，每一个设计都会存在着一些人为的设计缺陷，如果不能及早发现，就会影响接下来的工作，造成不必要的损失，甚至会导致整个设计的失败。因此，及早地发现并改正设计缺陷变得十分重要，使用快速原型技术可以将这种人为的影响减少到最低限度。快速原型技术由于成型时间短，精确度高，可以在设计的同时制造高精度的模型，使设计师能够在设计阶段对产品的整机或局部进行装配和综合评价，从而发现设计上的缺陷与不合理因素，不断的改进设计。快速原型技术的应用可把产品的设计缺陷消灭在设计阶段，最终提高产品整体的设计质量。

（3）缩短设计周期，加快开发进度。

快速原型技术的应用，可以做到产品的设计和模具生产并行，对于一般产品从设计到模具验收需要一段相当长的时间，按传统的设计手段，只有在模具验收合格后才能进行整机的装配以及进行各种验收。对于在试验中发现的设计不合理之处，需要对原来的设计进行修改，再相应的对模具进行修改。这样就会在设计与制造过程中造成大量重复性的工作，使模具的制造周期加长，最终导致修改时间占整个制作时间的20%~30%。应用快速原型技术之后，可以充分利用模具制造的这段时间，利用快速原型制造的制件进行整机装配和各种试验，随时与模具中心进行信息交流，力争做到模具一次性通过验收，这样模具制造与整机的试验评价并行工作，大大加快了产品的开发进度，迅速完成从设计到投产的转换。另外，快速原型技术形成的模型对于模具的设计与制造过程有着明显的指导作用。对于具体产品来说，模具制造时间可以大大缩短，模具制造的质量可以得到提高，相应的对产品质量得到最终保证起到了积极的影响。

（4）提供样件。

由于应用快速原型技术制作出的样品比二维效果图更加直观，比工作站中的三维图像更加真实，而且具有手工制作的模型所无法比拟的精度，因而在样件制作方面有比较大的优势。利用快速原型技术制作出的样件能够使用户非常直观的了解尚未投入批量生产的产品的外观及其性能并及时做出评价。使生产方能够根据用户的需求及时改进产品，为产品的销售创造有利条件，同时避免了由于盲目生产可能造成的损失。在工程投标中投标方常常被要求提供样品，为投标方直观全面地进行评价提供依据，设计更加完善，为中标创造有利条件。

（5）快速模具制造。

以快速原型技术生成的实体模作模芯或模套，结合精铸、粉末烧结或电极研磨技术可以快速制造企业产品所需要的功能模具或工装设备。其制造周期一般为传统的数控切削方法的1/10~1/5，而成本仅为其1/5~1/3，模具的几何复杂程度越高，这种效益越显著。

（6）为并行工程的实施提供统一依据和条件。

并行工程将是21世纪开发新产品的主流方式，而快速原型技术是并行工程中进行复杂原型和模具制作的有效手段，并提供了新的产品开发模式。快速原型技术是一种正在发展和完善的高技术，是一个富有前景而又充满挑战的领域，因此值得进一步的研究和应用。

5.3.2　快速原型技术在模具制造中的应用

模具制造业是一个基础行业，长期以来模具加工周期长、成本高、效率低。随着我国制造业的快速发展，对模具加工周期，质量要求越来越高。如家电、电子通信行业，由于市场竞争激烈，产品更新换代快，对模具从设计到制造的周期要求越来越短，而且模具的使用寿命越长越好，便提出高精度、高效率、高寿命的三高模具。因此模具加工要适应市场这一新的变化，新产品的开发、研制、生产周期短，批量小、更新快已成为制造业技术发展的主要趋势之一。基于RPM快速制模技术就是为了适应这一变化而成为当今国际模具制造技术的发展热点。

RPM技术可以快速堆积制作出所要求形状的实物原型，从而快速精确制造任意几何形状的产品原型，无须考虑其复杂程度，零件复杂程度与制造成本关系不大，真正实现无模制造。

1. 直接制模法

（1）通过SL或SLS法，直接用树脂、粉末塑料（如ABS）等制成凸、凹模，可以做成薄板的简易冲模、汽车覆盖件成型模等。用硅橡胶、金属粉、环氧树脂粉、低熔点合金等方法将RP原型准确复制成模具，这些简易模具的寿命是50~1 000件，适用于产品试制阶段。

（2）用FDM法直接制成金属模。将不锈钢粉末用FOM法制成的金属型后，经过烧结、渗铜等工艺制成了具有复杂冷却液道的注塑模。

（3）采用LOM法直接制成的模具，坚如硬木，可耐200 ℃高温，可用作低熔点合金的模具或试制用注塑模以及精密铸造用的蜡模成型模，还可以代替砂型铸造用的木模。

（4）根据RP原型浇注注塑模型腔的新工艺，其过程为：RP（SL或LOM法）原型作母模（零件的反型）→浇注硅橡胶或聚氨酯软模→在205 ℃下固化型腔→抛光→制成小批量生产注塑模。

2. 陶瓷型精密铸造法

在单件生产或小批量生产钢模时，可采用此法。其工艺过程为：RP原型作母模→浸挂陶瓷砂浆→在烤炉里固化模壳→烧去母模（一般SL法的丙烯酸盐树脂和LOM法的纸制材料在1 000 ℃以下都能烧毁）→预热模壳→烧铸钢（铁）型腔→抛光→加入烧注、冷却系统→制成生产用注塑模。其优点在于工艺装备简单，所得铸型具有极好的复印性和极好的表面光洁度以及较高的尺寸精度。工程塑料可以高温汽化，没有残渣，适用于熔模制造。

3. 模型铸造法

（1）砂型铸造法。用RP原型作模型来制作砂型，再铸钢而得到模具的工作部分，如果浇钢的性能得到大幅提高，用此法几乎可以制造各种模具，且模具寿命不会有大的降低。ABS材料的高强度特性适合制造大的坚固实心模型。

（2）石蜡精密铸造法。在批量生产金属模具时可采用此法。先利用RP原型或根据翻制的硅橡胶金属树脂复合材料或聚氨酯制成蜡模的成型模，然后利用该成型模生产蜡模，再用石蜡精铸工艺制成钢（铁）模具。另外，在单件生产复杂模具时，亦可直接用RP原型代替蜡模。若用SL法，可将原型制成疏松多孔的蜂窝状结构以便快速浇铸，在氧气充足的条件下，树脂原型可在980 ℃左右分解成水和CO_2。

（3）如果利用RP原型翻制成石膏铸型，然后在真空下浇铸铝、锌等非铁合金模，它可小批量生产注塑产品。用RP原型作模型浇注低熔合金，做成低熔合金模，可用来压制铸造用的砂芯。

（4）用化学黏结钢粉浇铸型腔。此法利用RP法先制成零件反型→翻制硅橡胶或聚氨酯软模→浇注化学黏结钢粉型腔→焙烧黏结剂→烧结钢粉→渗铜处理→抛光型腔→制成批量生产用注塑模。

4. 金属喷涂法

将雾状金属喷涂到RP原型上，产生约2 cm厚的金属硬壳，然后用填充铝的环氧树脂或硅橡胶支撑，将壳与原型分离，得到精密的模具。ABS材料模型的准确和稳定，可用来制造喷金属模作塑料喷金属模具。

5. 利用RP原型制作电火花加工用的电极

传统的石墨电极制造方法是机械加工和人工修整，电极精度不高，周期长。用压力振动（研磨）石墨电极加工技术——使母模（石墨电极的负型）在振动下研磨出大致外形的石墨电极，以得到最终精确的石墨电极。但母模的制造困难，成为该技术应用的阻碍。随着RPM技术的发展，为母模制造开辟了新路，快速制造电加工的电极，实现复杂模具零件的快速电火花成型加工。利用RPM技术制作电极主要有以下几种方法：

（1）在原型或原型制作的母模上刷涂导电层，再电铸或电镀形成金属电极。

（2）直接在原型上进行金属冷喷涂形成金属电极。

（3）利用原型制造母模，充实粉末，再压实烧结形成电极。

（4）在原型制作的母模内充入石墨粉与黏结剂的混合物，固化形成石墨电极。

（5）在原型制作的母模充入环氧树脂与碳化硅粉的混合物，先形成研磨模，再在专用振动研磨机上研磨出石墨电极。

5.3.3 快速原型制造技术在汽车行业中的应用

当前，汽车行业蓬勃发展，面对不同的市场需求，汽车供应商必须在生产与研发方面做出快速反应，否则将失去商机，而影响快速反应的关键是产品的设计和制造周期，尽管现代计算机仿真技术不断发展和完善，能够利用 CAE 软件进行建模、造型，但多是为了完成各种动力、强度、刚度分析，仿真的可靠性的估计也是难题。因此，在实际的产品研发中，尤其对于形状、结构十分复杂的零件，为验证其外观形象、工装、可安装性和可拆卸性，验证设计人员的设计思想，保证设计的成功率，仍旧需要将零件做成实物，利用零件原型做功能性和装配性检验。快速原型技术的出现，为实现这一目标提供了技术上的支持。经过多年的研究探索，RP 技术已经广泛地应用到汽车车身设计、钣金件试制、内/外饰件试制、发动机金属样件、车灯结构样件/功能样件试制等方面。

例如，车灯结构具有体积较小、形状复杂而强度要求不高的特点，车灯结构的快速原型制造，可以直接用激光选择烧结粉末快速原型的方法来制得，采用 RPM 技术短时间内便可制造出零件原件，若采用传统制样件工艺，该产品开发周期则要达 2 个月，费用则要多 5~6 倍。图 5-20 所示为利用 RP 技术制作的结构非常复杂的车灯样件。

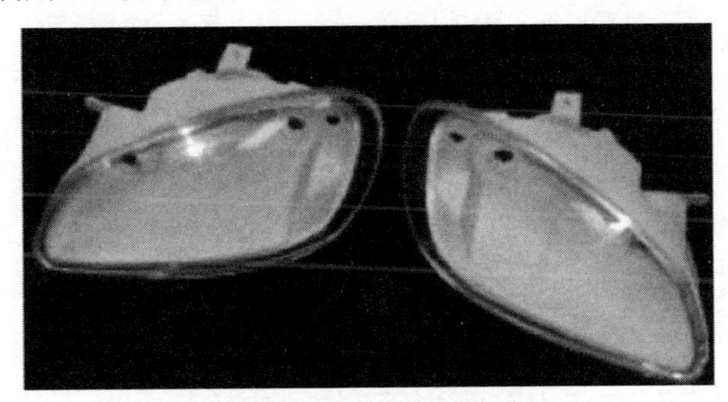

图 5-20　采用 RP 技术制作的车灯样件

进气歧管是发动机上的重要部分之一，它对提高进气效率、改善燃烧过程有非常重要的影响，其形状多由复杂自由曲面构成。在发动机研制时，试验用进气歧管的生产通常采用传统方法实现，即用手工或者数控加工出木模或者树脂模，再用这些模型通过砂模铸造出进气歧管。然而，加工中由于各种因素导致加工出的零件与设计图纸的偏差，且这种误差对产品性能的影响是非常显著的；使用数控加工虽然能较好地反映出设计意图，但其准备时间长，尤其是几何形状比较复杂时更为明显。采用快速原型技术后，可以完成一次成型多个不同的进气歧管模型，如图 5-21 所示，而且形状和所设计的 CAD 模型完全一致。与传统方法相比，不仅模型精度得到了提高，而且制作成本也降低了，缩短设计周期，增强了产品研发的快速反应能力。

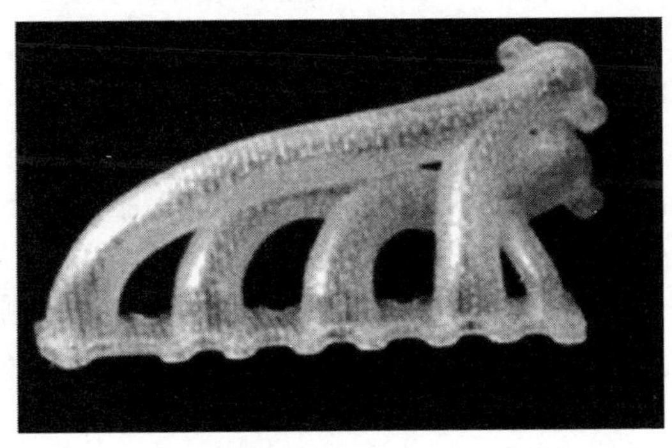

图 5-21　采用快速原型技术制作的奇瑞发动机进气歧管

汽车行业中基础的核心部件通常为金属零件，多是非对称性的、有不规则曲面、结构复杂且内部又含有精细结构的零件，这些零件的生产一般采用铸造或解体加工的方法，不仅周期长、耗资大，而且从模具设计到加工制造是一个多环节的复杂过程，略有失误就会导致全部返工，特别是对一些形状复杂的铸件，如发动机缸体、缸盖等（图5-22），因此，模具的制造是一个难度更大的问题，它关系到整个车型的价格、功能，设计理念以及行业竞争力，即使使用数控加工中心等昂贵的设备，在加工技术与工艺可行性方面仍有很大困难，尤其在新车型的开发过程中，此类零件一般是试制或小批量生产，其制造周期、成本及风险更是相当大。

图5-22　采用快速铸造技术生产的四缸发动机零件

快速原型技术在汽车行业的应用，对于提高汽车制造的快速反应能力，缩短产品研制周期，降低生产成本等方面具有重要的意义。然而，虽然开发出了许多种成型方法，但基本上都基于立体平面化-离散-堆积的思路，这种方法还存在一些不足。未来将致力于研究一种集“堆积”和“切削”于一体的快速原型制造方法，即RP与CNC机床和其他传统的加工方式相结合，以提高制件的性能和精度。

5.3.4　快速原型制造技术在医学领域中的应用

人体的骨骼和内部器官具有极其复杂的内部组织结构，要真实地复制人体内部的器官构造，反映病变特征，快速原型制造几乎是唯一的方法，这使RP技术在医学领域的应用研究较多。

目前，国内外多家机构从事基于快速原型技术的人工骨成型的研究，并取得了显著成果。以美国Dayton大学为首的研究人员采用具有生物相容性的羟基磷灰石/玻璃薄膜材料，采用LOM快速原型工艺制造人工骨。大连理工大学将快速原型技术与化学气相渗透技术相结合，提出了RPM-CTI复合成型技术，并制出了碳/碳复合材料人工骨RPM-CTI复合成型工艺。西安交通大学研制了气压式熔融沉积造型系统成型可溶解的骨微管结构，并浇注到骨水泥中，融化后形成具有一定孔隙率的人工骨。美国Michigan大学采用光固化（SLA）技术将羟基磷灰石与紫外光固化的丙烯酸树脂混合制造人工骨。快速原型技术在医学领域的应用前景广阔，发达国家早已把它作为快速原型制造应用方面的主要研究方向之一。下面列出用于制造人工骨骼的几种RP工艺：

1. 立体印刷成型（SLA）工艺制造人工骨骼

以光敏树脂（如丙烯基树脂）为原料，运用计算机控制紫外激光，以预定原型的各分层截面的轮廓为轨迹进行逐点扫描，使被扫描区域的树脂薄层产生光聚合反应后固化，形成一个薄层截面。当一层固化后，向下（或上）移动工作台，在刚刚固化的树脂表面再布放一层新的液态树脂，再进行新一层扫描固化。新固化的一层牢固地黏合在前一层上，如此重复至整个原型制造完毕，在快速原型加工时，选择骨骼的主要成分羟基磷灰石与紫外激光可以固化的丙烯基树脂单体混合液作为原料。

2. 层实体制造（LOM）工艺制造人工骨骼

先在薄片材料，如纸、塑料薄膜等片材表面事先涂覆上一层热溶胶，加工时，热压辊热压片材，使之与下面已成型的工件粘接；用 CO_2 激光器在刚粘接的新层上切割出零件截面轮廓和工件外框，并在截面轮廓与外框之间多余的区域内切割出上下对齐的网格；激光切割完成后，工作台带动已成型的工件下降，使新层移到加工区域；工作台上升到加工平面，热压辊热压，工件高度增加一个料厚，再在新层上切割界面轮廓，如此反复直至零件的所有截面粘接、切割完，得到分层制造的实体零件。

3. 选择性激光烧结（SLS）工艺制造人工骨骼

将材料粉末铺撒在已成型零件的上表面，并刮平；再用高强度的 CO_2 激光器在刚铺的新层上扫描出零件截面，材料粉末在高强度的激光照射下被烧结在一起，得到零件的截面，并与下面已成型的部分连接；当一层截面烧结完后，铺上新的一层材料粉末，选择烧结下层截面。在快速原型制造人工骨骼时可采用羟基磷灰石陶瓷作为粉末材料，能加工出可以直接移植的骨骼。

4. 三维打印（3DP）工艺制造人工骨骼

该工艺也是采用粉末材料成型的，通过喷头用黏结剂（如硅胶）将零件的截面“印刷”在材料粉末上面，由于采用黏结剂黏结，因此零件强度较低，必须要处理，即先烧掉黏结剂，然后在高温下掺入陶瓷，使人工骨骼致密化，提高强度。

随着医疗领域的不断发展，基于医学影像数据，采用 RP 技术制作的人体器官模型有极大的应用价值，医疗专家组利用可视模型，进行模拟手术，对特殊病变部分进行修补（颅骨损伤、耳损伤等），对于提高手术的成功率，减少病患的痛苦具有重要的意义。

5.3.5　快速原型制造技术在其他领域的应用

不断提高 RP 技术的应用水平是推动 RP 技术发展的重要方面。目前，快速原型技术已在产品设计，机械制造（汽车、摩托车），医疗等领域应用，在航空航天、军事、建筑、影视、家电、轻工、考古、文化艺术、雕刻、首饰等领域的应用也将随着这一技术本身的发展而不断拓展。RP 技术在其他方面的实际应用简介：

1. 在文化艺术领域的应用

RP 技术能够使艺术创作和制造一体化，能够把设计者的思想快速地转变为三维实体，为艺术家的设计修改和再创作提供了最佳的设计环境和成型条件；其在文化艺术领域中的应用多体现在艺术创作、文物复制、数字雕塑等方面，它能使艺术创作过程简化，能快速、高质量、低成本地推出新作品，满足市场需求，如饰品的设计和制造。该项技术若用于文物复制则能使失传文物得以再现，对于文物的保护和修缮工作具有重要的意义。

2. 在家电行业的应用

快速原型技术在国内外的家电行业上得到了广泛的应用，如在国内知名的家电企业：广东的美的、华宝、科龙，江苏的春兰、小天鹅，青岛的海尔等，都先后采用快速原型制造系统来开发新产品，收到了很好的效果。

3. 在仿生学中的应用

仿生制造融合了制造技术、生物技术、材料技术、信息技术，是一种高级制造形式，是以制造过程与生命之间存在的相似性为基础，模仿自然界生物的成长方式进行制造。由于仿生结构形状复杂，采用传统的加工工艺制造通常比较困难，且不便修改，使得制作周期延长、开发成本增加。传统的仿生制造是基于DNA技术，主要应用于微观仿生制造，但目前对DNA的研究还有许多问题悬而未决，因此，要安全地实现基于DNA的仿生制造还非常困难。

快速原型是面向设计（产品开发）的制造技术，是基于离散、堆积成型原理的新型数字化成型技术，一般在电脑的控制下，根据零件的CAD模型，通过材料的精确堆积而制造原型或零件。首先针对产品的具体结构，进行产品计算机辅助造型，再利用内部细微结构仿生建模技术以及经过分层、加支撑等技术的加工和处理，在快速原型制造设备上产生生成物的三维实体。而基于RP技术的仿生制造过程也是这个过程，具体的如图5-23所示。

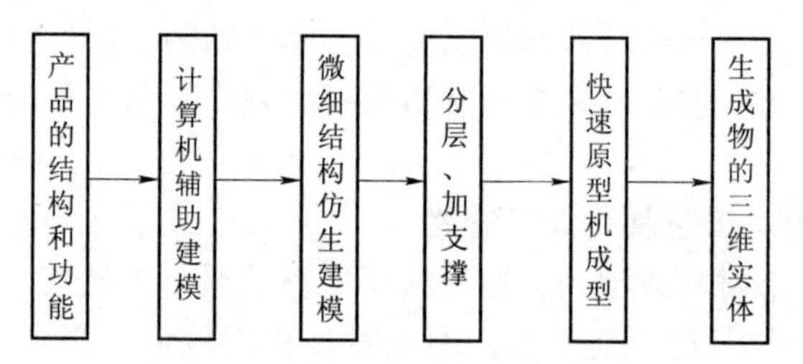

图5-23　基于RP技术的仿生制造工作流程

在利用快速原型技术进行仿生制造中，若生成物需具有生物活性，那么，在快速原型制造过程中必须使用生物可降脂材料，在三维实体模型加工完之后，植入生物生长因子，并将其放入具有特定成分的培养液中，经过一段时间后，三维实体模型就能培养称为具有生物活性的产品。

仿生制造技术是建立在材料、信息、计算机、加工、医学等多学科基础上的一门综合技术。快速原型技术可以解决仿生制造过程中的大量加工上的难题，特别是在人工骨骼制造和人体制造方面，具有现实的可操作性。

§5.4　快速原型设备及材料

5.4.1　光固化快速原型制造设备

目前，研究光固化成型（SLA）设备的单位有美国的3D Systems公司、Aaroflex公司，德国的EOS公司、F&S公司，日本的SONY/D-MEC公司、Teijin Seiki公司、Denken Engineering公司等以及国内的西安交通大学、上海联泰科技有限公司等。在所有公司中，美国3D Systems公司的SLA技术在国际市场上占的比例最大。3D Systems公司继1988年推出第一台商品化设备SLA250以来，又于1997年推出了SLA250HR、SLA3500、SLA5000三种机型，在光固化成型设备技术方面有了长足的进步。其中，图5-24所示的SLA3500、SLA5000使用半导体激励的固体激光器，扫描速度分别达到2.54 m/s和5 m/s，层厚最小可达0.5 mm。此外，还采用一种称为ZRS的新技术，该技术是在每一层上，用一种真空吸附式刮板在该层上涂一层0.1~0.5 mm的待固化树脂，使成型时间平均缩短了20%。

（a）

（b）

图 5-24　半导体激励的固体激光器

（a）3D Systems 公司的 SLA3500 机型；（b）3D Systems 公司的 SLA5000 机型

国内西安交通大学在光固化成型技术、设备、材料等方面进行了大量的研究工作，推出了自行研制与开发的 SPS、LPS 和 CPS 三种机型，每种机型有不同的规格系列，其工作原理都是光固化成型原理。其中 SPS600 和 LPS600 如图 5-25 所示。

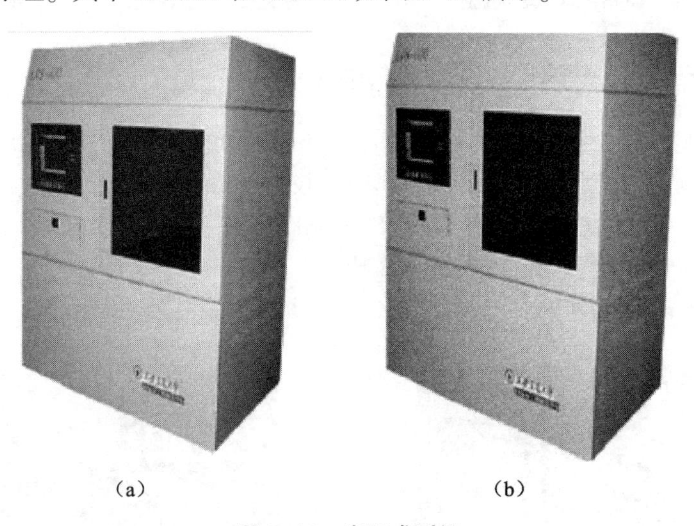

（a）　　（b）

图 5-25　光固成型机

（a）SPS600 成型机；（b）LPS600 成型机

5.4.2　叠层实体快速原型制造设备

目前，研究叠层实体制造成型（LOM）设备和工艺的单位有美国的 Helisys 公司、日本的 Kira 公司、Sparx 公司、新加坡的 Kinerey 公司、国内的华中科技大学和清华大学等。

其中，Helisys 公司的技术在国际市场上所占的比例最大。1984 年 Michael Feygin 提出了分层实体制造（LOM）的方法，并于1985年组建Helisys公司，1992年推出第一台商业机型LOM-1015（台面为380 mm×250 mm×350 mm）后，又于1996年推出LOM-2030H机型，其台面达815 mm×550 mm×508 mm，其成型时间比原来缩短了30%，如图5-26所示。

Helisys公司除原有的LPH、LPS和LPF三个系列纸材品种以外，还开发了塑料和复合材料品种。Helisys公司在软件方面开发了面向Windows NT4.0的L软件包新版本，增加了LOMSlice软件包新版本，增加了STL可视化、纠错、布尔操作等功能，故障报警更完善。

国内华中科技大学研制的HRP系列薄材叠层快速成型系统（图5-27）无论在硬件还是在软件方面都有自己独特的特点。

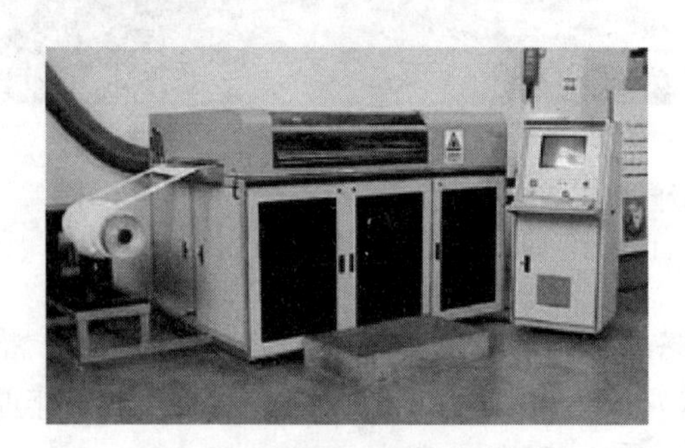

图5-26　LOM-2030H机型

图5-27　HRP系列薄材叠层快速成型系统

5.4.3　选择性激光烧结快速原型制造设备

研究选择性激光烧结（SLS）设备工艺的单位有美国的DTM公司、3D Systems公司、德国的EOS公司以及国内的北京隆源公司和华中科技大学等。

1986年，美国Texas大学的研究生C. Deckard提出了选择性激光烧结（SLS）的思想，稍后组建了DTM公司，于1992年推出SLS成型机。DTM公司于1992年、1996年和1999年先后推出了Sinterstation 2000、2500和2500Plus机型，如图5-28所示。

（a）

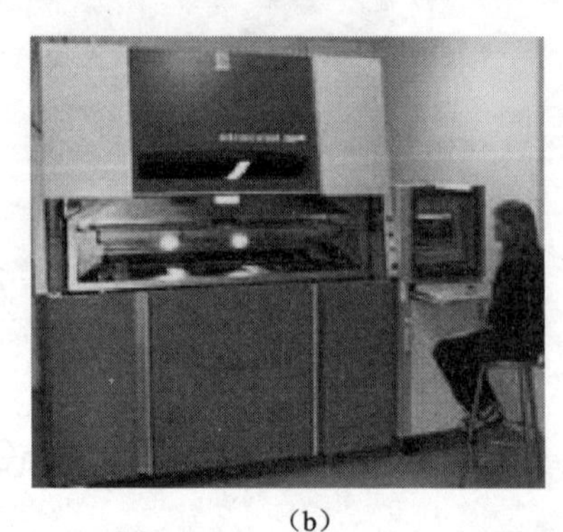

（b）

图5-28　SLS成型机

（a）DTM公司的Sinterstation2500机型；（b）Sinterstation2500 Plus机型

5.4.4　熔融沉积快速原型制造设备

研究熔融沉积制造（FDM）设备工艺的单位主要有美国的 Stratasys 公司、MedModeler 公司以及国内的清华大学等。

Stratasys 公司的 SLS 技术在国际市场上所占比例最大。Scott Crump 在 1988 年提出了熔融沉积（FDM）的思想，并于 1991 年开发了第一台商业机型。Stratasys 公司于 1993 年开发出第一台 FDM1650（台面为 250 mm×250 mm×250 mm）机型，如图 5-29 所示。

图 5-29　Stratasys 公司的 FDM1650 机型

国内清华大学研制的熔融挤压沉积成型（Melted Extrusion Modeling-MEM）也有其独特的特点，MEM 机型侧重于特殊的喷嘴和设备的开发，成卷轴状的丝质原材料是通过加热喷头挤出，原型在一个垂直上下移动的底座上逐层制造出来。该设备采用先进的喷嘴设计（包括丝质材料加热、挤出、输入和控制），启停补偿和超前控制，保证了熔化材料的堆积精度；采用了先进的、独特的悬挂式装置，因而机床具有良好的吸振性能，扫描精度也大大提高，性能可靠，稳定性好；由于未采用激光，运行费用在所有的 RP 设备中是较低的；该设备无噪声，对环境无污染。

5.4.5　三维喷涂黏结设备

三维喷涂黏结快速原型技术作为喷射成型技术之一，具有快捷、适用材料广等许多独特的优点。该项技术是继 SLA、LOM、SLS 和 FDM 四种应用最为广泛的快速原型工艺技术后发展前景最为看好的一项快速原型技术。目前，该项技术由 MIT 研究取得成功后已经转让给 ExtrudeHone、Soligen、Specific Surface Coporation、TDK Coporation、Therics 以及 Z Coporation 等 6 家公司。已经开发出来的部分商品化设备机型有 3D Systems 公司的 3D-Printer 系列、Z Corp 公司的 Z 系列、Solidscape 公司的 T 系列等。图 5-30 所示为 Z Corp 公司的 Z310 和 Z510 三维喷涂黏结设备。

（a）

（b）

图 5-30　三维喷涂黏结设备

（a）Z310 设备；（b）Z510 设备

5.4.6 快速原型制造用材料

快速原型制造所用材料根据原型建造原理、技术和方法的不同分为液态材料、固态粉末材料、固态薄层材料、固态丝材，见表5-1。

表5-1 快速原型制造用材料分类及举例

材料形态	液态	固态粉末		固态薄层材料	固态丝材
		非金属	金属		
具体材料	光固化树脂	蜡粉 尼龙粉 覆膜陶瓷粉 高分子材料粉	钢粉 覆膜钢粉	覆膜纸 覆膜塑料 覆膜陶瓷箔 覆膜金属箔	蜡丝 ABS丝

快速原型制造用材料及其性能不仅影响着所制作原型的性能及精度，而且也影响着与成型工艺相关联的建造过程。

1. 快速原型制造工艺对成型材料性能的要求

（1）适应逐层累加方式的快速原型建造模式；

（2）在各种快速原型建造方式下能快速实现层内建造及层间连接；

（3）制作的原型具有一定的尺寸精度和尺寸稳定性；

（4）确保原型具有一定的力学性能及性能稳定性；

（5）无毒无污染。

现以光固化材料为例简要介绍快速原型制造工艺对材料性能的要求。用于光固化快速原型技术的材料为液态光固化树脂（或称液态光敏树脂）。随着光固化成型技术的不断发展，具有独特性能的光固化树脂（如收缩率小甚至无收缩、变形小、不用二次固化、强度高等）也不断开发出来。

2. 常用光固化材料的优点

（1）固化快，可在几秒内固化，可应用于要求立刻固化的场合；

（2）不需要加热，这一点对于某些不能耐热的塑料、光学、电子零件来说十分有用；

（3）可配成无溶剂产品，使用溶剂会涉及许多环境问题和审批手续问题，因此每个工业部门都力图减少使用溶剂；

（4）节省能量，各种光源的效率要高于烘箱；

（5）可使用单组分，无配置问题，使用期较长；

（6）可以自动化操作及固化，提高生产的自动化程度，从而提高生产效率和经济效益。

部分美国3D Systems公司的ACCURA系列材料的性能见表5-2。

表 5-2　部分美国 3D Systems 公司的 ACCURA 系列材料的性能

指标	ACCURA SI 10		ACCURA SI 20		ACCURA SI 30		ACCURA SI 40 Nd	
	SLA Vipersi2	SLA 7000	SLA Vipersi2	SLA 7000	SLA Vipersi2	SLA 7000	SLA Vipersi2	SLA 7000
外观	透明光壳		透明光壳		透明光壳		透明光壳	
密度/（g·cm^{-3}）	1.1		1.1		1.1		1.1	
黏度/cps（30 ℃）	485		450		100		485	
固化深度/mils	6.3	6.8	6.1	5.7	5.9	6.0	6.6	6.8
临界照射强度/（mj·cm^{-2}）	13.8	15.5	11.4	10.2	8.2	9.3	21.7	20.1
抗控强度/MPa	62~63	72~76	29.4~36.2	28~30	30.7~33.4	29.7~30.8	57.2~68.7	61.5~61.7
延伸率	3.1%~5%	4.9%~5.6%	13%~27%	18%~23%	14%~20%	13%~23%	4.8%~5.1%	4.9%~5.1%
校伸模量/MPa	3 048~3 255	3 186~3 532	1 378~1 445	1 176~1 245	1 722~1 929	1 176~1 245	2 628~3 321	2 840~3 048
弯曲强度/MPa	89~97	109~115	46.1~42.7	28~32	49.6~53.7	36.5~40.6	93.4~96.1	92.8-97
弯曲模量/MPa	2 827~3 102	2 978~3 186	1 171~1 240	691~830	1 309~1 447	896~1 103	2 836~3 044	2 618~2 756
冲击韧性/（J·M^{-1}）	18.7~27.7	14.9~17.1	34.8~36.9	32.1~36.3	16.6~42.3	21.4~40.7	22.5~27.2	22.3~29.9
玻璃化温度/℃	61.7	61.7	54	54	62	39	65.6	62
热胀率/（10^{-1}/℃）（$T<T_g$）/（$T>T_g$）	63.7/175	63.8/164	106/188	84.4/186	111/182	84.4/186	99.6/185	73.5/188
曲氏硬度	86	86	82	84	82	84	82	86

注：① cps：层泊，1cps = 10 pas；

② mils：海寸，1mils = 254×10 m。

§ 5.5　紫外光快速原型机 CPS-350B 使用操作简介

快速原型机 CPS-350B 是西安交通大学面向中小企业、大专院校与科研单位推出的特型设备，属于液态光敏树脂选择性固化（SLA）成型工艺。快速原型机 CPS-350B 采用光导纤维传导紫外光束，经透镜聚焦在光敏树脂液面上。CPS-350B使用普通紫外光源，用光纤导入透镜，采用高性能步进电动机、同步带、精密导轨控制透镜的二维运动进行X-Y扫描，有选择地对光敏树脂进行固化，从而获得三维实体。

5.5.1 快速原型机CPS-350B系统的组成

1. CPS-350B系统的组成

硬件系统包括：扫描系统、工作台升降系统、涂层系统、树脂循环系统、温度控制系统、硬件电路控制系统。

软件系统分成三个模块：分层模块、支撑设计模块、成型机监控模块。

2. 三轴控制系统

1）*Z*方向工作台的基本组成

其包括步进电动机、滚珠丝杠副、滚珠丝杠支座、导轨副、吊梁、托板、立板。

2）*X-Y*方向工作台

（1）*X*，*Y*方向规定。

X：镜头在小导轨上的运动方向；

Y：大导轨运动方向，即从操作者来看从左至右的方向。

（2）基本组成。

*X*方向：包括*X*方向步进电动机、*X*方向步进电动机支座、导轨副、同步齿行带、同步齿形带轮、基板。

*Y*方向：包括*Y*方向步进电动机、*Y*方向步进电动机支座、导轨副、同步齿形带、同步齿形带轮、基板。

（3）同步齿形带的张紧。

*X*方向：同步的松紧可由*X*方向靠近操作者的螺丝钉调节，张紧同步齿形带后，拧紧紧固螺栓。

*Y*方向：同步带的松紧由螺钉调节，拧动螺钉，调节带的松紧，松紧合适后，拧紧紧固螺栓。

3. 树脂循环部分

1）基本结构

其基本结构包括树脂内槽、树脂外槽、排液口、液轮、直流步进电动机、溢流槽。

2）光敏树脂

XH-Ⅲ树脂为CPS-350B型成型机专用树脂。光敏树脂是一种高分子化合物，无毒、无害，接近无色，无刺激气味。光敏树脂在常温下是黏稠状的液体，溶于乙醇，不溶于水。不小心粘到衣服或地板上时，应立即用酒精清洗。加入树脂和制作零件操作时，特别注意不要将树脂溅到导轨上，否则将直接影响加工精度。

3）光敏树脂按以下要求使用

（1）适宜的使用温度是40 ℃±2 ℃。

（2）树脂置于成型机内使用时，应避免阳光照射。

（3）树脂在容器内存放时，不要装太满，应使容器内有适量空气。

4. CPS-350B的光路系统

1）GXZ500W汞氙灯规格

功率 500 W，工作电压 25 V（DC），工作电流 20 A。

紫外线汞氙灯如图 5-31 所示。

2）光路系统说明

光源采用紫外线汞氙灯，用椭球面反射罩实现反射聚焦，聚焦后光纤耦合传导，再经透镜聚焦，最后将光传到树脂液面上。光路原理如图 5-32 所示。

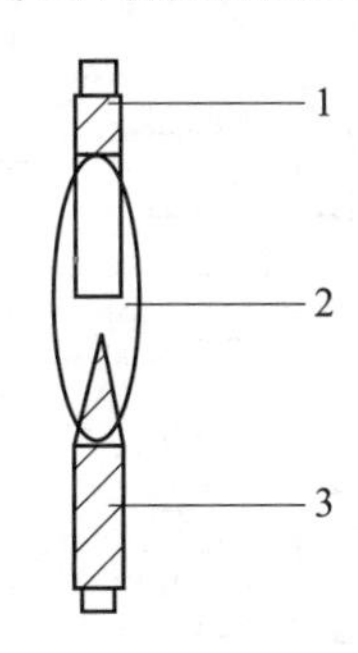

图 5-31　紫外线汞氙灯

1—正极；2—灯泡；3—负极

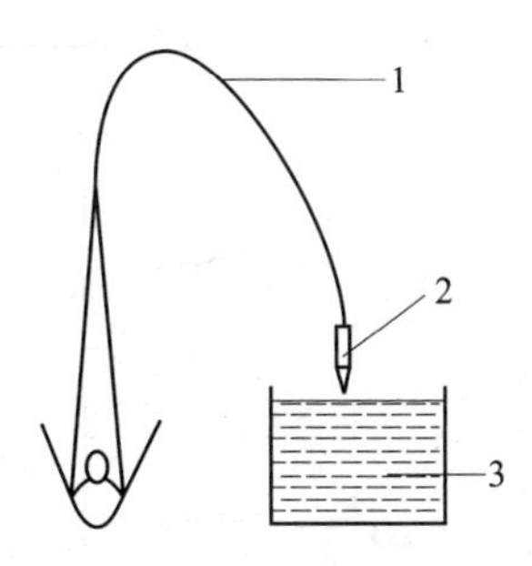

图 5-32　光路原理

1—光纤；2—镜头；3—树脂

3）紫外线汞氙灯的使用

启动光源前，先把紫外线汞氙灯电源电流调整电位器旋钮旋至最大。

启动光源，灯泡亮后，随着时间增长，灯泡工作电压逐渐升高，经 3~4 min 后，灯泡工作电流稳定在 20 A 左右。

电源启动 5 s 后，再次启动电源时，延时指示灯亮，此时灯泡无法点亮，应关闭电源，待灯泡充分冷却后（约需 15 min），方可再次启动电源。延时设置是防止频繁启动电源，避免因灯泡受热时电阻变大加上电流的冲击，使灯泡功率超标而烧毁。频繁启动电源也容易造成电源因超载而损坏。

5. 涂层机构

涂层机构的功能是在已固化层上面重新涂覆一层树脂，并且辅助液面溜平。

1）基本结构

涂层机构包括刮板、刮板支撑、基座、步进电动机、步进电动机支座、同步齿形带、同步齿形带轮、同步齿形带轮支座。

2）刮板的调节

松开刮板固定螺钉，调节刮板调整螺钉，使刮板刃口略高于稳定后的树脂液面，调好后，拧紧刮板固定螺钉。

3）同步齿形带的张紧

在同步带的传动机构中，从动支座安装在可微调的滑块上，松开紧固螺钉，调节滑块的位置，可张紧同步齿形带，然后拧紧滑块的紧固螺钉。

6. 控制电路系统

该设备的主控制器采用双机进行控制，上位机为标准分离式工业控制机，下位机为壁挂式工业控制机。接口卡采用三块 32 路输入、32 路输出的 HY6160 控制卡，其中两块完成上下微机的通信，另一块由下微机控制四个步进电动机和六个限位开关，如图 5-33 所示。

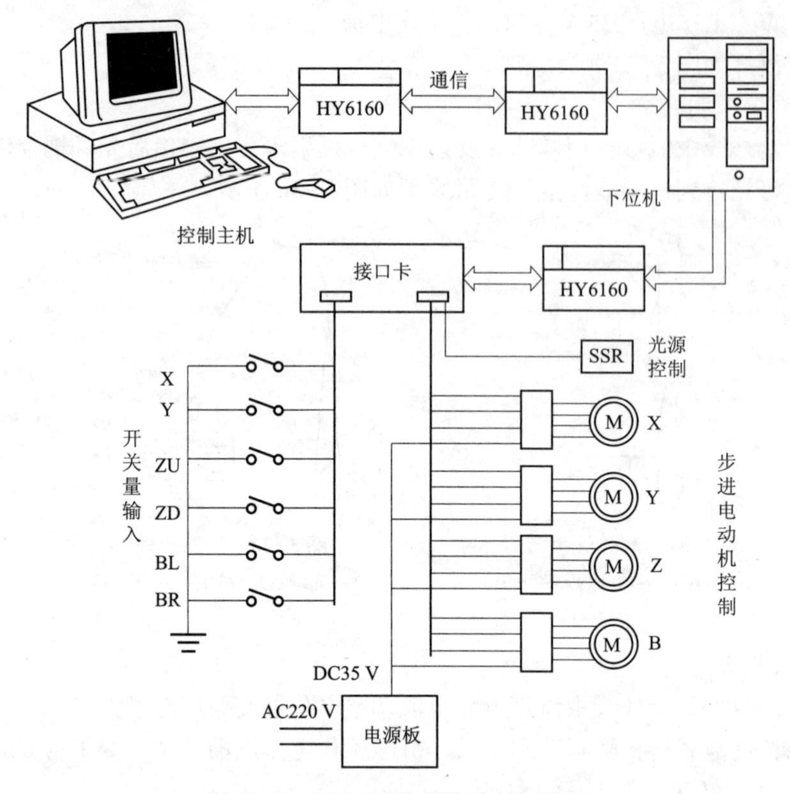

图 5-33　CPS-350B 控制电路示意图

5.5.2　快速原型机 CPS-350B 的零件制作流程

快速原型机的零件制作流程如图 5-34 所示。

5.5.3　快速原型机 CPS-350B 的加工前调试

快速原型机结构比较复杂，其调试工作量也比较大，主要包括机械部分、光路部分以及树脂循环部分的调试。

1. 机械部分调试

快速原型机的精度要求较高，因此作为最基本的机械部分调试是非常重要的。首先安放设备时应该选择平面度比较好的地面。放好后将水平仪放在 *X*-*Y* 工作台基板上，可以通过调整底部三个地脚螺栓使水平仪显示水平，保证工作台的水平，工作台如果不平将直接影响到加工精度。将设备安放好后才能往树脂槽中倒树脂。

2. 光路部分调试

1）紫外线汞氙灯的安装与调整

（1）关闭所有电源，卸下灯箱的上盖与侧盖。

（2）用手拧下灯泡两端的螺母，松开夹紧灯头的螺钉。

（3）抓住灯泡的上部，轻轻地往上抽出灯泡。

（4）换上新灯泡，与步骤（3）相反。注意灯泡有正负极，不要装反。正极在上，负极在下。

（5）放正灯泡的位置，使之在反射罩的正中心，拧紧夹紧螺钉，然后徒手拧紧灯泡两端的螺母。

（6）调整灯泡的位置，通过调节灯箱两侧的螺钉，使灯泡的反射聚焦点在反射罩的中心线上，距灯箱顶部 10 mm 左右。操作时应戴上墨镜、手套等防护工具，避免直视紫外线灯。

（7）紫外线汞氙灯的寿命为 150 小时，工作大约 150 小时后，汞氙灯的光强迅速下降，此时应更换新灯泡。开始启动新灯时，要调整电流调整电位器，使电流表指针在 28 A。

（8）更换灯泡时注意检查导线，如果烧焦要及时更换接头，因为紫外线汞氙灯工作时发出大量的热，时间久了会将导线氧化或烧焦。接紫外线汞氙灯正极的导线一定要套一个瓷管，以防止强紫外光烧焦导线。

（9）注意在操作过程中防止紫外光直接照射人的眼睛和皮肤。

（10）制作零件结束后，关闭光源，为了使汞氙灯充分冷却，十分钟后方可关闭总电源。

2）镜头的维护与光纤的调整

（1）镜头的维护。

镜头使用时间长了会蒙上一层树脂。此时，应卸下镜头，用棉脂球蘸酒精擦洗镜头，用镜头纸擦干净，不能划伤透镜表面。

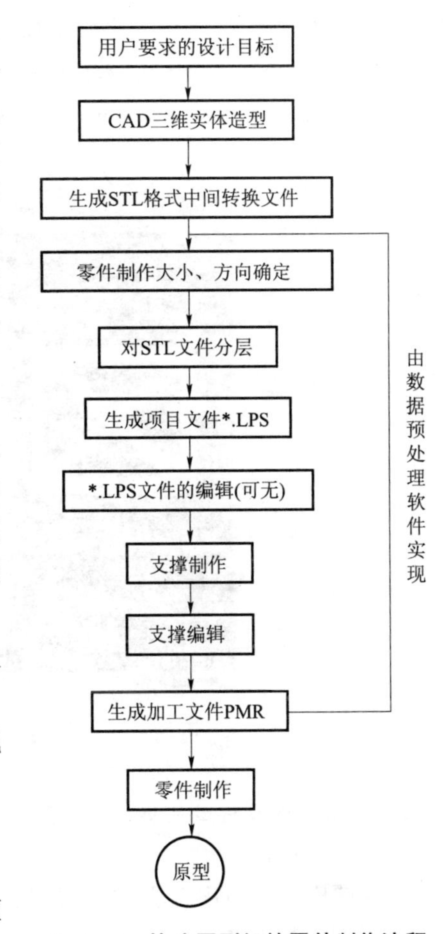

图 5-34　快速原型机的零件制作流程

（2）光纤。

光纤（光导纤维）的两端面应是光滑的，并且垂直于光纤头。光纤的两端用镜面砂纸打磨光滑，并打磨圆角，之后用酒精擦洗干净。光纤由光纤夹头夹紧，按下夹头螺母，光纤可以自由上下活动，放开则光纤被夹紧。光纤不可折，镜头最底端距液面的理论距离是 5. 5 mm。

3. 树脂部分调试

（1）待树脂加热到 38 ℃，方可以制作零件。

（2）经常检查树脂外槽内树脂液面，必须保证树脂液位高于液轮底部，使液轮浸在树脂中；同时应注意外槽树脂液面不要高于液轮轴承孔。

（3）注意检查小槽子的树脂情况，当发现树脂液面低于液轮轴封时，需要及时补充树脂，但不要加太多，以免树脂进入液轮轴封。

5. 5. 4　快速原型机 CPS-350B 的数据准备软件

数据准备软件是实现快速原型加工的先决条件。快速原型制作流程中，建立好三维模型后，下一步工作就是将模型的 STL 文件输入数据准备软件进行处理。一般，不同的厂商都针对自己的产品开发了不同的数据预处理软件。CPS-350B 使用的 CPS3.0 版数据预处理软件是 32 位的 Windows 软件，采用了面向对象的程序设计方法及基于 OpenGL 的图形处理功能，功能强大、界面友好，其界面如图 5-35 所示。

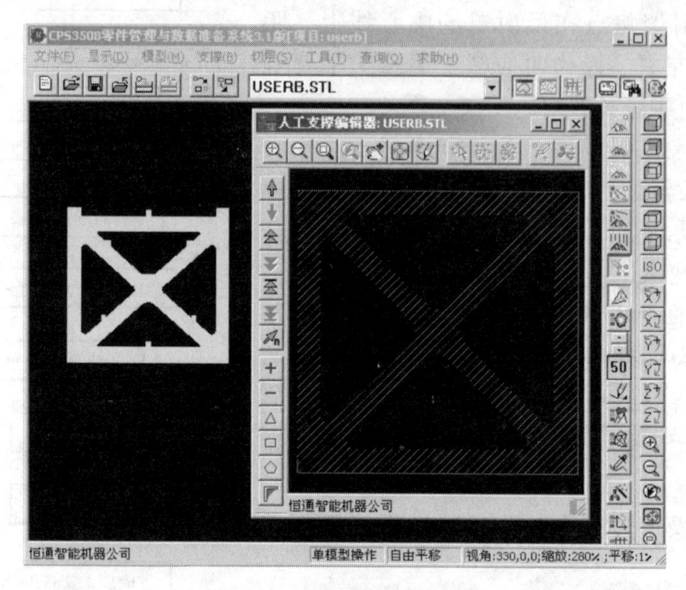

图 5-35　数据处理软件界面

1. 数据处理软件的组成

1）文件管理模块

软件该模块是与用户文件的接口，提供输入 STL 文件、进行面片整理、生成中间工程文件、输出加工文件的功能。

2）显示控制模块

在数据准备系统中，要进行对制作目标的大小、方向设置、分层、支撑设计，用户必须充分了解零件的外形、结构。本模块提供了非常丰富的显示控制功能，使用户在使用本软件时，对零件有充分的结构认识。

3）参数设置及辅助模块

在原型制作时，根据用户要求及制作性，要对零件的制作比例、方向进行设置，同时也针对加工环境设定零件制作信息。借助本模块，成型机可对具体的 STL 数据可按不同比例生成不同大小零件。

4）分层模块

三角面片信息（STL）文件无法供成型机直接使用，必须先把其转化为二维层片零件的轮廓信息。本模块可对由制作准备模块大小、方向的三维零件进行分层切片处理，生成加工必需的二维零件层轮廓信息，并对轮廓进行检查与编辑。

5）支撑模块

为了保证零件制作时稳定性，防止零件在加工过程中引起翘曲变形，需要对制作零件进行支撑设计（类似机械加工中的夹具，但是与零件同时加工出来）。本模块的三维零件的分层信息，提供交互式支撑设计的功能，使用户在此模块内完成对零件的支撑结构的设计。

2. 零件制作大小、方向的确定

为了适应用户对模型制作大小的要求及考虑零件的可制作性，要对在数据准备软件中的模型设定制作大小及制作方向。这里要注意模型制作的缩放是尺寸按比例变化（而视图的缩放仅是显示模型的放大与缩小，不改变尺寸）。

数据准备软件提供了对 STL 文件的模型数据进行缩放和旋转变换的功能，通过选择“模型”菜单中的“缩放”和“定向”命令，并按照提示要求设定各坐标轴的缩放因子及绕各坐标轴旋转的角度即可控制快速原型机制作原型的大小和方向。

3. 利用数据准备软件对产品模型进行预处理

三角片面信息（STL 文件）无法供成型机直接使用，必须把其转化为二维层片零件的轮廓信息。利用数据准备软件的分层（“切层”）模块可对有数据准备模块设定好制作大小、方向的三维模型进行分层切片处理，生成加工必需的二维零件层轮廓信息，并作为零件支撑设计的前提条件，是制作数据准备必不可少的环节。

1）参数设置

通过选择“切层”菜单的“参数设置”命令可以对模型的分层厚度、基础支撑高度进行设置。层厚一般取缺省值 0. 2 mm，可以根据实际需要设置分层厚度，基础支撑的高度会随着层厚的改变而变化（基础支撑默认层数为 20 层）。

2）模型分层

可通过选择“切层”菜单中的“仅当前模型分层”或“启动分层”对模型进行分层。“仅当前模型分层”仅对单个模型进行处理，即对项目文件中的当前模型进行分层，分层过程是自动的，屏幕实时显示分层的结果，用户在分层处理的过程中可以中断进程。“启动分层”可对多个模型进行分层。分层软件中可装入多个模型，各个模型之间相互独立。对项目工程文件的所有模型，为用户提供选择方式进行分层，用户可对全部模型或其中的部分模型进行分层处理。

3）模型分层后的轮廓编辑

由于各种不同 CAD 设计系统产生的 STL 模型文件会有各自的缺陷，STL 文件可能会有缺少面片、缝隙等实体不封闭因素，这样可能导致生成的分层文件、二维数据不封闭，使加工的模型出现问题。为了防止上述问题的产生，数据准备系统特提供了分层后轮廓数据进行编辑的功能。

可通过选择“切层”主菜单中的“轮廓编辑”命令或者单击屏幕右上方的按钮进入“轮廓编辑器”窗口，从而对分层后得到的二维轮廓数据进行编辑处理。

“轮廓编辑器”视图中，部分常用的快捷操作按钮定义如下：

为层间移动按钮，分别表示上移一层、下移一层、跳至上个非封闭层、跳至下个非封闭层、上跳十层、下跳十层、跳至最顶层、跳至最底层、跳转至指定层。通过层间移动按钮可方便快速的跳至需要编辑的各层进行轮廓编辑。

显示轮廓层信息，单击弹出“模型分层与轮廓线信息列表”可以查看开口或病态轮廓的数目等信息。

显示或隐藏坐标系。

显示或隐藏轮廓顶点（节点），在删除、增加节点和轮廓闭合时要显示节点。

突出或正常显示可能病态的轮廓，注意轮廓线的颜色。

显示轮廓线走向，一个封闭轮廓线只有一个箭头（即一个走向），有多个箭头说明轮廓线不正常，需要对轮廓进行编辑处理。

将轮廓修改刷新到文件并清除已设计的支撑结构。

检验所有层的轮廓线性态。

分别为取消上次编辑及恢复上次取消的编辑。

移动选定节点。

删除节点。

增加线段或轮廓。

删除选定线段。

去除轮廓线中的细小线段。

去除当前层的孤立点或线段的轮廓。

选择单一轮廓，以便对选中的轮廓进行删除、平移轮廓线及自动封闭等操作（在选中轮廓线后单击右键即可弹出快捷菜单）。

分别为复制上层轮廓至当前层及复制下层轮廓至当前层，若当前轮廓的上层或下层轮廓正常而且跟当前层轮廓一致时，可以使用此功能按钮进行轮廓复制。

每一层的轮廓数据是一系列的节点连接成折线而构成的。当STL文件有缺陷时就可能造成分层后的不封闭，对轮廓数据的编辑主要是对开口轮廓线和病态轮廓线的编辑。首先单击“显示轮廓信息”和“检验所有层的轮廓线形态”按钮查询模型分层与轮廓信息，并对所有轮廓线进行检验。

发现病态或开口轮廓线，要跳到病态或开口轮廓线所在层，进行轮廓编辑，将开口轮廓线闭合，否则不能输出成型加工文件。对于病态轮廓线，一般对其梳理，去除细小线段，即可完成病态的消除。病态轮廓线不能影响加工成型文件的输出，将其忽略是可以的。当前层轮廓线是开口或病态轮廓线，如果其相邻层是正常的且和当前层形状、大小相近，可用相邻层轮廓代替当前层以省去轮廓编辑。

开口轮廓线的闭合方法：

（1）增加线段；

（2）首尾添线强制轮廓线闭合；

（3）移动断开处的节点，与另一断开点重合。

病态轮廓线的处理方法：

（1）删除节点（选中后单击右键删除）；

（2）删除线段或轮廓线；

（3）梳理、去除轮廓线中的细小线段（仅对部分病态轮廓线有效）。

所有的病态、开口轮廓线都处理完毕后，可以保存修改并关闭轮廓编辑器窗口进入支撑设计模块，进行支撑的编辑与制作。

4. 支撑的制作与编辑

为了防止零件在加工过程中引起翘曲变形，保证零件制作的稳定性，必须对制作零件进行支撑设计（同机械加工中的夹具，但是与零件同时加工出来）。

1）设置基础支撑参数

基础支撑是零件管理与数据准备系统自动加上，为缺省项。基础支撑是许多十字状支撑呈网格状排列，连接托板与制件的部分，主要目的是便于制件从托板上取下。一般不需要对基础支撑参数进行修改，如有必要可以通过选择“支撑”菜单中的“基础支撑设计”命令弹出的“设置基础支撑”对话框修改参数。

2）添加人工支撑的基本原则

起支撑作用；减少变形；就简避繁；便于去除支撑。

3）新建支撑

新建支撑时，可以选择基本支撑，也可以手画支撑。

选择基本形状的支撑时，首先设置当前工作状态为建立支撑状态（鼠标单击任一支撑形式为当前支撑形式），这时当前支撑形状会随鼠标移动。在需要加支撑位置单击鼠标左键，即可将支撑加到模型上去。

需要手画支撑时，单击“墙型自由手绘支撑”图标，单击左键就可以手画支撑了。需要注意的是本版本数据软件只支持由轮廓线外部向内部绘制支撑。

斜支撑适用有高悬臂部分的制件，加支撑的方法是：先选择“斜支撑”，在突出部分单击左键，然后下移若干层，再在相近轮廓实体部分单击一下，即完成了斜支撑的添加。这时可回到原数据准备软件窗口查看斜支撑加的是否合适。

4）支撑的选择与编辑修改

对建立好的支撑，有时需要进行删除、修改参数、剪切等操作，这时必须先选择视图区上已存在的支撑。单选时用鼠标左键单击存在的支撑任一位置，此支撑颜色变为绿色，即代表此支撑处于选中状态，再次单击时，颜色恢复，此支撑又回到未选中状态。

对选中的支撑可进行删除、平移、剪切、修改支撑参数等操作。其中平移时只要按住鼠标左键移支撑到轮廓实体区域内的任一位置即可。剪切是指从当前层往下开始，截断选中的支撑结构。

5. 生成加工文件 PMR

以上各步操作都完成后，便可以输出 PMR 文件供成型机的制作软件使用。选择“文件”主菜单中的“输出当前模型成型数据”生成 PMR 文件。

5.5.5　快速原型机 CPS-350B 零件的加工制作

1. 快速原型机 CPS-350B 的加工制作软件

制作软件为 CPS-350B 工艺控制系统，其加载对象是由数据预处理软件输出的成型数据文件，其界面如图 5-36 所示。软件可实现的功能有：文件操作、显示，工艺参数设置、电动机控制、参数查询等。

2. 开始成型零件的加工制作

（1）准备工作完成后，待树脂温度达到 38 ℃以上和光源稳定时（光源打开后约需十分钟稳定），即可开始下一步的操作。

（2）双击 rpbuild 图标启动 CPS-350B 工艺控制系统，进入控制软件。单击“文件”主菜单下的“加载成型数据文件”命令加载已准备好的 PMR 文件，这时程序界面的零件总体形态显示区和轮廓显示区内可以看到零件的外形和轮廓。

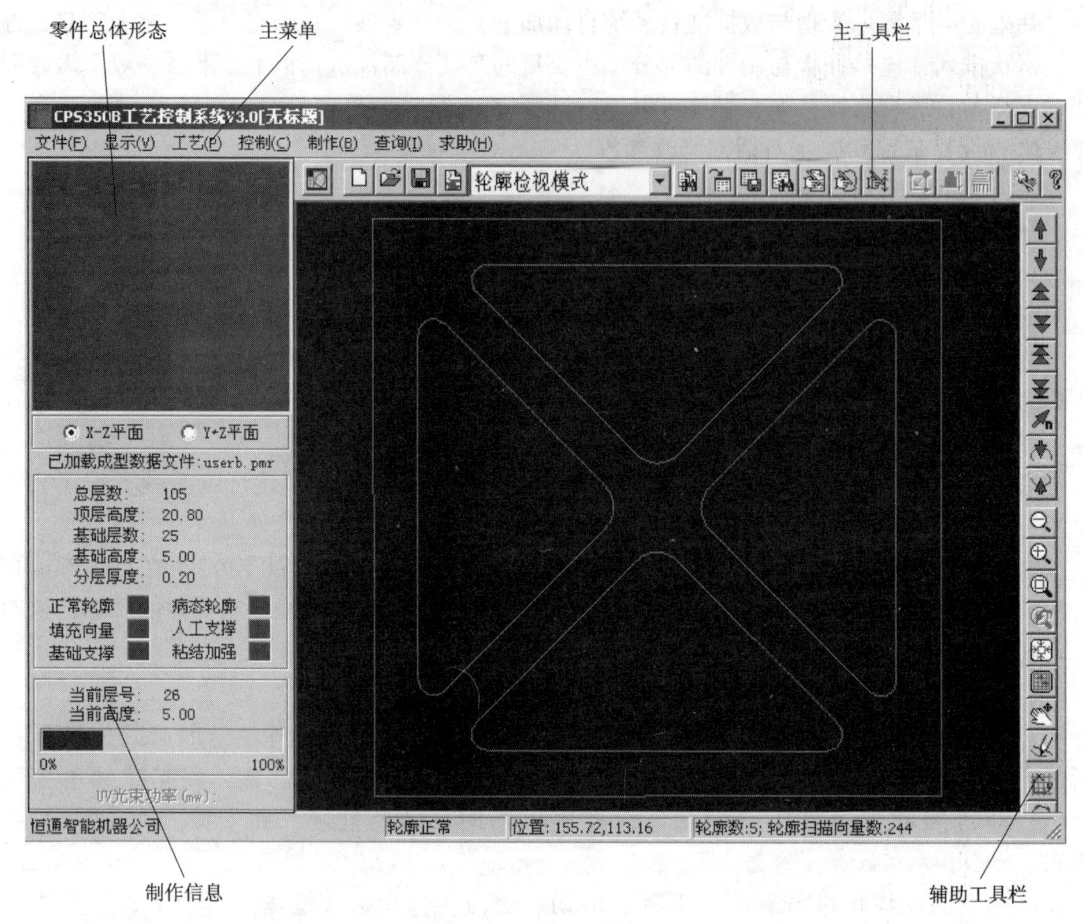

图 5-36　制作软件界面

（3）选择工艺参数，主要指“工艺”主菜单下的“扫描工艺参数”“轮廓与光斑补偿”“工作平台运动参数”三项。这里除了“轮廓与光斑补偿”选项中的“光斑补偿直径”项可以根据实际情况进行修改外，其他各参数均可选用缺省工艺参数。

（4）单击主工具栏中的模式选择下拉菜单条，选择制作模式；或者通过选择“显示”主菜单下的“制作模式”命令进入制作模式。

（5）打开主菜单中“控制”菜单下的“工作台移动”命令，调节工作台的升降，使工作台上台面比树脂槽内的树脂液面稍高一点（约 0.5 mm），单击“设置当前位置为零位”的按钮，设置当前位置为工作台零点位置。

（6）单击主菜单中“制作”菜单下的“完全重新制作”命令。

现在快速原型机就开始零件的加工工作了，可以看到电动机的转动及光学镜头在树脂槽内液面上的移动。

3. 完成成型零件的制作

（1）零件的制作由计算机监控完成。在制作过程中按下 CTRL+C 可强行终止，之后如果需要可选择“制作”主菜单中的“续上次制作”命令从当前位置开始继续制作。零件制作完成之后，系统会提示制作完成。

（2）取出零件。要取出制作完成的零件，首先要将零件升出液面，打开主菜单中“制作”菜单下的“升出液面”命令，即可将零件升至液面以上，然后用铲子将零件取出。在使用铲子取出零件的过程中，要注意铲子尽量放平，力度适中，不要将零件铲断。

（3）退出 CPS-350B 工艺控制系统。单击“文件”菜单下的“退出系统”退出控制程序。然后关闭伺服、计算机、光源、加热，最后关闭总电源。

4. 成型零件的后处理

后处理是指整个成型完后的辅助处理工艺，包括零件的清洗、支撑去除、打磨、表面喷涂以及固化等，这一过程并非必要，视具体情况而定。

清洗：将零件放在超声波清洗器里清洗，也可以用酒精擦洗。

用刀片将支撑与零件剥离，切除基本支撑。用细砂纸将底面轻轻打平。切除支撑后，如欲获得良好的机械性能，需放在固化箱里二次固化，一般情况下不需进行二次固化。后处理完毕之后即可进行测量或使用。

§5.6　应用于快速原型制造的反求技术简介

在信息化的现代社会中，制造行业的竞争日趋激烈。产品更新速度不断加快，生产方式日趋小批量、多品种。在很多场合，产品开发是从已有的实物模型着手，如产品开发中的泥塑、木模样件，或者缺少 CAD 模型的产品零件等，或者为了跟踪国外先进技术等诸多原因，经常需要对样件进行仿制。然而对于一些复杂的样件，如果采用传统的数据采集方法对实物进行测量建模非常困难，需要花费很长一段时间，快速原型制造也随之失去了快速的意义。因此，研究适应快速原型制造的反求技术具有非常重要的意义。随着 RP 行业的迅速发展，反求工程在快速原型制造领域中的作用日趋重要。它作为一种新的产品设计思想和方法越来越广泛地应用于快速原型制造领域，并取得了很多成果。

5.6.1　反求工程的基本概念

反求工程（RE，Reverse Engineering），亦称逆向工程、反向工程，是相对于传统正向工程而言的，是对已有的零件或实物原型，利用 3D 数字化设备准确、快速的测量出实物表面的三维坐标点，并根据这些坐标点通过三维几何建模方法重建实物的 CAD 模型过程。

传统的产品开发过程遵从正向设计的思维进行，是由概念到 CAD 模型，再到实物模型的开发过程。而反求工程则是由实物模型到 CAD 模型的过程，对实物模型进行三维数字化处理，构造实物的 CAD 模型，并利用各种成熟的 CAD/CAE/CAM 技术进行再创新设计。反求工程不仅仅是简单地再现产品原型，而是要进一步改进、提高产品原型。广义的反求工程包括形状（几何）反求、工艺反求和材料反求等诸多方面，是一个复杂的系统工程。目前，大多数有关反求工程问题的研究都集中在几何形状反求，即重建产品实物的 CAD 模型方面。

反求工程技术是当前用于产品开发和仿真加工制造的一种理想的并行设计、开发的最先进的手段，是制造业中消化吸收先进技术、缩短产品再设计与制造周期的重要支撑技术，是集三维内外轮廓测量、激光技术、粉末冶金及快速模具制造等技术为一体的高新技术，是快速原型、快速模具制造的核心技术之一。

它所涉及的关键技术包括：三维实体几何形状数据的快速获取，大型密集离散数据处理及其三维实体模型重构。其工作流程如下：

实物原形→数据采集→数据处理→CAD几何模型→STL文件

5.6.2 反求工程技术数据的获取、处理与CAD建模

1. 数据的获取

实体三维数据的获取分为接触式和非接触式。三坐标测量机（CMM）是一类使用得最为广泛的接触式测量设备，它具有噪声低、精度高、重复性好等优点，非常适合于检测系统，其缺点是：速度慢、效率低。另一方法是非接触式，测头不接触待测物体的表面，它需用某种与物体表面发生相互作用的物理现象来获取其三维信息，其数据传递介质有激光、声波、电磁场等，其中应用光学原理发展起来的现代三维形状测量方法应用最为广泛，如为媒介激光三角形法、结构光洁、计算机视觉法、激光干涉法、激光衍射法等。非接触式测量的特点是测量速度快，因而可以相当密集地对产品表面进行测量，形成所谓的“点云”数据。

但这些方法应用在快速原型制造中，存在一个缺陷即无法测量出零件的内部轮廓数据，为解决这个问题，可利用工业CT扫描和逐层切削照相测量获取物体内轮廓的截面数据。工业CT成本高、精度低，但它不损伤实物，是测量没有备件和复制品的复杂形状实物的唯一方法。逐层切削照相的精度高，但它是破坏性的测量。

2. 数据的处理

通过数据采集系统得到的三维数据量既大又密，甚至是十分庞大的离散数据点，这样的数据不利于构造CAD几何模型。因此，在构造CAD几何模型前，需要对数据进行处理。经过处理以后才可建立具有一定格式要求的数据文件。数据处理包括数据点滤波、数据点优化、数据点的聚合数据等。

（1）数据点滤波由于受测量设备的精度、操作者经验和被测实物表面等诸多因素的影响，会造成测量数据误差点的产生，对这类误差点，习惯上被称为噪声点，噪声点占数据总量的0.1%~5%，噪声点对后续处理有不可预见的干扰和影响，应当予以剔除，噪声点的剔除称为数据点滤波，可采用人机交互的方法进行，也可以通过一定的算法自动剔除。

（2）数据点优化在保证数据点精度的情况下，去除部分数据点，以达到精简数据点和提高处理速度的目的。常用的方法有取样法和弦差分法。

（3）数据点的聚合对于形状复杂的物体，需从几个不同方向采集物体表面上的点，这就需要考虑不同坐标系下数据点的聚合问题。

3. 零件的CAD建模

零件CAD建模包括数据拟合和实体建模。数据拟合是采用某种算法将数据点拟合成曲线、曲面，通常分为两种情况：一种是对不很密的双有序点列，通常采用非均匀有理B样条（NURBS）；另一种是离散数据点，对这种数据的拟合处理常采用弹性网格逼近法、曲线法、薄片样条法、多二项式插值法以及参数表面等曲面的逼近技术。

数据拟合得到的曲面是一种表面模型，缺少面边相邻的实体拓扑信息，有必要进行实体建模。实体建模是在指定的CAD软件中，将数据拟合得到的曲线曲面转化为实体模型，这需解决反求工程与CAD软件的接口问题。较好的解决方法是在数据拟合的过程中，将数据用标准格式表示，使数据模型适用于所有的CAD软件。目前许多CAD软件（如Pro/E、I-

DEAS、Solidworks、AutoCAD）都提供了适用于快速原型制造的STL数据文件格式，解决了从反求工程到加工制造的接口问题。

5.6.3　反求工程技术的应用

当快速原型技术在制造业中出现后，作为RP技术的前端数据处理方法，RE/RP的结合成为产品创新设计与制造的重要技术途径之一，尤其是对于提高我国航空、航天、汽车、摩托车、模具工业产品的快速CAD设计与制造水平，加快产品开发速度，提高产品市场竞争能力，具有重要的意义和经济价值。

概括起来，反求工程主要用在以下方面：

（1）通过反求工程将实物模型转化为三维CAD模型。目前，许多外形设计还难以直接用计算机进行某些物体（如复杂的艺术造型、人体和其他动植物外形等）的三维几何设计，而更倾向于用木材或泡沫塑料进行初始外形设计，再进行模型设计。

（2）反求工程技术用于改型设计。由于工艺、美观、使用等方面的原因，人们经常要对已有的构件做局部修改。在原始设计没有三维CAD模型的情况下，若能将实物构件通过数据测量与处理产生与实际相符的CAD模型，对CAD模型进行修改以后再进行加工，将显著提高生产效率。

（3）以现有产品为基础进行设计，这已成为当今产品设计的基本理念之一。目前，我国在设计制造方面距发达国家还有一定的差距，利用反求工程技术可以充分吸收国外先进的设计成果，跟踪国外先进技术，使我国的新产品设计立于更高的起点，同时加速某些产品的国产化速度。

（4）某些大型设备，如航空发动机、汽轮机组等，常会因为某一零部件的损坏而停止运行，通过反求工程手段，可以快速生产这些零部件的替代件，从而提高设备的利用率和使用寿命。

（5）借助于工业CT技术，反求工程不仅可以产生物体的外形，而且可以快速发现、度量、定位物体的内部缺陷，从而成为工业产品无损探伤的重要手段。

（6）利用反求工程手段，可以方便地产生基于模型的计算机视觉。

（7）通过实物模型产生相应的三维CAD模型，可以使产品设计充分利用CAD技术的优势，并适应智能化、集成化的产品设计制造过程中的信息交换。

以吉普车车轮反求与设计为例，吉普车车轮的设计在必须满足强度和刚度等使用要求外，厂家同时也追求其外观的美感。利用RENISHAW反求系统对车轮样件进行数据反求，并根据要求进行外观及结构的改进设计。吉普车车轮的五个风孔均布，因而只测量其中之一，测量的点云数据及根据测量数据设计的车轮如图5-37（a）所示。在车轮外观设计过程中，为便于用户评估，对每一种设计都进行了LOM原型的制作，根据评估意见和结构有限元仿真，对每一种设计都进行了LOM原型的制作，根据评估意见和结构有限元仿真，对车轮的外观和结构进行了数次改进，最终确定了合理的设计方案，其样次及各次设计的原型如图5-37所示。

5.6.4　反求工程技术的发展趋势

反求工程技术的理论和方法研究重点有以下三个方面：

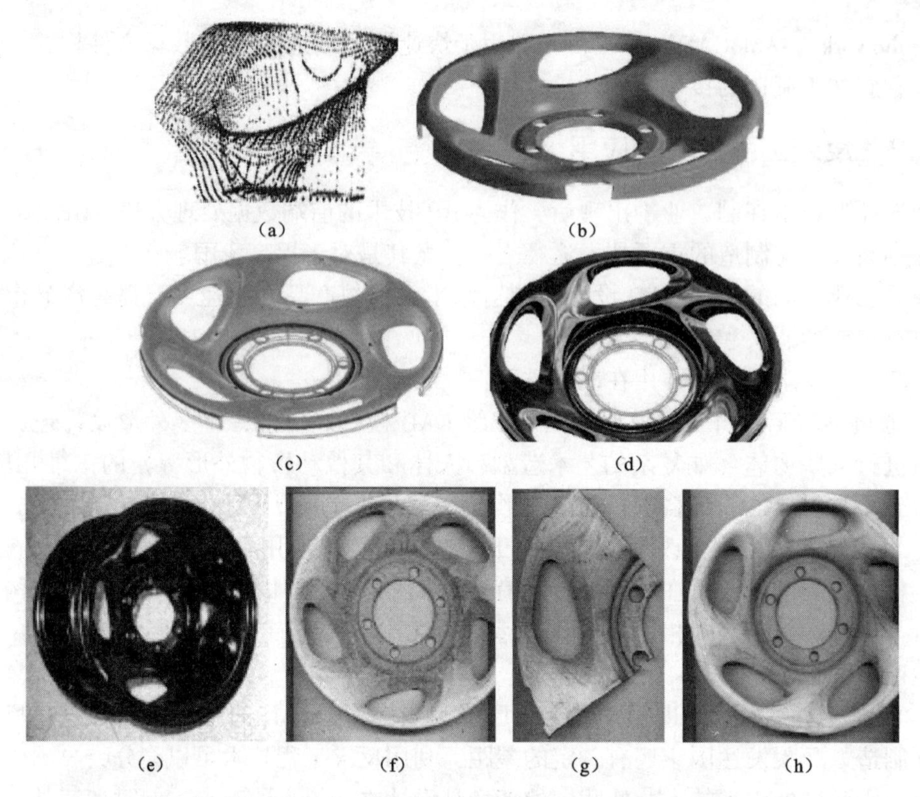

图 5-37　车轮反求设计中的某些步骤

(a) 风孔数据点云；(b) 车轮三维造型；(c) 车轮表面曲率分析；(d) 车轮表面反光分析；
(e) 样件；(f) 第一次设计；(g) 第二次设计；(h) 第三次设计

(1) 针对不断发展的高速、高精度的测量设备，研究一种智能化的反求工程的理论与实现方法，能对散乱测量的数据点、多视和补测数据点的几何、拓扑关系的自动确定；能对测量数据“点云”中包含的几何特征智能提取。

(2) 将反求工程方法与快速设计、制造环境有机结合起来，实现产品的快速设计和创新。只有将反求工程中的建模部分与整个制造环境中的设计修改、性能分析、快速原型制造等模块结合起来，引入并行设计、反馈设计的思想，才能彻底发挥其在快速设计中的作用。

(3) 发展多传感器融合的快速测量方法，将测量、建模与操作结合起来。

§5.7　快速原型制造技术的发展

快速原型制造技术是一种具有广泛应用前景的正在不断完善的高新技术，是当今世界上飞速发展的制造技术之一。快速原型是继60年代NC技术之后制造领域的又一重大突破，是先进制造技术群中的重要组成部分。它综合运用计算机辅助设计和制造技术、激光技术和材料科学技术，在没有传统模具和夹具的情况下，快速制造出任意复杂形状而又具有一定功能的三维实体模型或零件。

5.7.1　快速原型制造技术在国外的发展

早在20世纪70～80年代，美国3M公司的Alan J. Hebert（1978）、UVP公司的Charles

W. Hull（1982）、日本的小玉秀男（1980）和丸谷洋二（1983），各自独立地提出了RP的概念，即用分层制造产生三维实体的思想。它是一种基于材料堆积的完全不同于传统制造方法的全新的制造概念，它的出现引起了全世界的极大关注，不少国家投入了大量的资金和人力进行这项技术研究，经过十几年的努力，快速原型技术在世界上得到了很大的发展。

Charles W. Hull在UVP的继续支持下，完成了能自动建造零件的称之为Stereo lithography Apparatus（SLA）的完整系统SLA-1，并于1986年获得专利，这是RP发展的一个里程碑。同年，Charles W. Hull和UVP的股东们一起建立了3D System公司。与此同时，其他的成型原理及相应的成型系统也相继开发成功。1984年Michael Feygin提出了薄材叠层（Laminated Object Manufacturing，LOM）的方法，并于1985年组建Helisys公司，1992年推出第一台商业成型系统LOM-1015。1986年，美国Texas大学的研究生C. Deckard提出了选择性激光烧结（Selective Laser Sintering，SLS）的思想，稍后组建了DTM公司，于1992年开发了基于SLS的商业成型系统Sinter station。Scott Crump在1988年提出了熔融成型（Fused Deposition Modeling，FDM）的思想，1992年开发了第一台商业机型3D-Modeler。

从80年代中期SLA光成型技术发展到90年代后期，共出现了几十种不同的RP技术，除前述几种外，典型的还有3DP等。但是，SLA、LOM、SLS和FDM四种技术，目前仍然是RP技术的主流。

快速原型与制造技术的推广应用将明显缩短新产品的上市时间，节约新产品开发和模具制造的费用。美国、日本及欧洲发达国家已将快速原型技术应用于航空、宇航、汽车、通信、医疗、电子、家电、玩具、军事装备、工业造型（雕刻）、建筑模型、机械行业等领域。

5.7.2 快速原型制造技术在我国的发展

相对于国外快速原型技术的现有水平和该技术的应用情况，我国在这方面还有较大差距。国外企业新产品开发的工作量大，快速原型技术大部分用于制造试制件，进行产品性能试验；国内大多数企业目前达不到这样的水平，我们在快速原型技术的应用上更应拓展思路，以此推动快速原型制造技术的应用。

90年代初，RP研究工作以技术引进为主，加快了企业的新产品开发，取得了巨大的经济效益。但由于引进价格昂贵，如当时美国3Dsystem公司生产的SLA250系统售价20万美元，SLA500价格高达40万美元；Texas DTM公司的SLS设备Sinter Station 2000售价约50万美元，加之易损件和材料也依靠进口，使生产成本过高，使国内企业难以承受。如Sinter Station 2000所用的激光头为易损件，大约每两年要更换一次，每个售价约3万美元。FDM技术所使用的耗材ABS塑料丝，每公斤约200美元。为了解决中国制造业对RP的迫切需求，1991年以来，在我国政府资助和支持下，一些高等院校和研究机构积极开展RP研究，并取得较大的进展。

1991年华中理工大学开始进行RP技术的研究，并于1994年成功开发了LOM样机，随后在1997年向市场推出了商品化的LOM成型设备。华中理工大学在对LOM设备进行了系列化的开发后，成功地推出商品化的SLS设备，并利用覆膜技术快速制造铸模，翻制出了铝合金模具和铸铁模块。

西安交通大学在SLA的成型材料及设备的国产化研究中工作取得了重大突破，并因此获2000年度国家科技进步二等奖和教育部科技进步一等奖。西安交通大学开发的快速原型机LPS-600A、LPS-250、CPS-250A等系列产品已投入市场，产生了可观的社会经济效益。对快速原型制造技术在医学领域，尤其是在人工骨制造方面进行的积极探索，拓宽了快速原型制造技术的应用领域。基于此，西安交通大学已与第四军医大学合作进行基于气压式熔融沉积快速原型技术的人工生物活性骨骼的研究（此方法已申报专利）。

清华大学于1992年引进了当时具有先进水平的SLA-250光固化成型设备，并成立了激光快速原型制造中心，开展快速原型技术的研究。随后，清华大学在成型理论、工艺方法、设备、材料、软件等方面做了大量的研究开发工作。清华大学研制出的世界上最大的LOM双扫描成型机已提供给国内的汽车制造企业，研制成功的多功能快速造型系统MRPMS也已打入国际市场，自主开发的大型挤压喷射成型RP设备SSM-1600成型尺寸达（1 600×800×750），居世界之首。清华大学企业集团下属的RP专业公司北京殷华公司的产品在占据国内市场的一定份额的同时还打入了国际市场，得到了泰国、香港、韩国等国家和地区用户的好评。

经过科研工作者的努力，我国的快速原型制造技术研究已取得了很多商品化的成果。北京隆源公司的RP服务中心已为工业企业单位制作了许多精密铸模。此外，南京航空航天大学、上海交通大学、中北大学等单位在快速原型技术领域也做了许多工作，如在基于快速原型技术的快速制造模具方面，上海交通大学开发了具有我国自主知识产权的铸造模样计算机辅助快速制造系统，为汽车行业制造了多种模具。国内的家电行业对快速原型技术反应最为敏捷，广东的美的、华宝、科龙，江苏的春兰、小天鹅，青岛的海尔等，都先后采用快速原型系统来开发新产品，取得了良好的经济效益。目前，国产部分RP设备已接近或达到国际同类产品的水平，设备价格也便宜了很多，成型材料的价格更加便宜。目前我国已初步形成了RP设备和材料的制造体系。在国家科学技术部的支持下，我国已在深圳、天津、上海、西安、南京、重庆等地建立了一批向企业提供快速原型制造技术的服务机构，对企业的发展起到了积极的作用，并推动了快速原型制造技术在我国的广泛应用。我国RP技术的发展正走上更加专业化、市场化的轨道，也必将为国民经济的发展做出更大的贡献。

5.7.3 快速原型制造技术发展趋势

RP快速原型制造技术的发展，受到全世界制造业的普遍重视，它的高效、快速、低成本的特点为越来越多的制造业人士所青睐，它从成型原理上提出一个全新的思维模式，为制造技术的发展创造了一个新的机遇，快速原型制造技术是一个具有生命力的技术。在经济飞速发展的今天，市场的全球化、消费的个性化必然导致需求的多样化。面对激烈的市场竞争，要使制造商永远立于不败之地，不断地开发和应用先进的制造技术是唯一出路。因此，进一步大力开发和完善RP快速原型技术势在必行。未来RP技术将朝着微型制造、高精度、高效率、高强度和耐久性、低成本、直接金属型、大型化、RP技术和其他技术及制造方法结合、RP工艺集成等方向发展。

由于高速加工中心的问世，向RP技术提出了新的挑战。从目前RP技术的研究和应用现状来看，快速原型制造技术的进一步研究和开发工作主要有以下几方面：

（1）开发性能好的快速原型材料。材料是RP原型技术实现的一个重要因素，新的、性能良好的材料能够促进RP技术的进一步发展应用。目前，快速原型用材料在挤出、浇注、复形和成型性能方面无法与热塑性塑料和金属相比，且易受成型工艺的影响，材料在成型过程中会产生缺陷。因此，从 RP 技术的特点出发，结合各种应用要求，改进和发展全新的便宜 RP 材料，如成本低、易成型、变形小、强度高、耐久及无污染的成型材料。特别是一些特殊材料和复合材料，例如智能材料、功能梯度材料、纳米材料、非均质材料、其他方法难以制作的复合材料等，已经成为快速原型制造系统进步的迫切要求。

（2）向大型制造与微型制造进军。由于大型模具的制造难度和 RPM 在模具制造方面的优势，可以预测将来的 RPM 市场将有一定比例为大型原型制造所占据。与此相反的是，RPM 向微制造领域的进军，SL 的一个重要发展方向是微米印刷（Microlithography），以制造微米零件（Microscale Parts）。日本 Nagoya University 在这方面领先，激光光斑可达 5 μm，成型时原型不动，激光束通过透明板精密聚焦在被成型的原型上。$X-Y$ 扫描全停位精度为 0.000 25 mm，Z 向定位精度为 0.001 mm，可制造 5 μm×5 μm×3 μm 零件，如静脉阀、集成电路零件等。

（3）开发快速原型的高性能 RPM 软件。主要针对现有软件的弊端，努力开发高性能、高精度、高可靠性的软件，特别是文件转换处理软件、切片软件和精密数控软件，提高数据处理速度和精度，研究开发利用 CAD 原始数据直接切片的方法，减少由 STL 格式转换和切片处理过程所产生精度损失。要开发具有良好用户界面的、易于操作的、价格低廉的 CAD 造型软件和 RE 软件，以加速 RP 技术的推广和应用。

（4）开发新的成型能源。目前，大多数快速原型制造设备都是激光作为能源，而激光系统（包括激光器、冷却器、外光路等）的价格及维护不仅费用昂贵，而且存在传输效率较低。新成型能源方面的研究也是 RP 技术今后的一个重要发展方向。

（5）快速原型制造方法和工艺的改进和创新。目前，较成熟的快速成型方法虽然比较多，且各具特点，但没有一种方法能够满足所有的要求。因此，今后将继续围绕着提高快速成型的精度、减少制造时间（如并行制造）、探索直接制作最终用途零件（如直接金属成型技术）的工艺方法进行研究。此外，还应大力开发多种快速成型的工艺集成和功能集成，积极探索 RP 和其他先进设计及先进制造技术相集成的途径，最终创建集成快速多材料制造系统，实现直接面向产品的制造，以改善快速原型制造系统的可靠性、生产率和优化设备结构，尤其是提高成型件的精度、表面质量、力学和物理性能，为进一步进行模具加工和功能实验提供基础。

（6）进行快速原型技术与 CAD、CAE、RT、CAPP、CAM 以及高精度自动测量、逆向工程的集成研究。集成化也是 RP 技术今后的一个重要发展方向，如开发 RP 技术与快速制模工艺相综合的集成制造系统，可扩大 RP 技术的制造能力、降低生产成本、提高生产效率。

（7）提高网络化服务的研究力度，实现远程控制。随着因特网的迅速发展，用户可通过因特网将制品的 CAD 数据传给制造商，制造商可根据要求快速为用户制造各种制品。更进一步发展成用户通过因特网直接进入制造商的主页，从而利用 RP 技术实现远程制造。此外，通过网络，科研机构可以更好地为企业提供技术支持，有关单位可以方便地进行技术整合等。

（8）此外，RPM 设备的使用外设化、操作智能化、行业标准化的发展趋势，使 RPM 设备的安装和使用变得非常简单，不需专门的操作人员，并且与整个产品制造体系相融合。

近年来研究和开发人员不断探索新的快速原型方法。

第6章

激 光 加 工

激光是通过光与物质相互作用，尤其是作用过程中的受激辐射而产生的。激光技术是20世纪60年代发展起来的一门新兴科学。激光用于材料加工已形成一种全新的加工方法——激光加工。激光加工可以用于打孔、切割、焊接、热处理等各个领域。由于激光具有单色性好、方向性好、相干性好和高亮度的特征，因此激光加工速度快、表面变形小，可以加工各种材料，已经在生产实践中越来越多地显示了它的优越性，所以很受人们的重视。

激光加工是利用光的能量经过透镜聚焦后在焦点上达到很高的能量密度靠光效应来加工各种材料的。短脉冲激光束断面功率输出约为10 kW/cm²。用聚焦的方法，可以把激光束会聚到1/100 mm²大小的部位上，其功率密度可达100 000 kW/cm²，可以提供足够的热量来熔化和汽化任何一种高强度材料，可以进行非接触加工。

§6.1 激光加工原理及工艺特点

6.1.1 激光的产生

物质都是由原子、离子或分子等微观粒子组成。原子由原子核和绕原子核运动的电子组成。原子内部的电子可以通过与外界交换能量而从一种运动状态改变为另一种运动状态。对于每一种状态，原子具有确定的原子的内部能量值，每个内部能量值称为一个能级。能量最低的状态为基态，其他比基态能量高的状态叫作激发态。如图6-1所示，处于E_2、E_3、E_8等高能级的原子称为激发态，各种原子激发到各种能级上的可能性百分比也不同，一般越是处于较高能级的原子，其数目较少，可高能级的原子是很不稳定的，它总是力图回到较低的能量级去，原子向低能量级运动过程称为“跃迁”。

当原子从高能级跃迁到低能级或基态时，常常会以光子的形式辐射出能量，所放出光的频率γ与高能态E_n和低能态E_1之差有如下关系

$$\gamma = (E_n - E_1) / h$$

式中 h——普朗克常数。

原子从高能态自发跃迁到低能态的发光过程称为自发辐射，日光灯、灯等光源都是由于自发辐射而发光的。由于各个受激原子自发跃迁返回基态时在时间上相差较大，所以方向性很差，而原子跃迁时激发的能级很多，所以自发辐射出来光的频率和波长不同，单色性很差。

物质的发光，除自发辐射外，还存在一种受激辐射。当一束光入射到具有大量激发态原

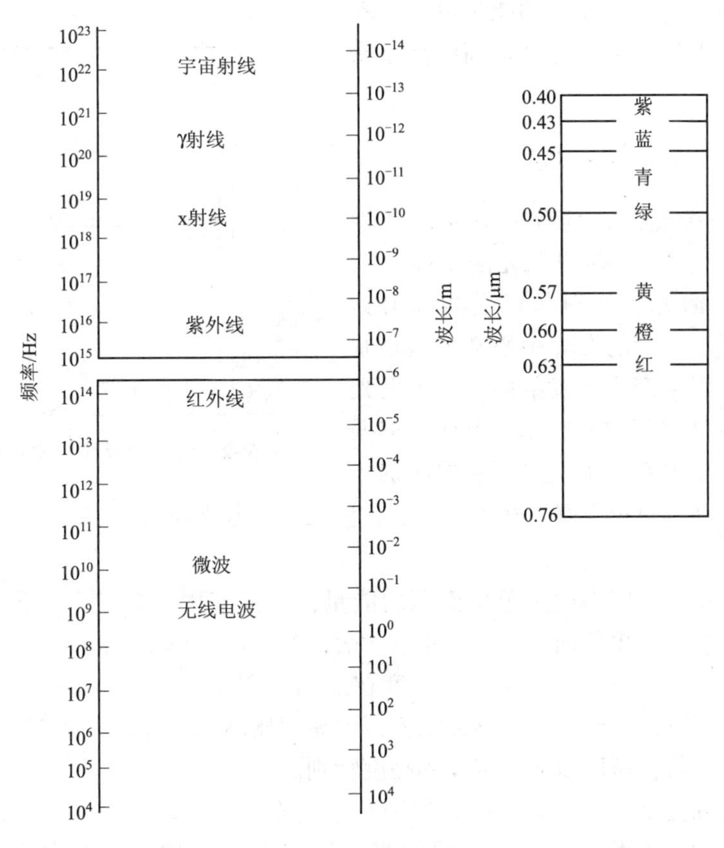

图6-1 电磁波波谱图

子的系统中，若这束光的频率 γ 与（E_n-E_1）/h 很接近，则处在激发能级上的原子，在这束光的刺激下会跃迁到较低能级，同时发出一束光，这束光与入射光有着完全相同的特性，它的频率、相位、传播方向、偏振方向都完全一致。相当于把入射光放大了，这样的发光过程称为受激辐射。

当原子体系处于热平衡状态时，高能级上的原子数比低能级上的原子数少，这种体系不可能获得受激辐射占优势的状态。如用光、电、化学等能量去刺激它，有选择性使某个或某几个较高能级上的原子数大大地增多，形成较高能级上的原子数大于较低能级的原子数，这种状态与热平衡时正常分布状态相反，这种现象称为“粒子数反转”。在粒子数反转的状态下，如果有一束光子照射该物体，而光子的能量恰好等于这两个能级相对应的能量差，这时就能产生受激辐射，输出大量的光能。

例如人工晶体红宝石，基本成分是氧化铝，其中掺有0.05%的氧化铬，铬离子镶嵌在氧化铝的晶体中，发射激光的是正铬离子。当脉冲氙灯照射红宝石时，使处于基态 E_1 的铬离子大量激发到 E_n 状态，由于 E_n 寿命很短，E_n 状态的铬离子又很快地跳到寿命较长的亚稳态 E_2。如果照射光足够强，就能够在千分之三秒时间内，把半数以上的原子激发到高能级 E_n，并转移到 E_2，从而在 E_2 和 E_1 之间实现了粒子数反转，如图6-2所示。这时当有频率的光子去“刺激”它时，就可以产生从能级 E_2 到能级 E_1 的受激辐射跃迁，发出频率为（E_2-E_1）/h 的光子。而这些光子又继续“刺激”别的亚稳态原子发出光来，这样互为因果、连锁反应，在极短的时间内可以受激原子的能量以同一频率的单色光辐射出来，可以达到很高的能量密度，这就是激光。

6.1.2 激光的基本特性

激光也是一种光，它具有一般光的共性（如光的反射、折射、绕射以及光的干涉等），也有它的特性。激光的发射是以受激辐射为主，而发光物质中大量的发光中心基本上是有组织的、相互关联地产生光发射的，各个发光中心发出的光波具有相同的频率、方向、偏振状态和严格的位相关系。正是这个质的区别才导致它具有强度高、单色性好、相干性好和方向性好的基本特性。

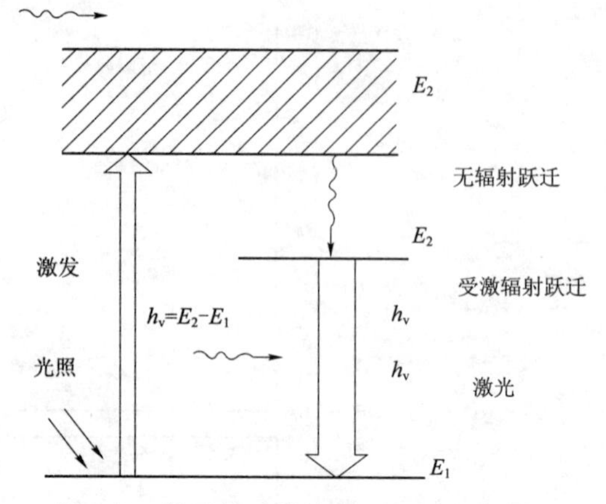

图 6-2 粒子数反转的建立和激光的形成

1. 强度高

光的强度指单位时间内通过单位面积的能量，光强度用（W/cm^2）作单位。光源的亮度通常是在光源表面的单位面积上，在垂直于表面的方向，单位时间在单位立体角内发射的光能，用［$W/(cm^2 \cdot sr)$］作单位。亮度在照明工程上则以“熙提”为单位（1熙提=0.001 6 $W/cm^2 \cdot sr$），一台红宝石脉冲激光器的亮度比高压脉冲氙灯高370亿倍，比太阳表面亮度高200多亿倍，所以激光的强度和亮度特别高。

激光的强度和亮度之所以如此高，原因在于激光可以实现在空间上和时间上的高度集中。就光能在空间上的集中而论，如果能将分散在180°立体角范围内的光能全部压缩到0.18°立体角范围内发射，则在不必增加总发射功率的情况下，发光体在单位立体内的发射功率就可提高一百万倍，亦即其亮度提高一百万倍。

就光能量在时间上的集中而言，如果把一秒钟时间内所发射的光压缩在亚毫秒数量级的时间范围内发射，则在总功率不变的情况下，瞬时功率又可以提高几个数量级。激光是利用谐振腔振荡发射的，它完全可以做到这一点，从而又大大提高了激光的亮度。

2. 单色性好

在光学领域中，“单色”是指光的波长或者频率为一个确定的数值，实际上严格的单色光是不存在的，波长为λ_0的单色光都是指中心波长为λ_0、谱线宽为$\Delta\lambda$的一个光谱范围。$\Delta\lambda$称为该单色光的谱线宽，是衡量单色性好坏的尺度，$\Delta\lambda$越小，单色性就越好。不管是太阳光还是电灯光，经三棱镜折射后，就看出它是由红、橙、黄、绿、青、兰、紫七色成组的光，即普通光是由不同波长和频率的光组成的，它的单色性很差。激光则不同，经三棱镜折射后它只有一个颜色，也就是说，激光是由同波长，同频率的光组成的，它的单色性很好。

3. 相干性好

光源的相干性可以用相干时间或相干长度来量度。相干时间是指光源先后发出的两束光能够产生干涉现象的最大时间间隔。在这个最大的时间间隔内光所走的路程（光程）就是相干长度，它与光源的单色性有关，即

$$L=\lambda_{0^2}/\Delta\lambda$$

式中　L——相干长度；

λ_0——光源的中心波长；

$\Delta\lambda$——光源的谱线宽度。

这就是说，单色性越好，$\Delta\lambda$ 越小，相干长度就越大，光源的相干性也越好。某些单色性很好的激光器所发出的光，采取适当措施以后，其相干长度可达到几十公里，而单色性很好的氙灯所发出的光，相干长度仅为 78 cm，其他光源的相干长度就更小了。

4. 方向性好

光束的方向性是用光束的发散角 θ 来表征的。如图 6-3 所示，O 点为点光源，以 O 点为顶角，以向某方位发射的光线围成一个圆锥，然后以顶角 O 为球心，以单位长度为半径作球，以圆锥与球面所截出的球面 S 大小来度量发散角（立体角）θ 的大小，整个球面所张的立体角为 4 πsr（球面度）。普通光源由于发光中心是独立发光，各具有不同的方向，所以发射的光束是很散的，即使是加上聚光系统，要使光束的发散角小于 0.1 sr 是十分困难的。激光则不同，理论上它完全是平行光，但因受各种因素的影响（如反射镜的制造和安装精度等），激光的发散角也只能小到 0.1×10^{-3} sr 左右。月球距离地球约 40 万公里，若将激光束射到月球上去，光斑直径不到 1 公里，这是其他光不能做到的。在激光加工中，通过聚焦，激光焦点光斑直径可以小于 0.01 mm，而太阳光通过同样的聚焦只能得到几毫米直径的光斑。

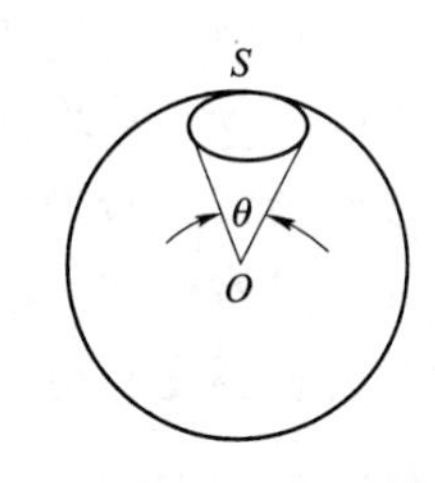

图 6-3　立体角 θ 的度量方法

6.1.3　激光加工的基本原理

太阳光是非单色光，能量密度不大，经凸镜聚焦后，只能达到几毫米直径的光斑，焦点附近的温度仅有 300 ℃左右，能量密度也不高，所以太阳光还不能加工工件。激光则不同，激光是单色光，强度高、相干性和方向性好，通过一系列光学系统，可将激光束聚焦成光斑直径小到几微米、能量密度高达 $10^8\sim10^9$ W/cm^2，能产生 10^4℃以上的高温，并能在千分之几秒甚至更短的时间内使任何可熔化、不可分解的材料熔化、蒸发、汽化而达到加工目的。

按照激光与被加工件之间作用机理的不同，可将激光加工分为两类：一类是激光热加工，一类是激光冷加工。激光热加工是指激光作用于加工工件表面所引起的快速热效应的各种加工过程，如激光切割、激光焊接、激光打孔等；激光冷加工是指激光借助高能量高密度光子引发或控制光化学反应的各种加工过程，亦称为激光光化学反应加工，如光化学沉积、立体光刻、激光刻蚀等。

1. 激光热加工

激光加工大多数都是基于光对非透明材料的热作用过程。此过程大致分为光能的吸收及能量转化，材料的无损加热，材料熔化、汽化及溅出，作用终止与加工区冷凝等几个连续阶段。

1）光能的吸收及其能量转化

激光束照射工件材料表面时，光的辐射能一部分被反射，一部分被吸收，并对材料加热，还有一部分因热传导而损失。这几部分能量消耗的相对值，取决于激光的特性和激光束持续照射时间及工件材料的性能。

激光加工是一个高速的烧蚀过程。当高强度的光能传送到工件表面时，工件对光能的吸收有一个开始的瞬态过程，开始时即使工件表面很粗糙，反射光都是比较高的（尤其当工件材料为金属时）。当工件表面温度逐渐上升，在高温下表面被氧化或变成熔融状之后，反射率就逐渐降低，吸收率迅速增加，激光功率密度越高，这一过程作用时间越短，此时光能转换为热能。

2）材料的无损加热

材料的加热是光能转换成热能的过程。光能量照射金属表面时，部分被金属表面反射，部分被吸收，这个吸收过程仅发生在被照射金属材料厚度为0.01～0.1 μm，这个现象就是金属的浅肤效应。激光束在很薄的金属表面层内被吸收，使金属中自由电子的热运动能增加，并在与晶格碰撞中在很短时间内（10^{-11}～10^{-10} s）把电子的能量转化为晶格的热振动能，引起材料温度升高，然后按热传导的机理向四周或内部传播，改变材料表面及内部各加热点的温度。

对于非金属材料，一般它的导热性很小，在激光的照射下，其加热不是依靠自由电子。在激光波较长时，光能可以直接被材料的晶格吸收而使热振荡加剧。在激光波较短时，光能激励原子壳层上的电子，这种激励通过碰撞而传播到晶格上，使光能转换成为热能。

工件材料加热后，进入稳态的熔化、汽化过程，但是，不同的工件材料，其热学物理特性亦不同。一方面，工件材料的熔点、沸点、汽化热等越高，所消耗的热量则越大；另一方面，工件材料的导热系数越大，热传导损失越大，工件材料的温升越慢。当激光功率一定时，照射时间越长，热损也越大；激光功率密度的空间分布越分散，被辐射工件表面的温升越慢。

3）工件材料的熔化、汽化及去除

在足够的功率密度的激光束照射下，工件材料表面才能达到熔化、汽化的温度，从而使工件材料汽化、蒸发或熔融溅出，达到去除的目的。当激光功率密度过高时，工件材料在表面上汽化，不在深处熔化；若激光功率密度过低，则能量就会扩散分布和加热面积较大，致使焦点处熔化深度很小。因此，要满足不同激光束加工的要求，必须合理选择相应的激光功率密度和作用时间。

4）工件加工区的冷凝

激光辐射作用停止后，工件加工区材料便开始冷凝，其表层将发生一系列变化，形成特殊性能的新表面层，新表面层的性能取决于加工要求、工件材料、激光性能等复杂因素。一般，激光束加工工件表面所受的热影响区很小，在薄材上加工，汽化是瞬时的，熔化则很少，对新表面层的金相组织没有显著影响。

2. 激光冷加工

冷加工具有很高负荷能量的（紫外）光子，能够打断材料（特别是有机材料）或周围介质内的化学键，致使材料发生非热过程破坏。这种冷加工在激光标记加工具有特殊的意义，因为它不是热烧蚀，而是不产生“热损伤”副作用的、打断化学键的冷剥离，因而对被加工表面的里层和附近区域不产生加热或热变形等作用。

6.1.4 激光加工的特点

（1）激光光斑大小可以聚焦到微米级，输出功率可以调节，能进行非常微细的加工。

（2）激光的功率密度高，几乎可以加工所有的可熔化、不可分解的金属、非金属材料；

透明材料如玻璃只要采取一些色化和打毛措施，也可加工。

（3）加工所用工具是激光束，是非接触加工，所以没有明显的机械力，没有工具损耗问题，加工速度快、热影响区小，容易实现加工过程自动化，还能通过透明介质、惰性气体或空气进行加工。

（4）激光束易于导向、聚焦和发散，可与数控机床、机器人等结合，构成各种灵活的加工系统，有利于对传统加工工艺、传统的机床、设备的改造。

（5）激光加工是一种瞬时、局部熔化、汽化的加工，影响因素很多，因此，精微加工时的精度，尤其是重复精度和表面粗糙度不易保证，必须进行反复试验，寻找合理的参数，才能达到一定的加工要求。

（6）加工中产生金属气体及火星等飞溅物，要注意通风抽走，此外，激光对人体有害，须采取相应防护对策。

§6.2　激光加工的基本设备及其组成部分

6.2.1　激光加工机的组成部分

激光加工的基本设备包括激光器、电源、光学系统及机械系统等四大部分。

激光器：是激光加工的重要设备，它把电能转变成光能，产生激光束。

电源：为激光器提供所需要的能量及控制功能。

光学系统：包括激光聚焦系统和观察瞄准系统，后者能观察和调整激光束的焦点位置，并将加工位置显示在投影仪上。

机械系统：主要包括床身、能在三坐标范围内移动的工作台及机电控制系统等。随着电子技术的发展，目前已采用计算机来控制工作台的移动，实现激光加工的数控操作。

6.2.2　激光加工常用激光器

激光器按照激活介质的种类可以分为固体激光器、气体激光器、液体激光器、半导体激光器、自由电子激光器等；常用的激光器有气体激光器和固体激光器。按照激光器的工作方式又可分为连续式激光器和脉冲式激光器。

1. 固体激光器

固体激光器一般采用光激励，能量转化环节多，光的激励能量大部分转换为热能，所以效率低。为了避免固体介质过热，固体激光器通常多采用脉冲工作方式，并用合适的冷却装置，较少采用连续工作方式。由于其具有结构紧凑、牢固耐用、使用维护方便、价格较低等特点，所以在激光打孔、焊接、切割、划片、热处理及半导体加工技术中得到广泛的应用。

固体激光器包括工作物质、光泵、玻璃套管和滤光液、冷却水、聚光器以及谐振腔等部分。图 6-4 所示为固体激光器的结构。

目前应用于加工的固体激光器的工作物质主要是红宝石、钕玻璃及 YAG（掺钕钇铝石榴石）。

1）红宝石

吸收光谱为 360~450 μm 的紫光和 510~600 μm 的绿光，输出的荧光光谱有 694.3 μm

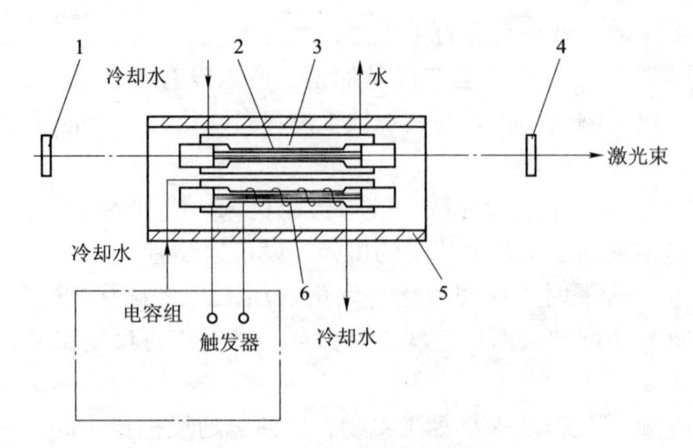

图 6-4　固体激光器的结构

1—全反射镜；2—工作物质；3—玻璃套管；4—部分反射镜；
5—聚光镜；6—氙灯；7——电源

和 692.9 μm 两条谱线，都是可见的红光，便于调整观察。用 120 mm×ϕ10 mm 的红宝石晶体，其输出能量可达 5 J，但工作频率一般都小于 1 次/s。

2）钕玻璃

钕玻璃吸收光谱较宽，输出的红外激光的波长为 1.06 μm。用 180 mm×ϕ10 mm 的钕玻璃棒，其输出能量可达 10 J 以上，工作频率一般不超过 2 次/s。钕玻璃棒具有较高的光学均匀性、光线的发射角小，适于精密微细加工，钕玻璃价格低，易做成较大尺寸。

3）YAG（掺钕钇铝石榴石）

YAG 吸收光谱和输出荧光谱线与钕玻璃相比基本相同，钇铝石榴石晶体的热物理性能好，有较大的导热性，膨胀系数小、机械强度高，工作频率一般可达 10~100 次/s，可连续输出功率达数十焦。

过去，红宝石激光器在激光加工发展初期使用较多，现在大多数已采用钕玻璃或掺钕钇铝石榴石激光器。

光泵是使工作物质发生粒子数反转，产生受激辐射的激励光源。对光泵系统的要求是：光泵的发射光谱应与工作物质的吸收光谱相匹配；发光效率和强度要高；有一定使用寿命；工作频率及输出功率应满足加工需要。常用的光泵有脉冲氙灯和氪灯，脉冲氙灯的发光强度和频率较高，能适用于脉冲工作的固体激光器。脉冲状态工作的氙灯有脉冲氙灯和重复脉冲氙灯两种。氪灯由于其发光光谱与 YAG 的吸收光谱能很好地匹配，所以是 YAG 连续激光器的理想光泵。为了减轻光泵的负载及改善照明的均匀性，也有采用双灯、三灯或四灯的光泵。

谐振腔是光学反馈元件，它的作用是使光放大介质产生光振荡。谐振腔的类型对激光输出能量和光束发散角有重大影响。

固体激光器的谐振腔使用最多的是平行平面谐振腔，它由两块互相平行的同轴平面反射镜组成，其中一块为全反射镜，另一块为部分反射镜。这种谐振腔要求其不平行度小于 10，过大将会引起光束的偏移和位移，使输出能量或功率降低，甚至不能产生激光。谐振腔的不平行度主要是由调整误差所引起；调整精度决定于调整仪和谐振腔机械结构的稳定性。一般采用内调焦平行光管或测角仪来调整谐振腔的不平行度。

聚光器的作用是将氙灯发出的光能有效而均匀地聚集到工作物质之上，使它获得充分的光照。一般使用聚光器以后，可将氙灯发出光强的 80% 左右聚集到工作物质上。常用的聚光器有圆柱形、椭圆柱形和双圆柱形或双椭圆柱形几种，不同形式聚光器的聚光效率均不同。

圆柱形［图 6-5（a）］制造简单故应用较多，但效率差；聚光效率较好的是椭圆柱形［图 6-5（b）］它的光照比较均匀，但制造困难，因此应用较少。双圆柱形［图 6-5（c）］的制造比较简单，应用较多，但效率比双椭圆柱形差。

为了提高光的反射率，聚光腔内壁需要抛光至 $Ra<0.03\ \mu m$ 并蒸镀一层铝膜、银膜或金膜。一般是镀银，但金膜较稳定。设计聚光器时，要兼顾到有利于工作物质和氙灯的充分冷却及结构尽量紧凑。

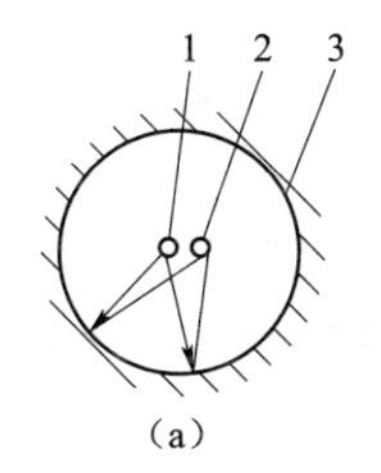

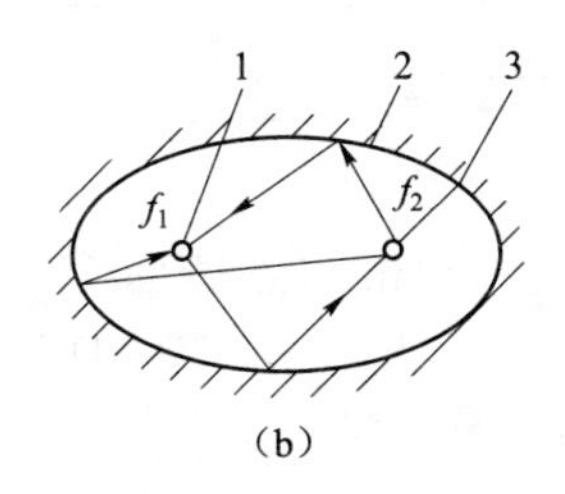

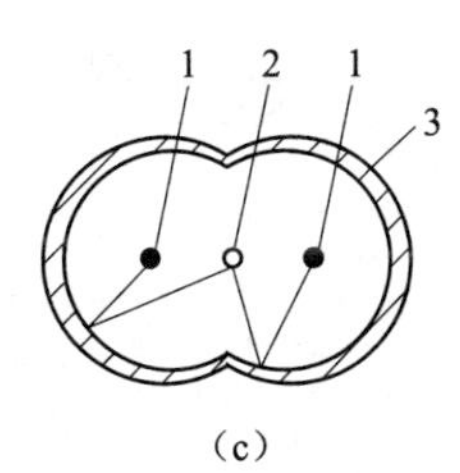

图 6-5　固体激光器的聚光器

1—脉冲氙灯；2—工作物质；3—聚光腔

（a）圆柱形；（b）椭圆柱形；（c）双圆柱形

2. 气体激光器

气体激光器一般采用电激励，因其效率高、寿命长、连续输出功率大，广泛用于切割、焊接、热处理等加工。常用于材料加工的气体激光器有二氧化碳激光器、氦-氖激光器以及氩离子激光器等。

1）二氧化碳激光器

二氧化碳激光器是以二氧化碳气体为工作物质的分子激光器，连续输出功率可达万瓦，是目前连续输出功率最高的气体激光器，它发出的谱线是在 10.6 μm 附近的红外区，输出量强的激光波长为 10.6 μm。

二氧化碳激光器的效率可以高达 20% 以上，这是因为二氧化碳激光器的工作能级寿命比较长，在 $10^{-3}\sim10^{-1}$ s，工作能级寿命长有利于粒子数反转的积累。另外，二氧化碳的工作能级离基态近，激励阀值低，而且电子碰撞分子，把分子激发到工作能级的概率比较大。为了提高激光器的输出功率，激光器一般都加进氮（N_2），氦（He）、氙（Xe）等辅助气体和水蒸气。

二氧化碳激光器的结构如图 6-6 所示，它主要包括放电管、谐振腔、冷却系统和激励电源等部分。

2）氦-氖激光器

氦-氖（He-Ne）激光器是最早出现的气体激光器，也是目前用得最广泛的典型原子激光器，它以连续放电激励方式运转，它在可见和红外区有许多激光谱线；在激光加工设备中，常作红外激光器与导光系统的调整装置。

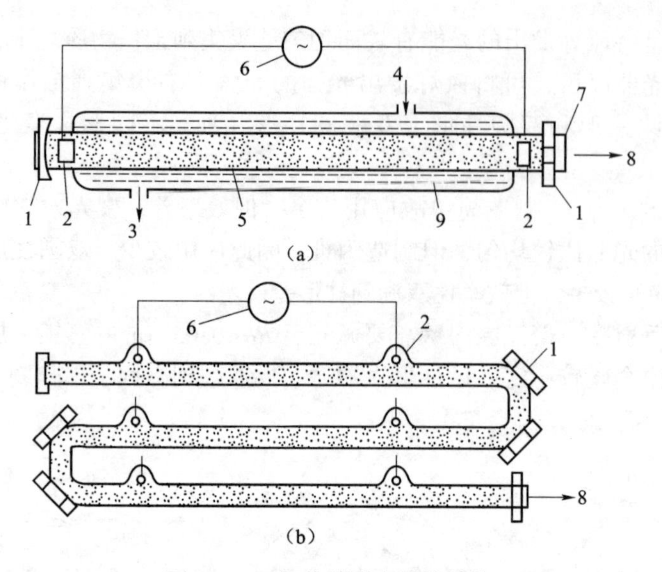

图 6-6　二氧化碳激光器的结构

1—反射镜；2—电极；3—出水口；4—进水口；5—放电管；
6—交流电源；7—红外材料；8—激光；9—冷却水

氦-氖激光器的工作粒子是氖原子，氦原于是辅助粒子，它能够提高氖的高能级粒子数反转效率，产生连续振荡。

氦-氖激光器的结构如图 6-7 所示，它由放电管、谐振腔和电源三部分组成，两端为镀有多层介质膜的反射镜组成谐振腔。谐振腔中间为由硬质玻璃或熔融石英制成的气体放电管，它由毛细管和储气管组成。电源系统为高电压小电流电流源，由高压变压器、整流及滤波回路组成。

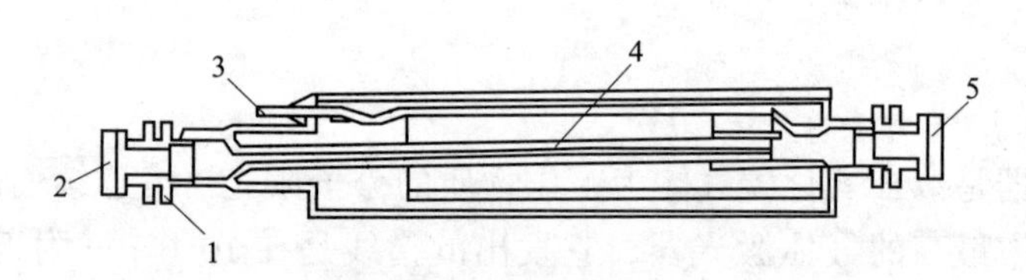

图 6-7　氦-氖激光器的结构

1—阳极；2—反射镜；3—阴极；4—放电管；5—反射镜

3）氩离子激光器

氩离子激光器是惰性气体氩（Ar）通过气体放电，使氧原子电离并激发，实现离子数反转而产生激光，其结构如图 6-8 所示。

氩离子激光器发出的谱线很多，最强的是波长为 0. 514 5 μm 的绿光和波长为 0. 488 0 μm 的蓝光。因为其工作能级离基态较远，所以能量转换效率低，一般仅 0. 05% 左右。通常采用直流放电，放电电流为 10～100 A，功率小于 1 W 时，放电管可用石英管，功率较高时，为承受高温而用氧化铍（BeO）或石墨环做放电管。在放电管外加一适当的轴向磁场，可使输出功率增加 1～2 倍。

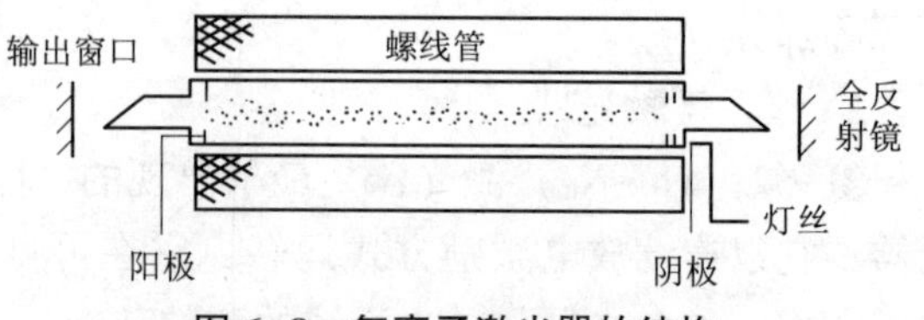

图 6-8　氩离子激光器的结构

由于氩激光器波长短，发散角小，所以可用于精密微细加工，如用于激光存储光盘基板的蚀刻制造等。

6.2.3　激光器电源

以脉冲固体激光器电源为例介绍激光器的电源，其原理框图如图 6-9 所示。

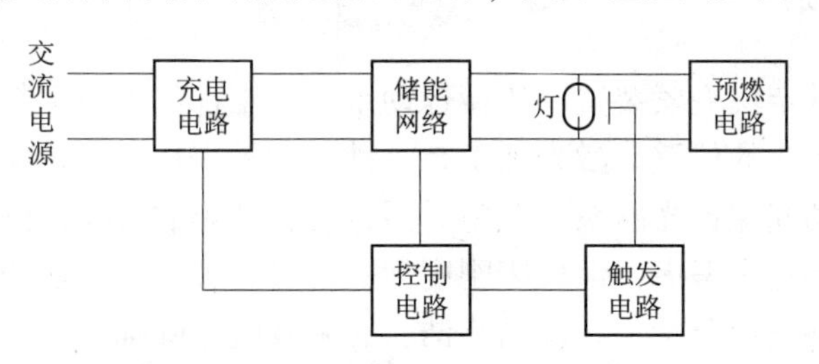

图 6-9　脉冲固体激光器电源的原理框图

（1）外接交流电源，充电电路将低压直流或交流变换为高压直流，并对储能网络提供电能。由于储能元件多为电容，电容负载在整个充电过程中不停地处于从短路到开路的运行状态。

（2）储能网络为脉冲氙灯放电瞬时提供足够大的能量，形成所需要的电压、电流波形。典型的储能网络有单电容型、电感-电容型、仿真线网络三种。

（3）预燃电路为脉冲氖灯提供预电离电流；触发电路供给氖灯触发高压和触发功率，使氖灯内气体开始电离，形成火花放电。泵浦灯正常工作电压远低于灯的自闪电压。

（4）控制电路则用于协调上述各部分能正常工作。

6.2.4　光学系统

光学系统是激光加工设备的主要组成部分之一，它由导光系统（包括折反镜、分光镜、光导纤维及耦合元件等），观察系统及改善光束性能装置（如匀光系统）等组成，它的特性直接影响激光加工的性能。

1. 光学系统在加工中的作用

（1）将激光束从激光器输出窗口引导至被加工工件的表面上，并在加工部位获得所需的光斑形状、尺寸及功率密度。

（2）指示加工部位。由于大多数用于激光加工的激光器工作在红外波段，光束不可见。为便于激光束对准加工部位，多采用可见的氦氖激光器或白炽灯光同轴对准，以指示激光加工位置，便于整个光路系统的调整。

（3）观察加工过程及加工零件，尤其在微小型件的加工中是必不可少的。

2. 光学系统元件的选用原则

（1）光学元件应有高的传输效率。在透射式光学系统中，光学元件应对工作波段有良好的透过率；在反射式光学系统中，则应对工作波段有良好的反射率；如对于固体激光器，用于加工的激光器主要工作在近红外和可见光波段，因此可用各类玻璃做透镜；但在二氧化碳激光器中，玻璃为不透明介质，透镜多采用半导体材料，如砷化镓等。

（2）光学系统和组成元件应力求简单，以减少元件的损耗和避免激光高度相干性所带来的能量分布变化及在高功率、大能量场合下元件的损伤。

（3）由于大多数激光器的辐射往往以高斯光束传播，它既不同于普通的均匀平面波，也不同于普通的均匀球面波。因此，激光光学系统的参数应根据光学元件对高斯光束的变换特性确定，以满足前、后单元的最佳匹配条件。

6.2.5 机械系统

机械系统包括工件定位夹紧装置、机械运动系统、工件的上料下料装置等。它用来实现确定工件相对于加工系统的位置。激光加工是一种微细精密加工，机床设计时要求机械传动链短，尽可能减小传动间隙；光路系统调整灵活方便，并牢靠锁紧；激光加工不存在明显的机械力，强度问题不必过多考虑，但机床刚度问题不可忽视；还要防止受环境温度影响而引起的变形；为保持工件表面及聚焦物镜的清洁，必须及时排除加工产物，因此机床上都设计有吹气或吸气装置。

激光加工中激光束与工件位置的控制，可用以下三种方式实现：

（1）工件移动，而激光头和光束制导装置固定不动。

（2）激光头和光束制导装置移动，工件固定不动。

（3）光束制导装置移动，激光头和工件不动。

§6.3 激光加工工艺及应用

6.3.1 激光切割

1. 概述

激光切割是激光加工技术在工业上广泛应用的一个方面，因此其加工过程既符合激光与材料的作用原理，又具有自己的特点。

激光切割是利用经聚焦的离功率密度激光束照射工件，使被照射处的材料迅速熔化、汽化、烧蚀或达到燃点，同时借助于辅助气体的吹力吹除熔融物质，从而实现割开工件的一种热切割方法。其切割过程示意图如图6-10所示，切割过程发生在切口的终端处一个垂直的表面，称之为烧蚀前沿。激光和气流在该处进入切口，激光能量一部分为烧蚀前沿所吸收，一部分通过切口或经烧蚀前沿向切口空间反射。

激光切割方式主要有汽化切割、熔化切割、氧助熔化切割。

汽化切割的机理是当高功率密度的激光照射到工件表面时，材料在极短的时间内被加热到汽化点，部分材料化作蒸气逸去，形成割缝，其功率密度一般为 10^8 W/cm^2 量级，是熔化切割机制所需能量的10倍，这是大部分有机材料和陶瓷所采用的切割方式。

熔化切割是利用一定功率密度的激光加热工件使之熔化，同时依靠与光束同轴的非氧化性辅助气流把孔洞周围的熔融材料吹除、带走，形成割缝。其所需功率密

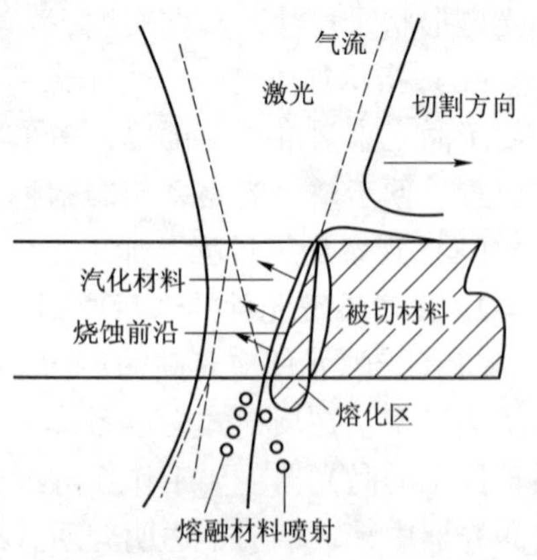

图6-10 激光切割区示意图

度约为汽化切割的1/10。

氧助熔化切割是利用激光将工件加热至其燃点，利用氧或其他活性气体使材料燃烧，由于热基质的点燃，除激光能量外的另一热源同时产生，同时作为切割热源。

在氧助切割过程中，存在着两个切割区域；一个区域是氧燃烧速度高于光束行进速度，这时割缝宽且粗糙，另一个区域是激光束行进速度比氧燃烧速度快，所得切缝狭窄而光滑。

2. 激光切割的切口质量

目前国际上对激光切割的质量评价还没有统一的标准，我国尚无有关激光切割面质量的标准，日本也无专用标准，检测激光切割质量的主要依据引用部分JIS和WES（焊接规格）等。在CEN（欧洲标准化机构）和1SO（国际标准化机构）讨论了有关激光切割的标准化问题。以EU为主的提供的有关ISO9000系列质量保证方法，具体研究了激光切割的详细标准和对标准试件的规定。其内容包括有关切割质量的等级划分、设定样品的标准、加工样品的标准、价格样品的机种、详细的光学系统、振动器及光束特性等。

激光切割的切口质量要素如图6-11所示，主要体现在切口宽度、切割面的倾斜角以及切割面的粗糙度等。

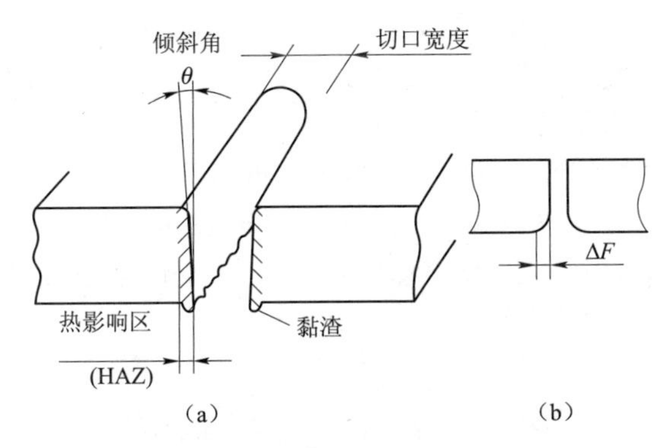

图6-11 激光切割的切口质量要素

（a）楔形切口；（b）倒V形切口

1）切口宽度

激光切割金属材料时的切口宽度，同光束模式和聚焦后的光斑直径有很大的关系，CO_2激光束聚焦后的光斑直径一般在0.15~0.3 mm。激光切割低碳钢薄板时，焦点一般设置在工件上表面，其切口宽度与光斑直径大致相等。随着切割板材厚度的增加，切割速度下降，就会形成上宽下窄的楔形切口，如图6-11（a）所示，且上部的切口宽度也往往大于光斑直径。一般来说，在正常切割时，CO_2激光切割碳钢时的切口宽度为0.2~0.3 mm。

2）切割面的倾斜角

在激光切割厚金属板材时，切口会呈现出上宽下窄形，有时在下口面也出现倒V形，如图6-11（b）所示，工件切割实验表明，切割面倾角的大小同切割方向有关，但一般都在1°以内，基本上看不出明显的倾角。

在CO_2切割不锈钢板时，为避免黏渣，焦点位置通常设在表面以下部位，因而其倾角比碳钢切割略大，即使在不锈钢薄板场合也出现倾斜的切割面。在激光切割功率密度$P_0=3\times10^6$ W/cm^{2}的条件下，切口下缘的倒V形塌角量ΔF与板料厚度t的关系可以下式近似表示：

$$\Delta F \approx (10-25)\ t$$

当P_0增大，ΔF值就减小，因此采用高功率密度的激光束切割时，ΔF值就不明显。

3）切割面的粗糙度

影响切割面粗糙度的因素较多，除了光束模式和切割参数外，还有激光功率密度、工件材质和厚度。对于较厚板料，沿厚度方向切割面的粗糙度存在较大差异，一般上部小，下部粗。在用激光功率1 kW切割低碳钢的场合，当$P_0 \geqslant 3\times10^6\ \mathrm{W/cm^2}$时，切割面粗糙度$Rz$可用下式估算：

$$Rz \approx (3-5)\ t$$

3. 低碳钢板的激光切割实验

低碳钢板的激光切割是激光切割技术应用最广泛的领域。通常，厚度在10 mm以内碳钢钢板可良好地进行氧助激光切割。低碳钢内磷、硫偏析区的存在会引起切边的熔蚀，所以，含杂质低的优质钢（如冷轧板），其切边质量优于热轧钢。稍高的含碳虽可略为改善碳钢的切边质量，但其热影响区也有所扩大。对于镀锌或涂塑薄钢板（板厚0.5~2.0 mm），激光切割速度快，省材料，也不会引起变形。切缝附近热影响区小，近缝区锌或塑料涂层不受损坏。当板厚在1.6~6.0 mm，光束焦点位于工件表面以及氧气压力恒定保持在1.4 kg·f/cm²的条件下，根据激光功率和切割速度变化。观察低碳钢切割质量可分为以下三个区。

（1）精细切割区——切面光滑、无黏渣。

（2）轻微黏渣区——熔渣轻微黏着，一经轻擦即可除去。

（3）牢固黏渣区——熔渣被牢固黏着，处于不能切割的边缘。

采用CO_2激光切割低碳钢板，检测切割速度与激光功率之间的关系。激光功率范围100~1 500 W，计算激光切割速度与激光功率之间的关系。

4. 激光切割的安全

激光具有很高的能量密度和功率，激光装置中存在数万伏的高压，因此激光切割时必须注意安全，避免发生各种人身伤害事故。

1）激光对人体的危害

（1）对人体眼睛的伤害。激光照射在人体眼睛上，由于激光强烈的加热作用，会造成视网膜损伤，严重会导致人眼致盲。激光的反射具有同样的危险性，尤其在加工反射率较高的材料时，强反射光对眼睛的危害与直射光相近，另外，漫反射光会使服睛受慢性伤害，引起视力下降。

（2）对皮肤的伤害。人体皮肤受聚焦激光的直接照射，会使皮肤割裂、灼伤，且伤口很难愈合，受紫外光、红外光的长时间照射，会引起皮肤老化，导致炎症和皮肤癌等。

（3）有害气体。激光加工某些材料时，这些材料因受高强激光强烈照射而蒸发，产生各种有毒的烟尘，在切割面附近形成的等离子体会产生臭氧，这些都会对人体有一定的危害。另外，某些可燃的非金属材料和金属材料如镁合金等，在加工过程中受到激光照射时间的稍长时会发生燃烧，引起火灾。

2）激光切割的安全防护

为了防止各种伤害事故发生，必须做好激光切割的安全防护措施。

（1）激光切割设备的安全防护。

激光器设备可靠接地，维修门应有联锁装置，电容器组有放电措施，在激光加工设备上应设有明显的危险警告标志和信号灯。由于 CO_2 激光人眼看不见，激光的光路系统应尽可能全部封闭，且设置于较高的位置，特别是外光路系统应用金属管封闭传递，以防止对人体的直接照射。激光加工工作台应采用玻璃等防护装置，以防止反射光；激光加工场地应设有栅栏、隔墙和屏风等，防止无关人员进入加工区。

（2）对人身的保护。

现场工作人员必须佩戴对激光不透明的防护眼镜，其滤光镜要根据不同的激光波长选用。对于波长为10.6 μm 的 CO_2 激光，可佩戴侧面有防护的普通眼镜或太阳镜。激光加工区工作人员应尽量穿白色的工作服，以减少激光漫反射的影响。激光加工区应设置有通风或排风装置，做到室内空气流畅。操作人员必须经过岗前培训，以了解激光器的各项性能、操作要领和安全知识。

（3）其他防护措施。

在激光加工区域不要存放易燃、易爆物品，如激光氧助切割时使用的氧气瓶等，应隔离放置在其他室内。激光加工室应放置灭火器材，防止在切割过程中火灾发生时的紧急处理，在切割过程中要及时清理易燃的切割渣等。

6.3.2 激光焊接

1. 概述

激光焊接技术是激光工业应用的一个重要方面，在激光出现不久就有人开始了激光焊接技术的研究。激光焊接技术经历由脉冲波向连续波的发展，有效功率薄板焊接向大功率厚件焊接发展，由单工作台单工件加工向多工作台多工件同时焊接发展，以及由简单焊缝形状向可控的复杂焊缝形状发展，激光收集物质也包含了多种气体和固体晶体。激光焊接的应用也随着激光焊接技术的发展而发展，目前，激光焊接技术已在航空航天、武器制造、船舶工业、汽车制造、压力容器制造、民用及医用等多个领域。

在航空工业以及其他许多应用中，激光焊接能够实现很多类型材料的连接，而且激光焊接通常具有许多其他熔焊工艺所无法比拟的优越性，尤其是激光焊接能够连接航空与汽车工业中比较难焊的薄板合金材料，如铝合金等，并且构件的变形小，接头质量离，重现性好。

激光加工的另一项应用是利用了激光能够实现局部小范围加热的特性，激光所具有的这种特点使其非常适合于印刷电路板一类的电子器件的焊接，激光能在电子器件上非常小的区域内产生很高的平均温度，而接头以外的区域则基本不受影响。

早期的激光焊接研究试验大多数是利用红宝石脉冲激光器，当时虽然能够获得较高的脉冲能量，但是这些激光器的平均输出功率却相当低，这主要是由激光器很低的工作效率和发光物质的受激性所决定的。目前，激光焊接主要使用 CO_2 激光器和 Nd：YAG 激光器。Nd：YAG 激光器由于具有较高的平均功率，在它出现之后就成为激光点焊和激光缝焊的优选设备。

2. 激光焊接特点

按激光束的输出方式的不同，可以把激光焊分为脉冲激光焊和连续激光焊。若根据激光焊时焊缝的形成特点，又可以把激光焊分为热导焊和深熔焊。前者使用激光功率低，熔池形成时间长且熔深浅，多用于小型零件的焊接，后者使用的激光功率密度高，激光辐射区金属熔化速度快，在金属熔化的同时伴随着强烈的汽化，能获得熔深较大的焊缝，焊缝的深宽比较大，可达12∶1。

激光焊接时，激光通过光斑向材料“注入”热量，材料的升温速度很快，表面以下较深处的材料能在极短的时间内达到很高的温度。焊件的穿透深度可以通过激光的功率密度来控制。

激光焊接具有其独到的特点，在激光焊接过程中，当激光束触及金属材料时，其能量通过热传导传输到工件表面以下更深处。在激光热源的作用下，材料熔化、蒸发，并穿透工件的厚度方向形成狭长空洞，随着激光焊接的进行，小孔在两工件间的接缝区域移动，进而形成焊缝。激光焊接的显著特征是大熔深、窄焊道、小热影响区以及高功率密度。

激光焊接代表着一种在微小区域内加热与冷却之间的精细平衡。激光焊接的目的是通过辐射吸收产生液态熔池，并使之长到理想尺寸，然后沿固体界面移动，消除被焊构件的初始缝隙，形成高质量焊缝。熔池过大、过小或者蒸发严重，都将导致焊接失败。此外，焊缝的最终质量还可能因其他因素的改变而恶化，如合金成分的蒸发，过大的热梯度以及焊接熔池体积与几何形状的不稳定等。

激光焊以高能量密度的激光作为光源，对金属进行熔化形成焊接接头。与一般焊接方法相比，激光焊具有以下特点：

（1）聚焦后的激光具有很高的功率密度（$10^6 \sim 10^7$ W/cm^{2}或更高），焊接以深熔方式进行，由于激光加热范围小（<1 mm），在同等功率和焊接厚度条件下，焊接速度高，热输入小，热影响区小，焊接应力和变形小。

（2）激光能发射、透射，能在空间传播相当距离而衰减很小，可以进行远距离或一些难以接近的部位的焊接；激光可通过光导纤维、棱镜等光学方法弯曲传输、偏转、聚焦，特别适合于微型零件及可达性很差部位的焊接。

（3）一台激光器可供多个工作台进行不同的工作，既可用于焊接，又可用于切割、合金化和热处理，一机多用。

（4）激光在大气中损耗不大，可以穿过玻璃等透明物体，适用于在玻璃制成的密封容器里焊接铍合金等剧毒材料；激光不受电磁场影响，不存在x射线防护，也不需要真空保护。

（5）可以焊一般焊接方法难以焊接的材料，如高熔点金属等，甚至可用于非金属材料的焊接，如陶瓷、有机玻璃；焊后无须热处理，适合于某些对热输入敏感材料的焊接。

（6）属于非接触焊接，接近焊区的距离比电弧焊的要求低，焊区材料的疲劳强度比电子束高。与电子束焊相比，不需要真空设备，而且不产生x射线，也不受磁场干扰。

6.3.3 激光淬火

激光淬火主要是用来处理铁基材料，其基本机理是通过高能激光束（$10^3 \sim 10^4$ W/cm^2）扫描工件表面，工件表层材料吸收激光辐射能并转化为热能，然后通过热传导使周围材料温度以极快的速度升高到奥氏体相变温度以上、熔点以下，再通过材料基体的自冷却作用使被加热的表层材料以超过马氏体相变临界冷却速度而快速冷却，从而完成相变硬化。

由于激光淬火过程中很大的过热度和过冷度使得淬硬层的晶粒极细、位错密度极高且在表层形成压应力，进而可以大大提高工件的耐磨性、抗疲劳、耐腐蚀、抗氧化等性能，延长工件的使用寿命。

激光淬火技术与其他热处理技术，如高频淬火、渗碳、渗氮等传统工艺相比，具有以下特点。

(1) 无须使用外加材料，就可以显著改变被处理材料表面的组织结构，大大改善工件的性能。激光淬火过程中的急热急冷过程使得淬火后，马氏体晶粒极细、位错密度相对于常规淬火更高，进而大大提高材料性能。

(2) 处理层和基体结合强度高。激光表面处理的改性层和基体材料之间是致密的冶金结合，而且处理层表面也是致密的冶金组织，具有较高的硬度和耐磨性。

(3) 被处理工件变形极小，适合于高精度零件处理，可作为材料和零件的最后处理工序。这是由于激光功率密度高，与零件上某点的作用时间很短，故零件的热变形区和整体变化都很小。

(4) 加工柔性好，适用面广。激光光斑面积较小，不可能同时对大面积表面进行加工，但是可以利用灵活的导光系统随意将激光导向处理部分，从而可方便地处理深孔、内孔、盲孔和凹槽等局部区域。工件表面改性层厚度与激光淬火中工艺参数息息相关，因此可根据需要调整硬化层深浅，一般可达 0.1~1 mm。

(5) 工艺简单优越。激光表面处理均在大气环境中进行，免除了镀膜工艺中漫长的抽真空时间，没有明显的机械作用力和工具损耗，噪声小、污染小，无公害、劳动条件好。激光器配以微机控制系统，很容易实现自动化生产，易于批量生产，效率很高，经济效益显著。

6.3.4 微细加工技术

1. 概述

近年来，国外微细加工技术在 IC 工业方法取得了很大的成就。1990 年加工技术的生产水平是 100~0.8 μm。1994 年，16MDRAM、84MDRAM、256MDRAM 相继投入生产，其中 256MDRAM 用 0.25 μm 的加工技术。目前，已推出 1000MDRAM 的产品，采用 0.1~0.08 μm 的微细加工技术。

国外的微细加工技术在半导体器件研究方面也取得了很大的成就。1993 年，日本东芝公司的研究开发中心研制成功门长度仅为 0.04 μm 的 n 沟道 MOSFET，并且可在室温下工作。

国外的微细加工技术在光刻技术方面也有了很大的发展。目前，用光刻的方法刻蚀集成电路可达 0.35 μm 的尺寸。10 年内，光刻尺寸将达到 0.13 μm 的极限，使用新的加工方法可刻蚀出具有几十纳米尺寸的图形。

我国自从 1985 年研制出第一块 IC 芯片以来，微细加工技术取得了较大的进步。在 DRAM 研制方面，1986 年研制出 64KDRAM，1990 年研制出 1M 汉字 ROM，1986 年开始批量生产 5 μm 技术产品，1994 年开始批量生产 3 μm 技术产品。

2. 应用

1) 光学材料的加工

光学材料传统的加工方法很多，但加工周期一般比较长，加工精度的控制难度比较大。如果进行复杂形面加工或内部微结构的构造，难度就更大。激光加工形状控制容易、无切削力、热影响小、污染小，并且容易实现高精度的微加工。

在工业与医学应用中高功率激光的传输与耦合要用到大量的光纤，在光通信中也经常遇到光纤的连接与耦合。这时渴求连接的光纤有一个平滑的端表面使散射光最小、耦合效率高、连接损耗低。对光纤微小的端面用传统抛光加工比较困难，而且容易在材料表面引入一些内含物，吸收部分入射光（尤其是紫外光）造成损耗。激光微区抛光加工是一种非接触式抛光加工，有很高的灵活性，它尤其适合硬度较大的光纤端表面抛光。

透明的玻璃材料为今天快速扩展的光子学应用领域提供支柱，该领域服务于不同领域，如光通信、电子、传感器技术、医学、材料加工等。电子元件将让路于全光元件，一个新方法出现了，它能够微型化和集成光学元件进入一个精密功能的系统中，提供高的处理速度，这就是光子集成技术。对于光通信，这意味着平面光波电路的发展，将结合方向耦合器、上下路滤波器、多路编织器、光开关和更多的器件成为单个芯片，这就是微光子器件的单片集成技术。在其他的光学应用领域也需要精细的特征尺寸，如衍射光学元件、二元光学件、微型透镜阵列和平版印刷术面具等，因此纳米尺寸光学元件的制造是个关键。

准分子激光加工是纳米构造技术中的一个有用的技术。未来通信的产生、微电子、光纤光学及传感器波导的应用都将促进这种技术在纳米电子机械系统（NEMS）中的使用。精度更高的飞秒紫外激光微细加工系统能够实现真正的NEMS。因为飞秒激光在加工投射介质时其优势特别明显，它应用于三维微细系统有着独到的优势。现在商业化飞秒工作台不仅可在玻璃中制造无源或有源波导，还可制作高质量射流微通道。

2）激光微区抛光加工

在工业与医学应用中高功率激光的传输与耦合要用到大量的光纤，在光通信中也经常遇到光纤的连接与耦合，这时要求连接的光纤有一个平滑的端面使散射光最小、耦合效率高、连接损耗低。对光纤微小的端面用传统抛光加工比较困难，而且容易在材料表面引入一些内含物，吸收部分入射光（尤其是紫外光）造成损耗。激光微区抛光加工是一种非接触式抛光加工，有很高的灵活性，它尤其适合硬度较大的光纤端面抛光。

3）硅的激光微加工

激光直接加工硅是利用强聚焦的激光束促使表面进行化学反应的，这类化学反应包括常见的热激活反应（如化学腐蚀）和少见的光化学反应。强聚焦的紫外光和可见激光光束能够穿透结构稠密的、化学性能活泼的相，并能有选择性地进行激光反应加工。激光直接加工的最大特点是不用光刻掩模，只要几步工序就能进行精确的表面修改。采用扫描光束能在电路或器件的选定区域迅速地对结构进行小的修改或删减。

激光直接加工设备包括一个精确聚焦的紫外光束或可见光激光束，以及一个受控的蒸气或液体环境。激光直接加工设备的关键部件是：一个可见光或紫外激光器、一架高倍光学显微镜、用于基片定位的移动台、一个真空系统和一个充气系统，以及一台专用计算机控制器。对于激光光源，应当首先考虑它的激光横模的质量，其次是平均功率、峰值功率和波长。

6.3.5 激光熔覆

1. 概述

激光熔覆的试验研究也始于20世纪70年代，1981年Rolls. Royce公司成功地在喷气发动机叶轮叶片上涂覆钴基合金面并显著提高了其耐磨性，目前研究工作不只集中在组织性能方面，而且在生产中获得了广泛推广应用。

激光熔覆亦称激光包覆或激光熔敷，是材料表面改性技术的一种重要方法，它是利用高能激光束（10^4~10^6 W/cm^2）在金属表面辐照，通过迅速熔化、扩展和迅速凝固，冷却速度通常

达到 $10^2 \sim 10^6$℃/s，在基材表面熔覆一层具有特殊物理、化学或力学性能的材料，从而构成一种新的复合材料，以弥补机体所缺少的高性能，这种复合材料能充分发挥两者的优势，弥补相互间的不足。对于某些共晶合金，甚至能得到非晶态表层，具有极好的抗腐蚀性能。

2. 激光熔覆特点

激光熔覆根据工件的工况要求，熔覆各种设计成分的金属或者非金属，制备耐热、耐蚀、耐磨、抗氧化、抗疲劳或具有光、电、磁特性的表面覆层。与工业中常用的堆焊、热喷涂和等离子喷焊等相比，激光熔覆有着下列优点：

（1）熔覆热影响区小，工件变形小，熔覆成品率高；

（2）层晶粒细小，结构致密，所以其硬度一般相对比较高，耐磨损、耐腐蚀等性能也比较好；

（3）由于激光作用时间短（ns 级），熔覆层稀释率低，机材的熔化量比较小，对熔覆层的冲淡率相对低（常规为 5%～8%），因此可在熔覆层比较薄的情况下，获得所要求的成分和性能，从而节约昂贵的覆层材料；

（4）高达 10^6℃/s 的冷却速度使凝固组织细化，甚至产生新性能的组织结构，如亚稳相、超弥散相、非晶相等；

（5）激光熔覆过程易实现自动化生产，且覆层质量稳定。

激光表面合金化采用的激光可以是 CO_2 激光、掺钕钇铝榴石激光、掺钕玻璃激光和掺铬氧化铝激光。

3. 激光熔覆方法

根据合金供应方式的不同，激光熔覆可以分为两种：合金同步法和合金前置法，原理如图 6-12 所示。

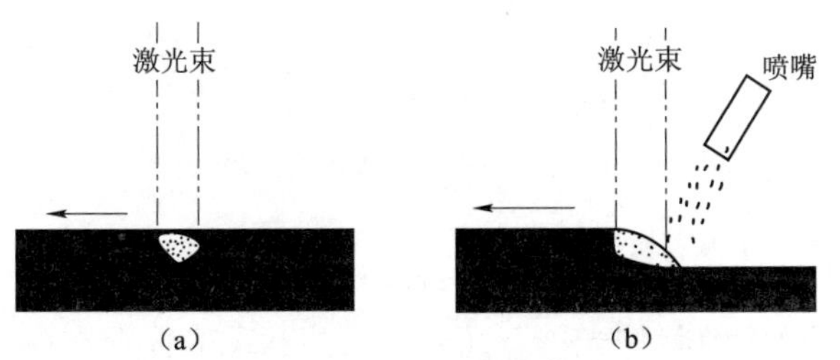

图 6-12 激光熔覆工艺方法

（a）合金同步法；（b）合金前置法

合金同步法是指采用专门的送料系统在激光熔覆的过程中将合金材料直接送进激光作用区，在激光的作用下基材和合金材料同时熔化，然后冷却结晶形成合金熔覆层，这种方法的优点是工艺过程简单，合金材料利用率高，可控性好，甚至可以直接成型复杂三维形状的部件，容易实现自动化，国内外实际生产中采用较多，是熔覆技术的首选方法，同步法按供材料的不同分为同步送粉法、同步丝材法和同步板材法等。

合金前置法是指将待熔覆的合金材料以一定方法预先覆盖在材料表面，然后采用激光束在合金覆盖层表面扫描，使整个合金覆盖层及一部分基材熔化，激光束离开后熔化的金属快速凝固而在基材表面形成冶金结合的合金熔覆层。其方式有以下两种：

（1）前置涂覆层。通常是用手工涂覆，方便经济，它是用黏结剂将涂覆用的粉末调成糊状放置于工件表面，干燥后再进行熔覆处理。

(2) 前置涂覆片。将熔覆材料的粉末加少量黏结剂模压成片，放置于工件表面进行熔覆处理。对于丝类合金材料，可以采用专门的热喷涂设备进行喷涂沉积，也可以采用黏结法预置，而板类合金材料主要采用黏结法或者将合金材料和基材预先压在一起。

合金同步法的激光熔覆工艺流程为：基材熔覆表面热处理→送料激光熔化→后热处理。

合金前置法的激光熔覆工艺流程为：基材熔覆表面预处理→预置熔覆材料→预热→激光熔化→后热处理。

稀释率是激光熔覆工艺控制的最重要参数之一。稀释率是指在激光熔覆过程中，由于熔化的基材的混进而引起了熔覆合金成分的变化程度，通常用合金在熔覆层所占的百分数来表示。影响稀释率的因素主要包括熔覆材料特性和工艺参数两方面，其中熔覆材料的特性主要是指熔融合金的润湿性、自熔性和熔点，工艺参数指激光功率、光斑尺寸、送粉速率和扫描速度等。稀释率的大小直接影响熔覆层的性能，稀释率过大，则基体对熔覆层的稀释作用大，损害熔覆层固有的性能，而且加大了熔覆层开裂、变形的倾向；稀释率过小，则熔覆层与基体不能在界面形成良好的冶金结合，熔覆层容易剥落。因此，控制稀释率是获得良好熔覆层的关键。

激光熔覆过程中，在保证熔覆材料和基体材料达到冶金结合的前提下，希望基体的熔化量越少越好，以保证熔覆层合金原有的性能（高硬度、耐磨性、耐蚀性及抗氧化性）不受损害。试验证明：熔覆材料与基体理想的结合应是在界面上形成致密的低稀释率和较窄的交互扩散带。因此，控制熔覆层稀释率的大小是获得优良熔覆层的先决条件。

稀释率可以通过金相实验配合电子探针成分分析来检测。在前置粉末的激光熔覆中，熔覆层的稀释率随着激光功率的增大而增大，随着扫描速度的增加而减少。

4. 激光熔覆实验

在工具钢T8钢表层进行W、WC、TiC等的合金化并进行组织观察和显微硬度检测。

在T8钢表层进行W、WC、TiC等的合金化后，呈现出三个不同结构区域，即基体区、热影响区和合金层区。

在激光处理过程中，基体区起着传导热量的作用，本身受热影响较小，所以其显微组织未发生变化，仍然大部分为粒状珠光体，还有少量片状珠光体存在，这是因为球化退火不完全造成的。热影响区的显微组织，由于激光束对试样表面照射时，表面吸收了大量的激光能量，已达到熔化程度，这时表面的热量主要靠基体传走，使得基体表层的温度升高，达到奥氏体化的温度，当移去加热的激光束，温度迅速降低，发生相变，部分奥氏体转变为针状马氏体，在随后的冷却过程中，部分残余奥氏体转变为上贝氏体，热影响区。影响区与合金层交界处的组织形貌，合金层在与基体交界处为一白亮层，这是一个良好的冶金结合层，热影响区内针状马氏体向合金层边缘生长，使合金层内有少量衔接马氏体。合金层的组织，在激光照射下，试样表面吸收了大量激光能量，使基体表面及合金粉末很快达到熔化的温度，合金元素与熔化后的基体元素处于同一熔池中并相互扩散和混合。由于各种元素在液态时扩散系数比在固态时大得很多，在极短时间内即可均匀混合。当移去表面的激光束后，试样表面吸收的激光能量由基体传走，合金层得到迅速冷却，由于各元素之间存在一定的亲和力作用，使得元素相互结合成一定的化合物相，这是基体表面得到强化的重要原因之一。

采用显微硬度计在200 g的载荷下测定W、WC、TiC等的合金化后的T8钢表层，一般试样硬度由表及里逐渐降低，呈现出三个台阶形状，进一步表明了试样由表及里分为三个区域合金区、热影响区和基体区。在 200 g 的载荷下，合金层的硬度值达到 1 100 HV 以上，进入热影响区后，硬度值大约 500 HV，最里头硬度值约为 340 HV。

6.3.6　激光化学气相沉积

1. 概述

激光化学气相沉积法是 20 世纪 70 年代后期出现的一种利用激光化学反应直接沉积薄膜的新技术。根据作用机理又分别称为：光解激光化学气相沉积、热解激光化学气相沉积和光热联合激光化学气相沉积。

光解激光化学气相沉积是利用反应气体分子或催化分子对特定波长的激光共振吸收，反应气体分子受到激光加热被诱导发生离解的化学反应，在合适的制备工艺参数如激光功率、反应室压力与气氛的比例、气体流量以及反应区温度等条件下形成薄膜。光解激光化学气相沉积原理与常规化学气相沉积主要不同在于激光参与了源分子的化学分解反应，反应区附近极陡的温度梯度可精确控制，能够制备组分可控、粒度可控的超微粒子。

热解激光化学气相沉积主要利用基体吸收激光的能量后在表面形成一定的温度场，反应气体流经基体表面发生化学反应，从而在基体表面形成薄膜。热解激光化学气相沉积过程是一种急热急冷的成膜过程，基材发生固态相变时，快速加热会造成大量形核，激光辐照后，成膜区快速冷却，过冷度急剧增大，形核密度增大。同时，快速冷却使晶界的迁移率降低，反应时间缩短，可以形成细小的纳米晶粒。

激光化学气相沉积过程分为 6 个阶段：

（1）激光与反应介质作用；

（2）反应介质向激光作用区转移；

（3）预分解；

（4）中间产物二次分解并向基体转移；

（5）在基体表面沉积原子结合形成薄膜；

（6）形膜产生的气体离开激光光斑在基体表面的作用区。

一般说来，激光化学气相沉积具有以下优点：微区沉积，空间分辨率高且可控；无污染，不损伤晶格，工艺较简单；快速沉积，低温处理，膜层纯度高；可用做成膜的材料范围广，几乎任何材料都；易于与其他激光加工技术相互并用。

2. 激光化学气相沉积的应用与发展

激光化学气相沉积镀膜工艺在薄膜生长过程中，已从微区膜的沉积发展到具有选择性膜的沉积，从单一膜的沉积发展到复合膜的沉积等。激光化学气相沉积技术的应用也越来越广泛，具体包括：半导体薄膜材料，金刚石、纳米碳管与超硬膜，绝缘膜、保护膜、MIS 制造、抗损膜、增透膜等介质膜，金膜、铜膜、钨膜、铁膜等金属膜，微电子薄膜等领域。

激光化学气相沉积技术将激光激励过程引入到化学气相沉积过程中，是一种极有发展潜力的新技术，它克服了普通化学气相沉积的高反应温度，物理气相沉积的绕镀性差和等离子体化学气相沉积薄膜含杂质量较高等一系列的缺点。近年来世界上许多国家都对激光化学气相沉积进行了广泛地开发研究，其发展也非常迅速，但技术难度较高，涉及的学科也多，目前尚未推广使用。

第7章
超声波加工

超声波加工也称超声加工。超声加工不仅能对硬质合金、淬火钢等脆硬金属材料加工，而且更适合对非导体、半导体等脆硬材料加工，如玻璃、陶瓷、石英、宝石、锗、硅片等，除此以外，它也应用在清洗、焊接、探伤、测量、冶金等其他方面。

§7.1 超声波加工的原理和特点

7.1.1 超声波的特性

1. 超声波

声波是人耳能感受到的一种纵波，它的频率在16~16 000 Hz，当频率超出16 000 Hz范围称为超声波。超声波和声波一样，可在气体、液体和固体介质中传播。由于超声波频率高、波长短、能量大，所以传播时反射、折射、共振及损耗等现象更显著。

2. 超声波的特性

(1) 传递能量强。超声波的作用主要是对其传播方向的物体施加压力（声压）。传播的波动能量越强，则压力越大。超声波在液体或固体传播时，由于介质密度和振动频率都比空气中传播声波时高许多倍，因此同一振幅时，液体、固体中的超声波强度、功率、能量密度要比空气中的声波高千万倍。

(2) 液压冲击和空化作用。当超声波经过液体介质传播时，将以极高的频率压迫液体质点振动，在液体介质中连续地形成压缩和稀疏区域，由于液体介质的不可压缩性，产生正、负交变的液压冲击力变化。这一交变的脉冲压力作用在邻近的零件表面上会使其破坏，引起固体物质分散、破碎等效应。

(3) 产生反射和折射。超声波通过不同的介质时，在界面上发生波速突变，产生波的反射和折射现象。能量反射的大小决定于两种介质的波阻抗，介质的波阻抗相差越大，超声波通过界面时能量的反射率越高。当超声波从液体或固体传入到空气或者相反从空气传入液体或固体的情况下，反射率都接近100%。为了改善超声波在相邻介质中的传递条件，往往在声学部件的各连接面间加入机油、凡士林等作为传递介质，以消除空气及因它而引起的衰减。

(4) 干涉和共振。超声波在一定条件下，会产生波的干涉和共振现象。振动始终加强或某处振动始终减弱，产生波的干涉现象。

7.1.2　超声波加工的原理和特点

1. 基本原理

超声加工是利用工具端面做超声频振动，通过工件和工具间的磨料液体介质或干磨料，抛磨、冲击工件的被加工部位，用其产生的气蚀作用来去除材料，以及利用超声振动使工件相互结合的加工方法。超声加工原理如图 7-1 所示。

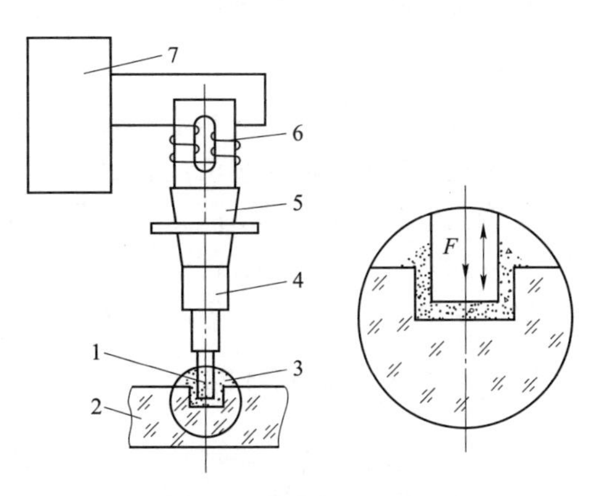

图 7-1　超声加工原理图

1—工具；2—工件；3—磨料悬浮液；4，5—变幅杆；6—换能器；7—超声波发生器

加工时，工具 1 和工件 2 之间加入液体（水或煤油）和磨料混合的悬浮液 3，使工具以很小的力 F 轻轻压在工件上。超声波发生器 7 产生的超声频振动，通过换能器 6 转换成16 000Hz 以上的超声频纵向振动，借助于变幅杆把振幅放大到 0.05～0.1 mm，驱动工具端面做超声振动，迫使磨料悬浮液中的磨粒以很大的速度和加速度不断地撞击、抛磨被加工表面，使工件材料被加工下来。悬浮工作液受工具端面超声振动作用而产生的高频、交变的液压正负冲击波和“空化”作用，促使悬浮工作液体钻入被加工材料的微裂缝处，加剧了机械破坏作用。悬浮工作液在加工材料的间隙中强迫循环，使变钝的磨粒及时得到更新。

超声加工是基于磨粒的局部撞击作用，因此越是脆硬的材料越适于超声加工。

2. 超声加工的特点

（1）适合加工各种硬脆材料，特别适合加工玻璃、陶瓷、半导体锗、硅、玛瑙、宝石和金刚石等非金属材料，对于导电的硬质金属材料如淬火钢也能进行加工，但生产率低。

（2）工具可用较软的材料做成较复杂的形状，因此不需要工具和工件做比较复杂的相对运动，超声加工机床的结构比较简单，只需要一个方向进给，操作、维修方便。

（3）去除加工材料是靠极小磨料瞬时的局部撞击作用，故工件表面的宏观切削力很小，切削应力、切削热也很小，不会引起变形及烧伤，表面粗糙度也较好，可达 Ra1～0.1 μm，加工精度可达 0.01～0.02 mm，而且可以加工薄壁、窄缝、低刚度零件。

（4）工件上被加工出的形状与工具形状一致，可以加工型孔、型腔及成型表面，还可以进行表面修饰加工，如雕刻花纹和图案等。

（5）超声波加工机床、工具均比较简单，操作维修方便。

（6）与电解加工、电火花加工等加工方法相比，超声波加工的效率低，这是超声波加工的一大缺点。随着加工深度的增加，材料去除率下降，而且加工过程中工具的磨损较大。超声加工可以与其他传统或者特种加工结合应用，如超声振动切削、超声电火花加工和超声电解加工等。

§ 7.2　超声波加工的设备及组成

超声波加工设备又称超声加工装置，其基本组成部分有超声波发生器（超声电源）、超声波振动系统、机床本体、工作液及循环系统和换能器冷却系统。

7.2.1 超声波发生器

超声波发生器的作用是将工频交流电转变为有一定功率输出的超声频振荡，以提供工具端面往复振动的机械能。其基本要求是：可靠性好、效率高、结构简单、成本低。其次是功率和频率在一定范围内连续可调和对共振频率自动跟踪和自动微调功能。

超声发生器由于功率不同，有电子管式、晶闸管式，也有晶体管式。大功率的（1 kW以上）往往是电子管式的，但近年来逐渐被晶体管所取代。超声发生器分为振荡级、电压放大级、功率放大级及电源等四部分。

7.2.2 超声波振动系统

超声波振动系统作用是把超声波发生器的高频电能转变为机械能，使工具端面做高频小振幅振动进行加工，它是超声加工机床的重要部件。超声波振动系统由换能器、变幅杆及工具组成。

换能器的作用是将高频电振荡转变为机械振动，实现这个目的有两种方法，即压电效应和磁致伸缩效应。

压电效应超声波换能器的作用是把高频电振荡转变为机械振动，它常采用人工烧制多晶压电陶瓷。

磁致伸缩换能器作用是把超声频振荡转换成机械振动。换能器的材料为铁、钴、镍及其合金，这些材料的长度能随着磁场强度的变化而伸缩，其中镍在磁声中尺寸缩短，而铁、钴在磁场中伸长，当磁场消失后，又恢复原有尺寸。

变幅杆作用是放大振幅，因为换能器材料伸缩变形量很小，在共振情况下（频率在16 000~25 000 Hz），其伸缩量不超过0.005~0.01 mm，而超声波加工需0.01~0.1 mm的振幅，因此，必须通过上粗下细（按指数曲线设计）的变幅杆进行振幅扩大，因为通过变幅杆的每一截面的振动能量是不变的，截面小的地方能量密度大，振幅就会增大。

工具头与变幅杆相连，并以放大后的机械振动作用于悬浮液磨料，对工件进行冲击，工具材料应选硬度和脆性不很大的韧性材料。工具的尺寸和形状取决于被加工表面的形状和尺寸，它们相差一个加工间隙值（稍大于磨料直径）。

7.2.3 机床

超声波加工机床一般比较简单，它的主要部件是：声学组件、工具进给机构、磨料输送系统、超声发生器、加工压力调整机构。图7-2所示为CSJ-2超声加工机床。工具、振幅扩大棒、换能器为声学组件，安装在一根能上下移动的导轨上，导轨由上下两组滚动导轮定位，使导轨能灵活精密地上下移动。工具的向下进给及对工件施加压

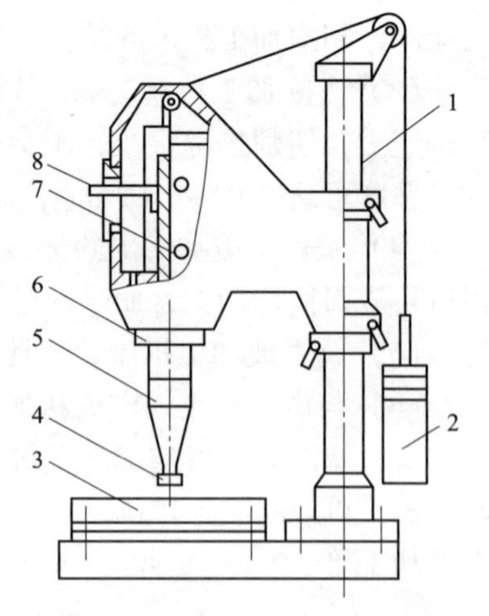

图7-2 CSJ-2超声加工机床

1—支架；2—平衡重锤；3—工作台；4—工具；5—振幅扩大棒；6—换能器；7—导轨；8—标尺

力靠声学部件的自重，为了能调节压力大小，在机床后部可改变平衡重锤2，也有采用弹簧或液压等其他方法改变平衡砝码的重量。

7.2.4　磨料工作液循环系统

磨料液是工作液和磨料的混合液。常用的工作液是水，为了提高表面质量，有时用煤油或机油超声加工常用的磨料，如氧化铝、碳化硼、碳化硅、金刚砂。氧化铝对切割玻璃、锗和陶瓷是最好的。碳化硼是较贵的磨料，但其最适合切割硬质合金、工具钢和贵重的宝石。碳化硼硅是一种新的、有希望的磨料，它含的磨料粉（质量分数）比碳化硼的要多8%~12%。金刚砂切割金刚石和红宝石是最好的，能保证好的精度、表面粗糙度和切削速率。

§7.3　超声波加工速度、精度、表面质量及其影响因素

7.3.1　加工速度及其影响因素

加工速度又称材料去除率，是指单位时间内去除材料的多少，单位是g/min或mm^3/min表示。

影响加工速度的主要因素有：工具振动频率、振幅、工具和工件之间的静压力、磨料的种类和粒度、悬浮液的浓度、供给及循环方式、工具与工件材料、加工面积和深度等。

1. 工具的振幅和频率的影响

随振幅的增大和频率的提高使加工速度增加，这样会降低系统的使用寿命，同时表面粗糙度也会提高。实际加工中应调至共振频率，以获得最大的振幅。

2. 磨粒直径的影响

在磨粒尺寸对速度关系曲线中有一极限值，即使很粗的粉末也会产生速率的下降现象，如图7-3所示。然而，最佳的尺寸可用工具振动的振幅来控制。在磨粒尺寸与振幅大小类似时，就达到了最佳条件。颗粒尺寸对表面粗糙度的影响很大。尼皮勒斯和福斯克特用玻璃和碳化钨作工件材料取得的数据表明，孔的底面比侧面要光洁，其理由可能是射束把磨粒向下吸入切削区域时，就在侧面上留下了痕迹。

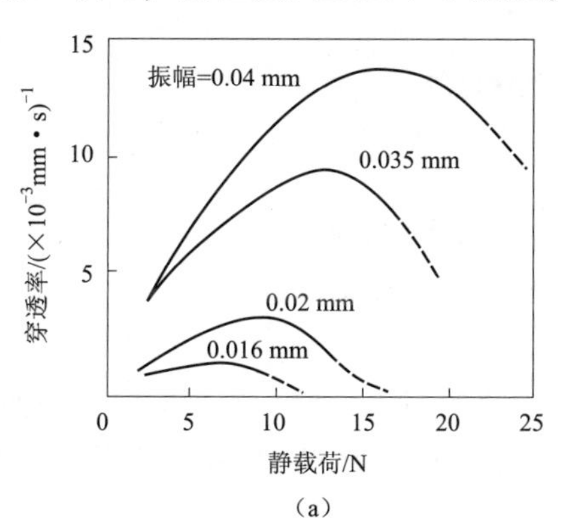

(a)

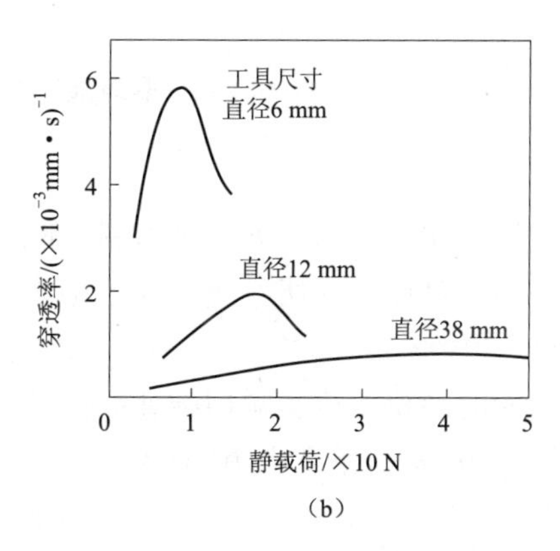

(b)

图7-3　磨粒尺寸与速度关系曲线

(a) 振幅对穿透率与静载荷关系影响；(b) 工具尺寸对穿透率与静载荷关系影响

磨粒的大小，决定了超声波加工中型腔轮廓的精度。由于磨料沿着孔的侧面向工具的底面流动，所以加工出的孔要比工具大些。为了获得精确和良好的表面粗糙度，最好是使用一套工具和多种尺寸等级的磨料。

磨料硬度越高，加工速度越快，但成本高。加工金刚石和宝石等超硬材料时，必须用金刚石磨料；加工硬质合金、淬火钢等高硬脆性材料时，宜采用硬度较高的碳化硼磨料；加工硬度不太高的脆硬材料时，采用碳化硅；加工玻璃、石英、半导体等材料时，用刚玉之类氧化铝作磨料即可。

3. 施加静载荷的影响

切削速度随作用在工具上的静载荷的增加，而达到最大值。如图7-3所示，极值点随着振动的振幅和工具的横截面积的变化而移动。实验发现，表面粗糙度很少受静载荷的影响。与预期的相反，用高的载荷没有产生较粗的粗糙度，这是由于高载荷把颗粒压碎成小粒度，故表面粗糙度得到改善。

4. 悬浮液、工具材料和工件材料的影响

增加悬浮液的浓度可以提高切削速率。当悬浮液混合物的磨料/水的体积比为30%～40%时，就产生饱和现象，如图7-4所示。实验结果表明，材料切除速率随黏度的增加而急剧下降。

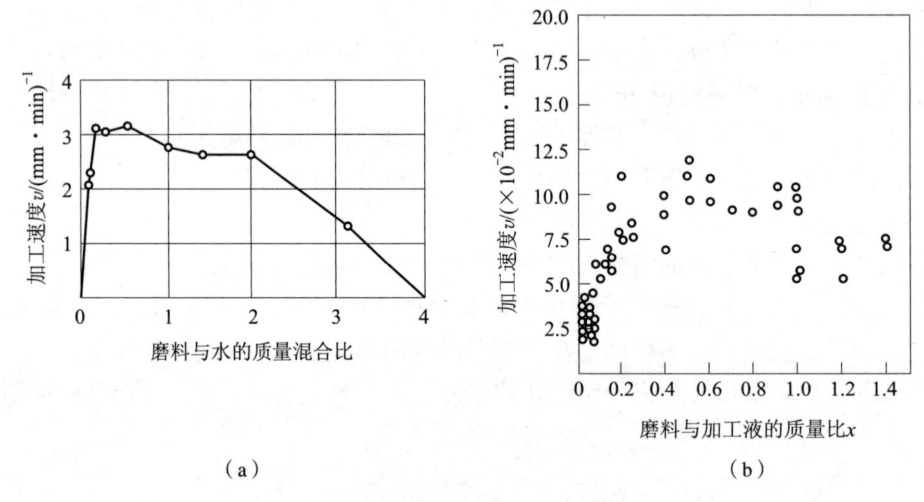

图7-4　悬浮液浓度对材料切除速率的影响

（a）磨料与水的质量混合比；（b）磨料与加工液的质量比

悬浮液压入切削区的压力，对材料切除速率有显著的影响。在超声波钻孔时，随着改善悬浮液的循环，可使金属切除速率成倍地增长。增大压送悬浮液的压力，材料切除速率甚至可增加十倍。

工具表面的形状，也影响切削速率的最大值。窄的矩形工具，比相同的横截面积的正方形工具会产生更大的最大切削速率。用圆锥形的工具来取代柱形的工具，切削速率增加50%。

被加工工件材料越脆，则承受冲击载荷的能力越低，因此越容易去除；反之韧性较好的材料则不易加工。脆性的非金属材料，可用比韧性材料更高的切削速率切割。

7. 3. 2　加工精度及其影响因素

超声加工的精度，除受机床、夹具精度的影响之外，主要与磨料粒度、工具精度及磨损情况、工具的横向振动、加工深度、工件材料性质有关。一般孔的尺寸精度达±（0. 02~0. 05）mm。

1. 孔的加工范围

在通常加工速度下，超声加工最大孔径和所需的功率之间的关系见表 7-1。

表 7-1　超声波加工功率和最大加工孔径的关系

超声电源输出功率/W	50~100	200~300	500~700	1 000~1 500	2 000~2 500	4 000
最大加工盲孔直径/mm	5~10	15~20	25~30	30~40	40~50	>60
用中空工具加工最大通孔直径/mm	15	20~30	40~50	60~80	80~90	>90

2. 孔的加工精度

当工具尺寸一定时，加工出孔的尺寸比工具尺寸有所扩大，扩大量约为磨粒直径的两倍，加工出孔的最小直径 $D_{\min}=D_t+2d_e$，D_t 为工具直径；d_e 为磨粒平均直径。对于圆孔的加工误差主要是椭圆度和锥度。椭圆度大小与工具横向振动大小和铬镍钢局部沿圆周磨损不均匀有关；锥度大小与工具磨损量有关。如果采用工具或工件旋转的方法，可提高孔的圆度和生产率。

3. 超声波加工的缺点

超声波加工的主要缺点是其切削速度比较低，圆柱形孔深度以工具直径的 5 倍为限。工具的磨损使钻孔的圆角增加，尖角变成了圆角，这意味着为了钻出精确的盲孔，更换工具是很重要的。

由于进入工具中心处的有效磨粒较少，由于悬浮液的分布不适当，使型腔的底往往不能加工得很平。有时由于工具横截面的形状，使重心不在中心线上而产生强烈的横向振动，故加工表面的精度有所降低。解决这一问题的办法是重新设计工具。

由于静载荷和振幅使孔在底部有“劈开”倾向，需要采用按程序控制进给力和工具的振动振幅来克服。

7. 3. 3　表面质量及其影响因素

超声波加工具有很好的表面质量，无表面变质层或烧伤。表面粗糙度可达 $Ra1$~0. 1 μm，取决于每粒磨粒每次撞击工件表面后留下的凹痕大小。表面质量的影响因素包括：

（1）磨料颗粒的直径；

（2）被加工材料的性质；

（3）超声振动的振幅；

（4）磨料悬浮工作液的成分。

一般来说，磨粒尺寸越小、超声振幅越小、工件材料越硬，表面粗糙度越好，但生产率却随之下降；用煤油或者机油等代替水作为工作液，可以使表面粗糙度值减小，提高表面质量，但相应的成本也有所增加。

§7.4 超声加工工艺及应用

超声加工设备的功率大小和结构形状有所不同，但它们的组成部分基本相同，一般包括超声发生器、超声振动系统、机床本体、磨料工作液及循环系统。超声加工常用的磨料有：氧化铝、碳化硼、碳化硅、金刚砂。

超声加工的生产率虽比电火花、电解加工等低，但其加工精度和表面粗糙度都比较好。而且可对电火花加工后的部分工件做超声抛磨，进行光整加工，还能加工半导体、非导体的脆硬材料如玻璃、石英、宝石、玉石、钨及合金、玛瑙、金刚石等。除此之外，如宝石轴承、拉丝模、喷丝头还可以用于超声抛光、光整加工、复合加工，也可用于清洗、焊接、医疗、电镀、冶金等许多方面，随着科技和材料工业的发展，超声加工的应用前景越来越广阔。

7.4.1 成型加工

超声加工在工业生产中主要是对各种脆硬材料进行圆孔、异型孔、型孔、型腔、套料和细微孔的加工，如图7-5所示。

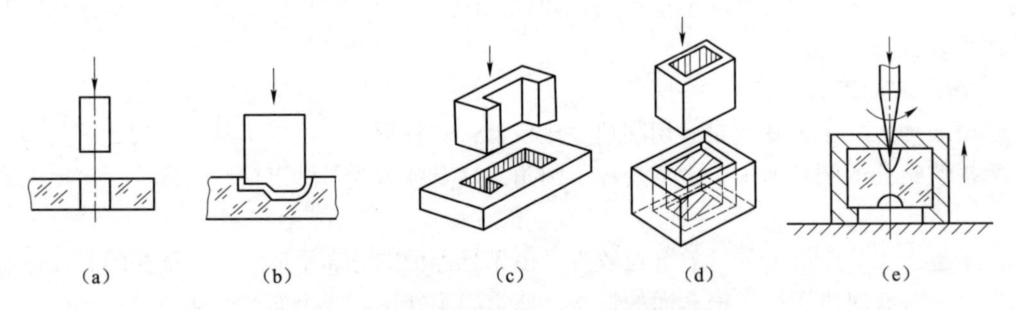

图7-5 超声加工的型孔、型腔的类型

（a）圆孔；（b）异型孔；（c）型腔；（d）套料；（e）细微孔

7.4.2 切割加工

切割脆硬的半导体材料用普通的机械加工方法是很困难的，但采用超声切割则很方便，而且具有切片薄、切口窄、经济性好的优点。

7.4.3 焊接加工

超声焊接的原理是利用超声频振动的作用，去除工件表面氧化膜，显现出新的本体表面，在两个被焊接的工件表面分子的高速振动撞击下，摩擦发热、亲和黏接在一起。利用超声焊接可以对尼龙、塑料以及表面易生成氧化膜的铝制品等焊接，还可对陶瓷等非金属表面挂锡、挂银、涂覆、熔化上的金属薄层。

7.4.4　超声波清洗

超声清洗是基于超声频振动，在液体中产生的交变冲击波和空化效应产生的强烈冲击波，直接作用到被清洗部位上的污物等，并使之脱落下来，主要用于清洗几何形状复杂、清洗质量要求高的中、小精密零件，特别是清洗窄缝、细小深孔、弯孔、盲孔、沟槽等部位。

超声波在清洗液（汽油、煤油、酒精、丙酮或水等）中传播时，液体分子往复高频振动产生正负交变的冲击波。当声强达到一定数值时，液体中急剧生长微小空化气泡并瞬时强烈闭合，产生的微冲击波使被清洗物表面的污物遭到破坏，并从被清洗表面脱落下来。即使是被清洗物上的窄缝、细小深孔、弯孔中的污物，也易被清洗干净。所以，超声振动被广泛用于喷油嘴、喷丝板、微型轴承、仪表齿轮、手表整体机芯、印刷电路板、集成电路微电子器件的清洗，可获得很高的净化度。图 7-6 所示为超声波清洗装置。

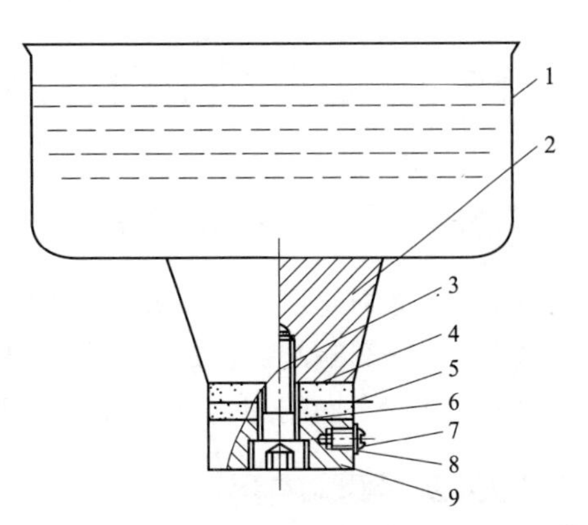

图 7-6　超声波清洗装置

1—清洗槽；2—硬铝合金；3—压紧螺钉；4—换能器压电陶瓷；5—镍片（+）；6—镍片（-）；7—接线螺钉；8—垫圈；9—钢垫块

7.4.5　复合加工

目前以超声波电火花复合加工应用较多。将超声振动应用于电火花加工中，使电极产生超声振动的同时放电。一方面，电极表面的高频振动加速了工作液的循环，使间隙充分电离；另一方面，间隙间很大的压力变化导致更有效的放电，这样就能从弧坑中去除更多融化的金属，使热影响层减小，热残余应力降低，微裂纹减小。结果超声振动显著提高了加工速度，并使加工过程稳定，特别是精加工时尤为突出，可使稳定加工的面积增大。

将超声频振动、微细电解作用于有机复合形成的超声复合微细电加工，因采用钝化性电解液，电解作用在表面产生钝化膜，微细磨粒超声抛磨、“空化”及电解液的超声冲击可去除钝化膜，使工件表面始终处于钝化—活化—钝化不断交替变化状态，在保证电化学反应持续进行同时，改善加工间隙状态，提高加工精度。此外，绝缘工作液中混有微细磨料，分散了放电点，工具电极上复合的超声频振动，可以大大减少短路现象的发生；同时超声频振动产生的空化作用、泵吸作用和涡流作用能够提高脉冲放电加工的效率。超声复合微细电加工是加工导电性硬韧难加工材料的一种有效方法。

7.4.6　超声波在冶金中的应用

在冶金工业中，超声波主要应用于控制结晶过程，增加扩散和分散作用以改善材料的性能，其中最显著的作用是晶粒细化。

在液态金属中加入超声波时，对晶核的增加和晶粒有破碎作用，此外，超声波的空化作用还能导致局部超冷，有利于形成新的晶核。

超声波振动对结晶过程的影响不仅细化宏观组织和用等轴组织结构代替板状结构，而且还细化微观组织。同时由于超声波的作用改善了金属力学性能，超声波的机械搅拌和空化作用能使油和水混合在一起，这种现象称为乳化。在冶金学中，一些合金是非熔成合金，重金属相和轻金属相各自保持粗粒状态。注入超声波后，也起类似乳化作用。

§7.5　超声波钻深孔实例

7.5.1　实验目的和要求

（1）加深对超声波加工原理的理解。

（2）了解影响超声波加工速度的因素。

（3）掌握不同的加工方法对实际切削效果的影响。

7.5.2　实验内容

（1）钻削力。

（2）表面粗糙度。

（3）加工精度。

7.5.3　实验条件

（1）机床：CA6140车床一台。

（2）仪器：采用1 kW超声波发生器和磁致伸缩换能器（一台）；钻削测力仪与变幅杆连接（一台）；YD15动态应变仪（一台）；L23-24函数记录仪（一台）。

（3）粗糙度样板：一套。

（4）体视显微镜及工具显微镜各一台。

（5）切削用试件：超硬铝试件一根。

（6）刀具：直径为7.5 mm的标准麻花钻。

7.5.4　实验步骤和方法

（1）在普通卧式车床上安装纵向振动超声钻孔装置。

图7-7所示为卧式车床纵向振动超声钻孔装置，用来调整钻头中心高的调整垫板5安装在车床溜板7上。纵向振动系统（包括换能器、变幅杆、钻头）通过变幅杆位移节点处的法兰盘2固定在水套4上。钻头进行纵向振动，工件8装夹在卡盘9上并做回转运动。变幅杆采用指数形或圆锥形。

（2）不加超声振动。

在卧式车床上钻 ϕ7.5 mm×60 mm的孔，分别改变切削速度（转速）和进给量，并测量记录钻削力、表面粗糙度、加工精度值。

（3）加超声振动。

在卧式车床上钻 ϕ7.5 mm×60 mm的孔，分别改变切削速度（转速）和进给量，并测量

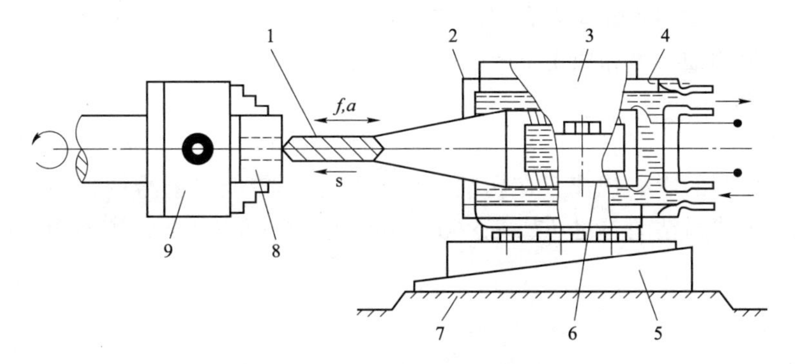

图 7-7　卧式纵向振动超声钻孔装置

1—钻头；2—法兰盘；3—上支架；4—水套；5—调整垫板；
6—下支架；7—车床溜板；8—工件；9—卡盘

记录钻削力、表面粗糙度、加工精度值。

（4）对两种加工方法进行对比。

7.5.5　实验结果

1. 钻削力

为避免长时间振动使测力仪受热产生信号漂移，普通钻削力和超声钻削力是在同一次钻削中测出的。先不加超声振动，测出普通钻削力；然后加超声振动，超声钻孔力信号一旦取出，马上停止超声振动，使信号漂移尽量小。钻削力和钻削扭矩与进给量和转速的关系，如图 7-8 所示钻削力和钻削扭矩测试结果。

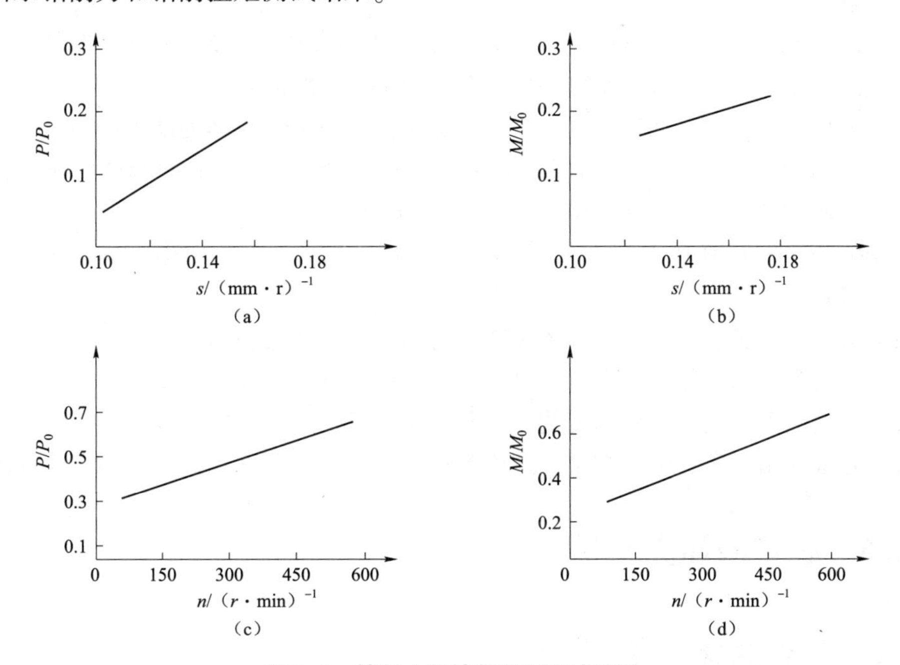

图 7-8　钻削力和钻削扭矩测试结果

（a）、（b）n=76 r/min，f=20 kHz；（c）、（d）n=0.17 mm/r，f=20 kHz

P、M—超声钻削轴向力和扭矩；P_0、M_0—普通钻削轴向力和扭矩实验表明，超声钻削的轴向力和扭矩较普通钻削有大幅度下降，切削速度越低，进给量越小，则超声钻削的轴向力和扭矩下降的幅度越大。

2. 表面粗糙度

图7-9（a）所示为切削速度（转速）对表面粗糙度的影响规律。图7-9（b）所示为进给量对表面粗糙度的影响规律。在切削速度（转速）较低、进给量较小时，超声钻削的表面粗糙度远小于普通钻削。对 ϕ7 mm×60 mm 的孔进行超声钻孔，表面粗糙度可以稳定在 Ra<0.45 μm。

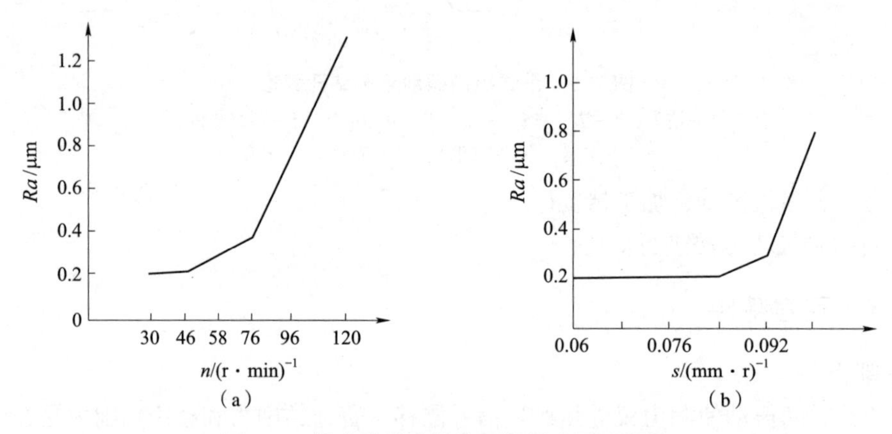

图7-9 超声波钻孔的表面粗糙度测试结果

（a）Ra-n 曲线；（b）Ra-s 曲线

3. 加工精度

在 n=76.96 r/min、s=0.083 mm/r 的条件下，使用直径为7.5 mm 的标准麻花钻，超声钻削后的工件直径为7.61 mm，孔的扩张量为0.11 mm；普通钻削后的工件直径为7.78 mm，孔的扩张量为0.28 mm；并且超声钻孔后孔的扩张量的稳定性要远远高于普通钻削。

在 n=76 r/min、s=0.083 mm/r 的条件下，使用直径为7.5 mm 的标准麻花钻，超声钻削的同轴度误差<0.01 mm，普通钻削后的同轴度误差为0.2 mm。

在 n=46 r/min、s=0.083 mm/r 的条件下，超声钻削 ϕ7.5 mm×30 mm 的孔，圆度误差为0.003~0.005 mm。

必须指出，在上述实验中，钻头为标准麻花钻。麻花钻装在纵向振动变幅杆上，由于螺旋沟的作用，钻头刃部实际振动方向为纵向振动和扭转振动的复合方向。其中扭转振动所占比例的大小对钻削质量及钻头耐用度均有明显影响。扭转振动成分大，效果好；反之则差。而扭转振动分量的比例取决于螺旋角、螺旋沟长度、钻头总长度和振动频率等多种因素。

§7.6 超声波压光实例

7.6.1 实验目的和要求

（1）加深对超声波加工原理的理解。

（2）比较两种不同的加工方法对工件表面质量的影响。

7.6.2　实验内容

（1）静压力。

（2）残余应力。

（3）工具振幅。

（4）进给量。

7.6.3　实验条件

（1）机床：CA6140 车床一台。

（2）仪器：超声压光装置（一套）、动态应变仪（一台）、L23-24 函数记录仪（一台）、激光干涉仪（一台）、读数显微镜（一台）、数字频率计（一台）、双臂式旋转弯曲疲劳实验机（一台）。

（3）粗糙度样板：一套。

（4）显微硬度计一台。

（5）切削用试件：40Cr 钢试件和 45 钢。

（6）工具：压光工具（工具头材料为金刚石和硬质合金）。

7.6.4　实验步骤和方法

1. 超声压光的基本原理和装置

超声压光工艺是在传统的压光工艺基础上，给工具沿工件表面法线方向上施加超声振动，在一定的压力下，工具与工件表面振动接触，以一定的进给速度通过旋转着的工件表面，从而对工件表面进行机械冷作硬化，大大提高了加工表面的硬度和耐磨性，降低了表面粗糙度 Ra 值。

超声压光装置示意图如图 7-10 所示。超声压光装置由换能器、变幅杆、工具、加压器、固定套筒等组成。超声波发生器产生的超声频电振荡信号，通过换能器转换为超声频纵向机械振动，变幅杆将换能器的纵向振动放大后传给工具。在超声压光中，工件的旋转运动为主运动，工具沿工件轴线方向做进给运动。调节加压器中的弹簧长度可以改变工具与工件之间的静压力。

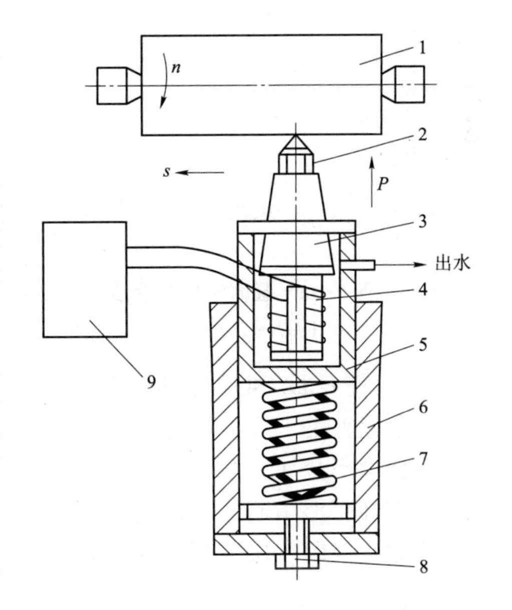

图 7-10　超声压光装置示意图

1—工件；2—压光工具；3—变幅杆；4—换能器；5—水套；6—固定套筒；7—弹簧；8—调整螺钉；9—超声波发生器

在图 7-10 中，给压光工具施加适当的预压力（静压力），使其压在工件上。超声压光时，工件回转（以压光外圆工艺为例），压光工具头除向工件压光表面进给之外，还由于超声振动的作用高频冲击工件表面，这就使得超声压光具有了传统压光与喷丸强化的综合效果。

2. 超声压光工艺试验

1）超声压光的静压力

超声压光过程中，压光工具对工件施加一定的静压力，以一定的进给速度通过旋转着的工件表面，使材料产生弹、塑性变形。当压光工具通过后，工件表面产生一定的弹性恢复。但金属流动的结果，使表面上的“谷”被“峰”填满，从而大大降低表面粗糙度 *Ra* 值。

超声压光的静压力对工件表面质量、硬度、耐磨性有着重要的影响。一般来说，在一定范围内，静压力越大，硬度和耐磨性越高，表面粗糙度越低。

图 7-11 所示为采用聚晶金刚石压光 40Cr 钢时，显微硬度 H_v 与静压力 F_P 之间的关系。

工件经过压光，表层金属在塑性变形过程中产生了冷作硬化，表面硬度提高。实验结果表明，经过超声压光的工件表面，硬度一般提高 20%～50%。在图 7-11 中，超声压光后的工件表面的显微硬度随静压力 F_P 的增大而升高。开始时，显微硬度升高得较快；当静压力增加到一定值后，工件表面显微硬度的升高变缓。

图 7-12 所示为采用聚晶金刚石工具压光 40Cr 钢时表面粗糙度 *Ra* 与静压力 F_P 之间的关系。试验表明，普通压光需要 200 N 的静压力，表面粗糙度可达到 *Ra*0.14 μm；而超声压光只需要 50 N 的静压力，就可达到 *Ra*0.14 μm。此时，超声压光的静压力只有普通压光静压力的 1/4。

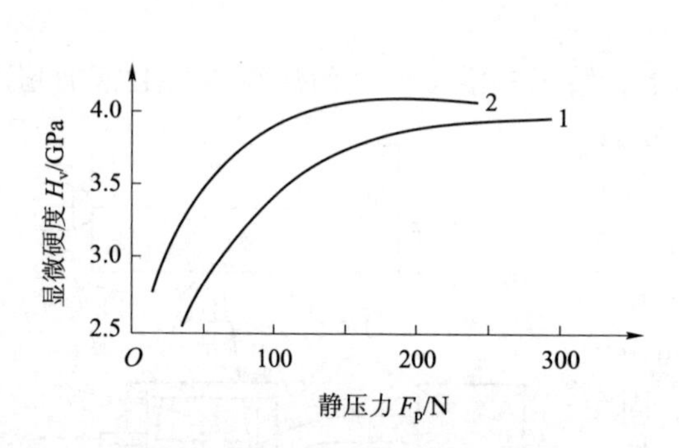

图 7-11　显微硬度与静压力的关系

1—普通压光；2—超声压光

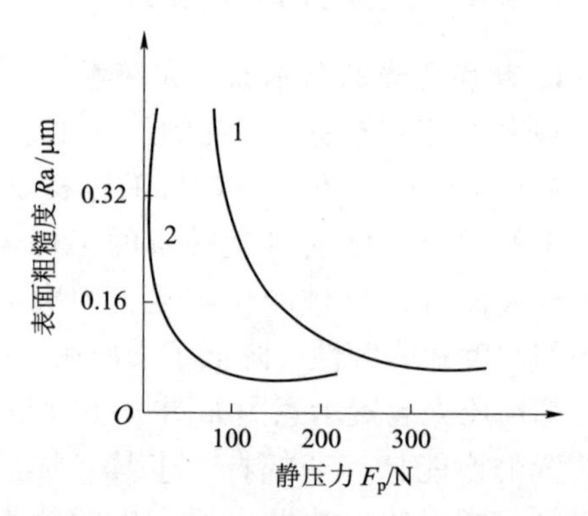

图 7-12　表面粗糙度与静压力之间的关系

1—普通压光；2—超声压光

2）工件表面产生残余压应力

残余应力是工件不均匀的体积变化引起的。工件的热胀冷缩、塑性变形和金相组织的变化都会引起金属体积变化，产生残余应力。超声压光后金属表面的残余应力是由表层金属的塑性变形引起的。由超声压光造成的塑性变形是塑性压缩，因而工件表层产生残余压应力。但因表层金属受压向四周扩张时，受到内层金属的牵制，所以内层产生残余拉应力。

超声压光工件表层产生的残余应力的分布测试结果如图 7-13（a）所示。工件表面残余压应力绝对值增大，这是塑性变形加剧的结果。图 7-13（b）所示为表面残余应力随静压力的变化规律。随着静压力的增大，工件表面残余压应力逐渐的增大。

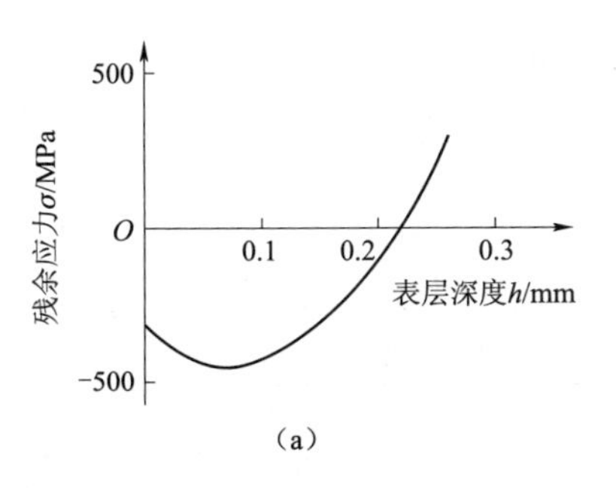

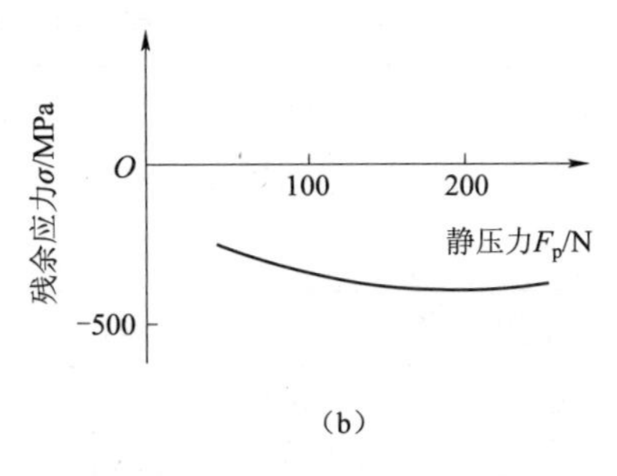

图 7-13 超声压光后的工件表面的残余应力

(a) 工件表面残余应力的分布，$F_p = 100$ N；(b) 工件表面残余应力随静压力的变化规律

(工件材料：45 钢；工具圆弧半径 $r_\varepsilon = 6$ mm；$v = 35$ m/min；$s = 0.1$ mm/r)

3) 工具振幅

超声压光工具振幅是影响加工质量的重要因素。本试验装置可使压光工具获得0~20 μm的振幅，振动频率为 18~22 kHz。振幅可用激光干涉仪和读数显微镜测量，频率可用数字频率计测量。图 7-14 所示为采用聚晶金刚石工具压光 40Cr 钢时表面粗糙度 *Ra* 与工具振幅 *a* 的关系。试验结果表明，工具振幅过大或过小，对降低表面粗糙度 *Ra* 值均不利。因此，工具振幅有一个最佳值，一般为 4~7 μm。

4) 进给量

一般来说，进给量越大，表面粗糙度 *Ra* 值也越大。图 7-15 所示为表面粗糙度 *Ra* 值与进给量之间的关系。实验表明，在相同条件下，超声压光获得的表面粗糙度 *Ra* 值比普通压光要小。

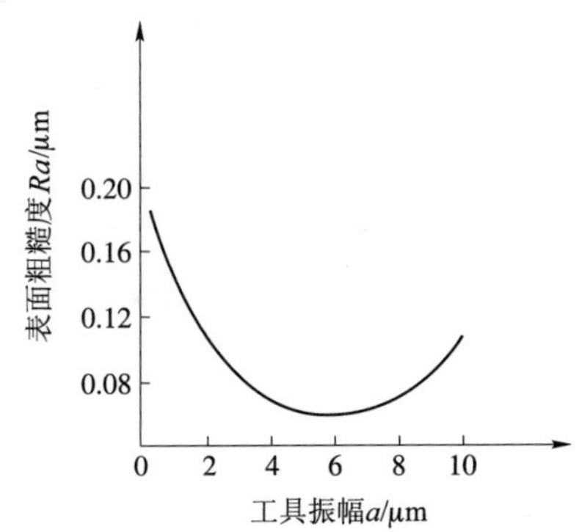

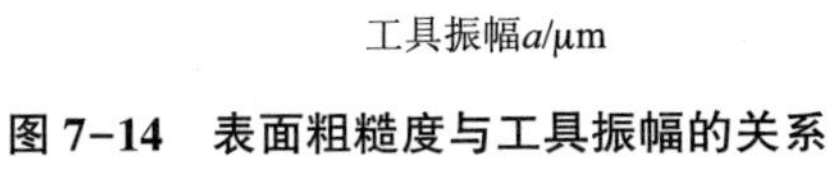

图 7-14 表面粗糙度与工具振幅的关系

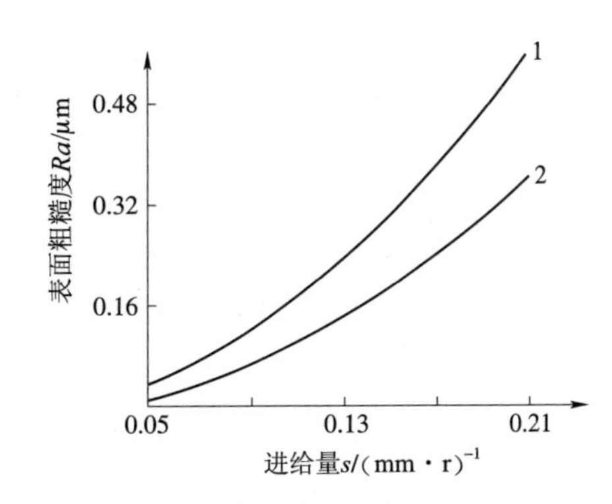

图 7-15 表面粗糙度与进给量的关系

1—普通压光；2—超声压光

5) 消除表面微观缺陷

超声压光不但能降低表面粗糙度 *Ra* 值，使工件表面形成硬化层，造成残余压应力，还能消除由前道加工工序所造成的微观表面缺陷。例如车削工序往往给工件表面留下鳞刺，超声压光能完全消除鳞刺缺陷，使工件加工表面质量大幅度提高。

超声压光工艺大大提高了表面质量，从而提高了工件的疲劳强度。采用三种不同的加工工艺加工三组试件 (45 钢)，在双臂式旋转弯曲疲劳实验机上进行了疲劳强度测试，测试结果见表 7-2。经比较超声后的工件，其疲劳强度明显提高，使用寿命是压光前的一倍以上。

表7-2　疲劳实验测试结果

加工方法	载荷		
	580 N，348 N/mm^2	530 N，318 N/mm^2	500 N，300 N/mm^2
	循环次数		
车削-砂纸抛光	36 000	153 900	353 800
车削-普通压光	73 600	238 400	599 000
车削-超声压光	80 500	344 500	825 300

第8章
热喷涂技术

热喷涂是利用热能将金属或非金属材料涂敷在构件表面形成具有特殊功能涂层的技术，是表面工程的重要组成部分，近年来，作为表面强化和表面改性技术在航空航天、兵器及石油化工等领域得到了越来越广泛的应用。

§8.1　热喷涂基本知识

8.1.1　热喷涂技术概述

热喷涂技术是利用各种高温热源使金属、合金或陶瓷等涂层材料加速熔化或半熔化，借助于高速气流使其分散细化并以一定速度喷射到工件表面，进而与基体材料结合形成表面涂层的工艺过程。

1. 热喷涂工艺分类及其特点

根据热源的种类以及火焰流温度，通常可将常用热喷涂工艺分为火焰喷涂、电弧喷涂、超音速火焰喷涂、等离子喷涂及爆炸喷涂等。

除电弧喷涂的涂层材料需要使用线材之外，其他几种喷涂工艺均可使用粉末状涂层材料；从喷涂时焰流温度来看，火焰喷涂的焰流温度最低，为800 ℃~2 000 ℃，而等离子喷涂的焰流温度可高达20 000 ℃；几种喷涂工艺中，爆炸喷涂的涂层与基体的结合强度最高，可达85 MPa，并且孔隙率最小（<0.1%）；电弧喷涂的涂层厚度最大为0.1~3.0 mm；火焰喷涂和电弧喷涂的设备简单且可现场操作，相比之下，这两种工艺的喷涂成本也最低。

2. 涂层材料

涂层材料是热喷涂工艺中直接用于喷涂的材料，其形状和成分对涂层的最终性能和组织结构都有决定性的影响，因此涂层材料的选取至关重要。通常使用的喷涂材料主要是丝状、棒状和粉末。

（1）丝材：丝材一般有金属、合金或者复合的粉芯丝材，典型的喷涂丝材直径在ϕ2.4~ϕ5 mm。

（2）棒材：在使用带燃烧室的喷枪喷涂较大工件且喷层较厚时，棒状喷涂材料最为常用。

（3）粉末：随着不同喷涂技术的发展，丝状和棒状喷材显示出很大的局限性，所以粉末喷材成了目前最广泛应用的喷涂材料。在使用粉末喷涂材料进行热喷涂前，需要对粉末进行详细的检测，包括粉末的粒度、形貌、密度和流动性等物理性能，以及化学成分、相组成和分布等化学性质。传统的粉末喷涂材料，尺寸通常在微米级，随着喷涂技术的不断发展，纳米尺寸的喷涂颗粒逐渐开始应用，但是纳米粉末存在的一些弊端，目前开发出了将纳米颗粒再造成大颗粒团聚粉体的工艺。

3. 热喷涂基本工艺流程

热喷涂的工艺过程一般为基材表面制备、预热、预喷粉、喷熔、冷却和喷层后期加工。由于基材表面形状直接影响涂层的质量及性能，所以，为了增强基材与涂层的结合强度，必须对喷涂基材的表面进行预处理。很多热喷涂涂层与基体的结合主要是机械结合，涂层组成物（熔融或半熔融的材料微粒）与工件基体表面黏附之前会发生碰撞，从而产生形变，因此，为了使涂层与基材结合能力更强，就必须提高基材表面的洁净程度，对工件表面进行相应的去油除锈和粗化处理等。之后，还要对工件进行预加热处理，达到预热温度后立即进行预喷粉以保护金属表面，作为预保护涂层以防喷熔时发生氧化。喷熔时，火焰将预保护层熔化后才能均匀地喷涂材料。喷熔后使工件缓慢均匀地冷却，有时还需进行等温退火等。

4. 热喷涂技术的优点

与其他的表面处理技术相比，热喷涂技术有以下优点：

（1）实现了真正意义上的叠加效果。涂层喷涂到基体上二者作为一个整体时所产生的效果远远大于二者在单独状况下所产生的效果；

（2）涂层功能多，不同喷料的选取和组合可以得到具有很多特殊功能的涂层；

（3）涂层厚度范围宽。涂层厚度很容易控制在几十微米到几毫米的很大范围内；

（4）基体选材广泛，基体可以是金属、玻璃、陶瓷、纸和布等材料；

（5）被喷涂的基体受热影响小，在喷涂过程中基体的温度一般保持在200 ℃以内，材料表面热影响区较浅，不易产生变形；

（6）喷涂工艺操作灵活，对各种尺寸和形状的零件、构件均能进行表面喷涂，既可对大型构件进行大面积喷涂，也可进行小面积局部喷涂，而且喷涂的形式多样化，可在现场进行喷涂作业；

（7）喷涂设备简单，成本较低，有显著的经济效益。

一般常用的热喷涂技术包括燃烧类热喷涂（各种火焰喷涂、超音速火焰喷涂及爆炸喷涂）和电弧类热喷涂（电弧喷涂、等离子喷涂、真空等离子喷涂和水稳等离子喷涂）等。

8.1.2 燃烧类热喷涂工艺原理

1. 火焰喷涂

火焰喷涂即利用氧-乙炔混合气燃烧将粉状或线状涂层材料加热至熔化或半熔化状态，利用压缩空气将涂层液雾化并加速喷射到工件表面，随后在基体上沉积成涂层。

火焰喷涂是最早的一种喷涂方法，也是目前喷涂技术中使用较广泛的一种工艺，主要包括线材火焰喷涂、丝材火焰喷涂、粉末火焰喷涂以及超音速火焰喷涂等。

1）线材火焰喷涂

如图8-1所示，线材火焰喷涂是把金属线材以一定的速度送进喷枪里，使端部在高温火焰中熔化，随即用压缩空气把其雾化成喷射粒子，依靠空气流加速喷射到基体上，粒子与基体撞击时变形并黏结到基体表面上，随后而来的与基体撞击的粒子也同样黏结到先前已经黏结到基体的粒子上，从而堆积成图层。

图 8-1　丝材火焰喷涂示意图

粒子随同气流被加速，飞行速度一般是 60 ～250 m/s。随着离喷嘴距离和直径的增加，飞行速度降低，如图 8-2 所示。

火焰喷涂通常使用乙炔和氧组合燃烧提供热量，可喷涂金属、陶瓷。塑料等材料，应用非常灵活，喷涂设备简单、可移动，但是一般来说，其涂层的黏结强度和涂层本身的综合强度较低，气孔率较高。

2）超音速火焰喷涂

超音速火焰喷涂实质上与普通火焰喷涂一样，只是多了一个是喷涂火焰可以达到超音速的机构。如图 8-3 所示，燃料航空煤油与助燃剂（O_2）以一定的比例导入燃烧室内混合，爆炸式燃烧，因燃烧产生的高温气体以高速通过膨胀管获得超音速。同时通入送粉气（Ar 或 N_2），定量沿燃烧头内碳化钨中心套管送入高温燃气中，一同射出喷涂于工件上形成涂层。所以，受因素火焰喷涂的工艺特性与爆炸喷涂一样，射流速度高而焰流温度相对较低。

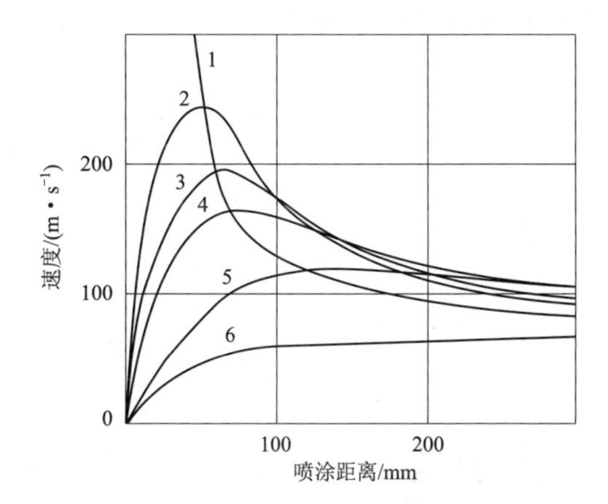

图 8-2　不同距离下粒子飞行速度

1—气流运动的大概速度；2—极少数粒子的运动速度；3—直径约为 10 μm 粒子速度；4—直径约为 40 μm 粒子速度；5—直径约为 100 μm 粒子速度；6—直径约为 200 μm 粒子速度

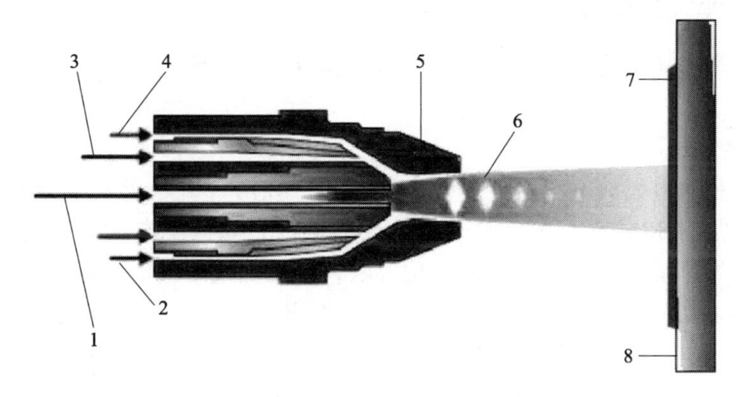

图 8-3　超音速火焰喷涂示意图

1—粉末和运载气体；2—压缩空气；3—燃气；4—氧气；5—膨胀喷嘴；6—菱形冲击波；7—涂层；8—工件

在喷涂机喷嘴处产生的焰流速度一般为音速的4倍（即约1 520 m/s）甚至更高，粉末撞击到工件表面的速度估计为550~760 m/s，与爆炸喷涂相当。因此，超音速火焰喷涂的涂层结合强度、致密度高，无分层现象，粗糙度低，适合于喷涂含碳化物涂层材料，结合强度略低于爆炸喷涂。喷涂距离可在较大范围内变动，而不影响喷涂质量，可得到比爆炸喷涂涂层更厚的涂层，残余应力也得到改善，在某些情况下，甚是可以得到残余压应力，因此可以喷涂更厚的涂层（不锈钢涂层最厚可达12 mm）。但喷涂时会产生较大的噪声，需有隔音和防护装置，但喷涂成本比较高。

2. 爆炸喷涂

爆炸喷涂法是一项技术难度较大、工艺性能较强的新技术，是一种燃烧喷涂，也是一种高能喷涂方法。与一般火焰喷涂相比，必须提供足够高的气体压力，气体的消耗量也很大（就氧气而言，通常是一般火焰喷涂的10倍）。利用氧气和乙炔气点火燃烧，造成气体膨胀而产生爆炸，释放出热能和冲击波，热能使喷涂粉末熔化，冲击波则使熔融粉末以700~800 m/s的速度喷射到工件表面上形成涂层。其示意图如图8-4所示。

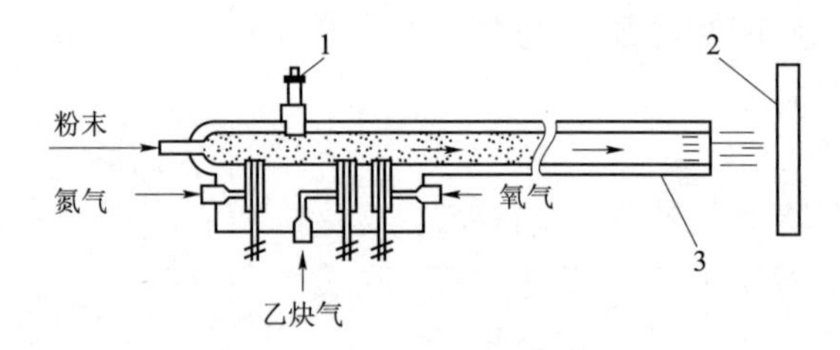

图8-4　爆炸喷涂示意图

1—火花塞；2—工件；3—枪管

爆炸喷涂的最大特点是射流速度快、动能大，所以爆炸喷涂获得的涂层具有与基体结合强度高、涂层致密、气孔率很低，涂层表面加工后粗糙度低。但由于爆炸喷涂温度低，不适宜喷涂陶瓷等高熔点材料，但喷涂碳化物类金属陶瓷材料时，可有效地抑制碳化物的分解，并可获取高密度、高强度的涂层，因此，认为爆炸喷涂是喷涂含碳化物陶瓷的理想方法。另外，由于爆炸喷涂所用设备价格高、噪声大等原因，应用还不广泛。

8.1.3　电弧类热喷涂工艺原理

常用的电弧类热喷涂技术主要包括电弧喷涂和等离子喷涂，另外还有真空等离子喷涂和水稳等离子喷涂等。

1. 电弧喷涂

电弧喷涂是利用电弧放电的能量熔化金属丝材，并由气流吹射实现热喷涂的工艺方法。在两根焊丝状（加有18~40 V直流电压）的线形电极之间产生电弧，当两级靠近时，因两线顶端产生电弧的热量使金属焊丝逐渐熔化，吹入的压缩空气气流使液滴雾化并形成喷涂束流，沉积在工件表面上形成涂层。电弧喷涂按电弧电源可分为直流电弧喷涂和交流电弧喷涂。前者的操作稳定、效率高，得到的涂层组织致密；交流电弧喷涂时的噪声大。

一般来说，电弧喷涂比火焰喷涂粉末粒子含热量更大，粒子飞行也较快，所以涂层与基体的结合强度较火焰喷涂高1.5~2.0倍，喷涂效率也较高。但是，电弧喷涂的明显不足是喷涂材料必须是具有导电性能的金属线材，因此只能使用金属，而不能使用陶瓷等材料。电弧喷涂运行成本较低，喷涂速度和沉积效率较高，因而被认为是喷涂大面积涂层特别是长效防腐锌、铝涂层的最佳选择。

2. 等离子喷涂

等离子喷涂是以等离子焰流为热源将涂层材料加热至熔融或高塑性状态，在高速等离子焰流吹射作用下撞击到工件的粗化表面嵌塞成涂层的工艺。等离子体是由电离的原子、分子、离子与电子组成的导电气体。等离子喷涂设备主要包括电源、电气控制系统、喷枪、气源和气路、供粉系统、水冷系统等，设备相对复杂，等离子粉末喷涂如图 8-5 所示。等离子喷涂方法主要包括大气等离子喷涂、保护气氛等离子喷涂、真空等离子喷涂和水稳等离子喷涂。等粒子喷涂技术是继火焰喷涂之后大力发展起来的一种新型多用途的精密喷涂方法，主要特点是焰流温度高，喷涂材料适应面广，特别适用于高熔点材料的喷涂；喷射粒子的速度高，等离子喷涂层密度可达 85%~95%，真空喷涂可达 95%~99%，另外，涂层黏结强度高达 35~70 MPa；由于使用惰性气体作为工作气体，可使等离子喷涂材料不易氧化，而且涂层中所含夹杂较少。

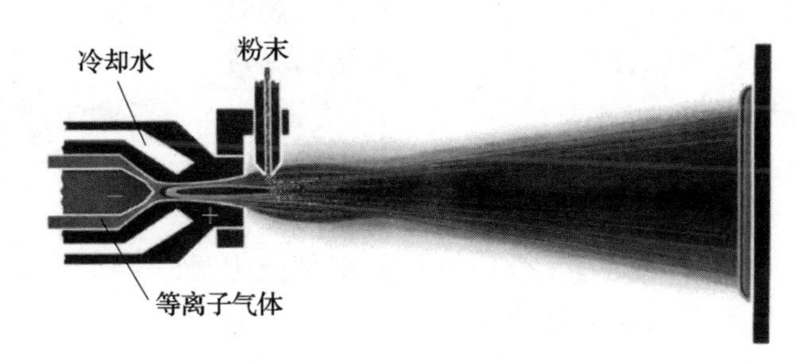

图 8-5　等离子喷涂示意图

1）真空等离子喷涂

真空等离子喷涂是在气氛可控 4~40 kPa 的密封室内进行的喷涂。因为工作气体等离子化后是在低压气氛中边膨胀体积边喷出的，所以喷流速度是超音速的，而且非常适合于对氧化高度敏感的材料。

2）水稳等离子喷涂

水稳等离子喷涂的工作介质不是气而是水，它是一种高功率或高速等离子喷涂的方法，其工作原理是：喷枪内通入高压水流，并在枪筒内壁形成涡流，这时，在枪体后部的阴极和枪体前部的旋转阳极间产生直流电弧，使枪筒内壁表面的一部分蒸发、分解，变成等离子态，产生连续的等离子弧。由于旋转涡流水的聚束作用，其能量密度提高，燃烧稳定，因此，可喷涂高熔点材料，特别是氧化物陶瓷，喷涂效率非常高。

§8.2　热喷涂加工的基本设备

8.2.1　火焰类热喷涂基本设备

火焰类热喷涂设备有很多种，常用的主要有线材火焰喷涂机、粉末火焰喷涂机及超音速火焰喷涂机等。

1. 线材火焰喷涂机

线材火焰喷涂设备如图8-6所示，主要包括喷枪、送丝装置、燃气及其处理和控制的系统部件。其中，喷枪影响整个喷涂的操作过程和涂层质量，是火焰喷涂的关键部件之一。常用的喷枪有等压式和射吸式两大类。

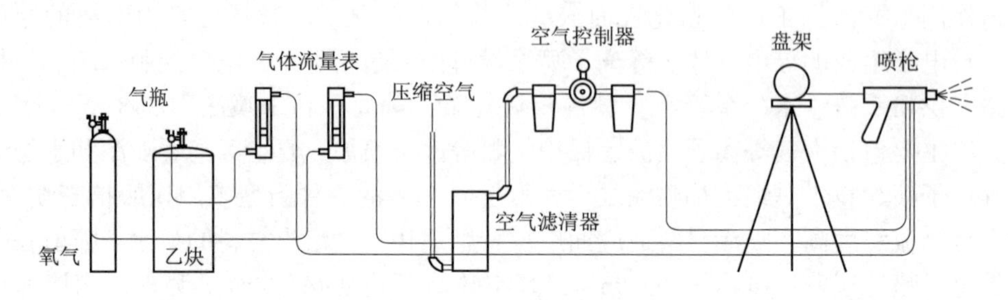

图8-6 线材火焰喷涂设备

（1）等压式喷枪：是使压力相近或相等的氧气和燃烧气同时进入混合室，经自然混合后喷出，形成火焰，其优点是混合均匀，火焰燃烧稳定，不受外界温度变化的影响。

（2）射吸式喷枪：其工作原理是一定压力的氧气流吸入乙炔等燃烧气体，充分混合后在喷嘴处燃烧形成喷涂火焰，其优点是操作简单方便，使用安全，但在使用过程中为了防止因温度过高而使火焰变成氧化焰，应注意调节火焰大小或冷却降温。我国更多的使用射吸式喷嘴。

图8-7所示为现在国内通常采用的SQP-1型射吸式线材火焰喷枪。

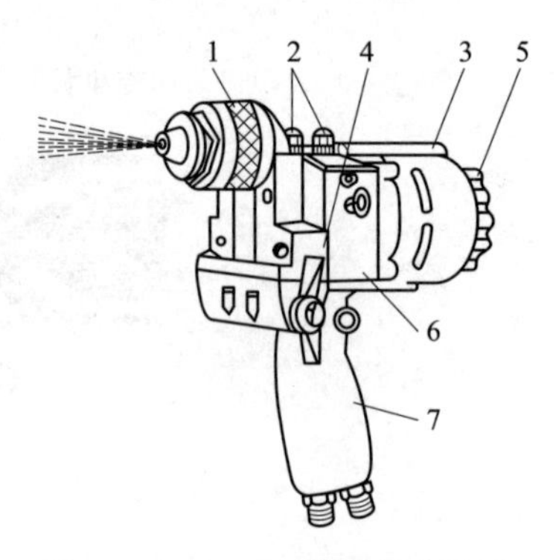

图8-7 SQP-1型射吸式线材火焰喷枪

1—混合头部分；2—送丝滚轮压帽；3—导丝管；4—阀杆旋钮；5—调速旋盘；6—机动部分；7—手柄部分

2. 粉末火焰喷涂机

氧-乙炔火焰粉末喷涂设备的组成与线材火焰喷涂类似，一般包括氧气及乙炔供给系统、压缩空气供给系统、喷枪等部分，其差别仅仅在于喷枪和送料装置，而气体供给系统与线材火焰喷涂完全相同，气体控制屏也可以通用。

氧-乙炔火焰粉末喷涂中，当喷枪不需要附加压缩空气时，则不需要压缩空气供给设备；在枪外供粉的情况下，需要附加送粉装置。氧-乙炔火焰粉末喷枪的种类较多，但都是由火焰燃烧系统和粉末供给系统组成，由于在结构上的差异和特点，形成了一系列枪型，下面介绍国内常用的一种型号：SPH-E型两用枪。

所谓两用枪是既可喷涂又可用于自熔性合金喷焊的喷枪。SPH-E型两用枪的结构如图8-8所示，枪内结构如图8-9所示。喷枪有四个控制阀：氧气控制阀（O阀）、乙炔控制阀（A阀）、送粉气体控制阀（T阀）、粉末流量控制阀（P阀）。氧气进入喷枪后，分成两路，一路经T阀进入送粉体喷射孔，产生射吸作用抽吸粉末；另一路经O阀进入射吸室产生负压抽吸乙炔，两种气体在混合室混合后从喷嘴喷出，产生燃烧火焰。P阀和A阀可分别控制送粉量和乙炔流量，该枪还设置有快速安全阀和备用进气接口。喷涂完毕后，只要向后扳动快速安全阀，就立即切断各路气体。当再次喷涂时，只要向前扳动，点火后，火焰的气

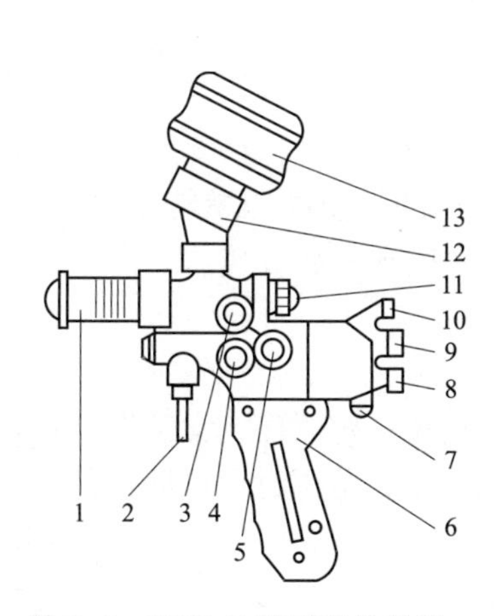

图 8-8　SPH-E 型两用枪外形

1—喷嘴；2—送粉气体控制阀（T 阀）；
3—支柱；4—乙炔控制阀（A 阀）；
5—氧气控制阀（O 阀）；6—手柄；
7—快速安全阀；8—乙炔进口；
9—氧气进口；10—备用进气口；
11—粉末流量控制阀（P 阀）；
12—粉斗座；13—粉罐

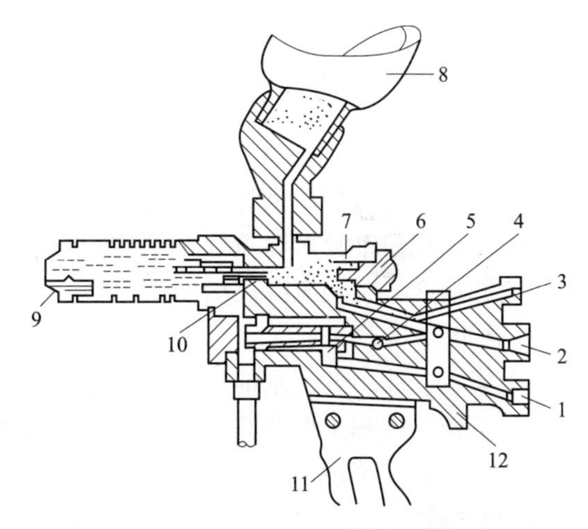

图 8-9　SPH-E 两用枪内部结构

1—乙炔进口；2—氧气进口；3—备用进气口；
4—氧气控制阀；5—乙炔控制阀；
6—粉末流量控制阀；7—送粉气体控制阀；
8—粉罐；9—喷嘴；10—送粉气
体喷射孔；11—手柄；
12—快速安全阀

体参数和送料量均不变。备用进气接口可以在需要时接入压缩空气或惰性气体，以提高粉末在火焰中的流速。

SPH-E 型两用枪使用的喷嘴有环形和梅花形两种。环形喷嘴功率较小，但速度较高，不易回火，适应性宽，可用于喷涂和喷焊。梅花形喷嘴火焰功率大，但速度较低，一般用于喷涂。SPH-E 型两用枪可使用接长管，用于内孔喷涂。

3. 超音速火焰喷涂机

多功能超音速喷涂设备由喷枪、控制系统、送粉系统、水冷系统、点火系统等组成，如图 8-10 所示。

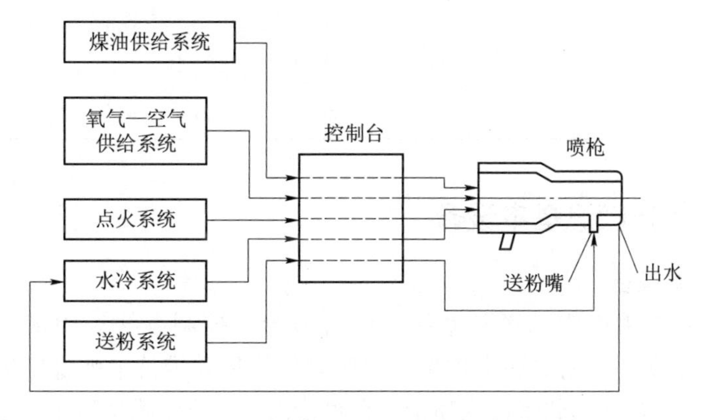

图 8-10　超音速火焰喷涂设备结构简图

1）喷枪

喷枪是喷涂机的关键零部件，其结构主要包括燃气腔和冷却水腔，分为头部、燃烧室段、送粉段和加长喷管段，利于操作并可拆卸。喷枪主要由射流雾化喷嘴、燃烧室、拉伐尔喷嘴（又称缩扩喷嘴）、送粉嘴、加长喷管、冷却套以及油管、气管、水管接头等组成。喷枪操作可采用人工或机械手来控制，拉伐尔喷嘴将燃烧室内的高温高压燃气加速到超音速，沿焰流轴心线出现数个菱形亮点（马赫锥），则表明焰流都达到了超音速。通常，提高喷涂粉末和焰流的速度，可相应提高涂层质量。

2）控制柜

控制柜集电、油、气、水的控制于一体，保证各子系统按一定时序正常工作，并显示监控喷涂系统工作时长和工作参数，在系统工作超出正常工艺参数范围时会自动报警，并做出相应的处理，保证系统正常工作。

3）送粉系统

以氮气为载体，将喷涂粉末连续均匀送至喷枪低压区，并可调节送粉率以满足各种喷涂工艺的需要。

4）水冷系统

水冷系统由制冷机组、泵、阀组成，可将冷却水送至喷枪，再将喷枪流回的高温水降温成冷却水。

超音速火焰喷涂设备的特性见表8-1。

表8-1　超音速火焰喷涂设备的特性

名称	特性
燃料	气态或液态燃料，煤油较为常见
助燃剂	氧气、压缩空气、压缩空气与氧气的混合气体
雾化方式	高性能射流雾化
燃烧方式	高压燃烧
点火方式	大功率电点火
送粉方式	径向送粉
送粉载气	氮气
冷却方式	冷却机组强制冷却
焰流温度	1 400 ℃~2 600 ℃

8.2.2　电弧类热喷涂基本设备

1. 电弧喷涂基本设备

电弧喷涂设备主要由电源、送丝系统、电弧喷枪、控制系统等组成，图8-11所示为AS-3000型电弧喷涂设备。电源提供喷涂过程所需的能量并维持电弧稳定燃烧。送丝系统将丝材从丝盘中拉出，通过送丝软管进入喷枪，在喷枪内通过导电嘴接触带电而引燃电弧。供气系统提供纯净压缩空气用来雾化并加速微粒运动，全部喷涂程序由控制系统进行调整。电弧喷涂设备按送丝方式不同分为推丝式与拉丝式，按喷枪夹持方式分为手持式与固定式。

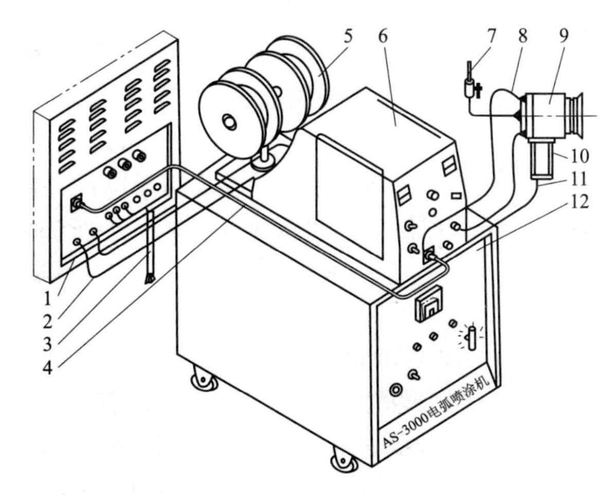

图 8-11　电弧喷涂设备系统

1—电源控制箱后板；2—电缆线；3—相绝缘导线；4—遥控导线；5—丝盘；6—送丝机构；7—高压胶管；8—送丝软管；9—电弧喷枪；10—手柄开关；11—开关导线；12—电源控制箱

1）电源

电弧喷涂的电源是向电弧供电的系统，电弧吸收电能通过能量交换释放热能以使喷涂过程中丝材熔化与沉积。电源性能好坏直接影响电弧燃烧稳定性、喷涂过程稳定性及涂层的质量。电弧喷涂通常采用变压器-整流器式直流电源，以硅二极管作整流器元件。直流电弧喷涂的优点是效率高，熔覆率高，喷涂时噪声小，涂层组织致密。电源主电路由降压变压器、硅整流器、外特性调节机构等组成。专用的喷涂电源具有恒压特性，也称平特性电源，即在稳定状态下其输出电压与输出电流基本无关，一般电源外特性不大于 5 V/100 A，如图 8-12 所示。

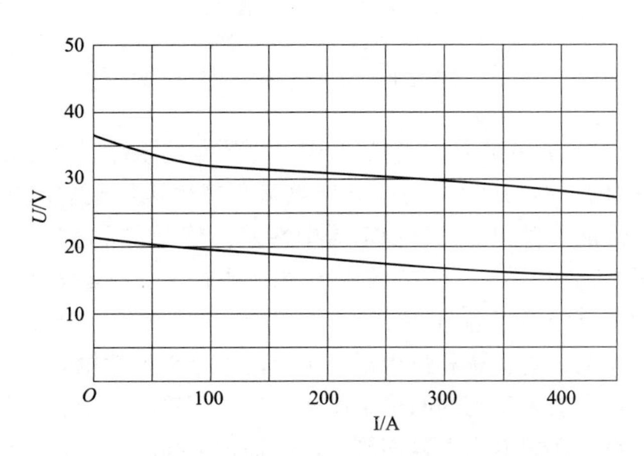

图 8-12　电弧喷涂电源伏安特性曲线

喷涂电源采用抽头式主变压器，通过抽头换挡来调节所需空载电压。空载电压一般分八级，电压为 22~40 V。设定空载电压后，喷涂过程中只需改变送丝速度便可调节喷涂电流，因此对不同金属丝材与工艺需要，可以方便地、单独地对电弧电压及电流加以调节。为适应不同金属材料和喷涂工艺，电流的输出电压应在一定范围内调节，因此在电源的设计上应有输出电压调节装置。输出电压的调节方式一般有两种，一种是改变变压器副边的线圈匝数；另一种是改变变压器原边的线圈匝数。逆变电源动态响应速度快，电弧的动特性好，喷涂时产生的飞溅小，而且逆变电源也可以方便地做局部改动，使其既可输出直流，又可输出高频交流方波或高频脉冲直流波形。喷涂时，不但电弧稳定，还可以利用阴极的雾化作用，去除铝丝表面的氧化膜，从而顺利地喷涂铝丝，也可以改成高频脉冲直流输出（这种电弧则可以利用脉冲的高压去除铝表面的氧化膜），因此逆变电源取代传统的变压器抽头式主电源已经成为必然的发展趋势。

2）喷枪

喷枪一般由雾化头、接电块、送丝滚轮、导丝管、压缩空气接管等组成。电弧喷枪可分为手持式与固定式两类。手持式操作灵活，万能性强；固定式常用于喷涂生产线，其外形如图 8-13 所示。

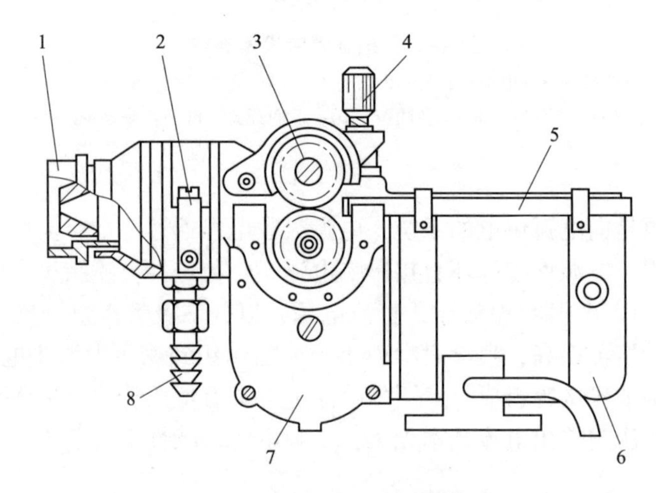

图 8-13　电动固定式电弧喷枪外形

1—雾化头；2—接电块；3—送丝滚轮；4—压紧螺帽；5—导丝管；6—电动机；
7—变速箱；8—压缩空气接管

导电嘴与喷嘴是喷枪的关键零件，直接影响涂层质量与喷涂过程稳定。导电嘴应有合适的孔径及长度，以使金属丝材在导电嘴中既导电又要减少送丝阻力。孔径过小，送丝阻力大；孔径过大，导电性能不稳定，丝材稳定居中性差，甚至在导电嘴内引发电弧产生粘连。导电嘴内壁要保持清洁，油污与氧化物会影响丝材导电性能，导电嘴受到金属丝材的正常磨损应定期更换。两导电嘴的夹角为 30°~60°。

由导电嘴、空气喷嘴、绝缘块和弧光罩等组成的雾化头是喷枪的关键部分。喷嘴对熔化金属起到有效雾化作用。引入喷枪的两根金属丝在送丝滚轮的带动下，通过导丝管和导电嘴以一定角度汇交于一点。在导电嘴上紧固接电片，通过电缆软线连接电源。金属丝与导电嘴接触而带电。引入的压缩空气通过空气喷嘴形成高速气流使熔化金属进一步雾化。

3）送丝系统

送丝系统通常由送丝机构（包括直流伺服电动机、减速器、送丝轮、压紧机构），送丝软管，丝盘等组成。根据驱动金属丝的动力源不同，电弧喷枪的送丝装置分为电动式、空气马达式和气动涡轮式等几种类型。电动送丝适用于固定式喷枪，空气马达送丝适用于手持式喷枪。按推动金属丝的方式不同，电弧喷枪的送丝装置分为推式、拉式及推拉式。推式是送丝机构与喷枪分开，适用于手持式喷枪，由喷枪外的动力装置将金属丝推向喷枪，枪体的体积小、质量轻、操作灵活、适应性强，但涂层的均匀性受操作技术影响，送丝的距离不能大于 5 m；拉式是由喷枪上的动力带动金属丝，这种方式送丝距离远，涂层均匀，但喷枪笨重，常常安装在导轨上进行操作，适应性较差，成本高，适用于固定喷枪，送丝机构与喷枪设计为一体。推拉式采用了上述两者的综合优点，送丝采用推拉设计，但在喷枪中的拉丝机构很小，仅仅起辅助作用，推拉式设计成本高，应用并不多。送丝方式如图 8-14 所示。

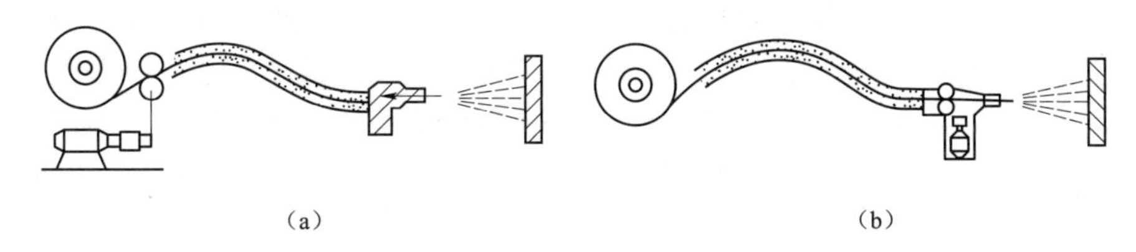

图 8-14　送丝方式

(a) 推丝式；(b) 拉丝式

4) 控制系统

控制系统的具体构成因电弧喷涂设备不同而异，但均包含压缩空气减压器、压力表、空气过滤器、油水分离器、电流表、电压表、喷涂开关、电流调节钮、电压调节钮、电路安全等装置。

近年来电弧喷涂发展较快，除在大气下喷涂的设备外，又出现了真空电弧喷涂设备。国内出售的真空喷涂设备主要有上海喷涂机械厂生产的 D4-400A、D5-100、D4-400B、SCDP-3，沈阳工业大学研制的 XDPI、Ⅱ等。

§8.3　热喷涂技术及应用

8.3.1　线材火焰喷涂技术及应用

在火焰形态的选择方面，由于中性焰焰流温度高，燃烧残余物较少，用气量较少且有利于提高涂层质量，所以大多数情况下都采用中性焰。氧气、燃料气的流量和压力是决定火焰功率的重要因素，应合理选择流量和压力等参数，并要求在喷涂过程中保持稳定，因为这些因素将影响涂层的最终质量。雾化参数、空气流量和压力的选择对雾化效果有很大影响，压力和流量过小，雾化时能量不足，会导致雾化颗粒粗大而影响涂层质量；压力和流量过大，热源的温度和稳定性就会降低，因此在喷涂金属丝材时雾化气体的压力常需大于 0.4 MPa。在喷涂距离的选择方面需要综合考虑热源参数、涂层厚度、线材和基体材质等因素的影响。一般情况下喷涂距离选用 100~150 mm，喷涂角度以 90°为最佳，但在实际喷涂过程中由于喷涂位置和喷涂条件等各种原因的限制，有时喷涂角度不能维持在 90°，为了避免遮蔽效应，通常要求喷涂角度不小于 45°。喷枪移动速度对喷涂效率、基体温度的升高、表面氧化和热变形都有一定的影响，应正确选择与控制。丝材直径的大小受控于喷枪类型，可按喷枪说明书选取。在送丝速度方面主要考虑热源参数和丝材熔点两个因素，送丝速度过快将使丝材熔化不均匀，送丝速度过慢不仅会降低喷涂效率，而且会使熔滴颗粒过于密集而发生较为严重的氧化，大大降低涂层质量。在一般情况下，以得到尺寸在20~70 μm的金属雾化粒子作为合适送丝速度的依据。

火焰喷涂设备携带和操作容易，无电力要求，沉积效率较高，至今仍是喷涂纯钼层的最好选择，但涂层含氧量较高、孔隙较多且结合强度较低，影响了涂层质量。

8.3.2 超音速火焰喷涂技术及应用

自从超音速火焰喷涂技术诞生以来，其应用范围就在不断扩展，超音速喷涂已经成为热喷涂技术的主流发展方向，目前在国外已经渗透到各种领域，如石油化工、机械、印刷、航空航天、冶金、电力、塑料等工业部门。特别是在高科技领域，超音速喷涂的高质量涂层能够满足航天、航空和原子能等尖端领域对材料的苛刻要求。美国已经采用超音速火焰喷涂逐步取代常规的等离子喷涂修复飞机涡流发动机部件，这样既降低了成本，又改善了涂层的质量。

1. 喷涂纳米结构涂层

近年来，超音速喷涂制备纳米结构涂层成为目前表面工程领域的一个研究热点。纳米结构材料作为涂层材料，可望解决传统涂层材料以提高涂层硬度要以牺牲涂层韧性为代价，造成脆性增加，结果导致涂层与基体的匹配与结合性能下降，涂层易开裂，硬质相易脱落等问题，从而进一步提高涂层的综合使用性能。随着纳米结构涂层研究的不断深入，对涂层技术提出了越来越高的要求。由于超音速火焰空气喷涂具有喷涂温度较低但粒子飞行速度极高的特点，使喷涂粒子的氧化、烧结、再结晶及长大等倾向降至最低，因而特别适合对温度敏感的纳米涂层，并且已经成为制备纳米结构涂层的理想方法之一。

2. 航空航天工业中的应用

由于超音速火焰喷涂的火焰温度并不高，且对粉末的加热时间很短，可以防止粉末的过分氧化、烧损、蒸发和分解，制备的涂层具有很好的耐磨和抗氧化性能，所以备受航空航天界的青睐，并很快得到了应用，如飞机发动机的涡轮静叶、发动机气体密封用可磨耗密封件等。

3. 在其他工业领域中的应用

近年来，超音速喷涂技术还广泛地应用于其他工业领域。例如，在电厂的燃煤锅炉、垃圾焚烧锅炉和流化床锅炉的水冷壁上的抗冲蚀腐蚀涂层，燃煤风机上的耐磨损涂层，汽轮机关键部件上的耐冲蚀和抗高温腐蚀涂层；在钢铁工业中的各种工艺辊上的耐磨涂层，镀锌线上的沉没辊的耐磨和抗腐蚀涂层，连续退火炉辊上的耐高温磨损涂层，高炉吹氧口及烟罩上的抗冲蚀磨损涂层；在造纸工业设备中的烘缸和各种辊子上的耐磨涂层，蒸汽锅炉和废液回收锅炉中的防腐涂层。超音速喷涂技术也是目前解决水轮机耐泥沙磨蚀问题的主要方法之一。

8.3.3 电弧喷涂技术及应用

经过几十年的研究和实践，电弧喷涂技术不断提高、进步，其应用领域不断地扩大。目前应用较多的有如下几个方面：

1. 机械零件维修

修复因使用磨损或加工超差的机械零件是电弧喷涂技术最重要的应用之一。可修复的机械零件范围从普通的机械部件到重要的飞机零件。使用的涂层材料主要是一些钢铁材料、镍合金、铜合金等。其中含有 13Cr%的马氏体不锈钢材料是最常用材料。电弧喷涂 3Cr13 或 4Cr13 涂层的硬度约为 HRC40，通常高于工件原始硬度，可以提高工件的使用寿命。

此外，这种材料在喷涂过程中发生的马氏体转变效应会部分地补偿涂层的收缩，有较好的工艺性。电弧喷涂涂层的厚度从几十微米到几毫米，只要选择合适的涂层材料和工艺参数就能成功地得到较高涂层厚度。采用电弧喷涂工艺时，喷涂前，不需预热工件，在喷涂过程中可以控制工件的温度在 100 ℃以下，所以完全避免了工件的变形和出现裂纹。这一点对修复重要、精密的机械零部件非常重要。电弧喷涂修复工艺还有很高的生产率，通常每小时可以喷涂十几公斤的材料，很短时间就能完成常见的轴类修复工作。

2. 防腐涂层

金属材料的腐蚀问题遍及国民经济的各个领域，造成的经济损失和社会危害非常巨大。虽然，防腐方法有许多种，但传统的防腐方法很难满足一些重要的大型钢结构件对长效防腐的要求。大量试验和现场应用证明，热喷涂锌涂层或铝涂层的方法可以很好地解决这个问题。美国和英国早在 20 世纪 30 年代就开始将热喷涂技术用于钢结构桥梁和水利设施的长效防腐。经过几十年考验，采用热喷涂防腐技术的钢结构确实效果很好。目前，在世界范围，尤其是在欧、美等发达国家已有数百座大型或特大型桥梁采用了热喷涂防腐技术。1977 年英国标准学会（BSI）在制定的钢铁结构件防腐蚀技术标准中指出：只有热喷涂的锌或铝涂层才能保证钢铁结构在工业大气及海洋大气中 20 年不需维护。

热喷涂防腐涂层最成功的是锌、铝涂层，可用于大型桥梁、海洋钻井平台及各种水利设施等，涂层后的使用寿命高达 20 年。锌或铝涂层对钢铁基体的保护机理主要有两个，一是具有与涂料涂装作用类似的隔离机理，另一个是通过涂层材料自我牺牲实现的阴极保护作用。在许多场合下，热喷涂与涂料涂装的结合应用能收到更好的保护效果。由于涂料封闭了涂层的外部孔隙，涂层表面的凸凹不平又提供给涂料的结合良好基础。

在热喷涂防腐施工中，电弧喷涂工艺是首选方法。与火焰喷涂相比，电弧喷涂具有生产效率高、使用成本低、涂层结合强度高和操作简便等特点。目前，国内外的大部分热喷涂防腐施工都使用电弧喷涂工艺。电弧喷涂可以对焊接成型的钢结构做现场防腐施工，又可以对批量产品在车间生产线上加工。热喷涂的使用寿命与涂层的厚度成正比，增加涂层厚度能提高构件的服役寿命。在工业大气环境下，0.1～0.15 mm 厚的锌涂层就可以保证钢铁构件在 20 年以上的不需维护。

3. 快速制造塑料模具

随着人们对塑料制品的需求不断增加，寻找低成本、快速制造塑料模具的方法更加迫切。采用电弧喷涂快速制造冲压塑料或皮革模具时，可以利用塑料制品实物直接翻制模具，取代木型、蜡型或其他材料制作的母模。采用这种方法制作的模具对原始母模具有很好的再现性，复制精度很高。模具的加工周期短、加工费用低，通常在几天内就可完成，加工成本仅为传统模具费用的几分之一。该方法的操作步骤如下：

（1）制备母模。母模可以是塑料制品的实物，也可以使用木材、石蜡、石膏、树脂或其他材料制作；母模的表面精度直接影响最终模具的表面质量，所以使用的母模表面质量应尽可能地高。

（2）涂刷脱模剂。在制备好的母模表面均匀地涂刷一层水溶性脱模剂，既可保证电弧喷涂时金属涂层的有效沉积，又有利于最终的模具分离。

（3）喷涂模具型腔。根据要求选用合适的涂层材料和喷涂工艺参数，在喷涂过程中只要操作仔细就不会损坏母模的表面；对于许多吸塑、吹塑或聚氨酯成型模具来说，锌或锌基合金可以满足需要。

（4）脱模。将喷涂加工的模具浸在热水中，水溶性的脱模剂便软化；母模可顺利取下，留下要求的模具型腔。

（5）模具型腔的后处理。对于吸塑加工模具只需在模具型腔底部钻一些吸气小孔，然后即可装配到吸塑机工作台上，对其他用途的模具则需要对模具型腔进行安装模架、树脂加固、安装开起机构和定位以及设计安装加热或冷却管道等。

由于锌或锌基合金熔点低、硬度低，它仅能用于吸塑、吹塑、聚氨酯成型或聚苯乙烯发泡成型模具以及小批量的注塑成型模具。而采用电弧喷涂方法制作高熔点、高硬度材料，如钢涂层模具的难度较大，因为如果喷涂材料的熔滴温度很高，很难在不损坏母模的前提下，在母模表面形成涂层。但是，对于要求大批量生产的注塑模具来说，必须使用高熔点、高硬度的材料制作。目前，这项研究正在进行之中。

除以上应用外，电弧喷涂技术在工艺美术装饰和轻工产品制造方面也有很大的应用空间。电弧喷涂锌涂层或黄铜涂层可以牢固地沉积在石膏、水泥、石头或木材表面，采用电弧喷涂方法可以给石膏或水泥雕塑穿上金属的外衣，给予金属雕塑的外观感觉。在炊具制造领域，各种不粘锅很受消费者欢迎。由于在使用中，锅底很容易被坚硬的铲勺划伤，有人发明了在锅底和不粘涂层之间加上一层电弧喷涂金属过渡涂层的方法解决这个问题，效果很好。经过这样的处理，不粘涂层牢固地结合在金属过渡涂层免于过分损坏，延长炊具寿命。目前已有一些国内炊具厂家采用了这项技术。

8.3.4 等离子喷涂技术及应用

等离子喷涂涂层依据其用途和特性，可以分为保护性涂层和功能性涂层，保护性涂层诸如耐磨、减磨、固体润滑的涂层，抗表面疲劳涂层，耐蚀涂层，耐热涂层，热障涂层等，这些涂层的制备技术工艺成熟，已经在工业生产中得到广泛应用。功能涂层诸如超导涂层，光学涂层，生物涂层等，目前正逐渐受到人们的重视。

1. 耐磨涂层及其应用

摩擦、磨损是一切机器设备工作中存在的普遍现象，有相当一部分零部件是由于摩擦、磨损而造成失效报废的。等离子喷涂涂层最典型的应用就是耐磨涂层。

等离子喷涂陶瓷和金属陶瓷涂层，不仅可以使零部件具有高的硬度，优异的耐磨性；而且涂层摩擦系数低，能耗小，在机械、航空等领域应用广泛。等离子喷涂 Al_2O_3、Cr_2O_3、TiO_2 等陶瓷粉末，可大幅度提高冲蚀和气蚀环境下工作的水轮机、抽风机、旋风除尘器等零件的耐磨性。大型水利工程及海洋开发用的液压油缸大型活塞杆，采用等离子喷涂 $Al_2O_3+TiO_2$ 陶瓷涂层代替镀硬铬，当获得的涂层厚度为 200~350 μm，硬度 900~1 200 HV，表面粗糙度 Ra0. 3~0. 35 μm 时，该活塞杆运行总行程超过 1 200 km 仍保持完好状态。

减小磨损的另一个途径是减小相互接触表面的摩擦系数。等离子喷涂钼及钼合金复合材料涂层，在边界润滑条件下，可表现出极好的耐磨性，有优异的抗黏着磨损能力。同时，由于喷涂工艺的要求，可使涂层结合强度高，孔隙率低，质量优异且稳定。如在内燃机钒钛灰铸铁活塞环上等离子喷涂 Mo+28%NiCrBSi 复合材料涂层代替镀铬，涂层厚度 0.5~0.8 mm，硬度 1 100 HV。在较高温度下，即使时间延长，涂层硬度也不会发生改变；在相同的工况下，摩擦系数从原来的 0.110 下降到 0.089，显示出喷钼涂层在有润滑条件下，具有良好的抗咬合性，并能承受瞬时的摩擦高温，是目前理想的活塞环涂层。

2. 热障涂层及应用

热障涂层广泛应用于航空发动机、燃气轮机等高温工作下零部件的表面，起隔热作用，并可用于改善机械零件的抗高温氧化性能。如燃气轮机的受热部件如喷嘴、叶片、燃烧室等均处于高温氧化和高温气流冲蚀的恶劣工作环境中，承受温度高达 1 100 ℃，现有的高温合金（如高温镍合金使用的极限温度为 1 075 ℃）和冷却技术都难以满足设计要求。解决这一问题的办法就是在承受高温的零部件上喷涂热障涂层，以起到阻止热的传递，防止基体金属温度升高或降低基体的受热温度等作用。典型的热障涂层都设计成双层结构，即由金属结合层和陶瓷层组成。金属结合层多采用 MCrAlY（M 为金属 Ni、Co 或 Ni+Co），其作用是抗氧化，并使基体和陶瓷层紧密结合起来。热障涂层工作层材料通常都是陶瓷材料，目前都选择加入少量 Y_2O_3 的氧化锆（ZrO_2）。

如在某航空发动机的研制中，经常出现高压一级涡轮导向器进气边烧蚀，加力燃烧室隔热屏烧蚀变形和出现裂纹等故障，直接影响了发动机的可靠性和使用寿命，为解决这一问题，采用 CeO_2-Y_2O_3-ZrO_2 三元热障涂层材料等离子喷涂技术。实践证明，这种热障涂层材料隔热效果显著，并具有良好的抗热振性和高温抗氧化性，消除了燃烧室隔热屏局部烧蚀变形及裂纹等故障。采用等离子喷涂 ZrO_2 热障涂层保护航空发动机叶片、燃烧室内壁活塞等，可使发动机工作温度提高 100 ℃以上。

此外，陶瓷-金属功能梯度复合涂层是近年来随着现代航空、航天、兵器等尖端技术的发展迅速开发出来的一种新型热障涂层，其涂层的化学成分沿涂层厚度方向呈梯度分布，能缓和由于温度梯度产生的热应力，涂层抗热振性能也得到显著提高。如在火箭推进器燃烧室的内壁采用等离子喷涂技术喷涂一层镍-部分稳定氧化锆功能梯度涂层后，经热循环试验结果表明，功能梯度材料涂层的内壁耐热性明显高于没有功能梯度涂层的内壁。

3. 生物活性涂层及应用

等离子喷涂技术是制备医用生物涂层材料的一种有效方法。国内外对等离子喷涂羟基磷灰石涂层和钛涂层的研究报道较多。羟基磷灰石的化学式为 $Ca(PO_4)_6(OH)_2$，简称 HV，其化学成分和晶体结构与人体骨骼和牙釉质的化学成分和晶体结构相似，具有优良的生物活性和生物相容性，能与骨组织产生骨性结合，传导骨生长。目前这种涂层广泛用于人工髋关节和人工牙齿植入材料。但多孔羟基磷灰石是脆性材料，韧性差，强度低，难以在生物体的承载部位使用。但若采用等离子喷涂技术把羟基磷灰石粉末喷涂在金属基体如钛合金的表面，得到金属基生物活性羟基磷灰石涂层材料则具有良好的综合性能。研究表明，等离子喷涂方法可制备厚度>30 μm 的涂层材料，涂层与基底的结合强度>60 MPa。通过模拟体液和体液中的培养试验，证明等离子喷涂 HV/Ti 合金复合材料是一种理想的骨替代材料。

4. 非晶态涂层

非晶态合金具有很高的强度、硬度，优良的耐磨耐蚀性能和良好的磁学性能。研究表明，含有富含硼的一些化合物能在高速冷却时形成非晶态结构，等离子喷涂时熔粒的冷却速度可达 10^5~10^6 K/s，这种冷却速度可使涂层中产生非晶态相的组织。采用大气等离子喷涂铁基非晶态合金粉末制备的高含量的铁基非晶态合金涂层，致密度高、孔隙率低氧化物含量少，硬度达700~900 HV，结合强度>27 MPa。

5. 其他功能涂层及应用

用等离子喷涂压电陶瓷涂层制作的压电元件无须粘贴，尤其适合于大面积压电传感元件和压电元件阵列的制作。等离子喷涂 Y-Ba-Cu-O 超导粉末后，为恢复超导相，将涂层在氧气中 750 ℃~930 ℃加热可制得高质量的 Y-Ba-Cu-O 超导涂层。在切削刀具上用真空等离子喷涂技术辅助沉积人造金刚石薄膜，可以实现难加工材料的加工；也可以应用于喷管喷嘴、计算机硬盘、挤压模和拉伸模、火箭发动机系统、飞机发动机系统以及汽车引擎中的轴承等方面。

固体氧化物燃料电池是一种新型的高效率、环保的能量转换装置。等离子喷涂工艺由于能够高效率地获得理想的层状结构和优良结合强度的涂层，在中温平板式固体氧化物燃料电池的阳极、电解质和阴极制备中均有应用，是一种制备中温平板式固体氧化物燃料电池最有前途的工艺。

第 9 章
其他特种加工简介

科学技术的发展给加工制造业带来了新的生机，许多新的加工方法不断涌现和完善，使特种加工及制造业的生产范围逐渐扩大，加工种类不断增多。前面几章介绍了几种应用比较广泛的特种加工方法和类型，在本章中，还将简单介绍一些应用相对少且还在发展和完善中的一些特种加工方法。

§9.1 化学加工

所谓化学加工实际上就是对金属材料进行化学腐蚀的一种加工方法。通常是利用酸、碱或盐等化学溶液与金属产生一系列化学反应，对材料或工件表面需要去除的部分进行腐蚀溶解，从而改变材料或工件全部或局部尺寸形状，达到加工目的的一种加工方法。

化学加工的应用形式比较多，并且一些化学加工方法还与其他特种加工方法结合起来，构成新形式的加工方法。比如，所谓的光刻技术就是由光学方法和化学腐蚀方法相结合的一种加工方法。这里简单介绍几种用于成型的化学加工方法。

9.1.1 化学蚀刻加工

化学刻蚀加工是一种典型的金属腐蚀加工，常应用于难切削金属的表面成型加工。

1. 化学刻蚀加工的原理、特点及应用

化学刻蚀加工的原理如图 9-1 所示，在工件的非加工表面上涂敷耐腐蚀涂料，进行防腐蚀保护。然后将工件浸到化学溶液中，使工件待加工的暴露表面与化学溶液发生反应，进而达到溶解去除的加工目的。

化学蚀刻的特点及应用范围：

(1) 由于利用化学腐蚀原理进行加工，因此，不受被加工材料或工件的硬度、强度限制，适合于刻蚀难切削钢材。

(2) 加工过程中不产生应力、裂纹、毛刺等缺陷，加工后的表面粗糙度通常可达 *Ra*1.5~2.25 μm。但被加工件原有的缺陷、划痕等不易去除，加工后的表面平面度较差。

(3) 刻蚀主要产生在与暴露表面垂直的方向上，但超过一定深度后，涂敷层下面的侧向也会产生腐蚀。因此，对于刻蚀深度需要较深的工件，与暴露表面垂直的侧面加工精度较差。

(4) 刻蚀加工操作简单，但腐蚀液对人体有危害，因此需要适当防护。

化学刻蚀加工主要适合于较大面积的金属表面厚度减薄加工，蚀刻深度不宜超过 13 mm，因此特别适合于航天工业中大型薄壁构件的内表面蚀刻。对工件窄缝、型孔等的加工精度和效率都较差。

2. 化学蚀刻加工的工艺过程

化学蚀刻加工的工艺过程大体为：表面预处理→涂敷保护层→固化→刻型→腐蚀→清洗→去除保护层。下面简单介绍几个主要工序：

（1）涂敷。在涂敷保护层之前，需要预先清理工件表面的附着物、油污以及氧化膜层等。为了加固涂料与金属工件表面的粘接程度，有时还需要进行适当表面预处理，比如喷丸、打磨等，以使待涂敷表面形成一定的粗糙度。

涂层厚度要求均匀，不允许有杂质和气泡，涂层厚度通常控制在0.2 mm左右。涂层必须具有良好的耐酸、碱或盐等性能，在金属腐蚀液体中保持牢固的粘接性能。常用的保护层耐蚀涂料有氯丁橡胶、丁基橡胶、丁苯橡胶等，涂层后根据涂料不同需要不同的时间和温度完成固化。

（2）刻型。涂敷层完全固化之后，根据蚀刻样板用刀子将工件表面上待蚀刻表面的涂层切断、剥离并清除干净。通常采用1 mm厚的硬铝板制作蚀刻样板。

（3）腐蚀。将经过刻型处理后的工件放入相应的腐蚀溶液中进行蚀刻，腐蚀温度和速度根据溶液类型和浓度等不同而适当控制。

9.1.2 光化学腐蚀加工

光化学腐蚀加工又称作照相化学腐蚀加工，是照相制版、光刻和光电成型法的总称，是将照相制版、光刻和化学腐蚀结合在一起最终完成腐蚀去除的一种超精细加工技术。在电子工业和科学实验中具有较广泛的应用。

1. 照相制版

1）照相制版原理

制版是光化学腐蚀加工的首道工序，即利用照相感光的原理将设计图形按原形状尺寸印刷在感光胶片上，作为光刻底片。通常是利用紫外光的光化学反应，将光刻底片上的图像复制到涂有感光胶的铜板或锌板上，经过坚膜固化处理，使感光胶具有一定的抗蚀能力，最后进行化学腐蚀即可获得具有所需图像的金属板。

2）工艺过程

照相制版的工艺流程为：设计原图→照相制底片→光刻（在涂有感光胶的金属板上曝光）→显影→固化→（修正、烘烤）→腐蚀→整理（显影）→印刷版，如图9-1所示。

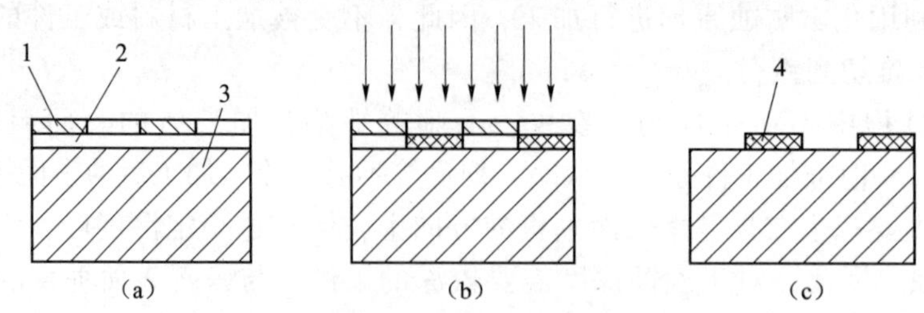

图9-1 照相制版曝光、显影示意图

（a）密合；（b）曝光；（c）显形

1—金属板；2—感光膜；3—照相底片；4—成像胶膜

下面简要介绍其工艺过程：

（1）原图照相。将设计图纸放大一定比例刻在特制的玻璃板上，再将其按所需比例缩小投影在涂有卤化银的感光底片上制成制版底片。

（2）制金属板。将光整的金属板表面进行去油污、去氧化膜层清理，均匀地涂敷感光胶于清理表面。常用的感光胶有聚乙烯醇、骨胶、明胶等。

（3）曝光。将感光底片贴合与金属制版涂有感光胶的一侧（有时须采用真空方法使感光底片与金属制版贴合，或在感光底片上压上一块洁净、平整、无阻光纤维层的玻璃）置于紫外光下一定距离进行曝光，使金属板上涂敷的感光胶膜按图像感光。曝光的时间和紫外线灯源的距离是金属板感光的关键，须根据板料材质、图像大小、复杂程度以及需要刻蚀的深度确定。

（4）显影和坚膜固化。金属板经过曝光后，感光底片上有线条的部分挡住了紫外线照射，涂敷的感光胶膜参与光化学反应，仍呈水溶性；感光底片上没有线条的透光部分，由于参与了化学反应，使感光胶膜变成不溶于水的络合物。将金属板进行显影处理后，用清水把未感光的胶膜清洗掉，经过感光定影后的胶膜即呈现出清晰的图像。

有时为了提高感光胶膜的抗蚀性，须将制版放在坚硬液（照相工艺中的定影液）。为了进一步提高感光胶膜的抗蚀性和坚固性，还需进一步固化处理。根据感光胶和金属板材质等通常需在150 °C~300 °C温度下固化5~15 min，胶膜固化后呈深棕色较好，若胶膜发黑，则产生胶裂或炭化，导致丧失抗蚀能力。

（5）腐蚀。将经过坚膜固化后的金属板放入腐蚀液中进行腐蚀，即可获得所需图像，如图9-2所示。

为了防止侧壁部分被腐蚀或产生腐蚀坡度等影响工件精度，有时需进行适当的侧壁保护或在腐蚀剂中添加一些保护液。

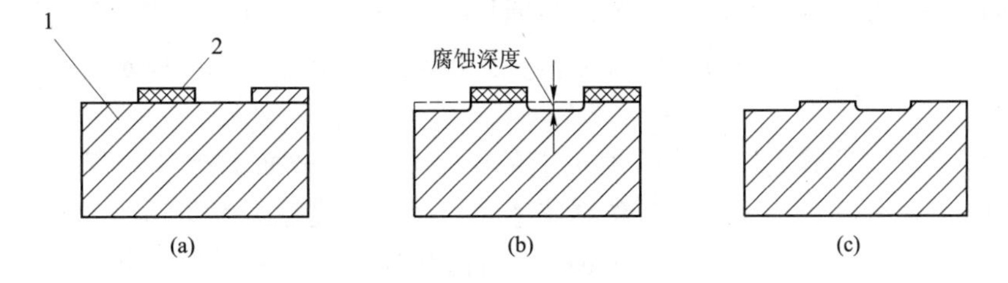

图9-2　照相制版的腐蚀原理

（a）坚膜固化；（b）腐蚀；（c）去胶

1—显影后的金属片；2—成像胶膜

2. 光刻加工

1）光刻加工的原理、特点和应用范围

利用光致抗蚀剂的光化学反应特点，将精缩到掩模板上的图形印制在涂有光致抗蚀剂的制件上，然后进行腐蚀，由于感光后的光致抗蚀剂具有很强的耐腐蚀特性，而未接受感光部分被腐蚀，从而在制件上获得清晰的图像。

光刻的尺寸精度可达0.005 mm，是制造半导体器件和集成电路的关键性工艺技术，另外，也可用来制造精密量具的刻度、光栅、电路布线板等。

2）光刻的工艺过程

光刻的主要工艺流程如图 9-3 所示。

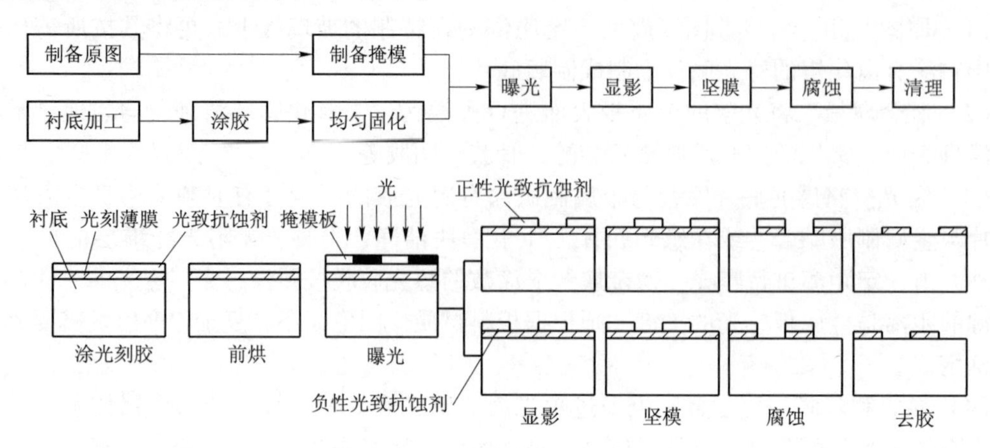

图 9-3　光刻的主要工艺流程

（1）制备原图和掩模。在透明或半透明的聚酯基板上涂敷一层醋酸乙烯树脂系的可剥离薄膜，利用绘图仪将待加工图形按一定比例放大刻在可剥离性薄膜上，即剥离不需要的部分获得原图。

利用照相的方法将原图精缩到所需比例后，印制到涂有光刻胶的高纯度铬薄膜板上，经过适当腐蚀即获得金属薄膜图形掩模板。

（2）涂敷光致抗蚀剂。涂敷光致抗蚀剂是光刻加工的一项关键工艺，它通常直接影响到光刻加工的精度。一般是利用刷涂的方法将光致抗蚀剂均匀地涂敷于需要光刻加工的制件表面，对于大面积涂敷往往需要利用离心旋转仪将抗蚀剂甩匀，以防止光刻深度不一致。

光致抗蚀剂是一种对光照比较敏感的高分子溶液，按照其在光化学反应中的表现不同可分为正性和负性两类。所谓正性光致抗蚀剂是指用显影液能将被感光的部分溶除，在掩模上获得未被感光部分的抗蚀涂层，也就是说，获得掩模上具有实线的图形。反之，则为负性光致抗蚀剂。

（3）曝光。所谓曝光就是将掩模板上的图形成像在被加工制件上曝光的时间及焦距要根据制件的光刻面积、光刻深度、光刻胶感光性能以及光源强度等适当调整。通常采用波长为 0.4 μm 的紫外光源，对于线宽<1 μm 的高精度刻线，应采用电子束、离子束或 X 射线等曝光技术。

通常，曝光有接触式和非接触式两种方法。常用的接触式曝光是将掩模版与涂有光致抗蚀剂的被加工制件表面紧贴在一起，有时在掩模上压一块透光效果较好的玻璃板后进行曝光。而非接触式曝光则是采用光学投影曝光方法，掩模版不与被加工制件相接触。

（4）腐蚀。将经过曝光后的制件放入化学腐蚀液中进行腐蚀。腐蚀时间也是光刻工艺中一项比较关键的技术，需要根据制件材质、腐蚀液浓度以及刻深要求等具体调定。时间过短，图形不清晰，光刻深度不足；时间过长，同样导致图形模糊。

根据腐蚀液不同，还有电解腐蚀和离子腐蚀等加工方法。

3. 光电成型加工

光电成型有时也称作光电电镀成型，它与光刻加工的原理基本相同。

1）光电成型的原理

利用图形照相底片和光致抗蚀剂在电镀金属基板上选择性的形成电气绝缘膜，放入电镀液中使基板中露出的部分析出图形，然后将涂敷的光致抗蚀剂剥离去除的加工方法。

2）光电成型的工艺过程

光电成型与光刻加工的原理基本相同，不同的只是最后是以电镀析出代替了腐蚀过程。

（1）电镀材料。其常用于电沉积的金属材料有铜、镍、金、银等。

（2）电镀溶液。通常采用酸、碱溶液作为电镀溶液。但为了使基体上的光致抗蚀膜经久耐用，应避免使用强酸、强碱性溶液等，因为这类溶液容易造成镀层剥离应力增大，降低镀层的牢固性能。

（3）镀前处理。在电镀之前，必须使基体需要电镀部分形成能够剥离的薄膜（将在此薄膜上产生析出镀层）。因此，该层薄膜的形状应与产品一致，并要求薄膜不影响镀层的牢固附着，电镀过程中不致脱落，还要保证电镀完成后能够便于随镀层一同剥离（图 9-4）。

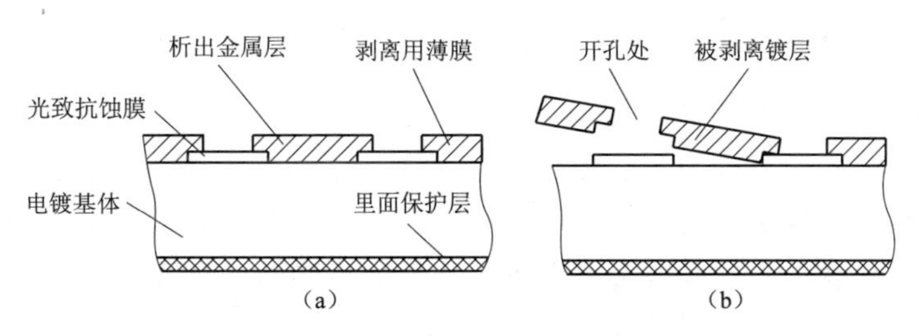

图 9-4　光电成型状态示意图

(a) 金属上析出镀层；(b) 析出金属镀层的剥离

（4）电镀。在通入直流或交流电的镀液池中，经过镀前处理后的金属基体作为阴极进行电沉积。通常当析出镀层厚度达 10 μm 左右时，停止电镀，取出工件用清水清洗、干燥，并将这层基础镀层剥离（用刀尖划开镀层端部或用胶带黏着镀层将镀层提起）。

如果基础镀层厚度尺寸还没有达到使用要求，可将基础镀层展平后进行追加电镀，通常称之为精镀或自由镀。采用二次电镀的原因是一次析出金属层太厚时剥离困难，另外剥离时抗蚀膜易受损伤。从另一方面考虑，两面同时精镀的产品质量好。为了防止金属镀层横向生长，应在原版制备时予以补偿处理。

§9.2　磨料流动加工

所谓磨料流动加工在工厂中也称为挤压珩磨，是 70 年代发展起来的一种表面加工技术，主要用于零件去毛刺或表面抛光。

9.2.1　磨料流动加工的基本原理

磨料流动加工原理如图 9-5 所示，将待加工零件夹持在封闭磨料室内，利用液压或气动动力迫使半流态的黏性磨料介质对待

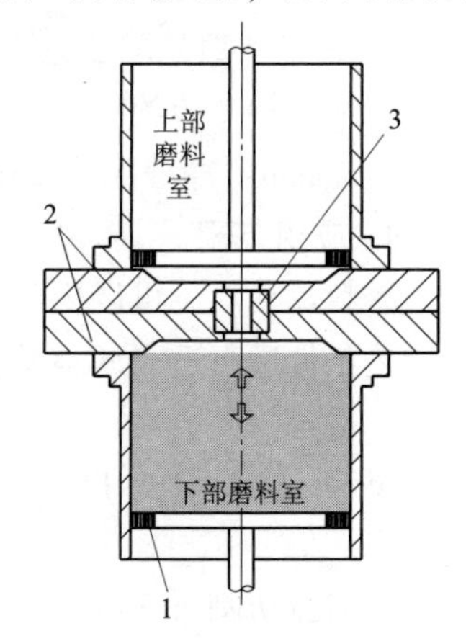

图 9-5　磨料流动加工原理

1—液压操纵活塞；
2—夹具；3—工件

加工表面做反复挤压运动，黏性磨料的颗粒加工表面上反复滑移通过，刮削微观凸凹表面，以达到去毛刺和抛光的加工目的。

9.2.2 磨料流动加工的工艺特点

由于磨料是一种半流动状态的黏弹性材料，因此，适合于各种复杂曲面之间的去毛刺和抛光加工。另外，磨料流动加工方法不仅仅局限于金属制件，对于具有一定表面硬度的陶瓷和硬塑料等也进行加工。

磨料流动加工后的表面粗糙度可达 *Ra*0.025 μm（接近于镜面）。但与被加工件原始表面精度有关，通常可达原始表面粗糙度的十分之一。另外，磨料流动加工可以去除一定深度（0.025μm）上存在的表面残余应力，还可以去除电加工后残留的表面硬质层及其他表面微观缺陷。磨料流动加工的表面去除量很小，因此，尺寸精度可控制在微米级。

9.2.3 加工工艺简介

1. 黏性磨料介质

磨料一般由基体介质、添加剂和磨料混合而成。基体为半流态的黏弹性高分子聚合物，为获得不同的黏性、稠度和稳定性等需要加入相应的添加剂。磨料通常采用10%~60%硬度较高的氧化铝、碳化硼、碳化硅或金刚石粉等，粒度范围通常在8~600#，磨料的种类、含量和粒度等需要根据具体加工对象确定。

另外，对于不同的加工表面性状，黏性磨料应具有相应的流动性和黏弹性。磨料颗粒应均匀分散在基体介质中，防止基体介质黏在磨料颗粒上包住磨粒的切削刃，以免影响加工效率。

2. 夹具

挤压珩磨中的夹具不仅仅起到装夹、固定的作用，还需要根据被加工制件的形状、重点加工位置等为磨料的流动方向创造有利条件。比如，为了去除较大孔缘的毛刺，则可以利用夹具将大部分孔盖住，这样可以增大磨料的流动阻力，增强去毛刺效果。

3. 工艺参数的取值范围

通常磨料介质的挤压压力在0.7~20 MPa；磨料介质的容积100~3 000 ml；介质流量为7~235 L/min；冲程次数≤100；另外，保留在磨料介质中的残余切屑不允许超过10%。

4. 应用范围

磨料流动加工可以用于工件的边缘光整、倒圆角、去毛刺抛光和微量表面材料的去除。对工艺条件进行适当调整后，也可用于硬度较低的韧性材料进行加工。

§9.3 超高压水射流切割加工

水射流切割（Water Jet Cutting，WJC）也称超高压水射流切割加工，是20世纪70年代发展起来的一门高新技术。它主要是利用高压、高速的细径液流作为工作介质、对工件表面进行喷射，依靠液流产生的冲击作用去除材料，实现对工件的切割。超高压水射流切割加工与激光切割、离子束、电子束加工都属于高能束加工技术。

9.3.1　基本原理

将过滤后的工业用水加压至 100~400 MPa，使其通过直径 $\phi0.08 \sim \phi0.5$ mm 的人造蓝宝石喷嘴后，形成 500~900 MPa 的超音速细径水柱，功率密度高达 10^6 W/mm^2，可以切割塑料、石棉、碳纤维等软质材料。如果在高压水中加入磨料和相应的添加剂，形成磨料高压水射流，可以用来切割石材、金属等硬质材料。超高压水射流切割装置如图 9-6 所示。

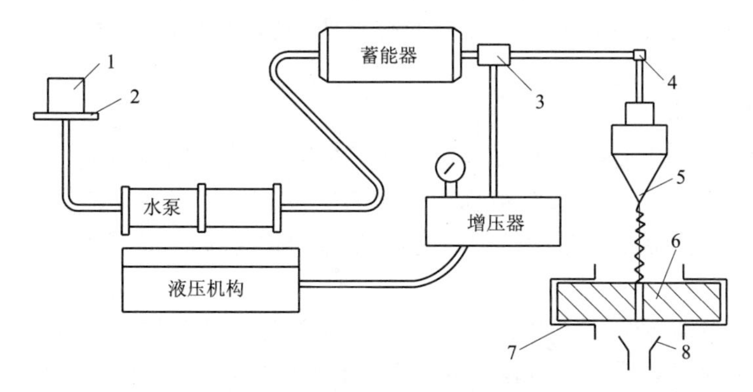

图 9-6　超高压水射流切割装置图

1—水箱；2—过滤器；3—控制器；4—阀门；5—喷嘴；6—工件；7—夹具；8—水槽

超高压水射流本身具有较高的刚性，在与工件发生碰撞时，会产生极高的冲击动压和涡流。从微观上看，相对于射流平均速度存在着超高速区和相对低速区，因而超高压水射流表面上虽为圆柱模型，而内部实际上存在刚性高和刚性低的部分。刚性高的部分产生的冲击动压使传播时间减少，增大了冲击强度，宏观上看起快速楔劈作用；而低刚度部分相对于高刚度部分形成了柔性空间，起吸屑、排屑作用。因此，高压水射流破坏材料的过程是一个动态断裂过程。对于脆性材料，主要以裂纹破坏及扩散为主；而对于塑性材料，则被认为是材料中某点在冲击下产生的拉应力超过临界值进而断裂。

9.3.2　超高压水射流切割的特点及分类

超高压水射流切割是以廉价水位工作介质的冷态切割新工艺，属于绿色加工范畴。与传统火焰切割相比，具有窄缝（0.8~1.2 mm）、切口平整、无毛刺、切割速度快、加工成本低等优点，尤其适合于恶劣、有防爆要求的工作环境。与切削加工相比，可以方便地获得复杂形状的二维切割轨迹且无刀具磨损。

目前，超高压水射流切割存在的主要问题是喷嘴加工成本较高，另外，切割速度和精度还有待于提高。

根据工作介质不同，高压水射流切割主要可以分为纯水高压水切割和磨料高压水切割两种工艺类型。后者在液流中掺加了一定比例的细粒度磨料，增加了射流密度，提高了切割效率。

9.3.3　超高压水射流切割工艺及设备

1. 切割深度和切割速度

如果不考虑加工时间和切口断面质量，超高压水切割厚度可达 200 mm。通常，切割厚度在 25 mm 以下时效率较高，而且切口断面光滑。

切割速度与被加工材料的性质有关，与射流的功率或压力成正比，与切割速度和工件厚度成反比。

2. 切割精度

切割精度主要受喷嘴的运动精度和喷嘴内孔直径的影响，最高切割精度可达到±0.1 mm。喷嘴孔径越小，加工精度越高，但材料蚀除速度降低。通常，切缝约比所采用的喷嘴孔径大0.025 mm。如果在水中加入添加剂，可以改善切割性能，减小切缝宽度。

软质材料可以获得光滑表面，塑性好的材料切割质量相对好。水压过低，会降低切割质量。

3. 切割设备及工具

超高压水射流切割需要超高压水发生装置、喷嘴、电气控制系统等。

（1）超高压水发生装置。通常被称为“水刀”的核心，通常采用往复式增压器，也可采用超高压水泵。液压系统产生的压力应能达到400 MPa，高出普通液压传动装置液体工作压力的10倍以上。

（2）喷嘴。喷嘴是切割系统中的重要部件，通常分为纯水切割喷嘴和磨料切割喷嘴两种。前者用于切割密度较小、硬度较低的非金属软质材料，喷嘴内孔径为ϕ0.08~ϕ0.5 mm；后者用于切割密度较大、硬度较高的硬质材料，因为射流中含有一定粒度的磨料，所以喷嘴内孔径为ϕ0.5~ϕ1.65 mm。喷嘴材料要求具有优良的耐磨性、耐腐蚀性和较高的综合力学性能。目前，常采用蓝宝石、红宝石、硬质合金和金刚石等材料制作。

（3）其他装置。切割设备还需要超高压管路系统和超高压水密封装置、运动机构、控制系统、磨料及输送系统和水介质处理与过滤系统等。

9.3.4 超高压水射流切割的应用

超高压水射流切割技术在许多工业部门得到了广泛应用。在建筑行业中用来切割大理石、陶瓷、玻璃纤维和石棉等材料；在现代汽车工业中广泛用来切割仪表盘、内饰件等；在航空航天工业中，用来切割硼纤维、碳纤维等复合材料；在电子、纺织以及食品工业中都有相当广泛的应用。

§9.4 磁性磨料研磨和磁性磨料电解研磨加工

磁性磨料研磨和磁性磨料电解研磨加工都是在机械研磨的基础上发展起来的新型光整加工技术，主要适用于精密零件表面抛光和棱角去毛刺加工，在紧密仪器制造业中得到广泛应用。

磁性磨料研磨与机械研磨的加工原理基本相同，只是磨料具有导磁性能。另外，按照磨料的状态，可分为干性研磨和湿性研磨两种。干性研磨使用的磨料是干性的，而湿性研磨是将磨料与不同的液体进行混合研磨。

9.4.1 基本原理

磁性研磨加工中，由于磨料具有导磁性，因此，产生于磨料上的研磨力是由磁场形成的。干性磁力研磨时，在垂直于工件圆柱面轴线方向上加一磁场，将磨料放入磁场中并在磁场作用下沿着磁力线的方向有序地排列成具有一定柔性的磁力刷。被加工工件在磁场中相对于 N 极和 S 极保持一定的距离，工件在旋转的过程中产生轴向振动，磁性磨料即对工件表面进行研磨加工。

磁性磨料研磨加工的效率因磁场力大小而不同。通常，当作用于磨粒上的磁产力等于或超过切削力时，磁性磨粒对工件表面的毛刺或凸起部分产生一定的切削加工。当作用于磨粒上的磁场力小于切削力时，磁性磨料在工件表面上滚动或滑动进行摩擦碾光加工。磁力的大小与磁场强度的平方成正比，增加直流电源电压可使磁场强度增强，进而可对研磨加工力度进行调解。

将电解加工的阳极溶解作用施于磁性磨料研磨中，以提高表面光整效果。在磁性磨料电解研磨的加工过程中，阳极工件表面的金属原子受电场和电解液的作用失去电子成为金属离子进入电解液，或停留在工件表面形成氧化膜或氢氧化膜（钝化膜）。磁性磨料在磁场力作用下不断将工件表面生成的金属钝化膜，使工件表面露出新的金属原子不断产生阳极溶解，表面凸起部分不断被光整。

9.4.2　加工工艺条件

目前，用于磁性磨料研磨的专用机床还没有定型产品，因此，加工设备都是利用台钻、立钻或车床改制而成。

对于磁性磨料电解研磨，除去机床、夹具外，还需配备电解加工用的低压直流电源、相应的电解液及其他循环浇注的辅助系统。

磁性磨料通常利用铁粉加普通磨料（Al_2O_3、SiC 等）加入黏结剂后，搅匀、加压烧结再经粉碎制成。磁性磨粒的尺寸越大，受磁场的作用力越大，可以提高研磨抛光效率。磁性磨粒尺寸小，研磨过程容易控制且可提高研磨精度。

9.4.3　磁性磨料研磨加工的应用

磁性磨料研磨以及磁性磨料电解研磨加工，主要适用于导磁材料的表面光整加工、棱边倒角和去毛刺等。通常可去毛刺高度应限制在 0.1 mm 以下，棱边倒角可以控制在 0.01 mm，这是其他光整加工方法很难实现的。

磁性磨料研磨及其电解研磨可用于工件的外圆表面研磨抛光，也可用于平面或内孔表面研磨抛光，以及用于齿轮、轴承、螺纹和钻头等复杂表面的研磨抛光。

§9.5　电子束加工

电子束加工（EBM，Electron Beam Machining）是利用能量密度很高的高速电子流，在一定真空度的加工舱中使工件材料熔化、蒸发和汽化而去除的高能束加工。随着微电子技术、计算机技术等的发展，大量的元器件需要进行微米、亚微米乃至纳米加工，目前比较适合的加工方法就是电子束加工，它主要用于打孔、焊接等热加工和电子束光化学加工。

9.5.1　电子束加工的基本原理和特点

1. 电子束加工的基本原理

图 9-7 所示为电子束加工原理。电子束加工是在真空条件下，利用电流加热阴极发射

电子束，带负电荷的电子束高速飞向阳极，途中经加速极加速，并通过电磁透镜聚集，使能量密度高度集中，可以把能量集中到直径为0.1～10 μm的斑点内，获得10^6～10^9 W/cm^{2}能量密度，在极短的时间（几分之一微秒）内，其能量的大部分转变为热能，使被冲击部分的工件材料达到几千摄氏度以上的高温，从而引起材料的局部熔化和汽化，被真空系统抽走。

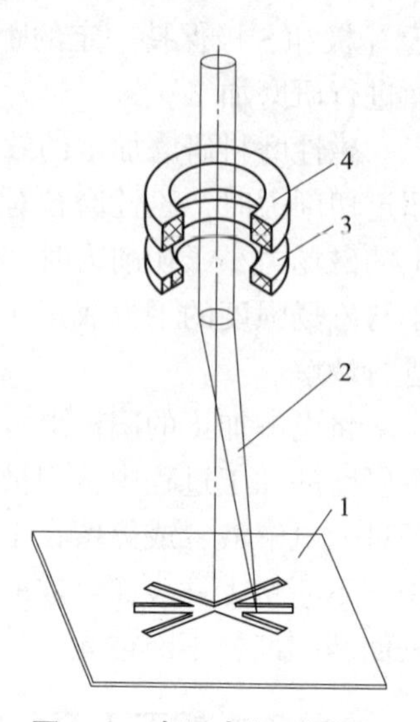

图9-7　电子束加工原理
1—工件；2—电子极；3—偏转线圈；4—电磁透镜

控制电子束能量密度的大小和能量注入时间，可以达到不同的加工目的。例如使材料局部加热可进行电子束热处理；使材料局部熔化可进行电子束焊接；提高电子束能量密度，使材料融化和汽化，可以进行打孔、切割等加工；使用较低能量密度的电子束轰击高分子材料时产生化学变化的原理，进行电子束光刻加工。

2. 电子束加工的特点

（1）能量密度高，焦点范围小，速度快，效率高，是一种精密微细的加工方法，适于精微深孔、窄缝等加工。

（2）电子束加工是一种非接触式加工，去除材料主要靠瞬时蒸发，工件很少产生应力和变形，而且不存在工具损耗等。所以对脆性、韧性、导体、半导体、非导体材料都可以加工，尤其适于加工热敏材料。

（3）加工点上化学纯度高，由于整个电子束加工是在真空度不低于10^{-4} mm水银柱的真空室内进行，所以熔化时可以防止由于空气的氧化作用所产生的杂质缺陷，适合于加工容易氧化的金属及合金材料，特别是要求纯度极高的半导体材料。

（4）可以通过电场或磁场对电子束的强度、位置、聚焦等直接控制，便于整个加工过程实现自动化，给加工带来很大方便。特别是在电子束曝光中，从加工位置找准到加工图形的扫描，都可实现自动化。在电子束打孔和切割时，可以通过电气控制加工异形孔，实现曲面弧形切割等。

（5）由于电子束加工是在真空中进行，因而污染少，加工表面不会氧化，特别适用于加工易氧化的金属及合金材料，以及纯度要求极高的半导体材料。

（6）电子束加工需要一整套专用设备和真空系统，价格较贵，生产应用上受到限性。

9.5.2　电子束加工装置

电子束加工装置的基本结构如图9-8所示，它主要由电子枪、真空系统、控制系统和电源等部分组成。

1. 电子枪

电子枪是获得电子束的装置，主要包括电子发射阴极、控制栅极和加速阳极等，如图9-9所示。利用电流加热阴极发射电子束，带负电荷的电子束高速飞向阳极，途中经加速极加速，并通过电磁透镜把电子束聚焦成很小的束斑。

发射阴极一般用钨或钽制成，在加热状态下发射大量电子。小功率时用钨或钽做成丝状阴极，如图9-9（a）所示，大功率时用钽做成块状阴极，如图9-9（b）所示。控制栅极为中间有孔的圆筒形，其上加以较阴极为负的偏压，既能控制电子束的强弱，又有初步的聚焦作用。加速阳极通常接地，而阴极为很高的负电压，所以能驱使电子加速。

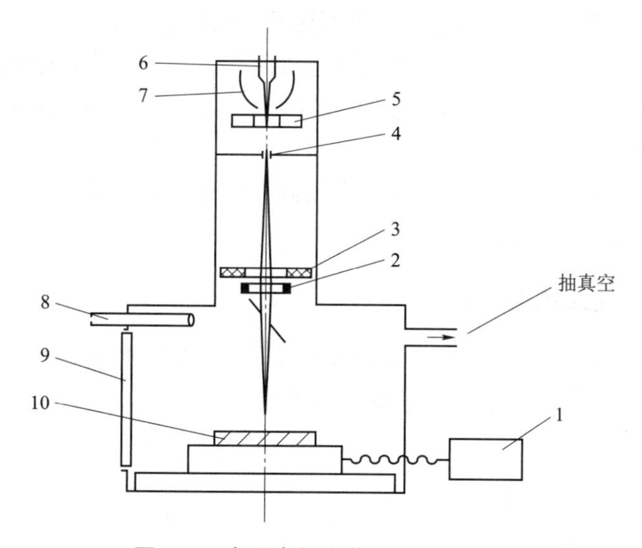

图 9-8　电子束加工装置结构示意图

1—工作台系统；2—偏转线圈；3—电磁透镜；4—光阑；5—加速阳极；6—发射电子的阴极；7—控制栅极；8—光学观察系统；9—带窗真空室门；10—工件

2. 真空系统

真空系统主要有真空泵和抽气装置，目的是保证真空室在电子束加工时维持 $1.33\times10^{-4}\sim1.33\times10^{-2}$ Pa 的真空度。因为只有在高真空中，电子才能高速运动。此外，加工时的金属蒸气会影响电子发射，产生不稳定现象，因此，还需要不断地把加工中生产的金属蒸气抽出去。

真空系统一般由机械旋转泵和油扩散泵或涡轮分子泵组成，完成电子束加工所需要的开式高真空度。先用机械旋转泵把真空室抽至 1.4 ~ 0.14 Pa，然后由油扩散泵或涡轮分子泵抽至 0.014 ~ 0.000 14 Pa的高真空度。

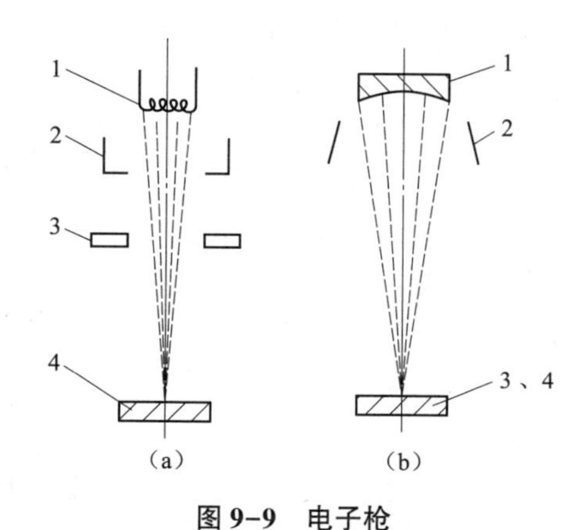

图 9-9　电子枪

（a）小功率时；（b）大功率时

1—发射电子的阴极；2—控制栅极；3—加速阳极；4—工件

3. 控制系统和电源

电子束加工装置的控制系统包括束流聚焦控制、束流位置控制、束流强度控制以及工作台位移控制等。

束流聚焦控制是为了提高电子束的能量密度，使电子束聚焦成很小的束斑，它基本上决定着加工点的孔径或缝宽。聚焦方法有两种，一种是利用高压静电场使电子流聚焦成细束；另一种是利用“电磁透镜”靠磁场聚焦，后者更为安全可靠。所谓电磁透镜，实际上为一电磁线圈，通电后它产生的轴向磁场与电子束中心线平行，径向磁场则与中心线垂直。根据左手定则，电子束在前进运动中切割径向磁场时将产生圆周运动，而在圆周运动时在轴向磁场中又将产生径向运动，所以实际上每个电子的合成运动为一半径越来越小的空间螺旋线而聚焦交于一点。根据电子光学的原理，为了消除像差和获得更细的焦点，常再进行第二次聚焦。

束流位置控制是为了改变电子束的方向，可用电磁偏转来控制电子束焦点的位置。如果使偏转电压或电流按一定程序变化，电子束焦点便按预定的轨迹运动。

工作台位移控制是为了在加工过程中控制工作台的位置。因为电子束的偏转距离只能在数毫米之内，过大将增加像差和影响线性，因此在大面积加工时，需要用伺服电动机控制工作台移动。

4. 电源

电子束加工装置对电源电压的稳定性要求较高，常用稳压设备，这是因为电子束聚焦以及阴极的发射强度与电压波动有密切关系。

9.5.3 电子束加工的应用

电子束加工按其功率密度和能量注入时间的不同，可用于打孔、切割、蚀刻、焊接、热处理和光刻加工等。图9-10所示为电子束应用范围。

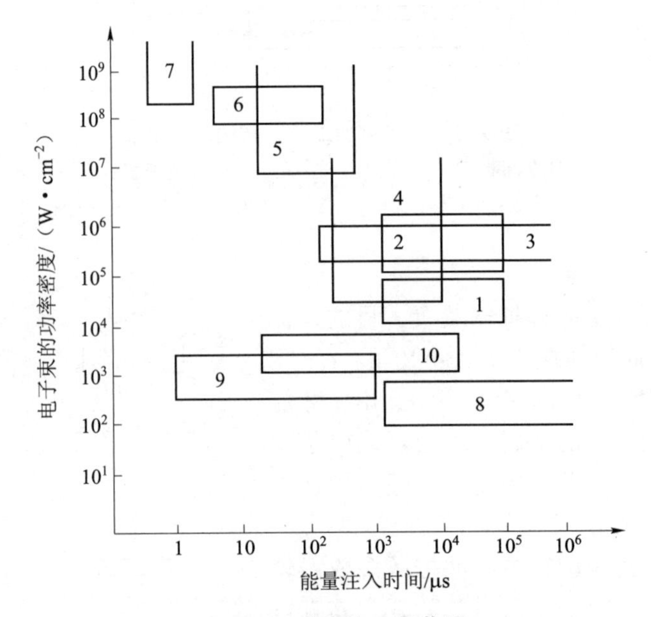

图9-10 电子束应用范围

1—淬火硬化；2—熔炼；3—焊接；4—打孔；5—钻、切割；6—刻蚀；7—升华；8—塑料聚合；9—电子抗蚀剂；10—塑料打孔

1. 电子束打孔

电子束打孔已在生产中实际应用于加工不锈钢、耐热钢、合金钢、陶瓷、玻璃和宝石等的锥孔以及喷丝板的异形孔。目前最小孔径或缝宽为ϕ0.003 mm，例如喷气发动机套上的冷却孔，机翼的吸附屏的孔，不仅孔的密度可以连续变化，孔数达数百万个，而且有时还可改变孔径，最宜用电子束高速打孔，而且高速打孔可在工件运动中进行。

电子束打孔也应用于加工人造革、塑料等，用电子束在人造革、塑料打大量微孔，可使其具有如真皮革那样的透气性。现在生产上已出现了专用塑料打孔机，将电子枪发射的片状电子束分成数百条小电子束同时打孔，其速度可达每秒50 000孔，孔径40~120 μm可调。

电子束打孔能加工小深孔，例如在叶片上打深度5 mm、直径ϕ0.4 mm的孔，孔的深径比大于10∶1。

用电子束加工玻璃、陶瓷、宝石等脆性材料时，由于在加工部位的附近有很大温差，容易引起变形甚至破裂，所以在加工前或加工时，需用电阻炉或电子束进行预热。

2. 加工型孔及特殊表面

图 9-11 所示为电子束加工的喷丝头异形孔的截面。出丝口的窄缝宽度为 0. 03 ~ 0. 07 mm，长度为 0. 80 mm，喷丝板厚度为 0. 6 mm。为了使人造纤维具有光泽、松软有弹性、透气性好，喷丝头的异型孔都是特殊形状的。

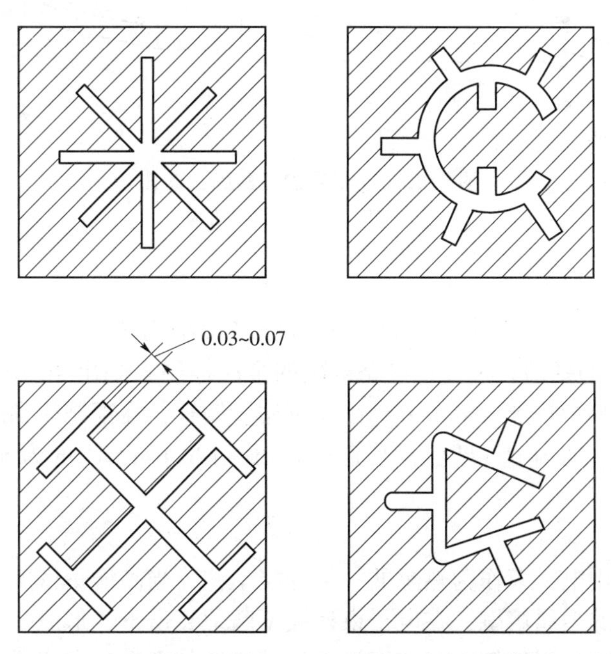

图 9-11　电子束加工的喷丝头异型孔的截面

电子束可以用来切割各种复杂型面，切口宽度为 3 ~ 6 μm，边缘表面粗糙度可控制在 R_{max}0. 5 μm 左右。离心过滤机、造纸化工过滤设备中钢板上的小孔为上小下大的锥孔，这样可防止堵塞，并便于反冲清洗。用电子束在 1 mm 厚不锈钢板上打 ϕ0. 13 mm 的锥孔，每秒可打 400 孔，在 3 mm 厚的不锈钢板上打 ϕ1 mm 异型孔，每秒能打孔 20 多个。

燃烧室混气板及某些透平叶片需要大量的不同方向的斜孔，使叶片容易散热，从而提高发动机的输出功率。如某种叶片需要打斜孔 30 000 个，使用电子束加工能廉价地实现。燃气轮机上的叶片、混气板和蜂窝消音器等三个重要部件已用电子束打孔代替电火花打孔。

电子束不仅可以加工各种直的型孔和型面，而且也可以加工弯孔和曲面。利用电子束在磁场中偏转的原理，使电子束在工件内部偏转。控制电子速度和磁场强度，即可控制曲率半径，加工出弯曲的孔。如果同时改变电子束和工件的相对位置，就可进行切割和开槽，图 9-12（a）所示为对长方形工件 1 施加磁场之后，若一面用电子束 3 轰击，一面依箭头 2 方向移动工件，就可获得如实线所示的曲面。经图 9-12（a）所示的加工后，改变磁场极性再进行加工，就可获得图 9-12（b）所示的工件。同样原理，也能加工出图 9-12（c）所示的弯缝。如果工件不移动，只改变偏转磁场的极性进行加工，则可获得图 9-12（d）所示的入口为一个而出口有两个的弯孔。

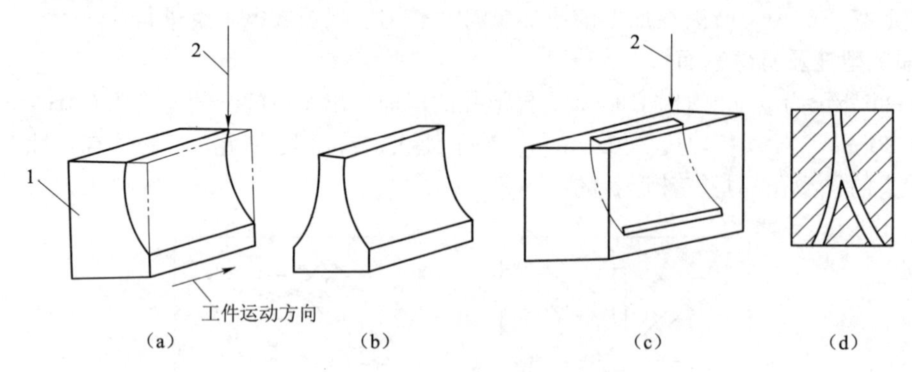

图9-12 电子束加工曲面、弯孔

1—工件；2—工件运动方向

3. 电子束刻蚀

利用电子束可对陶瓷或半导体材料刻蚀出许多微细沟槽和孔来，如在硅片上刻出宽2.5 μm，深0.25 μm的细槽；在混合电路电阻的金属镀层上刻出40 μm宽的线条；在加工过程中对电阻值进行测量校准，电子束刻蚀还可用于制板，在铜制印刷滚筒上按色调深浅刻出许多大小与深浅不一的沟槽或凹坑，其直径为70~120 μm，深度为5~40 μm，小坑代表浅色，大坑代表深色。

4. 焊接

电子束焊接是利用电子束作为热源的一种焊接工艺。当高能量密度的电子束轰击焊件表面时，使焊件接头处的金属熔融，在电子束连续不断地轰击下，形成一个被熔融金属环绕着的毛细管状的熔池，如果焊件按一定速度沿着焊件接缝与电子束做相对移动，则接缝上的熔池由于电子束的离开而重新凝固，使焊件的整个接缝形成一条焊缝。

由于电子束的能量密度高，焊接速度快，因此焊接的焊缝深而窄。电子束焊接一般不用焊条，焊接过程在真空中进行，因此焊缝化学成分纯净，焊接接头的强度往往高于母材。

电子束焊接可以焊接难熔金属如钽、铌、钼等，也可焊接钛、锆、铀等化学性能活泼的金属。对于普通碳钢、不锈钢、合金钢、铜、铝等各种金属也能用电子束焊接，它也可焊接很薄的工件。

电子束焊接还能完成一般焊接方法难以实现的异种金属焊接。如铜和不锈钢的焊接，钢和硬质合金的焊接，铬、镍和钼的焊接等。

由于电子束焊接对焊件的热影响小、变形小，可以在工件精加工后进行焊接。又由于它能够实现异种金属焊接，所以能将复杂的工件分成几个零件，这些零件可以单独地使用最为合适的材料，应用合适的方法进行加工制造，最后利用电子束焊接成一个完整的零部件，从而可以获得理想的技术性能和显著的经济效益。

5. 热处理

电子束热处理也是把电子束作为热源，但适当控制电子束的功率密度，使金属表面加热而不熔化，达到热处理的目的。电子束热处理的加热速度和冷却速度都很高，在相变过程中，奥氏体化时间很短，只有几分之一秒乃至千分之一秒，奥氏体晶粒来不及长大，从而能获得一种超细晶粒组织，可使工件获得用常规热处理不能达到的硬度。

电子束热处理与激光热处理类同，但电子束的电热转换效率高，可达90%，而激光的转换效率只有 7%~10%。电子束热处理在真空中进行，可以防止材料氧化，电子束设备的功率可以做得比激光功率大，所以电子束热处理工艺很有发展前途。

6. 光刻

电子束光刻是先利用低功率密度的电子束照射电致抗蚀剂的高分子材料，有入射电子与高分子相碰撞，使分子的链被切断或重新聚合而引起分子量的变化，这个步骤称为电子束曝光，如图 9-13（a）所示。如果按规定图形进行电子束曝光，就会在电致抗蚀剂中留下潜像。然后将它浸入适当的溶剂中，则由于分子量不同而溶解度不一样，就会使潜像显影出来，如图 9-13（b）所示。将光刻与离子束刻蚀或蒸镀工艺结合，如图 9-13（c）、（d）所示，就能在金属掩模或材料表面上制出图形来，如图 9-13（e）、（f）所示。

电子束曝光可以用电子束扫描，由于电子束能聚集到 0.1 μm，因此可曝光出任意图形。

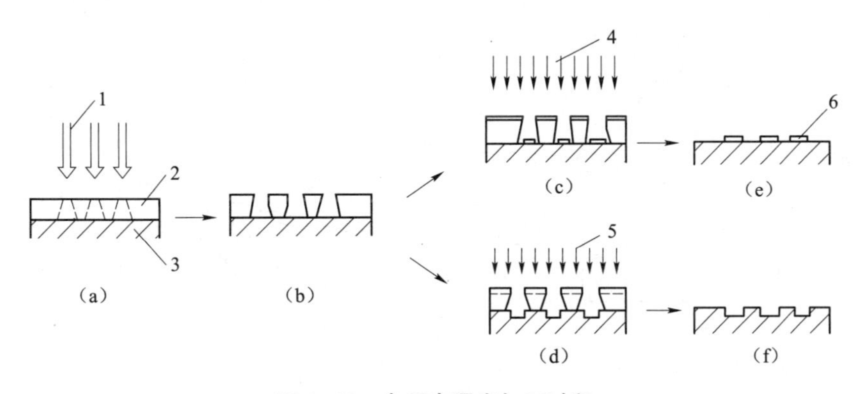

图 9-13　电子束曝光加工过程

（a）电子束曝光；（b）显影；（c）蒸镀；（d）离子刻蚀；（e）、（f）去掉抗蚀剂，留下图形

1—电子束；2—电致抗蚀剂；3—基板；4—金属蒸气；5—离子束；6—金属

§9.6　离子束加工

离子束加工（Ion beam machining，IBM）是将惰性气体电离，并使正离子加速、集束和集焦到处于一定真空条件下的工件加工部位上，依靠机械冲击作用去除材料的高能束加工。随着核物理和空间科学技术的发展，离子束加工应运而生，并已成为一项很有前途的微细加工技术，并在不断地拓宽和创新。

9.6.1　离子束加工基本原理、分类和特点

1. 离子束加工的基本原理

离子束加工的原理和电子束加工基本类似，也是在真空条件下，将惰性气体通过离子源产生的离子束经过加速聚焦，使之撞击到工件表面，实现去除材料的加工。不同的是离子带正电荷，其质量比电子大数千、数万倍，如氩离子的质量是电子的 7.2 万倍，所以一旦离子加速到较高速度时，离子束比电子束具有更大的撞击动能，它是靠微观的机械撞击能量、而不是靠动能转化为热能来加工的。

离子束加工的物理基础是离子束射到材料表面时所发生的撞击效应、溅射效应和注入效

应。具有一定动能的离子斜射到工件材料（或靶材）表面时，可以将表面的原子撞击出来，这就是离子的撞击效应和溅射效应。如果将工件直接作为离子轰击的靶材，工件表面就会受到离子刻蚀（也称离子铣削）。如果将工件放置在靶材附近，靶材原子就会溅射到工件表面而被溅射沉积吸附，使工件表面镀上一层靶材原子的薄膜。如果离子能量足够大并垂直工件表面撞击时，离子就会钻进工件表面，这就是离子的注入效应。

2. 离子束加工分类

离子束加工按照其所利用的物理效应和达到目的的不同，可以分为四类，即利用离子撞击和溅射效应的离子刻蚀、离子溅射沉积、离子镀以及利用注入效应的离子注入。图9-14所示为各类离子加工的示意图。

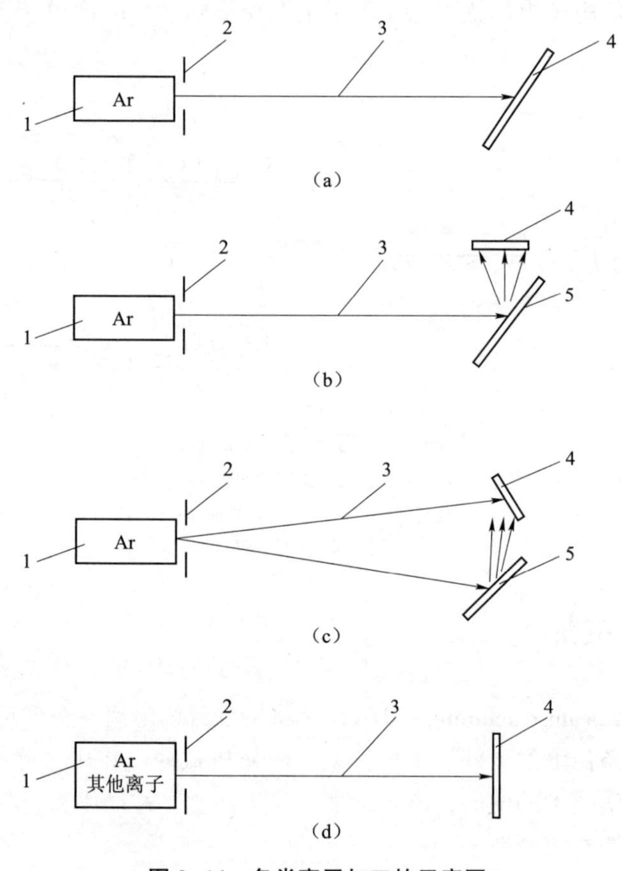

图9-14 各类离子加工的示意图

（a）离子刻蚀；（b）溅射沉积；（c）离子镀；（d）离子注入

1—离子源；2—吸极（吸收电子，引出离子）；3—离子束；

4—工件；5—靶材

（1）离子刻蚀是用能量为0.5~5 keV（10^3eV，1eV相当于电场力将一个基元电荷移动到电势比原位置低1 V的位置所需做的功）的氩离子倾斜轰击工件，将工件表面的原子逐个剥离，如图9-14（a）所示。其实质是一种原子尺度的切削加工称离子铣削，这就是近代发展起来的纳米加工工艺。

（2）离子溅射沉积也是采用能量为0.5~5 keV的氩离子，倾斜轰击某种材料制成的靶，离子将靶材原子击出，垂直沉积在靶材附近的工件上，使工件表面镀上一层薄膜，如图 9-14（b）所示。离子溅射沉积属于一种镀膜工艺。

（3）离子镀（也称离子溅射辅助沉积），是用 0.5~5 keV 的氩离子，不同的是在镀膜时，离子束同时轰击靶材和工件表面，如图 9-14（c）所示。其目的是为了增强膜材与工件基材之间的合力，也可将靶材高温蒸发，同时进行离子撞击镀膜。

（4）离子注入是采用 5~500 keV 较高能量的离子束，直接垂直轰击被加工材料，由于离子能量相当大，离子就钻进被加工材料的表面层，如图 9-14（d）所示。工件表面层含有注入离子后，就改变了化学成分，从而改变了工件表面层的机械物理和化学性能。根据不同的目的选用不同的注入离子，如磷、硼、碳、氮等。

3. 离子束加工的特点

（1）精度高。由于离子束可以通过电子光学系统进行聚焦扫描，离子束轰击材料是逐层去除原子，离子束流密度及离子能量可以精确控制，所以离子刻蚀可以达到纳米（0.001 μm）级的加工精度。离子镀膜可以控制在亚微米级精度，离子注入的深度和浓度也可极精确地控制。因此，离子束加工是所有特种加工方法中最精密、最微细的加工方法，是当代纳米加工技术的基础。

（2）污染少。由于离子束加工是在高真空中进行，所以污染少，特别适用于易氧化的金属、合金材料及高纯度半导体材料的加工。

（3）对材料的适应性强。离子束加工是依靠离子轰击材料表面的原子来实现的，是一种微观作用，宏观压力极小，所以加工应力、热变形也极小，适合于对各种材料和低刚度工件的微细加工。

（4）离子束加工设备费用贵、成本高，加工效率低，因此应用范围受到一定限制。

9.6.2 离子束加工装置

离子束加工装置与电子束加工装置类似，它也包括离子源、真空系统、控制系统和电源系统，主要的不同部分是离子源系统。

离子源（也称离子枪）用以产生离子束流，其基本原理是使原子电离。即将气态原子（如氩等惰性气体或金属蒸气）注入离子室，经高频放电、电弧放电、等离子体放电或电子轰击，使气态原子电离为等离子体（即正离子数和负电子数相等的混合体），并在电场作用下将正离子从离子源出口引出而成为离子束。根据离子束产生的方式和用途不同，离子源常用的有考夫曼型离子源和双等离子体离子源、高频放电离子源。

1. 考夫曼型离子源

图 9-15 所示为考夫曼型离子源示意图，它由灼热的阴极灯丝 2 发射电子，在阳极 9 的吸引下向下移动，同时受线圈 4 磁场的偏转作用，做螺旋运动前进。惰性气体氩在注入口 3 注入电离室 10，在高速电子的撞击下被电离成离子体，阳极 9 和引出电极（吸极）8 上各有 300 个直径为 ϕ0.3 mm 的小孔，上下位置对齐，位置误差不大于 0.01 mm。在引出电极 8 的作用下，将离子吸出，形成 300 条较准直的离子束，再向下则均匀分布在直径为 ϕ50 mm 的圆面积上。

2. 双等离子体型离子源

如图 9-16 所示的双等离子体型离子源是利用阴极和阳极之间低气压直流电弧放电，将氩等惰性气体在阳极小孔上方的低真空中（0.01~0.1 Pa）等离子体化。中间电极的电位一般比阳极电位低，它和阳极都用软铁制成，因此在这两个电极之间形成很强的轴向磁场，使电弧放电局限在这中间，在阳极小孔附近产生强聚焦高密度的等离子体。引出的电极将正离子导向阳极小孔以下的高真空区（1.33×10^{-6} Pa~1.33×10^{-5}），再通过静电透镜形成密度很高的离子束去轰击工件表面。

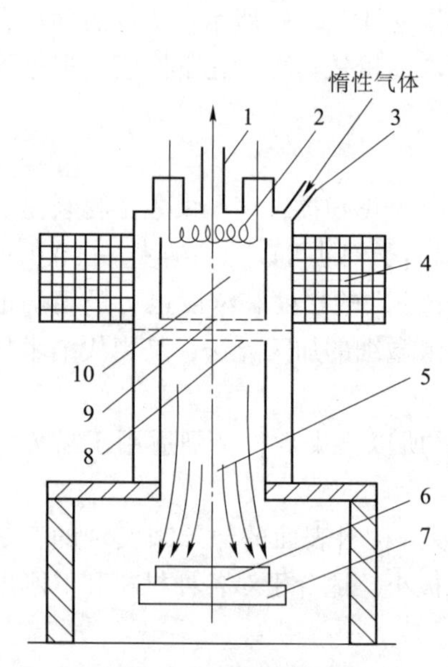

图 9-15　考夫曼型离子源

1—真空抽气口；2—灯丝；3—惰性气体注入口；4—电磁线圈；5—离子束流；6—工件；7—阴极；8—引出电极；9—阳极；10—电离室

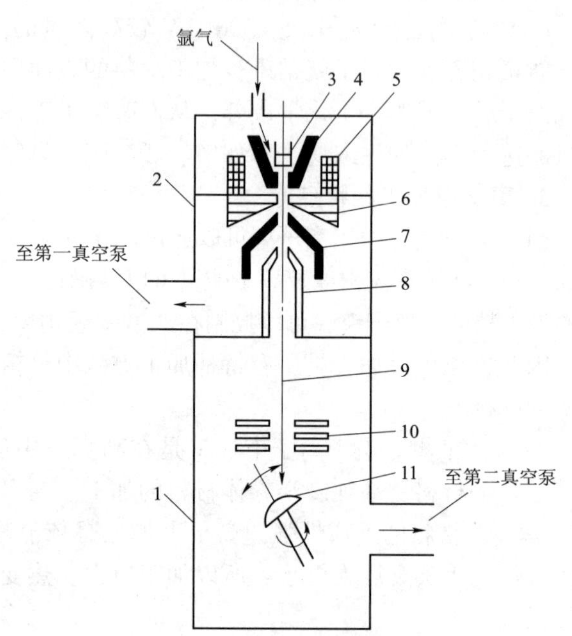

图 9-16　双等离子体型离子源

1—加工室；2—离子枪；3—阴极；4—中间电极；5—电磁铁；6—阳极；7—控制电极；8—引出电极；9—离子束；10—静电透镜；11—工件

9.6.3　离子束加工的应用

离子束加工的应用范围日益拓展，离子束加工可将工件材料的原子一层一层地铣蚀去除，其尺寸精度和表面粗糙度均可达到极限的程度，主要用于从工件上做去除加工的离子刻蚀加工；用于给工件表面涂覆的离子镀膜加工；用于表面改性的离子注入加工等。

1. 刻蚀加工及其应用

离子刻蚀是应用溅射原理，从工件上去除材料。当离子束轰击工件，入射离子的动量传递到工件表面的原子，传递能量超过了原子间的键合力时，原子就从工件表面撞击溅射出来，达到刻蚀的目的。为了避免入射离子与工件材料发生化学反应，必须用惰性元素的离子。氩气的原子序数高，而且价格便宜，所以通常用氩离子进行轰击刻蚀。

刻蚀加工时，对离子入射能量、束流大小、离子入射到工件上的角度以及工作室气压等都能分别调节控制，根据不同加工需要选择参数，用氩离子轰击加工表面时，其效率取决于离子能量和入射角度。

离子刻蚀用于加工陀螺仪空气轴承和动压马达的沟槽，分辨率高，精度、重复一致性好。加工非球面透镜能达到其他方法不能达到的精度。图 9-17 所示为离子束加工非球面透镜的原理，加工过程中不仅要沿自身轴线回转，而且要做摆动运动，才能达到预定的要求。

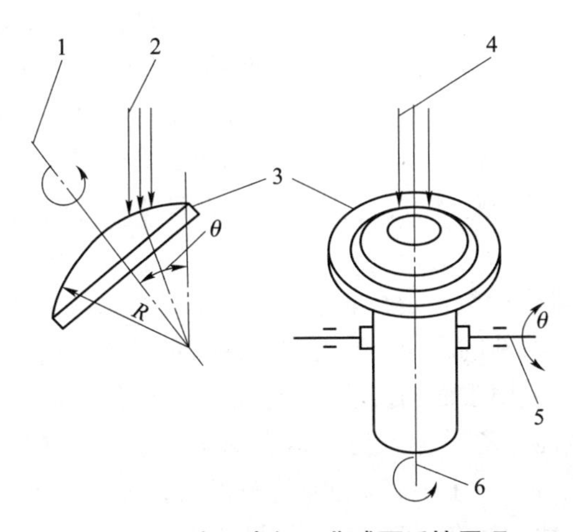

图 9-17　离子束加工非球面透镜原理

1，6—回转轴；2—离子束；3—工件；4—离子束；5—摆动轴

离子束刻蚀应用的另一个方面是刻蚀高精度的图形，如集成电路、声表面波器件、磁泡器件、光电器件和光集成器件等微电子学器件亚微米图形，同时也可用于制作集成光路中的光栅和波导。离子束刻蚀还用来制薄材料，用于制薄石英晶体振荡器和压电传感器。制薄探测器探头，可以大大提高其灵敏度，如国内已用离子束加工出厚度为 40 μm 并且自己支撑的高灵敏探测器头。

2. 镀膜加工及其应用

离子镀膜加工有溅射沉积和离子镀两种。离子镀时工件不仅接收靶材溅射来的原子，还同时受到离子的轰击，这使离子镀具有许多独特的优点。

（1）镀膜附着力强。由于镀膜前离子以足够高的动能冲击基体表面，清洗掉表面的脏污和氧化物，从而提高了工件表面的附着力。

（2）绕射性好。对工件镀膜时，使基板的所有暴露的表面均能被镀复。这是由于蒸发物质或气体在等离子区离解而成为正离子，而正离子能随电力线而终止在负偏压基片的所有边。

（3）可镀材料广泛。可在金属或非金属表面上镀制金属或非金属材料及各种合金、化合物、某些合成材料、半导体材料、高熔点材料上镀覆。

离子镀技术已用于镀制润滑膜、耐热膜、耐蚀膜、耐磨膜、装饰膜和电气膜等。如在表壳或表带上镀氮化钛膜，这种氮化钛膜呈金黄色，它的反射率与 18K 金镀膜相近，其耐磨性和耐腐蚀性大大优于镀金膜和不锈钢，其价格仅为黄金的 1/60。离子镀装饰膜还用于工艺美术晶的首饰、景泰蓝等，以及金笔套、餐具等的修饰上，其膜厚为 1.5~2 μm。离子镀膜可代替镀硬铬，可减少镀铬公害。航空工业中可采用离子镀铝代替飞机部件镀镉。在切削工具表面上采用离子镀方法镀氮化钛、碳化钛等超硬层，可以提高刀具的耐用度。试验表明，在高速钢刀具上用离子镀镀氮化钛，刀具耐用度可提高1~2倍。

3. 离子注入加工及其应用

1）离子注入加工

离子注入加工是指向工件表面实行离子掺杂工艺，它不受热力学限制，可以掺杂任何离子，且掺杂量可以精确控制，掺杂的离子是固溶在工件材料中，含量可达10%~40%，掺杂深度可达1 μm甚至更深。离子注入在半导体方面的应用在国内外都很普遍，它是用硼、磷等“杂质”离子注入半导体，用以改变导电形式（P型或N型）和制造P-N结，制造一些通常用热扩散难以获得的各种特殊要求的半导体器件。由于离子注入的数量、P-N结的含量、注入的区域都可以精确控制，已成为制作半导体器件和大面积集成电路的重要手段。

2）离子注入的应用

离子注入对金属表面进行掺杂，是在非平衡状态下进行的，能注入互不相溶的杂质而形成一般冶金工艺无法制得的一些新的合金。利用离子注入可以改变金属表面的物理化学性能，可以制得新的合金，从而改善金属表面的抗蚀性能、抗疲劳性能、润滑性能和耐磨性能等。

（1）改善金属的耐蚀性。离子注入可以改善金属的抗氧化性能，进而提高材料的耐腐蚀性能。如把Cr注入Cu，能得到一种新的亚稳态的表面相，从而改善耐蚀性能。

（2）改善金属的耐磨性。如在低碳钢中注入N、B、Mo等，在磨损过程中，表面局部温升形成温度梯度，使注入离子向衬底扩散，同时注入离子又被表面的位错网络捕集，不能推移很深。这样，在材料磨损过程中，不断在表面形成硬化层，提高耐磨性。

（3）提高金属的硬度。这是因为注入离子及其凝集物将引起材料晶格畸变、缺陷增多的缘故。如在纯铁中注入B，其显微硬度可提高20%，用硅注入铁，可形成马氏体结构的强化层。

（4）改善材料的润滑性能，因为离子注入表层，在相对摩擦过程中，这些被注入的细粒起到了润滑作用，提高了材料的使用寿命。

离子注入改善金属表面性能方面的应用正在形成一个新兴的领域的应用范围不断扩大，但目前生产效率较低、成本较高，得到广泛应用还需要进一步开发。

§9.7 等离子体加工

等离子体加工又称等离子弧加工（Plasma Arc Machining，PAM）是利用高温、高速的等离子弧及其焰流，使工件材料熔化、蒸发和汽化并被吹离基体，使工件材料改变性能，或在其上涂覆的特种加工。

9.7.1 等离子体加工的基本原理

物质存在气体、液体和固体三种状态存在。等离子体则是被称之为物质存在的第四种状态。等离子体是高温电离的气体，由气体原子或分子在高温下获得能量电离之后，离解成带正电荷的离子和带负电荷的自由电子所组成；正负电荷数值相等，因此称为等离子体。

图9-18所示为等离子体加工原理示意图。装置中由直流电源供电，钨电极6接阴极，工件10接阳极。利用高频振荡或瞬时短路引弧的方法，使钨电极与工件之间形成电弧，电弧的温度很高，使工质气体7的原子或分子在高温中获得很高的能量，其电子冲破了带正电

的原子核的束缚，成为自由的负电子，而原来呈中性的原子失去电子后成为正离子，这种电离化的气体，正负电荷的数量仍然相等，从整体看呈电中性，称之为等离子体电弧（简称等离子弧）。在电弧外围不断地送人工质气体如氮、氢、氩或这些气体的混合，回旋的工质气流还形成与电弧柱相应的气体鞘，压缩电弧，使弧柱的导电截面减小、电流密度和温度大大提高。

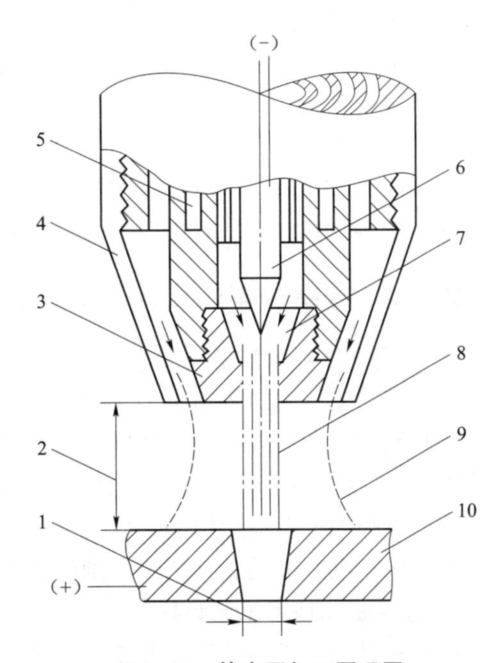

图 9–18　等离子加工原理图

1—切缝宽；2—喷嘴端；4—保护罩；5—冷却水；6—钨电极；7—工质气体；8—等离子电弧；9—保护气体；10—工件

等离子体具有极高的能量密度是由下列三种效应所致：

（1）机械压缩效应。

电弧被迫通过喷嘴通道喷出时，通道对电弧产生机械压缩作用，而喷嘴通道的直径和长度对机械压缩效应的影响很大。

（2）热收缩效应。

喷嘴内部通入冷却水，使喷嘴内壁受到冷却，温度降低，因而靠近内壁的气体电离度急剧下降，导电位差，电弧中心导电性好，电离度高，电弧电流被迫在电弧中心高温区通过，使电弧的有效截面缩小，电流密度大大增加。这种因冷却而形成的电弧截面缩小作用，就是热收缩效应。一般高速等离子气体流量越大，压力越大，冷却越充分，它的热收缩效应越强烈。

（3）磁收缩效应。

由于电弧电流周围磁场的作用，迫使电弧产生强烈的收缩作用，使电弧变得更细，电弧区中心电流密度更大，电弧更稳定而不扩散。

由于上述三种压缩效应的综合作用，使等离子体的能量高度集中，电流密度、等离子体温度都很高，达到 11 000 ℃ ~28 000 ℃（普通电弧仅 5 000 ℃ ~8 000 ℃），气体的电离度也随其剧增，并以极高的速度（800~2 000 m/s，比声速还高）从喷嘴孔喷出，具有很大的动能和冲击力，当达到金属表面时，可以释放出大量的热能，加热和熔化金属，并将熔化了的金属材料吹除。

9.7.2　等离子体加工的特点

1. 导电导热性能好

等离子体的带电离子具有良好的导电、导热性能，通过很大的电流、很小的截面传导的热量很大。

2. 温度高能量密度大

由于机械压缩、热收缩、磁收缩效应的综合作用，可使等离子体的温度和能量密度分别高于普通电弧的 2~3 倍和 10 倍以上。

3. 工艺参数调节方便

能够适当调节功率、气体类型、气体流量、进给速度、焰流、火焰角度、喷射距离等工艺参数，也可利用一个电极进行不同厚度、多种材料、不同工艺要求的加工。

4. 电弧稳定

用等离子焊接时，尽管喷嘴与工件的距离可能有较大变化，但电弧状态却保持稳定，弧长变化不影响加热状态，且电弧的方向性好。工艺规范稳定可靠，操作较容易掌握。

9.7.3 等离子体加工设备及工艺参数

1. 等离子体加工设备

不仅有简单的手持等离子体切割器和小型手提式装置；而且有比较复杂的程序控制和数字程序控制的设备，多喷嘴的设备；还有采用光学跟踪的。工作台尺寸达13.4 m×25 m，切割速度为50~6 100 mm/min。在大型程序控制成型切削机床上可安装先进的等离子体切割系统，并装有喷嘴的自适应控制，以自动寻找和保持喷嘴与板材的正确距离。除平面成型切割外，有用于车削、开槽、钻孔和刨削的等离子体加工设备。

2. 等离子体加工工艺参数

（1）喷嘴孔径决定等离子弧柱的直径，当电流和离子气流量一定时，孔径越大，压缩作用越小；但孔径过小，会引起等离子弧不稳定、甚至出现双弧，影响正常的加工。喷嘴孔径还与电流大小有关，电流大，喷嘴孔径也应大；电流小，喷嘴孔径则应小。一般电流为1~400 A时，喷嘴孔径应为0.5~5 mm。喷嘴材料一般选用导热性好的紫铜或锆铜。

（2）电极的直径与电流大小有关，一般当电流为1~400 A时，电极直径为0.25~4 mm。电极材料主要采用钍钨或铈钨。

（3）等离子体切割的速度是很高的，成型切割厚度为25 mm的铝板时的切割速度为760 mm/min，而厚度为6.4 mm钢板的切割速度为4 060 mm/min；采用水喷时，可增加碳钢的切割速度；厚度为5 mm的钢板，切割速度为6 100 mm/min。

（4）切边的斜度一般为2°~7°，当仔细控制工艺参数时，斜度可保持在1°~2°。对厚度小于25 mm的金属，切缝宽度通常为2.5~5 mm；厚度达150 mm的金属，切缝宽度为10~20 mm。

（5）等离子体加工孔的直径在10 mm以内。钢板厚度为4 mm时，加工精度为±0.25 mm；当板厚度达35 mm，加工孔或槽的精度为±0.8 mm。

（6）加工后的表面粗糙度通常为 Ra 1.6~3.2 μm，热影响层分布的深度为1~5 mm，决定于制件的热学性质、加工速度，切割深度以及所采用的加工参数。

9.7.4 等离子体加工的应用

等离子体加工已广泛用于切割各种金属材料，特别是不锈钢、铜、铝的成型切割。它可以快速而较整齐地切割软钢、合金钢、钛、铸铁、钨、钼等。切割不锈钢、铝及其合金的厚度一般为3~100 mm。等离子体还用于金属的穿孔加工。此外，等离子体弧还作为热辅助加工，这是一种机械切削和等离子弧的复合加工方法，在切削前，用等离子弧对工件待加工表面进行加热，使工件材料变软，强度降低，从而使切削加工具有切削力小、效率高、刀具寿命长等优点。

等离子电弧焊接使用的气体为氩气。用直流电源可以焊接不锈钢和各种合金钢，焊接厚度一般在 1~10 mm，1 mm 以下的金属材料用微束等离子弧焊接。近代又发展了交流及脉冲等离子弧焊铝及其合金的新技术。等离子体弧还用于各种合金钢的熔炼，熔炼速度快，质量好。

等离子体表面加工技术近年来有了很大的发展，日本采用这一技术试制成功一种很容易加工的超塑性高速钢，采用等离子体对钢材进行预热处理和再结晶处理，使钢材内部形成微细化的金属结晶微粒。结晶微粒之间联系韧性很好，所以具有超塑性能，加工时不易碎裂。

采用等离子体表面加工技术，还可提高某些金属材料的硬度，例如使钢板表面渗氮，可大大提高钢材的硬度。在氧等离子体中，采用微波放电，可使硅、铝等进行氧化，制得超高纯度的氧化硅和氧化铝。采用无线电波放电，在氮等离子体中，对钛、锆、铌等金属进行渗氮，可制得氮化钛、氮化锆、氮化铌等化合物。由直流辉光放电发生的氩等离子体，使四氯化钛、氢气与甲烷发生反应，可在金属表面生成碳化钛，大大提高了材料的强度和耐磨性能。

等离子体还用于人造器官的表面加工，采用氨和氢-氮等离子体，对人造心脏表面进行加工，使其表面生成一种氨基酸，这样，人造心脏就不受人体组织排斥和血液排斥，使人造心脏植入手术获得成功。

等离子体加工的工作地点要求对噪声和烟雾进行控制，以及对眼睛的保护，常采用高速流动的水屏，高速流动的水通过一个围绕在切削头上的环喷出，这样就形成了一个水的屏幕或防护罩，从而大大减少了等离子体加工过程中产生的光、烟和噪声的不良影响。在水中混入染料，可以降低电弧的强光照射。

§9.8　电磁成型

电磁成型技术始创于 20 世纪 50 年代末，之后在国内外迅速发展起来，成型技术在航空航天、汽车等行业得到了广泛的应用。80 年代后，电磁成型技术已经发展较为成熟并在欧美等发达国家开始广泛地应用，并且已经系列化、标准化。

电磁成型是利用金属在强脉冲磁场中受磁力作用而发生塑性变形的一种高能（高速率）成型技术。成型过程中，载荷以脉冲形式作用在工件上，所以又可称为磁脉冲成型。电磁脉冲成型的成型速度可高达每秒数百米，通常工件的成型速率不需凸模传递，整个成型过程只需一个凹模。采用电磁成型工艺方法可以提高工件的成型性能，减少回弹以及抑制起皱。

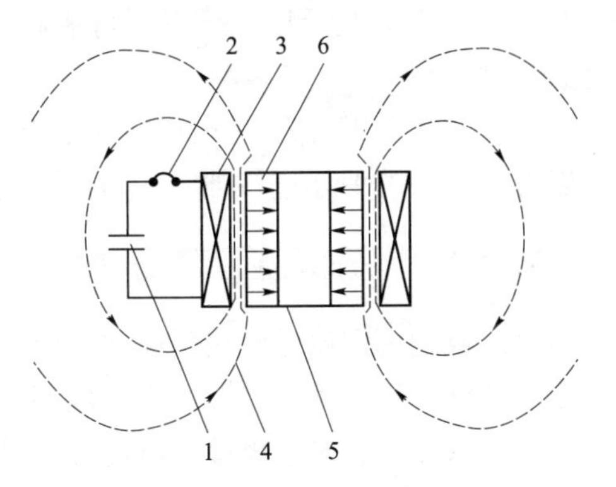

图 9-19　管材电磁成型原理图

1—脉冲电容器；2—高压开关；3—螺母管线圈；4—磁力线；5—工件；6—磁场力

9.8.1　电磁成型的基本原理和设备

电磁成型的理论基础是物理学中的电磁感应定律。以管材电磁成型为例，其原理如图9-19所示。首先把电能储存在高压电容器中，当高压开关闭合时，储能电容对线圈快速放电（μs 级）并在其周围产生一变化的脉冲磁场，该脉冲磁场穿过工件时就会在金属管材中产生感应电流（涡流），带电的金属管材处于急剧变化的磁场中就会受到磁场力的作用，当这股磁压力达到材料的屈服强度时，金属管材将发生塑性变形，成型为所需要的形状。

电磁成型系统的原理图如图9-20所示，一般主要包括高压电源系统（TR、UR、RG1），放电回路系统（C、Q3、W及毛坯），触发回路系统（脉冲发生器），安全保护系统（QF、QS、Q2、Q1、熔断器和隔离变压器）和控制系统（操作台、控制元件等）五个部分。

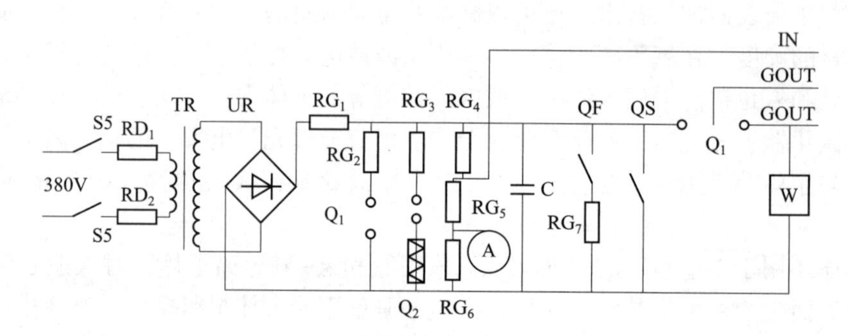

图9-20　电磁成型系统的原理图

9.8.2　电磁成型的特点

（1）电磁成型中加工能量易于精确控制，便于生产的自动化和机械化，而且成型速度快、生产效率高，能达到普通冲压的效率。

（2）电磁成型模具简单，一般只需一个凸模或凹模即可，而且电磁成型主要是靠电磁力产生变形，因此不会出现常规冲压中压力超载损坏等问题，成型后零件弹复小、可大幅度提高材料的成型极限。同时，电磁成型不需要润滑，成型过程绿色、环保。

（3）电磁成型适用于加工电导率和磁导率较高的材料，如铜、铝等，金属板的导电性与电磁成型的效率是直接相关的。对于电导率磁导率差的材料，可以通过采用退火紫铜片等材料作为驱动片进行间接成型。

（4）电磁成型可以用于不同材质材料之间的连接，而且对加工前零件无硬性要求，成型后精度比较高。

（5）电磁成型主要是电磁力的作用，对毛坯表面不会产生损伤，电磁场具有穿透性，可以对有涂层的毛坯进行加工，所以材料的表面处理可以在电磁成型前进行。

9.8.3　电磁成型工艺简介

电磁成型现已广泛应用于航空、航天、兵器工业、汽车制造、轻化工及仪器仪表及电子等诸多领域，其成型工艺包括平板成型、管件电磁缩径和胀形成型、多工序复合成型、电磁校形、粉末压实、电磁铆接、电磁焊接等。

1. 平板成型

平板成型可以分为自由成型和有模成型两种。自由成型主要是用于外形难控制、精度要求不高的锥形件成型。有模成型常用于压印、局部压肋、压凹及曲面零件成型等。

应用平板线圈、电磁装置代替传统的机床提供冲裁力还可实现平板冲裁。与传统板材冲裁相比，由于冲裁速度极快，使工件的切面非常平齐，端面光滑平整，几乎无毛刺，冲裁质量很好。

2. 管坯成型

管坯成型分为管坯缩径成型、胀形成型两种。当成型线圈外置时，可实现对管坯的缩径变形，完成管坯的局部缩径、成型内肋等。线圈内置时即可实现胀形变形，主要有管坯自由胀形及有模成型，可成型凸筋、管端翻边、扩口、翻侧孔、异形管成型等。利用这种成型法可将一个工件成型组装到另一个工件上，也可以冲裁，管状零件冲裁可在膨胀成型时一次完成，此法还可以用于管件压花。由于电磁成型的成型速度极快，所以这类零件的生产效率是很高的。

3. 电磁复合冲压成型

将电磁成型技术和普通冲压工艺相结合，如图 9-21 所示，先用普通冲压对板材进行最大可能的预成型，然后利用电磁成型对制件尖角等难成型的部位进行终成型。而铝合金板材的成型比较差，在尖角往往难以成型，有时甚至会发生撕裂。但是采用电磁复合冲压成型，可以克服这种缺陷，使铝合金板材在冲压机一次行程中就实现了制件的成型。

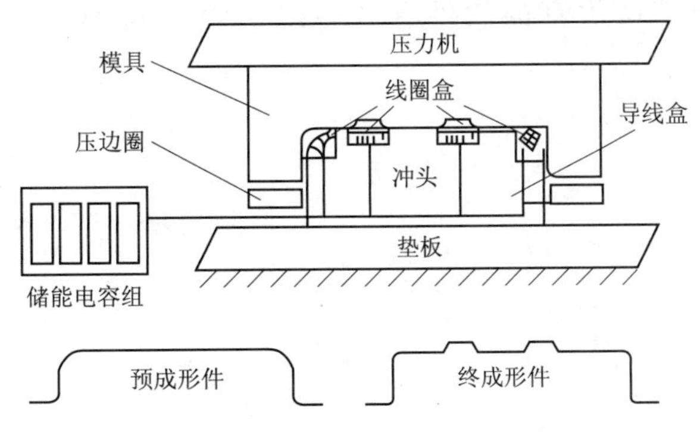

图 9-21　电磁复合冲压成型装置

4. 粉体成型

现有的烧结工艺，如常规烧结、热等静压烧结、等离子体烧结和微波烧结等，都存在晶粒长大的问题。用强冲击压制粉末材料是获取高密度粉末冶金制品的有效方法，在能量控制与成型效率方面，电磁粉末压制优于其他粉末成型方法。磁脉冲粉末压实技术无须加热，这样在成型后既能使粉末达到良好致密，又可保持它原有的晶粒度大小和特性。

5. 电磁铆接

电磁铆接也称应力波铆接，是基于电磁成型技术基础上发展起来的一种铆接方法。当充电的高电压电容向线圈放电时，驱动器受电磁力作用而挤压铆钉，因而，铆钉两端同时受冲击压力而在很短的时间内产生塑性变形，将不同材质的板料铆接在一起。电磁铆接属冲击加载，加载速率高，应变力大，材料的变形方式不同于压铆等准静态加载，因而电磁铆接具有其他铆接方法无法替代的技术优势。

6. 电磁焊接

电磁焊接，一般被认为同爆炸焊接有相同的机理，对于同种材料或异种材料的焊接是一种有效的方法，可用于管与板之间的焊接，管与管之间的焊接以及薄板与厚板之间的焊接等。每当放电时，线圈产生一瞬时、高压、高速的冲压波作用在一金属（复件上），使其以高速向另一金属（基件）猛烈撞击，在两金属接触界面的一些先撞击点将产生射流以及高应变速率的金属塑性流动。射流作用的结果是冲刷或清除了两金属待复合面的氧化层及吸附层，使两洁净的金属表面在高压下紧密结合而形成金属键连接，随着变形即复合过程的进行，金属键逐步扩大到整个连接面，达到复合或焊接的目的。

电磁焊接不需进行预热或高温加热，而且复合过程中几乎不产生热量，从而基本上不改变材料原有性能，保证了接头性能的均匀和高质量，避免了常规焊接的不足和缺陷（如热应力的不良影响，接头性能不均等）。

9.8.4 有限元技术在电磁成型中的应用

电磁成型过程涉及电磁学、力学和热学等多物理场，因此，利用解析公式和试验很难准确地描述电磁成型过程，因此电磁成型的理论发展受到限制。但是，我们可以利用有限元的方法来实现多种物理场的耦合，从而预测和仿真电磁成型过程的实际变形，收到的效果很好。将有限元法应用于实际的生产，有助于更加合理地安排加工工艺、控制变形过程。目前主要应用于电磁成型模拟仿真的软件有 ANSYS、DYNAFORM、LS-DYNA、ADINA 和 MARC 等。

参 考 文 献

[1] 赵万生. 先进电火花加工技术 [M]. 北京：国防工业出版社，2003.

[2] 单岩，夏天. 数控电火花加工 [M]. 北京：机械工业出版社，2005.

[3] 曹凤国. 电火花加工技术 [M]. 北京：化学工业出版社，2005.

[4] 刘晋春，赵家齐，赵万生. 特种加工 [M]. 北京：机械工业出版社，2004.

[5] 赵万生. 特种加工技术 [M]. 北京：高等教育出版社，2001.

[6] 张辽远. 现代加工技术 [M]. 北京：机械工业出版社，2002.

[7] 赵万生，刘晋春. 实用电加工技术 [M]. 北京：机械工业出版社，2002.

[8] 孔庆华. 特种加工 [M]. 上海：同济大学出版社，1997.

[9] 张辽远. 现代加工技术 [M]. 北京：机械工业出版社，2002.

[10] 曹凤国. 超声加工技术 [M]. 北京：化学工业出版社，2005.

[11] 王建业. 电解加工原理及应用 [M]. 北京：国防工业出版社，2001.

[12] 赵庶忠，张昆亮. 电铸紫铜浮雕标牌的制作工艺 [J]. 网印工业，2004，8：24-25.

[13] 杨连文，周锦进，王续跃. 小孔的电解磨削工艺及设备 [J]. 电加工，1996 (3).

[14] 吴卫东，等. 盐城工学院学报快速成型件精度的影响因素及对策 [J]. 2001，14 (3)：12-14.

[15] 董云海，等. 激光快速成型技术用于汽车零部件的开发 [J]. 中国制造业信息化，2005，34 (9)：112-114.

[16] 胡传炘，夏志东. 表面处理技术手册 [M]. 北京：北京工业大学出版社，2001.

[17] 刘振辉，杨嘉楷. 特种加工 [M]. 重庆：重庆大学出版社，1991.

[18] 张永康. 激光加工技术 [M]. 北京：化学工业出版社，2001.

[19] 刘晋春. 特种加工 [M]. 北京：机械工业出版社，2008.

[20] 王海军. 热喷涂工程师指南 [M]. 北京：国防工业出版社，2010.

[21] [法] 帕瓦罗瓦斯基 (PAWLOWSKI，L.). 热喷涂科学与工程 [M]. 李辉，贺定勇，译. 北京：机械工业出版社，2011.

[22] 孙家枢，郝荣亮，钟志勇. 热喷涂科学与技术 [M]. 北京：冶金工业出版社，2013.

[23] 王瑞金. 特种加工技术 [M]. 北京：机械工业出版社，2011.

[24] 程胜文，刘红芳，胡翔云，等. 特种加工技术 [M]. 北京：清华大学出版社，2012.

[25] 杨淑子. 特种加工技术 [M]. 北京：机械工业出版社，2012.

[26] 白基成，等. 特种加工 [M]. 北京：机械工业出版社，2014.